基于通信协议的网络化系统故障检测

胡　军　武志辉　陈薇潞　著

科学出版社

北　京

内 容 简 介

本书结合作者多年来的研究成果，系统阐述了网络化系统建模与故障检测的理论和方法。主要包括：RR 协议下网络化系统故障检测、WTOD 协议下具有数据漂移的非线性系统故障检测、SCP 调度下具有异常测量值的时滞系统故障检测、静态事件触发机制下非线性马尔可夫跳跃系统故障检测、静态事件触发机制下具有量化的非线性系统有限时故障检测、环事件触发机制下具有随机时滞的非线性系统有限时故障检测、环事件触发机制下状态饱和时滞非线性系统有限时故障检测、动态事件触发机制下非线性马尔可夫跳跃系统非脆弱故障检测、动态事件触发机制下非线性系统有限时故障检测。最后探讨了通信协议约束下故障检测技术在网络化直流电机系统中的应用。

本书可以作为高等学校自动化、数学及其相关专业教师、研究生、高年级本科生的参考书，也可为对控制理论感兴趣的非专业人士提供参考。

图书在版编目（CIP）数据

基于通信协议的网络化系统故障检测 / 胡军，武志辉，陈薇潞著. — 北京：科学出版社，2022.11

ISBN 978-7-03-073161-6

Ⅰ. ①基… Ⅱ. ①胡… ②武… ③陈… Ⅲ. ①计算机网络－故障检测 Ⅳ. ①TP393.07

中国版本图书馆 CIP 数据核字(2022)第 169249 号

责任编辑：阚 瑞 / 责任校对：胡小洁
责任印制：吴兆东 / 封面设计：迷底书装

科学出版社 出版
北京东黄城根北街 16 号
邮政编码：100717
http://www.sciencep.com

北京九州迅驰传媒文化有限公司印刷

科学出版社发行 各地新华书店经销

*

2022 年 11 月第 一 版 开本：720×1 000 1/16
2024 年 3 月第三次印刷 印张：15 3/4
字数：346 000

定价：129.00 元

（如有印装质量问题，我社负责调换）

作者简介

胡军，1984年生于黑龙江七台河。哈尔滨理工大学自动化学院院长、教授、博士生导师、教育部课程思政教学名师、黑龙江省研究生导学思政团队负责人、黑龙江省重点实验室主任、德国洪堡学者、省杰青、龙江学者青年学者。2006年和2009年于哈尔滨理工大学分别获理学学士学位和理学硕士学位；2013年于哈尔滨工业大学获工学博士学位。2010～2012年，在英国Brunel University访问；2014～2016年，受德国洪堡基金资助作为“洪堡学者”在德国University of Kaiserslautern开展研究；2018～2021年，在英国University of South Wales进行科学研究。主持欧洲地区发展基金1项、德国洪堡基金1项、国家自然科学基金3项、教育部霍英东基金1项、中国博士后科学基金2项、黑龙江省杰出青年科学基金1项；出版英文专著1部，发表SCI论文80余篇，授权发明专利7项。曾获霍英东教育基金会青年教师奖、黑龙江省科学技术奖（二等奖）、黑龙江省优秀共产党员、黑龙江省高校师德先进个人、黑龙江省优秀教师、黑龙江省青年五四奖章、黑龙江省青年科技奖、黑龙江省归国留学人员报国奖等奖项或荣誉。主要研究领域是网络化系统、故障检测与故障估计、最优滤波与非线性控制等。

武志辉，1982年生于黑龙江富锦。哈尔滨理工大学自动化学院副教授、硕士生导师。2005年和2008年于合肥工业大学分别获理学学士和硕士学位；2017年于哈尔滨理工大学获管理学博士学位。2019～2020年于英国University of South Wales做访问学者。主持黑龙江省自然科学基金优秀青年项目1项、黑龙江省高等学校专项业务基金1项，参与国家自然科学基金项目4项、教育部霍英东基金1项、黑龙江省杰出青年科学基金1项和黑龙江省自然科学基金2项；出版专著1部，发表SCI论文15篇，授权发明专利2项。主要研究领域是系统优化和网络化系统故障检测。

陈薇潞，1992年生于内蒙古赤峰。北京印刷学院基础教育学院讲师。2015年、2018年和2022年于哈尔滨理工大学分别获理学学士、理学硕士和工学博士学位。发表SCI论文7篇，EI论文2篇。参与国家自然科学基金面上项目3项和黑龙江省自然科学基金项目1项。主要研究领域是网络化系统和故障检测。

前　言

网络化系统是由实时网络组成的闭环控制系统，具体是指在某一区域内执行器、控制器、传感器和通信网络的集合，用于在各个设备之间提供数字化交流，使该区域内不同位置的用户能够实现协同操作及资源共享。网络化系统具有高灵活度、高可靠性、容易安装和维护等优点，近年来受到了广泛关注，并在许多实际领域中得到了应用，如工业控制系统、智能交通系统和远程控制系统等。然而，网络的引入使得信号传输过程容易受到诸如传感器测量丢失、传感器数据漂移和网络攻击等网络诱导现象的影响，导致系统设备性能下降甚至失稳。因此，网络化系统的分析与综合问题备受关注。

通信网络的高速发展使得网络化系统中传感器的数量日益庞大，每个传感器需要处理的数据也变得越来越复杂。同时，带宽有限造成网络通信资源受限，使得多个传感器同时发送数据时容易发生数据冲突或数据碰撞现象，给网络化系统的分析带来新的挑战。因此，考虑到通信资源有限的情况，实际的网络通常配备了相应的通信协议以促进网络资源的有效利用，防止数据碰撞或通信信道拥塞的发生。随着计算机技术的飞速发展及网络技术的全面运用，许多工程系统正朝着网络化、自动化和智能化的方向发展，人民生活水平日益提高，对网络化系统的安全性及稳定性的要求也变得越来越严格。然而早期检测和维修设备大多集中在事后检修，也就是在设备无法正常工作时才进行检修。这种检测与维修方法不仅耗费人力物力，影响系统正常运行，还有可能造成重大事故的发生。因此，研究基于通信协议的网络化系统故障检测问题具有十分重要的理论与现实意义。

本书共 11 章，分别讨论了具有网络诱导现象的网络化系统在不同通信协议约束下的故障检测问题。第 1 章是绪论，第 2 章讨论 RR 协议下网络化系统故障检测问题，第 3 章讨论 WTOD 协议下具有数据漂移的非线性系统故障检测问题，第 4 章讨论 SCP 调度下具有异常测量值的时滞系统故障检测问题，第 5 章讨论静态事件触发机制下非线性马尔可夫跳跃系统故障检测问题，第 6 章讨论静态事件触发机制下具有量化的非线性系统有限时故障检测问题，第 7 章讨论环事件触发机制下具有随机时滞的非线性系统有限时故障检测问题，第 8 章讨论环事件触发机制下状态饱和时滞非线性系统有限时故障检测问题，第 9 章讨论动态事件触发机制下非线性马尔可夫跳跃系统非脆弱故障检测问题，第 10 章讨论动态事件触发机制下非线性系统有限时故障检测问题。最后，第 11 章探讨动态事件触发机制下网络化直流电机系统有限时故障检测问题。

本书得到了国家自然科学基金面上项目“基于随机发生不完全信息的滑模控制及故障重构研究”(61673141)、“资源受限下随机时变复杂网络的分布式优化状态估计与算法性能研究”(12171124)、“不完全观测信息下网络化离散随机系统多目标滤波研究”(12071102)、黑龙江省杰出青年科学基金“通讯受限非线性随机系统的分析与设计”(JC2018001)等项目的资助。作者由衷感谢英国伦敦布鲁奈尔大学(Brunel University London)王子栋教授、哈尔滨工业大学高会军教授、英国南威尔士大学(University of South Wales)刘国平教授在研究工作中给予的鼎力相助与大力支持。同时，非常感谢哈尔滨理工大学陈东彦教授、哈尔滨理工大学于晓洋教授、东北石油大学董宏丽教授、哈尔滨理工大学于浍博士等在本书写作过程中给予的大力帮助。感谢黑龙江省复杂系统优化控制与智能分析重点实验室、黑龙江省复杂智能系统与集成重点实验室、哈尔滨理工大学自动化学院、哈尔滨理工大学数学系的相关同事给予的支持。硕士生宋诗宇、李蓓承担了部分文字录入工作，在此深表谢意。本书编写过程中，作者参考和引用了大量国内外有关著作和学术论文，很多专家和学者提出了宝贵修改意见。对于以上的机构和同志，作者谨借此机会表示诚挚的感谢！

由于作者水平有限，书中难免存在不妥之处，敬请广大读者批评指正。

作　者

2022 年 10 月

主要符号表

$\mathbb{R}$	实数域
$\mathbb{R}^n$	n维欧几里得空间
$\mathbb{R}^{n\times m}$	$n\times m$阶实矩阵集合
$\mathbb{Z}^-$	非正整数集合
$\mathbb{Z}^+$	非负整数集合
I	单位矩阵
A^{-1}	矩阵A的逆
A^{T}	矩阵A的转置
$\lambda(A)$	矩阵A的特征值
$\mathbb{E}\{\cdot\}$	数学期望
$\mathrm{Prob}\{\cdot\}$	事件概率
$\mathrm{diag}\{\cdots\}$	对角矩阵
$l_2[0,N]$	区间$[0,N]$上平方可求和序列空间
$l_2[0,\infty)$	区间$[0,\infty)$上平方可求和序列空间
$\otimes$	Kronecker 积
$\lVert\cdot\rVert$	欧几里得范数
$P>0(P\geqslant 0)$	P为正定(半正定)矩阵

目　　录

第 1 章　绪　　论

1.1　引　　言

近几十年，随着科学技术的不断提升，许多工程系统朝着复杂化和大规模化的方向发展，如机器人系统、电力系统和光伏系统等[1]。这些大规模复杂系统在给人类生产生活带来便利的同时，也增加了由于某些元器件老化、形变和裂损等问题导致的系统故障风险。如果没有及时检测到系统中发生的故障，可能会给人民的生产生活带来重大影响，甚至造成无法估量的损失。例如，1971 年 6 月 30 日，苏联的"联盟"号飞船与"礼炮"空间站对接飞行 24 天后，在返回地面时因连接轨道舱和返回舱的换气阀门漏气，导致 3 名宇航员牺牲。1992 年 11 月 24 日，中国南方航空公司波音 737 飞机在执行广州-桂林航班任务时，由于飞机右发自动油门发生故障，导致左、右发动机推力不平衡，造成机上 141 人全部遇难。2018 年 3 月 12 日，江西九江某石化企业循环氢压缩机因润滑油压力低继而发生停机，由于没有安装相关检测设备及时检测到机器故障，导致该企业柴油加氢装置原料缓冲罐发生爆炸，造成 2 人死亡、1 人受伤。这些例子说明及时发现故障的早期征兆，以便采取相应措施，避免、减缓、减少重大事故的发生十分必要。作为监测和测量各种物质成分和物理量的重要工具，仪器仪表在工业、航空和人民生活等众多领域得到了广泛应用，并且仪器仪表的测量输出信息可以作为判断系统异常的重要依据。比如万用表通过电流的导通情况判断电路是否发生短路故障，压力计通过一段时间内压力的下降情况判断燃气管道是否存在泄漏故障，有害气体报警器通过检测环境中有害气体的浓度判断化工厂是否发生阀门故障等。然而，传统的采用各类仪器仪表测量电流、振动、转速、温度等物理特性变化的检测方法，通常在设备发生损坏停机后才能发现故障，因此该方法存在一定的局限性。值得注意的是，每年都会发生许多由于系统出现异常和故障却未被及时检测与排除引起的事故。由此可见，系统故障的实时检测和诊断为系统的正常运行提供了有效保障，在保证系统可靠性方面起着至关重要的作用。

作为提高复杂动态系统的安全性并且降低系统运行风险的重要手段，故障检测技术获得了越来越多的关注。该技术首次引入工程机械系统，主要用于监测系统的运行状态，检测和处理设备的异常情况。迄今为止，故障检测技术已经在现代系统控制、信号处理和模式识别等领域广泛使用[2-4]。随着故障检测技术的不断发展与完善，该技术理论已经形成了专业的结构体系，主要包括基于信号处理的方法、基于经验知识的方法和基于模型的方法。其中，近十年来应用最为广泛的是基于模型的方法，该方法利用系统的数学模型和可获得的测量输出信息设计故障检测滤波器或观测器，达到检测系统故障的目的。到目前为止，基于模型的方法已经引起了国内外学者的关注并取得了大量优秀的研究成果。

随着网络通信技术和计算机技术的快速发展，以及故障检测技术与自动控制理论的结合，测量数据由有线传输变成了网络传输传递到仪器仪表。但是，由于网络技术的发展水平和通信设备的处理能力有限，通信网络的引入可能会导致时滞、传感器测量丢失、传感器数据漂移、信号量化和网络攻击等网络诱导现象，各种网络传输异常干扰着仪器仪表对设备工况的检测。因此，构建基于设备与通信网络的网络化系统并研究故障检测问题，能适当避免由于网络通信异常或网络诱导现象导致的检测不灵敏，有效检测出设备故障，保证系统稳定运行。网络化系统是以信息包的形式通过网络交换反馈信号和控制信号的一种系统。它的特点是，系统各模块组件通过通信网络进行连接，各模块之间的物理位置和布局没有约束，方便系统操作与维护。因此，网络化系统近年来已被广泛应用于多种实际领域中，如无人机、智能机器人和航空航天等不同领域。然而，随着网络化系统的快速发展，需要传输的信息越来越多，必然会占用更多的网络资源，造成网络拥堵和数据冲突等现象。为了避免此类现象的发生，实际通信网络一般采取引入通信协议来调节数据传输。近十年来，轮询(round-robin，RR)协议、随机通信协议(stochastic communication protocol，SCP)、尝试一次加权丢弃(weighted try-once-discard，WTOD)协议和基于事件的通信协议(即事件触发机制)[5-8]受到了广泛关注。这些通信协议具有各自的特点，在网络化系统中发挥着重要的作用。但是，由于通信协议的引入，网络化系统变得更加复杂，传统的故障检测方法可能不再适用于通信协议作用下网络化系统的分析与设计。因此，开发受通信协议约束的网络化系统故障检测方法仍然值得探索和研究。

众所周知，非线性是工程领域中一类常见的现象，在系统建模分析中可以将非线性系统线性化，从而得到近似的线性系统模型。然而，在复杂动态系统中，被控对象或被控过程的非线性现象是普遍存在且十分复杂的，通过线性化得到的近似模型不能准确刻画原系统。因此，在系统建模中，非线性不能被完全消除，它是影响系统性能的重要因素之一。非线性的存在提升了系统复杂度，同时也给系统研究带来了挑战。所以，开发适用于受非线性扰动影响的网络化系统的故障检测方法显得尤为重要。此外，值得注意的是多种网络诱导现象可能同时发生，将这些现象建模并综合分析网络化系统的故障检测问题仍是一个具有挑战的课题。鉴于以上分析，本书以网络化系统为研究对象，分别研究具有传感器测量丢失、传感器数据漂移、信号量化和网络攻击等网络诱导现象的网络化系统在不同通信协议约束下的故障检测问题，提出有效的故障检测方法，进一步将研究结果应用于检测网络化直流电机系统中的故障。

1.2 网络诱导现象的研究现状

随着网络技术的快速发展，愈来愈多的传统工业控制系统通过网络进行各个设备之间的交流和控制，即网络化系统。通信网络的引入便于系统中所有设备之间的数字化交流，使得一个区域内不同位置的用户能够实现协同运行及资源共享[9]。近二十年来，国内外涌现了大量关于网络化系统的研究成果。然而，在网络环境中，信号通过有限带宽的通信信道进行传输，因此时常会发生诸如时滞、传感器测量丢失、传感器数据漂移、信号量化及网络攻击等现象[10-13]。

1) 时滞

时滞是时间滞后的简称，系统变量的测量、远距离传输等过程都可能产生时滞现象。时滞的存在可能会影响系统的性能，甚至使系统失稳，给系统分析与综合带来挑战[14]。例如，在故障检测过程中，由于时滞的影响，滤波器不能及时获取到系统的测量输出信息，从而导致故障检测方法精度降低。因此，弱化时滞对系统的影响十分必要。针对时滞现象，广大学者进行了详细的研究[15-19]。其中，文献[16]将时滞区间划分为多个子区间，结合倒凸组合不等式推导出了保证系统稳定的充分条件。文献[17]构造了具有多重积分项并且充分利用时滞信息的 Lyapunov 泛函，减少了提出的稳定性判据的保守性。文献[19]利用时滞分割方法，弱化了时滞给系统分析和综合带来的影响。此外，由于时变时滞和分布式时滞有可能同时发生，基于这种情况，文献[20]既考虑了时变时滞，又考虑了区间分布式时滞，给出了更具有一般性的确保系统稳定的控制器设计方案。文献[21]～[23]均研究了具有混合时滞的复杂系统状态估计问题，提出了相应的估计方案。

2) 传感器测量丢失

网络化系统的每个传感器节点都具有无线通信、传输信号和处理数据的能力。但是，由于传感器节点的计算水平和网络带宽有限，常常会导致通信约束存在。也就是说，在获得系统测量输出的过程中，可能会由于多种原因造成传感器测量丢失，如跟踪目标的高机动性、测量失败、传感器故障、网络拥堵或数据冲突等。在系统运行过程中，如果发生过多的测量丢失，会导致系统性能降低，甚至失稳[24]。因此，已经有许多科研工作者致力于研究具有传感器测量丢失现象的网络化系统的相关问题[25-27]。在现有的大多数研究成果中，常常通过引入一个伯努利随机变量描述传感器测量丢失现象，即假设所有传感器的测量丢失具有相同的概率分布[28-30]。在该思想的基础上，文献[31]引入了一个对角矩阵来刻画系统的传感器测量丢失现象，对角矩阵的每个元素为互不相关的伯努利随机变量，说明每个传感器拥有独立的丢失概率。然而，由于测量信息可能会发生部分丢失，仅使用伯努利随机变量刻画该现象可能不够准确。在这种情况下，文献[32]、[33]考虑了随机发生测量丢失现象，利用一组[0, 1]区间上服从指定概率分布的随机变量描述每个传感器的测量丢失情况。值得注意的是，上述结果均假设传感器测量丢失的发生概率是确定的。但是，由于系统受到外部环境的影响，丢失概率可能是不确定的，甚至是未知的。基于这种情况，研究不确定发生概率的测量丢失现象具有一定的现实意义。文献[34]～[36]讨论了具有传感器测量丢失现象的系统故障检测和滤波问题，假设传感器测量丢失的发生概率是不确定的，分别给出了故障检测方法和滤波算法。

3)传感器数据漂移

传感器数据漂移一般是指传感器发送的数据与接收端收到的数据存在不一致的现象，事实上，传感器数据漂移也是降低系统性能的重要因素之一。在工程实际中，传感器数据漂移可能发生在传感器采集信号的过程中，特别是在严重的噪声干扰下，数据的结构或语义可能会发生变化，从而影响系统性能。近十年，关于传感器数据漂移现象的相关问题已经取得了丰硕的研究成果[37-40]。其中，文献[37]考虑了基于多面体不确定性的传感器数据漂移，给出了测量输出的表达式，进而分析了网络化系统的控制问题。该文献利用一个矩阵刻画传感器数据漂移现象，假设数据漂移矩阵中的每个元素都位于已知上、下界的区间内，这种描述方式没有充分考虑到元素的概率分布问题。因此，文献[38]假设每个传感器的数据漂移现象受一个随机变量控制，该随机变量服从指定的概率分布，即传感器数据漂移现象是由一组相互独立的随机变量和各自的概率分布函数来描述的。文献[40]通过引入数据漂移矩阵的上界和下界，将表示传感器数据漂移的不确定矩阵转化为有界矩阵，便于后续的分析与处理。

4)信号量化

由于网络带宽受限，当数据经网络信道传送时，需要对数据采取量化处理，而经量化后的数据会与原始数据产生量化误差，对分析系统的稳定性和其他指标出现不同程度的影响[41]。因此，研究网络化系统的故障检测问题时，量化带来的影响不容忽视[42-45]。文献[46]提出了一种用满足扇形有界条件的不确定性处理对数量化误差的方法，采用经典鲁棒控制理论进行后续处理。文献[47]针对具有量化的不确定线性系统，将量化误差刻画为随机噪声，设计了相应的故障检测滤波器，给出了滤波器参数矩阵的具体表达式。基于文献[46]提出的处理量化误差的方法，针对具有输出量化的模糊半马尔可夫跳跃系统，文献[48]采用区间 2 型(interval type-2，IT2)模糊方法构造了 IT2 模糊半马尔可夫模态相关滤波器，通过将设计的系统模型与滤波器相结合，得到一个能够有效估计故障信号的检测系统。与此同时，针对一类具有时滞的半马尔可夫跳跃系统，为了节约传感器与故障检测滤波器之间的网络资源，文献[49]同时引入了量化方法与事件触发机制，并利用线性矩阵不等式技术和Lyapunov方法解决了事件触发机制下系统的故障检测问题。

5) 网络攻击

通信网络的广泛使用在给人们带来方便的同时，也给信息安全带来了挑战。网络的开放性令人们在使用网络时容易受到威胁，导致系统的稳定性受到影响。因此，关于网络化系统的网络安全问题引起了人们的研究兴趣[50-52]。一般来说，影响系统行为的网络攻击主要分为重放攻击[53,54]、拒绝服务攻击[55]和欺骗攻击[56-59]。其中，欺骗攻击会将欺骗信息注入系统的测量数据中，为了更符合实际，可以考虑攻击具有随机性质。目前，已有学者针对具有随机欺骗攻击现象的网络化系统，研究了其相关问题[60-65]。例如，文献[64]针对具有欺骗攻击的非线性时变网络化系统，在欺骗攻击是随机且有界的情况下设计了有限时记忆故障检测滤波器，通过使用线性矩阵不等式方法，推导出了保证随机系统稳定的充分条件。文献[65]针对一类离散非线性时变随机系统，考虑了欺骗攻击现象的随机性，在系统受到未知干扰和欺骗攻击的情况下，设计了相应的故障估计器，得到了估计误差协方差，同时，提出了一种递推方法，获得了故障估计器参数矩阵。

1.3 通信协议的研究现状

随着网络化系统的快速发展，需要传输的信息越来越多，必然会占用更多的网络资源，导致网络拥堵、数据传输延迟甚至测量丢失。而在通信过程中，数据延迟或丢失会降低系统性能，甚至造成系统失稳。为了节约网络资源，避免发生数据丢失或数据冲突等现象，实际网络环境通常引入了相应的通信协议来调控数据传输。常用的通信协议主要有 RR 协议、WTOD 协议、SCP 和事件触发机制。其中，RR 协议、WTOD 协议和 SCP 假设在每个时刻有且只有一个传感器节点使用通信信道发送输出信号。也就是说，可以根据通信协议的工作原理决定传感器节点访问通信网络的顺序。此时，基于零阶保持器，利用接收端存储的测量信息对没有得到网络使用权限的传感器节点进行补偿。另外，事件触发机制的工作原理是设定一个事件触发函数，是通过定义一系列“事件”并在每个采样时刻检查事件触发条件来完成的，从而判断何时将传感器端的数据传输到滤波器端。综上所述，在不同的协议下，网络中信号的传输遵循着不同的规则。

1) RR 协议

RR 协议是一种周期性调度方案，在此协议下，每个传感器节点都可以根据循环顺序获得传输机会。也就是说，当前获得通信网络访问权的传感器节点在数据传输后的下一时刻将访问权转移到下一个传感器节点，所有传感器节点的轮询构成一个循环。目前，RR 协议已经得到了大量的研究关注[66-71]。其中，文献[66]分析了 RR 协议调控下具有 N 个传感器节点的网络化系统的指数稳定性问题，给出了稳定性判据。文献[67]和文献[68]分别讨论了基因调控网络和传感器网络的状态估计问题，研究过程中引入了 RR 协议控制测量信号的传输，提出了相应的估计方法。文献[69]研究了基于 RR 协议的不确定非线性二阶系统鲁棒 H_∞ 故障检测问题，给出了适用于 RR 协议调控的系统故障检测策略。值得一提的是，RR 协议已应用于实际工程领域，如文献[72]介绍了 RR 协议在卫星 ATM 网络系统中的应用。

2) WTOD 协议

WTOD 协议是一种动态调度协议，即传感器节点的网络使用权限是通过“竞争”实现的，该调度原理体现了“按需分配”的思想。也就是说，测量值和最后更新值之间偏差较大的节点可以优先使用通信网络，其他节点的测量信号基于零阶保持器由前一时刻的输出数据进行保持。通过 WTOD 协议的控制与调节，每一时刻只有一个传感器节点可以传输测量值，从而避免了数据碰撞。近几年，已经发表了一些关于 WTOD 协议的研究成果[73-78]。其中，文献[75]讨论了状态饱和时滞系统在 WTOD 协议作用下的集员滤波问题，通过设计新颖的集员滤波算法，将系统状态限制在给定的椭球面内。文献[76]和文献[77]在研究非线性时滞马尔可夫跳跃系统和离散复杂网络的 H_∞ 滤波问题时，为了调节多个传感器节点的传输顺序，引入了 WTOD 协议来提高传输效率。与前面提到的 WTOD 协议相比，文献[78]呈现的 WTOD 协议考虑了一个特例，即当多个传感器节点的测量信息与最后更新值之间的偏差相同时，选择指标最小的传感器节点使用通信网络。

3) SCP 调度

SCP 调度的工作机制是根据一个已知概率分布的随机序列将网络权限分配给传感器节点，即以随机方式来确定每个时刻发送测量信号的传感器，从而降低通信负担。目前，SCP 已经在实际生活中得到了广泛的应用，例如，基于 IEEE 802.11 标准的无线局域网和基于 IEEE 802.15.4 标准的无线个人局域网[79]。SCP 分别在文献[80]和文献[81]中首次应用于连续系统和离散系统。近年来，基于 SCP 的相关课题引起了大量国内外学者的关注，并取得了丰硕的研究成果[79,82-87]。例如，文献[79]讨论了 SCP 下离散多智能体系统的 H_∞ 一致控制问题，引入了一组相互独立的随机变量体现 SCP 的调控机制。与文献[79]不同，文献[82]探讨了基于 SCP 调度的线性时变网络化系统的 H_∞ 控制问题，采用转移概率完全已知的马尔可夫链描述通信网络的 SCP 调度。在文献[82]的基础上，文献[83]研究了 SCP 作用下网络化系统的输出反馈控制问题，其中 SCP 采用转移概率部分未知的马尔可夫链模型来刻画。此外，文献[86]和文献[87]分别讨论了复杂系统和非线性网络化系统在 SCP 影响下的故障估计问题，给出了相应的估计算法。

4）事件触发机制

时间触发机制不论是否必要，都周期性地对数据进行传输，即将所有时刻的测量输出都发送给远程滤波器/估计器。但是，这种相对保守的通信策略可能会造成不必要的数据传输，导致通信资源的浪费[88]。因此，在保证系统性能的前提下，利用新的传输机制弥补时间触发机制的不足具有重要的理论和现实意义，事件触发机制是一个非常有效的方法[89-94]。文献[89]和文献[91]研究了网络化系统的动态输出反馈控制问题，引入了事件触发机制控制测量输出的更新，降低了数据传输的数量，给出了闭环系统的稳定性判据。文献[92]讨论了一类具有随机发生时变时滞和分布式时滞的离散网络化系统在通信约束下的状态估计问题，通过矩阵不等式的解，呈现了估计器参数矩阵的显示表达式。上面提到的文献都是通过静态事件触发机制达到提高通信效率的目的。然而，传统静态事件触发机制的触发阈值是预先设定的，难以适应系统的变化和外部环境的影响。为了克服上述缺点，引入了动态事件触发方案，该通信协议可以更有效地节约网络资源[95]。近年来，动态事件触发机制已经吸引了广大研究者们的注意[96-101]。其中，文献[97]对切换线性系统的输出反馈控制问题进行了探讨，利用动态事件触发机制构造了系统的输出反馈控制器，并提出了保证闭环系统全局渐近稳定的切换规则。文献[99]研究了一类时滞复杂系统在动态事件触发机制下的同步控制问题，给出了保证同步误差动态系统指数最终有界的充分条件。文献[101]讨论了动态事件触发传输方案下线性时变系统的分布式集员估计问题，使系统状态始终保持在椭球体集合内。文献[96]～[101]均通过引入一个辅助变量来刻画事件触发机制的动态特性。

1.4 故障检测简述及其研究现状

故障是指设备在工作过程中，因某种原因“丧失规定功能”的现象，它可能导致系统偏离正常运行。当系统出现故障时，系统的部分或全部参数会表现出不同于正常运行状态的特征，这些特征包含着丰富的故障信息。如果不能及时定位和排除系统中的故障，可能会造成系统功能恶化和系统崩溃等问题，甚至酿成重大事故[102-104]。因此，尽早诊断并分离故障至关重要。故障检测是一个非常有效的技术手段，它是指通过各种方法或策略判断系统中是否存在故障。近年来，故障检测技术已经引起了许多领域学者们的关注，它是提高系统可靠性的有效途径[105-107]。

1.4.1 故障检测方法简述

粗略地说，目前常用的故障检测方法主要分为三大类：基于信号处理的方法、基于经验知识的方法和基于模型的方法[108-110]。其中，基于信号处理的方法是利用系统可获得的输出信号，根据频谱分析法或小波分析法等方法对输出信号进行处理，进而检测系统中是否有故障发生。基于经验知识的方法是通过研究人员总结的各种情况和故障信息，对系统中是否发生故障进行判断。这两种方法均不需要准确建立系统的数学模型，因此不存在建模误差等问题，比较适用于大型复杂的系统[111,112]。然而，基于信号处理的方法和基于经验知识的方法不便对故障进行估计及分离。在这种情况下，基于模型的方法能够利用系统的数学模型，建立残差信号，通过分析残差信号获取故障信息，便于后续对故障的处理，因此该方法得到了愈来愈多的研究[113-115]。不失一般性，基于模型的故障检测方法主要包含三类：参数估计方法、等价空间方法和状态估计方法[116]。下面针对这三种方法作简要介绍。

(1) 参数估计方法。基于参数估计的方法首次在文献[117]中呈现并给出具体描述。该方法的主要思想是结合系统的理论模型与物理元器件之间的关系，通过比较参数的估计值与标准参考值，进而判断系统中有无故障发生及估计故障的大小。该方法能够得到较多的故障信息，便于实现故障分离，但计算量较大。近几十年，基于参数估计的方法在学术和工业应用上均取得了丰富的研究成果[118-121]。

(2) 等价空间方法。基于等价空间的方法最初在文献[122]中提出，该方法借助于系统实际获得的输入和输出信息验证被检测设备数学模型的等价性，进而实现检测与分离故障。由于该方法需要较多的冗余信息，因此，比较适用于维数较小、结构相对简单的系统。目前，基于等价空间的方法不仅在理论上得到了研究[123,124]，在实际生活中也得到了应用[125]。

(3) 状态估计方法。故障检测滤波器的理念最早在文献[126]中给出，代表着基于状态估计方法的产生。这种方法的思想是设计一个滤波器或观测器估计系统的状态，利用状态估计值和实际测量输出构造残差信号，根据残差信号的变化实现对系统故障的检测。对于能够准确获得数学模型的系统，基于状态估计的方法在故障检测方面能够体现良好的检测性能，因此，该方法近年来得到了大量的关注[127-129]。

1.4.2 网络化系统故障检测研究现状

随着时代的发展和计算机的普及，许多传统工业设备逐渐趋于网络化。但是，网络的引入使得信号的传输过程不可避免地受到网络诱导现象的影响，导致设备性能下降，造成故障检测不灵敏[130]。因此，对具有网络诱导现象的网络化系统进行故障检测研究，提出有效的故障检测方法至关重要。迄今为止，关于网络化系统的故障检测问题已经涌现了大量优秀的研究成果。

考虑到网络诱导现象对系统的影响，具有网络诱导现象的系统故障检测问题得到了学者们的广泛关注[38,131-134]。其中，文献[131]对一类具有混合时滞和随机发生非线性的离散系统故障检测问题进行了讨论，提出了相应的故障检测方法。文献[132]研究了时滞和非线性扰动对故障检测性能的影响，得到了保证故障检测系统指数均方稳定且满足 H_∞ 性能的充分条件，给出了滤波器参数矩阵的设计方法。文献[133]

和文献[134]考虑了具有传感器测量丢失的网络化系统，研究了这类系统的故障检测问题，在保证系统稳定的前提下设计了有效的故障检测策略。文献[38]对具有传感器数据漂移的非线性网络化系统进行了研究，采用一组具有确定概率分布且相互独立的随机变量刻画传感器数据漂移现象，提出了新的故障检测滤波算法。

根据通信协议能够有效节约网络资源和提高通信效率的特点，近年来，基于通信协议的系统故障检测问题同样得到了大量研究[73,135-137]。例如，文献[135]和文献[136]研究了非线性网络化系统通信受限时的故障检测问题，引入了事件触发通信方案调控传感器节点的信息传输，设计了故障检测滤波算法。文献[73]和文献[137]分别对 WTOD 协议和 RR 协议下系统的故障检测问题进行了讨论，得到了滤波器参数矩阵的显式表达式，给出了故障检测策略。值得注意的是，现有的大多数故障检测成果均是基于无记忆滤波器开发的，没有充分利用系统的历史信息。为了减少保守性，提高故障检测滤波算法的检测性能，在构建滤波器模型时考虑有限的历史状态似乎更合理，也更有意义[138-142]。例如，文献[139]和文献[140]针对离散凸多面体不确定系统设计了记忆调度故障检测滤波器，利用矩阵运算得到了滤波器参数矩阵的设计方法，提出了新的检测策略。到目前为止，具有网络诱导现象的网络化系统通信受限故障检测方法的研究成果还相对较少，该方向还有很大的研究空间。

1.4.3 马尔可夫跳跃系统故障检测研究现状

马尔可夫跳跃系统是由多个子系统构成的，其中各个子系统之间根据一定的切换概率跳跃变换，具有的动态特征称为一个模态。在连续跳跃系统中，切换概率叫作模态转移速率；在离散情形下，切换概率叫作状态转移概率，即由模态 i 转移到模态 j 的概率，这样的随机过程称为马尔可夫链[143]。作为一种特殊的切换系统，马尔可夫跳跃系统可以用来刻画一些由于突变现象而导致的系统结构或参数发生变化的情形。由于马尔可夫跳跃系统在理论研究和实际问题中都有着广泛的应用，因此，近年来该系统成为控制领域研究的热点之一[144-146]。

近几年，马尔可夫跳跃系统在通信约束下的故障检测问题引起了国内外学者们的广泛关注[147-152]。具体说来，文献[149]解决了马尔可夫跳跃系统的故障检测问题，得到了保证系统随机稳定且满足 H_∞ 性能要求的判别准则。针对一类非线性马尔可夫跳跃系统，文献[150]采用事件触发方法确定当前时刻是否更新测量值，基于可获得的测量输出设计了故障检测滤波器，利用 Lyapunov 方法，得到了系统稳定及故障检测滤波器参数矩阵存在的充分条件。文献[151]研究了具有执行器和传感器故障的网络化系统故障检测与分离问题，引入了两个独立的马尔可夫链，分别描述了执行器正常状态与故障状态之间传感器故障发生的随机切换现象；采用了事件触发机制，使得系统可以根据信息的重要性来决定是否在传感器与故障检测滤波器之间传输测量值。在实际应用中，往往希望传输更少的无效信息。因此，学者们在静态事件触发机制的基础上提出了一种动态事件触发传输方案，动态事件触发机制能够动态调整触发阈值，从而减少触发时刻。文献[152]研究了正马尔可夫系统的故障检测问题，利用动态事件触发方案限制通信信道中数据的传输量，提出了故障检测方法。需要注意的是，在通信协议下解决非线性马尔可夫跳跃系统故障检测问题的方法还比较少，需要进行更加深入的研究。

针对马尔可夫跳跃系统的特殊性，文献[153]研究了具有未知输入的离散线性马尔可夫跳跃系统的故障检测问题，将原系统转化成多模态系统，建立滤波器作为残差生成器，得到了可以反映故障是否发生的残差信号，推导出了保证增广系统均方稳定的充分条件，给出了滤波器参数矩阵的显式表达式。在大多数针对马尔可夫跳跃系统的研究中，状态转移概率或者速率矩阵均假定为已知。然而，在实际情况中，也会出现部分未知或者完全未知的情况。针对这些情形，文献[154]～[157]分别研究了具有时滞和凸多面体不确定性的连续马尔可夫跳跃系统的故障检测问题，其中转移速率包含全部已知和部分未知的情况，设计了基于不完全信息的故障检测滤波器，对于转移速率已知和未知两种情况，分别得到了保证系统随机稳定且满足 H_∞ 性能指标的充分条件。另一方面，由于故障检测由一个残差生成单元和一个残差评价单元组成，所以残差评价的阈值计算是十分重要的。出于这一考虑，文献[158]针对一类线性离散马尔可夫跳跃系统，研究了其故障检测阈值计算问题，分别设计了模态依赖及非模态依赖的卡尔曼滤波器，给出了相应的判别条件，进而解决了通信资源受限情形下线性离散马尔可夫跳跃系统的故障检测问题。

1.4.4　有限时故障检测研究现状

到目前为止，在网络化系统的故障检测问题研究中，关于系统稳定性的文献大多集中在无限区间上进行讨论。然而，在许多实际情况下，更多关注的是系统在固定的有限时间间隔内的瞬态性能。为了研究上述问题，文献[159]首次引入了有限时稳定的概念，即如果给出初始条件的界，在固定的时间间隔内系统的状态保持在给定的界内，则称系统是有限时稳定的[160-162]。进一步，有限时稳定的概念已经被运用到系统的故障检测问题中，得到了许多优秀成果[163-165]。例如，文献[163]通过构造基于观测器的残差发生器，针对一类非线性系统，提出了一种基于有限时未知输入观测器的故障检测与估计方法。文献[164]针对一类具有无限分布式时滞、随机发生时滞和信道衰落的离散复杂系统，研究了这类系统基于耗散性能的有限时故障检测问题。值得一提的是，为了提高故障检测滤波算法的性能，文献[164]在设计滤波器时考虑了残差发生器的操作误差，进而提出故障检测方法。

关于马尔可夫跳跃系统，如果在有限时间间隔内其状态保持在规定的范围内，则认为该类系统是有限时随机稳定的[166-169]。文献[167]研究了一类具有随机发生非线性的网络化系统有限时故障检测问题，基于系统的数学模型，构造了相应的故障检测滤波器，给出了保证增广系统具有有限时随机稳定性的判别条件。文献[168]针对一类连续奇异马尔可夫跳跃时滞系统，设计了模态依赖的故障检测滤波器和动态反馈控制器，同时考虑了该类系统的有限时控制和故障检测问题，基于平均驻留时间方法，利用几个积分不等式和线性矩阵不等式方法，给出了故障检测滤波器参数矩阵和控制器单元存在的充分条件。此外，对于一类具有混合时滞的奇异马尔可夫跳跃系统，文献[169]考虑了非同步切换并研究了系统在事件触发机制下的有限时控制和故障检测问题，基于矩阵不等式技术，给出了故障检测滤波器参数矩阵及控制器参数矩阵存在的判别准则，保证了控制系统的随机稳定性。值得一提的是，目前针对马尔可夫跳跃系统的有限时故障检测研究还不完善，相应的解决方法有待继续开发。

综上所述，网络化系统具有系统安装与维护容易、远程操作与控制方便等优点。因此，网络化系统已广泛应用于多种实际工业环境中。但在网络化系统带来诸多便利的同时，由于网络本身的特性，可能会诱发多种网络诱导现象，它们是导致系统整体性能降低的主要原因之一，给系统故障检测带来了新的困难与挑战。另一方面，网络化系统中的所有系统部件均以网络节点的形式连接到一个共享的通信网络，并以网络作为通信媒介进行数据传输。实际通信网络引入了相应的通信协议，有效地减少了数据碰撞，避免了网络拥堵。因此，在通信协议作用下解决具有网络诱导现象的网络化系统故障检测问题是一个极具挑战性，同时有着广阔应用前景的研究课题。然而，通信协议下具有网络诱导现象的网络化系统故障检测问题尚未得到充分研究，仍然存在着许多亟待解决的问题。

1.5 本书主要内容

本书针对通信协议下网络化系统的故障检测问题展开研究，借助线性矩阵不等式方法、Lyapunov 稳定性理论和矩阵理论，研究时滞、传感器测量丢失、传感器数据漂移、信号量化和网络攻击现象对系统的影响，分别考虑 RR 协议、WTOD 协议、SCP 和基于事件的通信协议下网络化系统的故障检测问题，设计故障检测滤波算法。本书分 11 章进行介绍。

第 1 章是绪论，介绍网络化系统的特点、网络诱导现象、通信协议及故障检测等内容，阐述网络化系统故障检测的研究现状和存在的主要问题。

第 2 章研究 RR 协议下网络化系统的故障检测问题。首先，针对一类具有非线性的网络化系统，研究其在 RR 协议下的鲁棒故障检测问题。由于通信资源有限，利用 RR 协议确定获得通信权限的传感器节点并按照机制传输信息。构造故障检测滤波器，借助于 Lyapunov 方法得到保证增广系统全局渐近稳定且满足 H_∞ 性能的充分条件。通过求解矩阵不等式，给出滤波器参数的显式表达式。其次，针对一类具有混合时滞、非线性和传感器测量丢失的离散网络化系统，研究其在 RR 协议下的故障检测问题。其中，混合时滞包含时变时滞和分布式时滞，传感器测量丢失现象由一组相互独立的伯努利随机变量描述。通过构造时滞依赖的 Lyapunov 泛函，利用矩阵不等式技术推导出系统的稳定性判据，给出故障检测方法。

第 3 章针对一类具有传感器数据漂移和随机发生非线性的离散网络化系统，研究其在 WTOD 协议下的鲁棒故障检测问题。传感器数据漂移现象由一组相互独立的随机变量和各自的概率分布函数表示，随机发生非线性现象由伯努利随机变量描述。构造适当的滤波器检测系统中的故障，得到保证增广系统随机稳定且满足 H_∞性能的充分条件，提出新的故障检测滤波算法。

第 4 章针对一类具有随机发生时变时滞和异常测量值的网络化系统，研究其在 SCP 调度下的鲁棒故障检测问题。利用伯努利随机变量刻画随机发生时变时滞现象，且考虑不确定发生概率情形，引入 SCP 控制测量数据的远程传输。针对异常测量值现象，引入饱和函数对测量输出进行约束，设计具有饱和约束的故障检测滤波器，减弱异常测量值对故障检测性能的影响。随后，构造时滞依赖的 Lyapunov 泛函，利用广义扇形条件推导出系统的稳定性判据，提出新的适用于 SCP 调度的故障检测方法。此外，设计没有饱和约束的故障检测方法，以表明饱和约束故障检测方法能适当消除由异常测量值引起的错误警报。

第 5 章针对一类非线性不确定马尔可夫跳跃系统，研究其在静态事件触发机制下的故障检测问题。为了节约网络资源，提高通信效率，利用静态事件触发机制调控信息传输。针对非线性不确定马尔可夫跳跃系统的故障检测研究，设计事件触发机制下的故障检测滤波器，通过理论证明及分析，得到增广系统随机稳定且满足 H_∞性能的充分条件，提出故障检测滤波算法。

第 6 章针对一类具有量化影响和随机发生故障的非线性网络化系统，研究其在静态事件触发机制下的有限时故障检测问题。设计一个受量化影响的有限时故障检测滤波器，基于 Lyapunov 方法和矩阵理论，得到保证增广系统有限时随机稳定的判别条件，并且在扰动不为零时，保证系统具有扰动抑制能力。通过求解矩阵不等式，得到滤波器参数矩阵的显式表达式。

第 7 章针对一类具有概率型区间时变时滞及随机发生故障的非线性网络化系统，研究其在环事件触发机制下的有限时故障检测问题。采用环事件触发方案减轻通信负担并提高通信效率。概率区间时变时滞由伯努利随机变量表示，通过引入具有两个状态的马尔可夫链刻画随机发生故障，构造一个和原系统等价的新模型，利用 Lyapunov 方法和线性矩阵不等式方法，在保证增广系统有限时随机稳定且满足 H_∞性能指标的前提下设计一种基于环事件触发机制的有限时故障检测方法。

第 8 章针对一类具有时变时滞和非线性的状态饱和网络化系统，研究其在环事件触发机制下的有限时故障检测问题。引入状态饱和现象描述设备的物理约束，使系统变量的值可以控制在一定范围内，不能无限地增加或减小。在通信受限的情况下，通过几个非线性矩阵不等式给出系统稳定性理论分析结果，提出一个迭代线性矩阵不等式算法处理得到的非线性矩阵不等式，给出故障检测方法。

第 9 章针对一类非线性不确定马尔可夫跳跃系统，研究其在动态事件触发机制下的非脆弱故障检测问题。这种通信协议能够动态调整触发阈值，减少冗余信号的传输，降低网络的传输压力。建立非脆弱故障检测滤波器，得到能反应故障信号的残差信号。借助于 Lyapunov 稳定性理论，给出保证增广系统随机稳定的稳定性判据，进而得到故障检测滤波算法。

第 10 章研究动态事件触发机制下非线性系统有限时故障检测问题。首先，针对一类具有非线性和时变时滞的网络化系统，研究其在动态事件触发机制下的有限时故障检测问题。通过建立时滞依赖的 Lyapunov 泛函，利用矩阵不等式技术，得到保证增广系统有限时稳定且满足 H_∞性能的充分条件，根据矩阵不等式的解，给出滤波器参数矩阵的显式表达式，从而提出新型有限时故障检测方法。其次，针对一类具有随机欺骗攻击的锥形非线性系统，研究其在动态事件触发机制下的有限时故障检测问题。考虑随机发生欺骗攻击对系统稳定性的影响，利用线性矩阵不等式方法，给出基于动态事件触发机制的系统有限时故障检测滤波算法。通过求解一组线性矩阵不等式，得到滤波器参数的具体表达式。

第 11 章研究动态事件触发机制下网络化直流电机系统的有限时故障检测问题。直流电机存在着多种故障模式，包括轴承磨损、机械零部件断裂、绕组短路或断路及控制器损坏等。为了保证设备安全可靠地运行，建立故障检测系统十分必要。根据直流电机的数学模型，利用欧拉离散法对连续系统进行离散化。又考虑到建模不确定性和外部扰动对系统的影响，得到直流电机的状态空间描述。此外，引入动态事件触发机制调控测量数据的远程传输，节约网络资源。利用 Lyapunov 方法，在保证系统稳定的前提下设计网络化直流电机系统的故障检测滤波算法。

第 2 章　RR 协议下网络化系统故障检测

众所周知，通信网络能够将各个独立的设备进行物理连接，实现各个设备之间的通信和信息交换，从而达到资源共享的目的。然而，通信网络的引入也造成了诸如传感器测量丢失等网络诱导现象的发生，使得网络化系统的故障检测变得越来越复杂。本章的目的是研究 RR 协议下两类网络化系统的故障检测问题，借助于线性矩阵不等式方法和 Lyapunov 方法，推导出保证增广系统稳定且满足 H_∞ 性能的判别准则。

2.1　RR 协议下非线性系统故障检测

2.1.1　问题简述

在实际工程应用中，常常需要获得被控对象的精确模型，这一过程往往较难实现。原因是在系统建模过程中存在许多不确定因素，影响了系统模型的建立。因此，为了描述系统建模的参数波动，可以引入不确定参数矩阵来描述建模不确定性。故本节考虑如下系统：

$$\begin{aligned} x_{k+1} &= (A+\Delta A)x_k + g(x_k) + D_1 v_k + G_1 f_k \\ y_k &= (C+\Delta C)x_k + D_2 v_k + G_2 f_k \\ x_0 &= \varphi_0 \end{aligned} \tag{2-1}$$

式中，$x_k \in \mathbb{R}^n$ 表示系统状态；$y_k \in \mathbb{R}^m$ 为测量输出；$g(x_k) \in \mathbb{R}^n$ 为非线性函数；$v_k \in \mathbb{R}^s$ 代表属于 $l_2[0,\infty)$ 的外部扰动；$f_k \in \mathbb{R}^l$ 为待检测的故障；φ_0 表示给定的初始值；A，D_1，G_1，C，D_2 和 G_2 是具有适当维数的已知矩阵；ΔA 和 ΔC 为参数的建模误差，满足条件：

$$\Delta A = M_a F N_a，\quad \Delta C = M_c F N_c \tag{2-2}$$

式中，M_a，N_a，M_c 和 N_c 为已知矩阵；未知矩阵 F 满足 $F^{\mathrm{T}} F \leqslant I$。

非线性函数 $g(x_k)$ 满足 $g(0)=0$ 和

$$[g(x)-g(y)-\Gamma_1(x-y)]^{\mathrm{T}}[g(x)-g(y)-\Gamma_2(x-y)] \leqslant 0, \forall x, y \in \mathbb{R}^n$$

式中，$\Gamma_1 > \Gamma_2$，Γ_1 和 Γ_2 为已知矩阵。则

$$\begin{bmatrix} x_k \\ g(x_k) \end{bmatrix}^{\mathrm{T}} \begin{bmatrix} \mathcal{T}_1 & \mathcal{T}_2 \\ * & I \end{bmatrix} \begin{bmatrix} x_k \\ g(x_k) \end{bmatrix} \leqslant 0 \tag{2-3}$$

式中

$$\mathcal{T}_1 = \frac{\Gamma_1^{\mathrm{T}}\Gamma_2 + \Gamma_2^{\mathrm{T}}\Gamma_1}{2}, \quad \mathcal{T}_2 = -\frac{\Gamma_1^{\mathrm{T}} + \Gamma_2^{\mathrm{T}}}{2}$$

由于受到网络带宽和硬件的限制，数据在传输过程中容易发生网络拥堵或数据碰撞等现象，故实际网络应用通信协议控制数据传输。本节引入 RR 协议来决定传感器节点使用网络的顺序。令 $\hbar_k \in \{1,2,\cdots,m\}$ 表示第 k 时刻能够访问通信网络的传感器节点，当 $k \in \{1,2,\cdots,m\}$ 时，定义 $\hbar_k = k$ 。在 RR 协议调控下，$k \in \mathbb{N}^+$ 中所有 $\hbar_k$ 的值均遵循规则 $\hbar_{k+m} = \hbar_k$ 。因此，$\hbar_k$ 可定义为

$$\hbar_k = \mathrm{mod}(k-1, m) + 1$$

将 $\bar{y}_k = [\bar{y}_{1,k} \quad \bar{y}_{2,k} \quad \cdots \quad \bar{y}_{m,k}]^{\mathrm{T}}$ 作为 RR 协议下通过网络后获得的输出信号，则 $\bar{y}_{i,k}$ $(i = 1,2,\cdots,m)$ 的更新准则为

$$\bar{y}_{i,k} = \begin{cases} y_{i,k}, & i = \hbar_k \\ \bar{y}_{i,k-1}, & \text{其他} \end{cases} \tag{2-4}$$

根据更新规则(2-4)，滤波器实际接收的测量值可由如下形式描述：

$$\begin{aligned} \bar{y}_k &= \Phi_{\hbar_k} y_k + (I - \Phi_{\hbar_k})\bar{y}_{k-1} \\ &= \Phi_{\hbar_k}[(C + \Delta C)x_k + D_2 v_k + G_2 f_k] + (I - \Phi_{\hbar_k})\bar{y}_{k-1} \end{aligned} \tag{2-5}$$

式中，$\Phi_{\hbar_k} = \mathrm{diag}\{\delta_{\hbar_k,1}, \delta_{\hbar_k,2}, \cdots, \delta_{\hbar_k,m}\}$ 表示更新矩阵；$\delta_{\hbar_k,i} \in \{0,1\} (i \in \{1,2,\cdots,m\})$ 为 Kronecker delta 函数。

RR 协议将通信网络的访问权按时间顺序均匀分配给所有传感器节点，也就是说，当前获得通信网络访问权的传感器节点在数据传输后的下一时刻将访问权转移到下一个传感器节点。所有传感器节点的轮询构成一个循环，每个传感器节点在一个周期中有且只有一次机会获得通信网络的使用权。

令 $\bar{x}_k = [x_k^{\mathrm{T}} \quad \bar{y}_{k-1}^{\mathrm{T}}]^{\mathrm{T}} \in \mathbb{R}^{n+m}$，利用式(2-1)和式(2-5)，计算得到如下增广系统：

$$\begin{aligned} \bar{x}_{k+1} &= (\bar{A}_{\hbar_k}^1 + \bar{A}_{\hbar_k}^2)\bar{x}_k + \bar{I}g(x_k) + \bar{D}_{\hbar_k}^1 v_k + \bar{G}_{\hbar_k}^1 f_k \\ \bar{y}_k &= (\bar{C}_{\hbar_k}^1 + \bar{C}_{\hbar_k}^2)\bar{x}_k + \bar{D}_{\hbar_k}^2 v_k + \bar{G}_{\hbar_k}^2 f_k \end{aligned} \tag{2-6}$$

式中

$$\bar{A}_{\hbar_k}^1 = \begin{bmatrix} A & 0 \\ \Phi_{\hbar_k} C & I - \Phi_{\hbar_k} \end{bmatrix}, \quad \bar{A}_{\hbar_k}^2 = \begin{bmatrix} \Delta A & 0 \\ \Phi_{\hbar_k}\Delta C & 0 \end{bmatrix}, \quad \bar{I} = \begin{bmatrix} I \\ 0 \end{bmatrix}, \quad \bar{D}_{\hbar_k}^1 = \begin{bmatrix} D_1 \\ \Phi_{\hbar_k} D_2 \end{bmatrix}$$

$$\bar{G}^1_{\hbar_k}=\begin{bmatrix}G_1\\ \Phi_{\hbar_k}G_2\end{bmatrix},\quad \bar{C}^1_{\hbar_k}=[\Phi_{\hbar_k}C\quad I-\Phi_{\hbar_k}],\quad \bar{C}^2_{\hbar_k}=[\Phi_{\hbar_k}\Delta C\quad 0]$$

$$\bar{D}^2_{\hbar_k}=\Phi_{\hbar_k}D_2,\quad \bar{G}^2_{\hbar_k}=\Phi_{\hbar_k}G_2$$

构造如下故障检测滤波器：

$$\begin{aligned}\hat{x}_{k+1}&=\bar{A}_{\hbar_k,F}\hat{x}_k+\bar{B}_{\hbar_k,F}\bar{y}_k\\ r_k&=\bar{C}_{\hbar_k,F}\hat{x}_k+\bar{D}_{\hbar_k,F}\bar{y}_k\end{aligned}\tag{2-7}$$

式中，$\hat{x}_k\in\mathbb{R}^n$表示故障检测滤波器的状态；$r_k\in\mathbb{R}^l$为残差；$\bar{A}_{\hbar_k,F}$，$\bar{B}_{\hbar_k,F}$，$\bar{C}_{\hbar_k,F}$和$\bar{D}_{\hbar_k,F}$为适当维数的待设计滤波器参数矩阵。

将式(2-6)代入到式(2-7)，故障检测滤波器可重新描述为

$$\begin{aligned}\hat{x}_{k+1}&=\bar{A}_{\hbar_k,F}\hat{x}_k+\bar{B}_{\hbar_k,F}[(\bar{C}^1_{\hbar_k}+\bar{C}^2_{\hbar_k})\bar{x}_k+\bar{D}^2_{\hbar_k}v_k+\bar{G}^2_{\hbar_k}f_k]\\ r_k&=\bar{C}_{\hbar_k,F}\hat{x}_k+\bar{D}_{\hbar_k,F}[(\bar{C}^1_{\hbar_k}+\bar{C}^2_{\hbar_k})\bar{x}_k+\bar{D}^2_{\hbar_k}v_k+\bar{G}^2_{\hbar_k}f_k]\end{aligned}\tag{2-8}$$

令$\tilde{\varsigma}_k=[\bar{x}_k^{\mathrm{T}}\quad \hat{x}_k^{\mathrm{T}}]^{\mathrm{T}}$，$\bar{r}_k=r_k-f_k$和$\vartheta_k=[v_k^{\mathrm{T}}\quad f_k^{\mathrm{T}}]^{\mathrm{T}}$，结合式(2-6)和式(2-8)，能够推导出如下增广系统：

$$\begin{aligned}\tilde{\varsigma}_{k+1}&=(\tilde{E}^1_{\hbar_k}+\tilde{E}^2_{\hbar_k})\tilde{\varsigma}_k+\tilde{I}g(x_k)+\tilde{F}^1_{\hbar_k}\vartheta_k\\ \bar{r}_k&=(\tilde{E}^3_{\hbar_k}+\tilde{E}^4_{\hbar_k})\tilde{\varsigma}_k+\tilde{F}^2_{\hbar_k}\vartheta_k\end{aligned}\tag{2-9}$$

式中

$$\tilde{E}^1_{\hbar_k}=\begin{bmatrix}\bar{A}^1_{\hbar_k}&0\\ \bar{B}_{\hbar_k,F}\bar{C}^1_{\hbar_k}&\bar{A}_{\hbar_k,F}\end{bmatrix},\quad \tilde{E}^2_{\hbar_k}=\begin{bmatrix}\bar{A}^2_{\hbar_k}&0\\ \bar{B}_{\hbar_k,F}\bar{C}^2_{\hbar_k}&0\end{bmatrix},\quad \tilde{I}=\begin{bmatrix}\bar{I}\\ 0\end{bmatrix},\quad \tilde{F}^1_{\hbar_k}=\begin{bmatrix}\bar{D}^1_{\hbar_k}&\bar{G}^1_{\hbar_k}\\ \bar{B}_{\hbar_k,F}\bar{D}^2_{\hbar_k}&\bar{B}_{\hbar_k,F}\bar{G}^1_{\hbar_k}\end{bmatrix}$$

$$\tilde{E}^3_{\hbar_k}=[\bar{D}_{\hbar_k,F}\bar{C}^1_{\hbar_k}\quad \bar{C}_{\hbar_k,F}],\quad \tilde{E}^4_{\hbar_k}=[\bar{D}_{\hbar_k,F}\bar{C}^2_{\hbar_k}\quad 0],\quad \tilde{F}^2_{\hbar_k}=[\bar{D}_{\hbar_k,F}\bar{D}^2_{\hbar_k}\quad \bar{D}_{\hbar_k,F}\bar{G}^2_{\hbar_k}-I]$$

给出残差评价函数J_k和阈值J_{th}的定义：

$$J_k=\left\{\sum_{s=0}^{k}r_s^{\mathrm{T}}r_s\right\}^{1/2},\quad J_{\mathrm{th}}=\sup_{v_k\in l_2,f_k=0}J_k\tag{2-10}$$

根据式(2-10)，按照以下规则，通过比较J_k和J_{th}的大小判断系统是否发生故障，即

$$J_k>J_{\mathrm{th}}\Rightarrow\text{检测出故障}\Rightarrow\text{警报}$$

$$J_k\leqslant J_{\mathrm{th}}\Rightarrow\text{无故障}\Rightarrow\text{不警报}$$

本节的目的是构造一个形如式(2-7)的故障检测滤波器，给出保证增广系统(2-9)全局渐近稳定且满足H_∞性能的判据，即设计滤波器参数矩阵$\bar{A}_{\hbar_k,F}$，$\bar{B}_{\hbar_k,F}$，$\bar{C}_{\hbar_k,F}$和$\bar{D}_{\hbar_k,F}$使得

(1) 当 $\vartheta_k = 0$ 时，系统(2-9)是全局渐近稳定的；

(2) 当 $\vartheta_k \neq 0$ 时，误差 $\overline{r_k}$ 在零初始条件下满足

$$\sum_{k=0}^{\infty}\|\overline{r_k}\|^2 < \gamma^2 \sum_{k=0}^{\infty}\|\vartheta_k\|^2 \tag{2-11}$$

式中，γ 为正标量。

接下来，介绍如下引理便于后续理论推导。

引理 2.1[170]　对于对称矩阵 $S = \begin{bmatrix} S_{11} & S_{12} \\ S_{12}^{\mathrm{T}} & S_{22} \end{bmatrix}$，有以下等价条件：

(1) $S < 0$；

(2) $S_{11} < 0,\ S_{22} - S_{12}^{\mathrm{T}} S_{11}^{-1} S_{12} < 0$；

(3) $S_{22} < 0,\ S_{11} - S_{12} S_{22}^{-1} S_{12}^{\mathrm{T}} < 0$。

引理 2.2[47]　令 $N = N^{\mathrm{T}}$，H 和 E 为具有适当维数的矩阵，F 满足 $F^{\mathrm{T}}F \leqslant I$，如果存在正标量 ε 使得

$$N + \varepsilon^{-1}HH^{\mathrm{T}} + \varepsilon E^{\mathrm{T}}E < 0$$

则不等式 $N + HFE + (HFE)^{\mathrm{T}} < 0$ 成立。

2.1.2　系统性能分析

接下来，给出保证系统(2-9)全局渐近稳定且满足 H_∞ 性能的充分条件。

定理 2.1　对于给定的滤波器参数矩阵 $\overline{A}_{i,F}$，$\overline{B}_{i,F}$，$\overline{C}_{i,F}$ 和 $\overline{D}_{i,F}(i = 1,2,\cdots,m)$，以及正标量 γ，如果存在对称正定矩阵 Q_i，使得矩阵不等式

$$\Upsilon_i = \begin{bmatrix} \hat{\Upsilon}_i^{11} + \mathcal{R}_i^1 & \hat{\Upsilon}_i^{12} & \hat{\Upsilon}_i^{13} + \mathcal{R}_i^2 \\ * & \hat{\Upsilon}_i^{22} & \hat{\Upsilon}_i^{23} \\ * & * & \hat{\Upsilon}_i^{33} + \mathcal{R}_i^3 \end{bmatrix} < 0 \tag{2-12}$$

成立，对于所有的 $i \in \{1,2,\cdots,m\}$，有 $Q_{m+i} = Q_i$，且

$$\begin{aligned}
&\hat{\Upsilon}_i^{11} = -Q_i + (\tilde{E}_i^1 + \tilde{E}_i^2)^{\mathrm{T}} Q_{i+1} (\tilde{E}_i^1 + \tilde{E}_i^2) - \tilde{I}\mathcal{T}_1\tilde{I}^{\mathrm{T}} \\
&\hat{\Upsilon}_i^{12} = (\tilde{E}_i^1 + \tilde{E}_i^2)^{\mathrm{T}} Q_{i+1}\tilde{I} - \tilde{I}\mathcal{T}_2,\quad \hat{\Upsilon}_i^{13} = (\tilde{E}_i^1 + \tilde{E}_i^2)^{\mathrm{T}} Q_{i+1}\tilde{F}_i^1 \\
&\hat{\Upsilon}_i^{22} = -I + \tilde{I}^{\mathrm{T}} Q_{i+1}\tilde{I},\quad \hat{\Upsilon}_i^{23} = \tilde{I}^{\mathrm{T}} Q_{i+1}\tilde{F}_i^1,\quad \hat{\Upsilon}_i^{33} = -\gamma^2 I + (\tilde{F}_i^1)^{\mathrm{T}} Q_{i+1}\tilde{F}_i^1 \\
&\mathcal{R}_i^1 = (\tilde{E}_i^3 + \tilde{E}_i^4)^{\mathrm{T}} (\tilde{E}_i^3 + \tilde{E}_i^4),\quad \mathcal{R}_i^2 = (\tilde{E}_i^3 + \tilde{E}_i^4)^{\mathrm{T}}\tilde{F}_i^2,\quad \mathcal{R}_i^3 = (\tilde{F}_i^2)^{\mathrm{T}}\tilde{F}_i^2
\end{aligned} \tag{2-13}$$

则系统(2-9)全局渐近稳定且满足 H_∞ 性能。

证　首先，构造如下 Lyapunov 函数：

$$V_k=\tilde{\varsigma}_k^{\mathrm{T}}Q_{\hbar_k}\tilde{\varsigma}_k$$

对于$\hbar_k=i$且$\hbar_{k+1}=i+1$，沿着增广系统(2-9)的轨迹计算V_k的差分，有

$$\begin{aligned}\Delta V_k&=V_{k+1}-V_k\\&=\tilde{\varsigma}_{k+1}^{\mathrm{T}}Q_{i+1}\tilde{\varsigma}_{k+1}-\tilde{\varsigma}_k^{\mathrm{T}}Q_i\tilde{\varsigma}_k\\&=[(\tilde{E}_i^1+\tilde{E}_i^2)\tilde{\varsigma}_k+\tilde{I}g(x_k)+\tilde{F}_i^1\vartheta_k]^{\mathrm{T}}Q_{i+1}\\&\quad\times[(\tilde{E}_i^1+\tilde{E}_i^2)\tilde{\varsigma}_k+\tilde{I}g(x_k)+\tilde{F}_i^1\vartheta_k]-\tilde{\varsigma}_k^{\mathrm{T}}Q_i\tilde{\varsigma}_k\\&=\tilde{\varsigma}_k^{\mathrm{T}}[(\tilde{E}_i^1+\tilde{E}_i^2)^{\mathrm{T}}Q_{i+1}(\tilde{E}_i^1+\tilde{E}_i^2)-Q_i]\tilde{\varsigma}_k\\&\quad+2\tilde{\varsigma}_k^{\mathrm{T}}(\tilde{E}_i^1+\tilde{E}_i^2)^{\mathrm{T}}Q_{i+1}\tilde{I}g(x_k)+2\tilde{\varsigma}_k^{\mathrm{T}}(\tilde{E}_i^1+\tilde{E}_i^2)^{\mathrm{T}}Q_{i+1}\tilde{F}_i^1\vartheta_k\\&\quad+g^{\mathrm{T}}(x_k)\tilde{I}^{\mathrm{T}}Q_{i+1}\tilde{I}g(x_k)+2g^{\mathrm{T}}(x_k)\tilde{I}^{\mathrm{T}}Q_{i+1}\tilde{F}_i^1\vartheta_k\\&\quad+\vartheta_k^{\mathrm{T}}(\tilde{F}_i^1)^{\mathrm{T}}Q_{i+1}\tilde{F}_i^1\vartheta_k\end{aligned}\tag{2-14}$$

注意到$x_k=\tilde{I}^{\mathrm{T}}\tilde{\varsigma}_k$，通过式(2-3)可知

$$\begin{bmatrix}\tilde{\varsigma}_k\\g(x_k)\end{bmatrix}^{\mathrm{T}}\begin{bmatrix}-\tilde{I}\mathcal{T}_1\tilde{I}^{\mathrm{T}}&-\tilde{I}\mathcal{T}_2\\ *&-I\end{bmatrix}\begin{bmatrix}\tilde{\varsigma}_k\\g(x_k)\end{bmatrix}\geqslant 0\tag{2-15}$$

则当$\vartheta_k=0$时，根据式(2-14)和式(2-15)不难发现

$$\Delta V_k\leqslant\tilde{\xi}_k^{\mathrm{T}}\tilde{\Upsilon}_i\xi_k\tag{2-16}$$

式中

$$\tilde{\xi}_k=[\tilde{\varsigma}_k^{\mathrm{T}}\quad g^{\mathrm{T}}(x_k)]^{\mathrm{T}},\quad\tilde{\Upsilon}_i=\begin{bmatrix}\hat{\Upsilon}_i^{11}&\hat{\Upsilon}_i^{12}\\ *&\hat{\Upsilon}_i^{22}\end{bmatrix}$$

由式(2-12)得到$\Delta V_k<0$，故当$\vartheta_k=0$时，系统(2-9)是全局渐近稳定的。

接下来，在零初始条件下分析$\vartheta_k\neq 0$时系统(2-9)的H_∞性能。考虑如下指标：

$$J_N=\sum_{k=0}^{N}[\overline{r}_k^{\mathrm{T}}\overline{r}_k-\gamma^2\vartheta_k^{\mathrm{T}}\vartheta_k]$$

根据ΔV_k的定义得到

$$\begin{aligned}J_N&=\sum_{k=0}^{N}[\overline{r}_k^{\mathrm{T}}\overline{r}_k-\gamma^2\vartheta_k^{\mathrm{T}}\vartheta_k+\Delta V_k]-V_{N+1}\\&\leqslant\sum_{k=0}^{N}[\overline{r}_k^{\mathrm{T}}\overline{r}_k-\gamma^2\vartheta_k^{\mathrm{T}}\vartheta_k+\Delta V_k]\\&=\sum_{k=0}^{N}\xi_k^{\mathrm{T}}\Upsilon_i\xi_k\end{aligned}\tag{2-17}$$

式中，$\xi_k = [\tilde{\zeta}_k^{\mathrm{T}} \quad g^{\mathrm{T}}(x_k) \quad \vartheta_k^{\mathrm{T}}]^{\mathrm{T}}$。根据式(2-12)并借助于以上分析，可以推导出 $J_N < 0$。令 $N \to \infty$，进一步得到

$$\sum_{k=0}^{\infty} \|\bar{r}_k\|^2 < \gamma^2 \sum_{k=0}^{\infty} \|\vartheta_k\|^2 \tag{2-18}$$

式(2-18)等价于式(2-11)。证毕。

2.1.3　故障检测滤波器设计

本节旨在给出 $\bar{A}_{i,F}$，$\bar{B}_{i,F}$，$\bar{C}_{i,F}$ 和 $\bar{D}_{i,F}(i=1,2,\cdots,m)$ 的设计方法。

定理 2.2　对于给定的正标量 γ，如果存在对称正定矩阵 $Q_i(i=1,2,\cdots,m)$，正标量 ε_1 和 ε_2，任意适当维数的矩阵 $\bar{K}_i$ 和 K_i^2 使得矩阵不等式

$$\Lambda_i = \begin{bmatrix} \Lambda_i^{11} & \Lambda_i^{12} & \Lambda^{13} \\ * & \Lambda_i^{22} & \Lambda_i^{23} \\ * & * & \Lambda^{33} \end{bmatrix} < 0 \tag{2-19}$$

成立，对于所有的 $i \in \{1,2,\cdots,m\}$，有 $Q_{m+i} = Q_i$，且

$$\Lambda_i^{11} = \begin{bmatrix} -Q_i - \tilde{I}\mathcal{T}_1\tilde{I}^{\mathrm{T}} & -\tilde{I}\mathcal{T}_2 & 0 \\ * & -I & 0 \\ * & * & -\gamma^2 I \end{bmatrix}, \quad \Lambda^{13} = \begin{bmatrix} 0 & \varepsilon_1 \breve{N}_a^{\mathrm{T}} & 0 & \varepsilon_2 \breve{N}_c^{\mathrm{T}} \\ 0 & 0 & 0 & 0 \\ 0 & 0 & 0 & 0 \end{bmatrix}$$

$$\Lambda_i^{12} = \begin{bmatrix} (\breve{E}_i^1)^{\mathrm{T}} Q_{i+1} + (\breve{E}_i^3)^{\mathrm{T}} \bar{K}_i^{\mathrm{T}} & (\breve{E}_i^3)^{\mathrm{T}} (K_i^2)^{\mathrm{T}} \\ \tilde{I}^{\mathrm{T}} Q_{i+1} & 0 \\ (\breve{F}_i^1)^{\mathrm{T}} Q_{i+1} + (\breve{F}_i^2)^{\mathrm{T}} \bar{K}_i^{\mathrm{T}} & (\breve{F}_i^2)^{\mathrm{T}} (K_i^2)^{\mathrm{T}} - \breve{I} \end{bmatrix}$$

$$\Lambda_i^{23} = \begin{bmatrix} Q_{i+1}\breve{M}_a & 0 & Q_{i+1}\breve{\Phi}_i + \bar{K}_i\bar{\Phi}_i & 0 \\ 0 & 0 & K_i^2\bar{\Phi}_t & 0 \end{bmatrix}, \quad \Lambda_i^{22} = \mathrm{diag}\{-Q_{i+1}, -I\}$$

$$\Lambda^{33} = \mathrm{diag}\{-\varepsilon_1 I, -\varepsilon_1 I, -\varepsilon_2 I, -\varepsilon_2 I\}, \quad K_i^1 = [\bar{A}_{i,F} \quad \bar{B}_{i,F}]$$

$$\breve{E}_i^1 = \begin{bmatrix} \bar{A}_i^1 & 0 \\ 0 & 0 \end{bmatrix}, \quad \breve{E}_i^2 = \begin{bmatrix} \bar{A}_i^2 & 0 \\ 0 & 0 \end{bmatrix}, \quad \breve{E}_i^3 = \begin{bmatrix} 0 & I \\ \bar{C}_i^1 & 0 \end{bmatrix}, \quad \breve{E}_i^4 = \begin{bmatrix} 0 & 0 \\ \bar{C}_i^2 & 0 \end{bmatrix}$$

$$\breve{I} = \begin{bmatrix} 0 \\ I \end{bmatrix}, \quad \breve{F}_i^1 = \begin{bmatrix} \bar{D}_i^1 & \bar{G}_i^1 \\ 0 & 0 \end{bmatrix}, \quad \breve{F}_i^2 = \begin{bmatrix} 0 & 0 \\ \bar{D}_i^2 & \bar{G}_i^2 \end{bmatrix}, \quad \breve{\Phi}_i = \begin{bmatrix} \bar{\Phi}_i \\ 0 \end{bmatrix}$$

$$\bar{\Phi}_i = \begin{bmatrix} 0 \\ \Phi_i M_c \end{bmatrix}, \quad \breve{M}_a = \begin{bmatrix} \bar{M}_a \\ 0 \end{bmatrix}, \quad \bar{M}_a = \begin{bmatrix} M_a \\ 0 \end{bmatrix}, \quad \breve{N}_c = [\bar{N}_c \quad 0]$$

$$\bar{N}_c=[N_c\quad 0]，\quad \breve{N}_a=[\bar{N}_a\quad 0]，\quad \bar{N}_a=[N_a\quad 0] \tag{2-20}$$

则系统(2-9)全局渐近稳定并且满足 H_∞ 性能。此外，滤波器参数矩阵可通过

$$[\bar{A}_{i,F}\quad \bar{B}_{i,F}]=(\breve{I}^{\mathrm{T}}Q_{i+1}\breve{I})\bar{K}_i，\quad [\bar{C}_{i,F}\quad \bar{D}_{i,F}]=K_i^2 \tag{2-21}$$

给出。

证　首先，将定理 2.1 中的部分参数写为如下形式：

$$\tilde{E}_i^1=\breve{E}_i^1+\breve{I}K_i^1\breve{E}_i^3，\quad \tilde{E}_i^2=\breve{E}_i^2+\breve{I}K_i^1\breve{E}_i^4，\quad \tilde{F}_i^1=\breve{F}_i^1+\breve{I}K_i^1\breve{F}_i^2$$

$$\tilde{E}_i^3=K_i^2\breve{E}_i^3，\quad \tilde{E}_i^4=K_i^2\breve{E}_i^4，\quad \tilde{F}_i^2=K_i^2\breve{F}_i^2-\breve{I}^{\mathrm{T}} \tag{2-22}$$

定义 $\bar{K}_i=Q_{i+1}\breve{I}K_i^1$，借助引理 2.1 和式(2-22)，式(2-12)可重写为

$$\begin{bmatrix}\Lambda_i^{11} & \bar{\Lambda}_i^{12}\\ * & \Lambda_i^{22}\end{bmatrix}<0 \tag{2-23}$$

式中

$$\bar{\Lambda}_i^{12}=\begin{bmatrix}(\tilde{E}_i^1+\tilde{E}_i^2)^{\mathrm{T}}Q_{i+1}+(\tilde{E}_i^3+\tilde{E}_i^4)^{\mathrm{T}}\bar{K}_i^{\mathrm{T}} & (\tilde{E}_i^3+\tilde{E}_i^4)^{\mathrm{T}}(K_i^2)^{\mathrm{T}}\\ \tilde{I}^{\mathrm{T}}Q_{i+1} & 0\\ (\breve{F}_i^1)^{\mathrm{T}}Q_{i+1}+(\breve{F}_i^2)^{\mathrm{T}}\bar{K}_i^{\mathrm{T}} & (\breve{F}_i^2)^{\mathrm{T}}(K_i^2)^{\mathrm{T}}-\breve{I}\end{bmatrix}$$

下面处理式(2-23)中的参数不确定性。借助于以上分析，式(2-23)可重新描述为

$$\tilde{\Lambda}_i+\tilde{M}_i^aF\tilde{N}_a+(\tilde{M}_i^aF\tilde{N}_a)^{\mathrm{T}}+\tilde{M}_i^cF\tilde{N}_c+(\tilde{M}_i^cF\tilde{N}_c)^{\mathrm{T}}<0 \tag{2-24}$$

式中

$$\tilde{\Lambda}_i=\begin{bmatrix}\Lambda_i^{11} & \Lambda_i^{12}\\ * & \Lambda_i^{22}\end{bmatrix}，\quad \tilde{M}_i^a=[0\quad 0\quad 0\quad \breve{M}_a^{\mathrm{T}}Q_{i+1}\quad 0]^{\mathrm{T}}，\quad \tilde{N}_a=[\breve{N}_a\quad 0\quad 0\quad 0\quad 0]$$

$$\tilde{M}_i^c=[0\quad 0\quad 0\quad \breve{\Phi}_i^{\mathrm{T}}Q_{i+1}+\bar{\Phi}_i^{\mathrm{T}}\bar{K}_i^{\mathrm{T}}\quad \bar{\Phi}_i^{\mathrm{T}}(K_i^2)^{\mathrm{T}}]^{\mathrm{T}}，\quad \tilde{N}_c=[\breve{N}_c\quad 0\quad 0\quad 0\quad 0]$$

由引理 2.2 可知，若存在正标量 ε_1 和 ε_2 使

$$\tilde{\Lambda}_i+\varepsilon_1^{-1}\tilde{M}_i^a(\tilde{M}_i^a)^{\mathrm{T}}+\varepsilon_1\tilde{N}_a^{\mathrm{T}}\tilde{N}_a+\varepsilon_2^{-1}\tilde{M}_i^c(\tilde{M}_i^c)^{\mathrm{T}}+\varepsilon_2\tilde{N}_c^{\mathrm{T}}\tilde{N}_c<0 \tag{2-25}$$

则式(2-24)成立。利用引理 2.1，式(2-25)等价于式(2-19)，证毕。

2.1.4　算例

本节通过 Matlab 软件进行仿真实验，说明故障检测方法的有效性。考虑系统(2-1)，其系统参数如下：

$$A=\begin{bmatrix}0.8 & -0.3\\ 0 & 0.1\end{bmatrix}，\quad D_1=\begin{bmatrix}0.9\\ 0.8\end{bmatrix}，\quad G_1=\begin{bmatrix}-0.1\\ 0.2\end{bmatrix}，\quad C=\begin{bmatrix}0.2 & -0.1\\ 0.3 & -0.2\end{bmatrix}，\quad D_2=\begin{bmatrix}-0.7\\ 0.8\end{bmatrix}$$

$$G_2=\begin{bmatrix}-0.5\\0.2\end{bmatrix},\quad M_a=M_c=\begin{bmatrix}0.1\\0.2\end{bmatrix},\quad N_a=N_c=[0.2\quad -0.3],\quad F_k=\cos(0.03k)$$

令非线性函数 $g(x_k)=0.5[(\Gamma_1+\Gamma_2)x_k+(\Gamma_2-\Gamma_1)\sin(k)x_k]$，且 $\Gamma_1=\mathrm{diag}\{0.2,0.4\}$，$\Gamma_2=\mathrm{diag}\{-0.4,-0.3\}$。此外，取 H_∞ 性能指标 $\gamma=1.6$。

通过求解式(2-19)可得：

$$\bar{A}_{1,F}=\begin{bmatrix}0.0193 & 0.0011\\0.0016 & -0.0002\end{bmatrix},\quad \bar{B}_{1,F}=\begin{bmatrix}0.1004 & -0.0551\\-0.2028 & 0.0207\end{bmatrix}$$

$$\bar{C}_{1,F}=[-0.0725\quad 0.0052],\quad \bar{D}_{1,F}=[0.4169\quad -0.0948]$$

$$\bar{A}_{2,F}=\begin{bmatrix}0.0316 & -0.0010\\-0.0003 & 0.1379\end{bmatrix},\quad \bar{B}_{2,F}=\begin{bmatrix}-0.2565 & -0.0510\\-0.3956 & -0.0225\end{bmatrix}$$

$$\bar{C}_{2,F}=[-0.0261\quad -0.0034],\quad \bar{D}_{2,F}=[-0.8542\quad -0.1736]$$

不确定非线性系统(2-1)和故障检测滤波器(2-7)的初始条件分别为 $\varphi_0=[0.2\quad -0.3]^{\mathrm{T}}$ 和 $\hat{x}_0=0$。当 $k=0,1,\cdots,150$ 时，故障信号 f_k 为

$$f_k=\begin{cases}0.8, & 50\leqslant k\leqslant 100\\0, & \text{其他}\end{cases}$$

首先，当外部扰动 $v_k=0$ 时，图 2.1 和图 2.2 分别显示了残差信号 r_k 和残差评价函数 J_k 的轨迹。图 2.1 说明残差信号 r_k 对故障 f_k 具有良好的灵敏度。图 2.2 表明，本节提出的故障检测滤波算法能及时捕捉到系统中故障的发生。

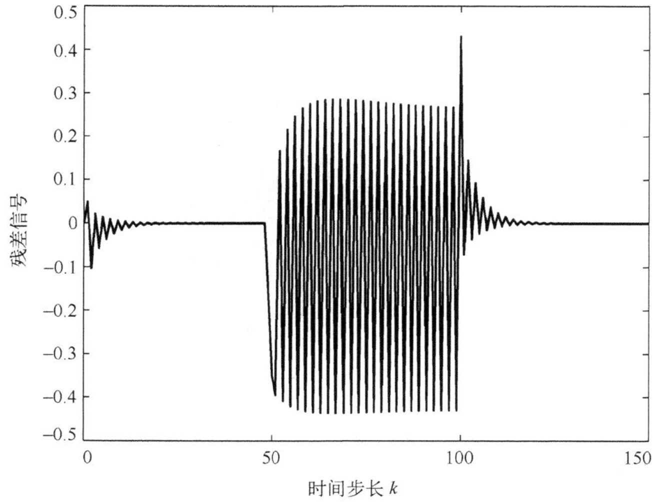

图 2.1　$v_k=0$ 时的 r_k

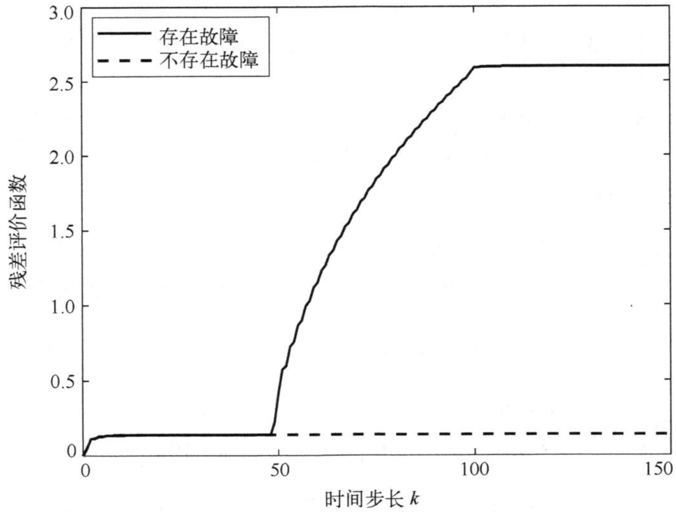

图 2.2　$v_k = 0$ 时的 J_k

其次，当外部扰动 $v_k \neq 0$ 时，令 $v_k = 0.2\exp(-0.1k)\sin(0.1k)$。图 2.3 和图 2.4 分别表示残差信号 r_k 和残差评价函数 J_k 的轨迹。根据 J_{th} 的定义得到 $J_{\text{th}} = 1.3206$。由图 2.4 可知，$1.3158 = J_{56} < J_{\text{th}} < J_{57} = 1.4114$，说明故障在发生 7 步后能够被检测出来，验证了故障检测方法的有效性。

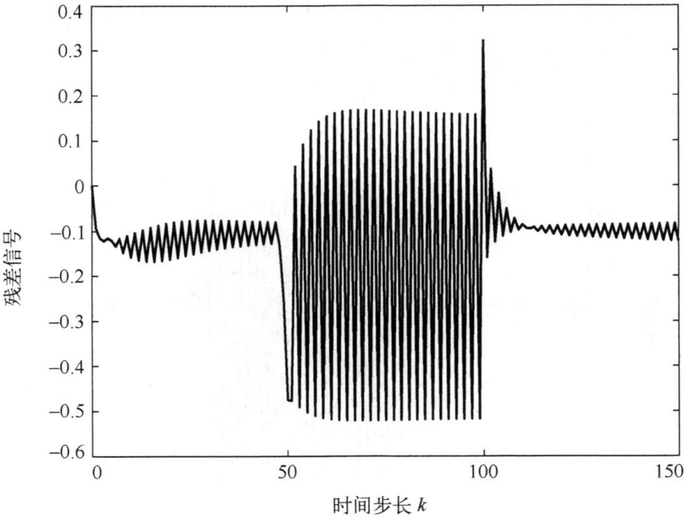

图 2.3　$v_k \neq 0$ 时的 r_k

此外，图 2.5 描绘了 RR 协议下传输测量输出的传感器节点顺序。由图 2.5 可以看出，在 RR 协议控制下，每个时刻只有一个传感器节点可以传输测量信息，体现了 RR 协议对数据传输的调控作用。以上仿真结果表明，本节设计的故障检测方法能够解决 RR 协议下非线性系统的鲁棒故障检测问题。

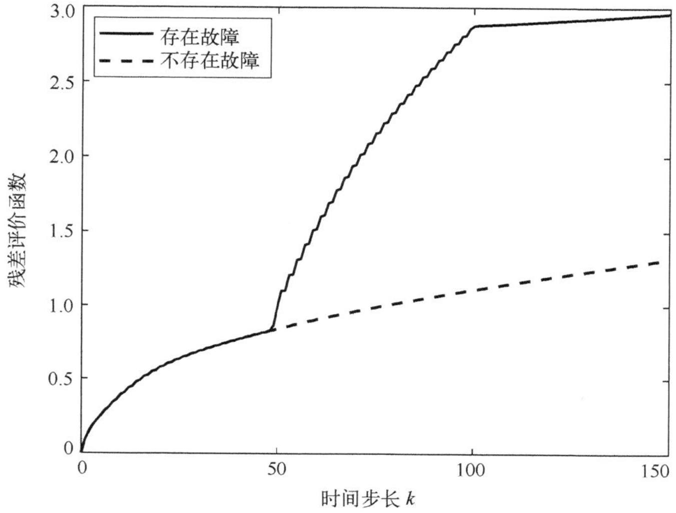

图 2.4　$v_k \neq 0$时的 J_k

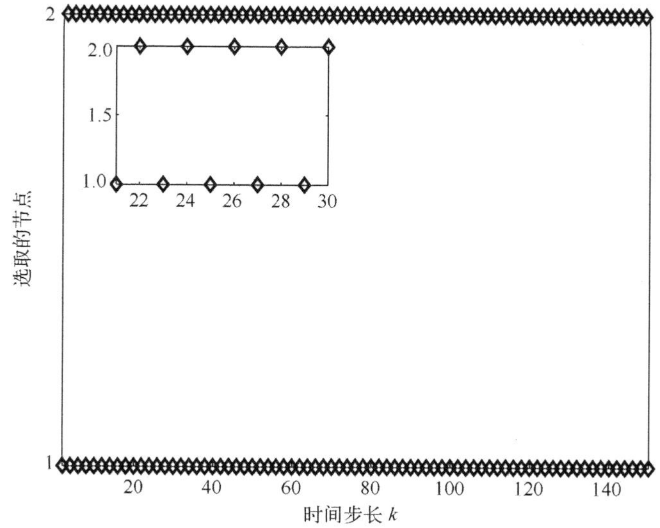

图 2.5　选取的节点 $\hbar_k$

2.2 RR 协议下具有测量丢失的时滞非线性系统故障检测

2.2.1 问题简述

考虑如下具有时变时滞、分布式时滞和传感器测量丢失的网络化系统：

$$\begin{aligned} x_{k+1} &= Ax_k + A_{d1}x_{k-\tau_k} + A_{d2}\sum_{d=1}^{\infty}\mu_d x_{k-d} + g(x_k) + D_1 v_k + Gf_k \\ y_k &= \Lambda C x_k + D_2 v_k \\ x_k &= \varphi_k, \forall k \in \mathbb{Z}^- \end{aligned} \tag{2-26}$$

式中，$x_k \in \mathbb{R}^n$ 表示系统状态；$y_k \in \mathbb{R}^m$ 为测量输出；$g(x_k) \in \mathbb{R}^n$ 为非线性函数；$v_k \in \mathbb{R}^s$ 代表属于 $l_2[0,\infty)$ 的外部扰动；$f_k \in \mathbb{R}^l$ 为待检测的故障；τ_k 是满足 $\tau_m \leqslant \tau_k \leqslant \tau_M$ 的时滞；τ_M 和 τ_m 分别表示时滞 τ_k 的上下界；$d(d=1,2,\cdots,\infty)$ 表示系统的分布式时滞；φ_k 为给定的初始序列；A，A_{d1}，A_{d2}，D_1，G，C 和 D_2 为具有适当维数的已知矩阵；标量 $\mu_d \geqslant 0$ 满足如下收敛条件：

$$\bar{\mu} \triangleq \sum_{d=1}^{\infty}\mu_d \leqslant \sum_{d=1}^{\infty} d\mu_d < +\infty \tag{2-27}$$

非线性函数满足 $g(0)=0$ 和

$$[g(x)-g(y)-\varGamma_1(x-y)]^{\mathrm{T}}[g(x)-g(y)-\varGamma_2(x-y)] \leqslant 0, \quad \forall x,y \in \mathbb{R}^n$$

式中，$\varGamma_1 > \varGamma_2$，$\varGamma_1$ 和 $\varGamma_2$ 为已知矩阵。则

$$\begin{bmatrix} x_k \\ g(x_k) \end{bmatrix}^{\mathrm{T}} \begin{bmatrix} \mathcal{T}_1 & \mathcal{T}_2 \\ * & I \end{bmatrix} \begin{bmatrix} x_k \\ g(x_k) \end{bmatrix} \leqslant 0 \tag{2-28}$$

式中

$$\mathcal{T}_1 = \frac{\varGamma_1^{\mathrm{T}}\varGamma_2 + \varGamma_2^{\mathrm{T}}\varGamma_1}{2}, \quad \mathcal{T}_2 = -\frac{\varGamma_1^{\mathrm{T}} + \varGamma_2^{\mathrm{T}}}{2}$$

传感器测量丢失现象由矩阵 $\Lambda = \mathrm{diag}\{\lambda_1, \lambda_2, \cdots, \lambda_m\} = \sum_{i=1}^{m}\lambda_i E_i$ 来刻画，其中 $E_i = \mathrm{diag}\{\underbrace{0,\cdots,0}_{i-1},1,\underbrace{0,\cdots,0}_{m-i}\}$ 且 λ_i 是具有如下统计特征的相互独立的伯努利随机变量：

$$\begin{aligned} \mathrm{Prob}\{\lambda_i = 1\} &= \mathbb{E}\{\lambda_i\} = \bar{\lambda}_i + \Delta\bar{\lambda}_i \\ \mathrm{Prob}\{\lambda_i = 0\} &= 1 - \mathbb{E}\{\lambda_i\} = 1 - (\bar{\lambda}_i + \Delta\bar{\lambda}_i) \end{aligned} \tag{2-29}$$

式中，$\mathbb{E}\{\lambda_i\}(i=1,2,\cdots,m)$ 表示 λ_i 的数学期望；$\bar{\lambda}_i+\Delta\bar{\lambda}_i$ 为丢失概率；$\bar{\lambda}_i$ 是已知的正标量；$\Delta\bar{\lambda}_i$ 满足 $\left|\Delta\bar{\lambda}_i\right|\leqslant\epsilon_i$ 且 ϵ_i 为已知的正标量。

在实际工程环境中，由于统计检验的不准确性或其他原因，λ_i 的数学期望可能很难得到精确值。在这种情况下，本节利用一组相互独立的伯努利随机变量来描述每个传感器可能发生的测量丢失情况，其中不确定丢失概率由式(2-29)中的 $\Delta\bar{\lambda}_i$ 来刻画。这种表达方式能更真实地反映系统在变化的网络环境中进行数据传输的情况。

为了避免发生数据冲突和网络拥堵现象，本节使用 RR 协议确定传感器节点访问通信网络的顺序，该协议将通信网络的使用权按时间顺序分配给传感器节点。令 $h_k\in\{1,2,\cdots,m\}$ 表示第 k 时刻能够使用通信网络的传感器节点，当 $k\in\{1,2,\cdots,m\}$ 时，定义 $h_k=k$。在 RR 协议约束下，$k\in\mathbb{N}^+$ 中所有 h_k 的值均遵循规则 $h_{k+m}=h_k$。因此，h_k 可定义为

$$h_k=\operatorname{mod}(k-1,m)+1$$

将 $\bar{y}_k=[\bar{y}_{1,k}\quad \bar{y}_{2,k}\quad\cdots\quad \bar{y}_{m,k}]^{\mathrm{T}}$ 作为 RR 协议下通过网络后获得的输出信号，则 $\bar{y}_{i,k}(i=1,2,\cdots,m)$ 的更新准则为

$$\bar{y}_{i,k}=\begin{cases} y_{i,k}, & i=h_k \\ \bar{y}_{i,k-1}, & \text{其他}\end{cases} \tag{2-30}$$

根据更新规则(2-30)，滤波器实际接收的测量信号可由以下形式描述：

$$\begin{aligned}\bar{y}_k&=\varPhi_{h_k}y_k+(I-\varPhi_{h_k})\bar{y}_{k-1}\\&=\varPhi_{h_k}\tilde{\Lambda}Cx_k+\varPhi_{h_k}(\Lambda-\tilde{\Lambda})Cx_k+\varPhi_{h_k}D_2v_k+(I-\varPhi_{h_k})\bar{y}_{k-1}\end{aligned} \tag{2-31}$$

式中，$\varPhi_{h_k}=\operatorname{diag}\{\delta_{h_k,1},\delta_{h_k,2},\cdots,\delta_{h_k,m}\}$ 表示更新矩阵，$\delta_{h_k,i}\in\{0,1\}(i\in\{1,2,\cdots,m\})$ 为 Kronecker delta 函数，$\tilde{\Lambda}=\mathbb{E}\{\Lambda\}=\operatorname{diag}\{\bar{\lambda}_1+\Delta\bar{\lambda}_1,\cdots,\bar{\lambda}_m+\Delta\bar{\lambda}_m\}$。

令 $\tilde{\Lambda}=\operatorname{diag}\{\bar{\lambda}_1,\cdots,\bar{\lambda}_m\}+\operatorname{diag}\{\Delta\bar{\lambda}_1,\cdots,\Delta\bar{\lambda}_m\}=\bar{\Lambda}+\Delta\bar{\Lambda}$。根据 $\left|\Delta\bar{\lambda}\right|\leqslant\epsilon_i$，定义 $\Lambda_1=\operatorname{diag}\{\epsilon_1,\cdots,\epsilon_m\}$，$\Lambda_2=\operatorname{diag}\{\varsigma_1,\cdots,\varsigma_m\}$，其中 $\left|\varsigma_i\right|\leqslant\epsilon_i$。则 $\Delta\bar{\Lambda}$ 可表示为 $\Delta\bar{\Lambda}=\Lambda_2$，其中 $\Lambda_2\in[-\Lambda_1,\Lambda_1]$。注意到 $\Lambda_2\in[-\Lambda_1,\Lambda_1]$ 意味着 $\varsigma_i\in[-\epsilon_i,\epsilon_i](i=1,2,\cdots,m)$。定义 $\varGamma=\Lambda_2\Lambda_1^{-1}$，矩阵 $\Delta\bar{\Lambda}$ 可以进一步写为

$$\Delta\bar{\Lambda}=\varGamma\Lambda_1,\quad \varGamma^{\mathrm{T}}\varGamma=\varGamma\varGamma^{\mathrm{T}}\leqslant I$$

因此，有

$$\tilde{\Lambda}=\bar{\Lambda}+\varGamma\Lambda_1 \tag{2-32}$$

令 $\bar{x}_k=[x_k^{\mathrm{T}}\quad \bar{y}_{k-1}^{\mathrm{T}}]^{\mathrm{T}}\in\mathbb{R}^{n+m}$，利用式(2-26)和式(2-31)，可以推导出如下增广系统：

$$\bar{x}_{k+1}=(\bar{A}_{h_k,1}+\bar{A}_{h_k,2}+\bar{A}_{h_k,3})\bar{x}_k+\bar{A}_{d1}\bar{x}_{k-\tau_k}+\bar{A}_{d2}\sum_{d=1}^{\infty}\mu_d\bar{x}_{k-d}+\bar{I}g(x_k)+\bar{D}_{h_k}v_k+\bar{G}f_k$$

$$\bar{y}_k = (\bar{C}_{h_k,1} + \bar{C}_{h_k,2} + \bar{C}_{h_k,3})\bar{x}_k + \Phi_{h_k} D_2 v_k \tag{2-33}$$

式中

$$\bar{A}_{h_k,1} = \begin{bmatrix} 0 & 0 \\ \Phi_{h_k}(\Lambda - \tilde{\Lambda})C & 0 \end{bmatrix}, \quad \bar{A}_{h_k,2} = \begin{bmatrix} A & 0 \\ 0 & I - \Phi_{h_k} \end{bmatrix}, \quad \bar{A}_{h_k,3} = \begin{bmatrix} 0 & 0 \\ \Phi_{h_k}\tilde{\Lambda}C & 0 \end{bmatrix}$$

$$\bar{A}_{d1} = \begin{bmatrix} A_{d1} & 0 \\ 0 & 0 \end{bmatrix}, \quad \bar{A}_{d2} = \begin{bmatrix} A_{d2} & 0 \\ 0 & 0 \end{bmatrix}, \quad \bar{I} = \begin{bmatrix} I \\ 0 \end{bmatrix}, \quad \bar{D}_{h_k} = \begin{bmatrix} D_1 \\ \Phi_{h_k} D_2 \end{bmatrix}, \quad \bar{G} = \begin{bmatrix} G \\ 0 \end{bmatrix}$$

$$\bar{C}_{h_k,1} = [\Phi_{h_k}(\Lambda - \tilde{\Lambda})C \quad 0], \quad \bar{C}_{h_k,2} = [0 \quad I - \Phi_{h_k}], \quad \bar{C}_{h_k,3} = [\Phi_{h_k}\tilde{\Lambda}C \quad 0]$$

为了检测 RR 协议下时滞非线性系统中的故障，构造如下故障检测滤波器：

$$\begin{aligned} \hat{\bar{x}}_{k+1} &= \bar{A}_{h_k,F}\hat{\bar{x}}_k + \bar{B}_{h_k,F}\bar{y}_k \\ r_k &= \bar{C}_{h_k,F}\hat{\bar{x}}_k + \bar{D}_{h_k,F}\bar{y}_k \end{aligned} \tag{2-34}$$

式中，$\hat{\bar{x}}_k \in \mathbb{R}^{n+m}$ 表示故障检测滤波器的状态，$r_k \in \mathbb{R}^l$ 为残差，$\bar{A}_{h_k,F}$，$\bar{B}_{h_k,F}$，$\bar{C}_{h_k,F}$ 和 $\bar{D}_{h_k,F}$ 为适当维数的待设计滤波器参数矩阵。

令 $\eta_k = [\bar{x}_k^{\mathrm{T}} \quad \hat{\bar{x}}_k^{\mathrm{T}}]^{\mathrm{T}}$，$\bar{r}_k = r_k - f_k$ 和 $\vartheta_k = [v_k^{\mathrm{T}} \quad f_k^{\mathrm{T}}]^{\mathrm{T}}$，通过式(2-33)和式(2-34)，推导出如下增广系统：

$$\begin{aligned} \eta_{k+1} &= (\tilde{A}_{h_k,1} + \tilde{A}_{h_k,2} + \tilde{A}_{h_k,3})\eta_k + \tilde{A}_{d1}\eta_{k-\tau_k} + \tilde{A}_{d2}\sum_{d=1}^{\infty}\mu_d\eta_{k-d} + \tilde{I}g(x_k) + \tilde{D}_{h_k,1}\vartheta_k \\ \bar{r}_k &= (\tilde{C}_{h_k,1} + \tilde{C}_{h_k,2} + \tilde{C}_{h_k,3})\eta_k + \tilde{D}_{h_k,2}\vartheta_k \end{aligned} \tag{2-35}$$

式中

$$\tilde{A}_{h_k,1} = \begin{bmatrix} \bar{A}_{h_k,1} & 0 \\ \bar{B}_{h_k,F}\bar{C}_{h_k,1} & 0 \end{bmatrix}, \quad \tilde{A}_{h_k,2} = \begin{bmatrix} \bar{A}_{h_k,2} & 0 \\ \bar{B}_{h_k,F}\bar{C}_{h_k,2} & \bar{A}_{h_k,F} \end{bmatrix}, \quad \tilde{A}_{h_k,3} = \begin{bmatrix} \bar{A}_{h_k,3} & 0 \\ \bar{B}_{h_k,F}\bar{C}_{h_k,3} & 0 \end{bmatrix}, \quad \tilde{I} = \begin{bmatrix} \bar{I} \\ 0 \end{bmatrix}$$

$$\tilde{A}_{d1} = \begin{bmatrix} \bar{A}_{d1} & 0 \\ 0 & 0 \end{bmatrix}, \quad \tilde{A}_{d2} = \begin{bmatrix} \bar{A}_{d2} & 0 \\ 0 & 0 \end{bmatrix}, \quad \tilde{D}_{h_k,1} = \begin{bmatrix} \bar{D}_{h_k} & \bar{G} \\ \bar{B}_{h_k,F}\Phi_{h_k}D_2 & 0 \end{bmatrix}, \quad \tilde{D}_{h_k,2} = [\bar{D}_{h_k,F}\Phi_{h_k}D_2 \quad -I]$$

$$\tilde{C}_{h_k,1} = [\bar{D}_{h_k,F}\bar{C}_{h_k,1} \quad 0], \quad \tilde{C}_{h_k,2} = [\bar{D}_{h_k,F}\bar{C}_{h_k,2} \quad \bar{C}_{h_k,F}], \quad \tilde{C}_{h_k,3} = [\bar{D}_{h_k,F}\bar{C}_{h_k,3} \quad 0]$$

给出残差评价函数 J_k 和阈值 J_{th} 的定义：

$$J_k = \left(\mathbb{E}\left\{\sum_{s=0}^{k} r_s^{\mathrm{T}} r_s\right\}\right)^{1/2}, \quad J_{\mathrm{th}} = \sup_{v_k \in l_2, f_k = 0} J_k \tag{2-36}$$

根据式(2-36)，按照以下规则，通过比较 J_k 和 J_{th} 的大小判断系统是否发生故障，即

$$J_k > J_{\text{th}} \Rightarrow \text{检测出故障} \Rightarrow \text{警报}$$

$$J_k \leqslant J_{\text{th}} \Rightarrow \text{无故障} \Rightarrow \text{不警报}$$

本节的目的是提出一种故障检测方法，使得当时变时滞、分布式时滞、传感器测量丢失及 RR 协议同时存在时，系统(2-35)在均方意义下全局渐近稳定且满足 H_∞ 性能，即本节需要设计滤波器参数矩阵 $\bar{A}_{h_k,F}$， $\bar{B}_{h_k,F}$， $\bar{C}_{h_k,F}$ 和 $\bar{D}_{h_k,F}$ 使得

(1) 当 $\vartheta_k = 0$ 时，系统(2-35)在均方意义下全局渐近稳定；

(2) 当 $\vartheta_k \neq 0$ 时，误差 $\bar{r}_k$ 在零初始条件下满足

$$\sum_{k=0}^{\infty} \mathbb{E}\{\|\bar{r}_k\|^2\} < \gamma^2 \sum_{k=0}^{\infty} \|\vartheta_k\|^2 \tag{2-37}$$

式中， γ 为正标量。

为了后续分析，引入如下引理。

引理 2.3[131]　记 $M \in \mathbb{R}^{n\times n}$ 为正定矩阵， $x_i \in \mathbb{R}^n (i = 1,2,\cdots)$ ， 标量 $a_i \geqslant 0 (i = 1, 2,\cdots)$ ，若数列收敛，则

$$\left(\sum_{i=1}^{\infty} a_i x_i\right)^{\mathrm{T}} M \left(\sum_{i=1}^{\infty} a_i x_i\right) \leqslant \left(\sum_{i=1}^{\infty} a_i\right) \sum_{i=1}^{\infty} a_i x_i^{\mathrm{T}} M x_i$$

2.2.2 系统性能分析

首先，给出保证系统(2-35)在均方意义下全局渐近稳定且满足 H_∞ 性能的充分条件。

定理 2.3　对于给定的滤波器参数矩阵 $\bar{A}_{i,F}$， $\bar{B}_{i,F}$， $\bar{C}_{i,F}$ 和 $\bar{D}_{i,F}$， 正整数 $\tau_M > \tau_m$ 及正标量 γ ，如果存在对称正定矩阵 $P_i (i = 1,2,\cdots,m)$， Q_1， Q_2， Q_3 和 R，使得矩阵不等式

$$\Xi^i = \begin{bmatrix} \Xi_{11}^i + L_1^i & 0 & \Xi_{13}^i & 0 & \Xi_{15}^i & \Xi_{16}^i & \Xi_{17}^i + L_2^i \\ * & -Q_1 & 0 & 0 & 0 & 0 & 0 \\ * & * & \Xi_{33}^i & 0 & \Xi_{35}^i & \Xi_{36}^i & \Xi_{37}^i \\ * & * & * & -Q_3 & 0 & 0 & 0 \\ * & * & * & * & \Xi_{55}^i & \Xi_{56}^i & \Xi_{57}^i \\ * & * & * & * & * & \Xi_{66}^i & \Xi_{67}^i \\ * & * & * & * & * & * & \Xi_{77}^i + L_3^i \end{bmatrix} < 0 \tag{2-38}$$

成立，对于所有的 $i \in \{1,2,\cdots,m\}$ ，有 $P_{m+i} = P_i$ ，且

$$\Xi_{11}^i = -P_i + Q_1 + (\tau_M - \tau_m + 1)Q_2 + Q_3 + \bar{\mu}R + \sum_{j=1}^{m} \bar{\sigma}_j^2 (\tilde{A}_{i,1}^j)^{\mathrm{T}} P_{i+1} (\tilde{A}_{i,1}^j)$$

$$+(\tilde{A}_{i,2}+\tilde{A}_{i,3})^{\mathrm{T}}P_{i+1}(\tilde{A}_{i,2}+\tilde{A}_{i,3})-\tilde{I}\mathcal{T}_1\tilde{I}^{\mathrm{T}}$$

$$\Xi_{13}^i=(\tilde{A}_{i,2}+\tilde{A}_{i,3})^{\mathrm{T}}P_{i+1}\tilde{A}_{d1},\quad \Xi_{15}^i=(\tilde{A}_{i,2}+\tilde{A}_{i,3})^{\mathrm{T}}P_{i+1}\tilde{A}_{d2}$$

$$\Xi_{16}^i=(\tilde{A}_{i,2}+\tilde{A}_{i,3})^{\mathrm{T}}P_{i+1}\tilde{I}-\tilde{I}\mathcal{T}_2,\quad \Xi_{17}^i=(\tilde{A}_{i,2}+\tilde{A}_{i,3})^{\mathrm{T}}P_{i+1}\tilde{D}_{i,1}$$

$$\Xi_{33}^i=-Q_2+\tilde{A}_{d1}{}^{\mathrm{T}}P_{i+1}\tilde{A}_{d1},\quad \Xi_{35}^i=\tilde{A}_{d1}^{\mathrm{T}}P_{i+1}\tilde{A}_{d2},\quad \Xi_{36}^i=\tilde{A}_{d1}^{\mathrm{T}}P_{i+1}\tilde{I}$$

$$\Xi_{37}^i=\tilde{A}_{d1}^{\mathrm{T}}P_{i+1}\tilde{D}_{i,1},\quad \Xi_{55}^i=-\frac{1}{\bar{\mu}}R+\tilde{A}_{d2}^{\mathrm{T}}P_{i+1}\tilde{A}_{d2},\quad \Xi_{56}^i=\tilde{A}_{d2}^{\mathrm{T}}P_{i+1}\tilde{I}$$

$$\Xi_{57}^i=\tilde{A}_{d2}^{\mathrm{T}}P_{i+1}\tilde{D}_{i,1},\quad \Xi_{66}^i=-I+\tilde{I}^{\mathrm{T}}P_{i+1}\tilde{I},\quad \Xi_{67}^i=\tilde{I}^{\mathrm{T}}P_{i+1}\tilde{D}_{i,1}$$

$$\Xi_{77}^i=\tilde{D}_{i,1}^{\mathrm{T}}P_{i+1}\tilde{D}_{i,1},\quad L_1^i=\sum_{j=1}^{m}\bar{\sigma}_j^2(\tilde{C}_{i,1}^j)^{\mathrm{T}}(\tilde{C}_{i,1}^j)+(\tilde{C}_{i,2}+\tilde{C}_{i,3})^{\mathrm{T}}(\tilde{C}_{i,2}+\tilde{C}_{i,3})$$

$$L_2^i=(\tilde{C}_{i,2}+\tilde{C}_{i,3})^{\mathrm{T}}\tilde{D}_{i,2},\quad L_3^i=-\gamma^2I+\tilde{D}_{i,2}^{\mathrm{T}}\tilde{D}_{i,2},\quad \tilde{A}_{i,1}^j=\begin{bmatrix}\bar{A}_{i,1}^j & 0\\ \bar{B}_{i,F}\bar{C}_{i,1}^j & 0\end{bmatrix}$$

$$\bar{A}_{i,1}^j=\begin{bmatrix}0 & 0\\ \Phi_iE_jC & 0\end{bmatrix},\quad \tilde{C}_{i,1}^j=[\bar{D}_{i,F}\bar{C}_{i,1}^j\quad 0],\quad \bar{C}_{i,1}^j=[\Phi_iE_jC\quad 0]$$

$$\sigma_j^2=(\bar{\lambda}_j+\Delta\bar{\lambda}_j)(1-\bar{\lambda}_j-\Delta\bar{\lambda}_j),\quad \bar{\sigma}_j^2=\min\left\{\frac{1}{4},(\lambda_j+\epsilon_j)(1-\lambda_j+\epsilon_j)\right\} \tag{2-39}$$

则当 $\vartheta_k=0$ 时，增广系统(2-35)在均方意义下全局渐近稳定；当 $\vartheta_k\neq 0$ 时，系统在零初始条件下满足式(2-37)。

证 根据系统(2-35)的特点，建立如下 Lyapunov 泛函：

$$V_k=\sum_{i=1}^{3}V_{i,k} \tag{2-40}$$

式中

$$V_{1,k}=\eta_k^{\mathrm{T}}P_{h_k}\eta_k$$

$$V_{2,k}=\sum_{i=k-\tau_m}^{k-1}\eta_i^{\mathrm{T}}Q_1\eta_i+\sum_{i=k-\tau_k}^{k-1}\eta_i^{\mathrm{T}}Q_2\eta_i+\sum_{i=k-\tau_M}^{k-1}\eta_i^{\mathrm{T}}Q_3\eta_i+\sum_{j=-\tau_M+1}^{-\tau_m}\sum_{i=k+j}^{k-1}\eta_i^{\mathrm{T}}Q_2\eta_i$$

$$V_{3,k}=\sum_{d=1}^{\infty}\mu_d\sum_{i=k-d}^{k-1}\eta_i^{\mathrm{T}}R\eta_i$$

定义 $\Delta V_{i,k}=\mathbb{E}\{V_{i,k+1}\}-V_{i,k}$，对于 $h_k=i$ 且 $h_{k+1}=i+1$，沿着系统(2-35)的轨迹计算 V_k 的差分有

$$\Delta V_k = \Delta V_{1,k} + \Delta V_{2,k} + \Delta V_{3,k}$$

式中

$$\begin{aligned}
\Delta V_{1,k} &= \mathbb{E}\{\eta_{k+1}^{\mathrm{T}} P_{i+1} \eta_{k+1}\} - \eta_k^{\mathrm{T}} P_i \eta_k \\
&= \mathbb{E}\left\{\left[(\tilde{A}_{i,1} + \tilde{A}_{i,2} + \tilde{A}_{i,3})\eta_k + \tilde{A}_{d1}\eta_{k-\tau_k} + \tilde{A}_{d2}\sum_{d=1}^{\infty}\mu_d \eta_{k-d} + \tilde{I}g(x_k) + \tilde{D}_{i,1}\vartheta_k\right]^{\mathrm{T}}\right. \\
&\quad \left.\times P_{i+1}\left[(\tilde{A}_{i,1} + \tilde{A}_{i,2} + \tilde{A}_{i,3})\eta_k + \tilde{A}_{d1}\eta_{k-\tau_k} + \tilde{A}_{d2}\sum_{d=1}^{\infty}\mu_d \eta_{k-d} + \tilde{I}g(x_k) + \tilde{D}_{i,1}\vartheta_k\right]\right\} \\
&\quad - \eta_k^{\mathrm{T}} P_i \eta_k \\
&= \sum_{j=1}^{m}\sigma_j^2 \eta_k^{\mathrm{T}} (\tilde{A}_{i,1}^j)^{\mathrm{T}} P_{i+1} (\tilde{A}_{i,1}^j)\eta_k + \eta_k^{\mathrm{T}} (\tilde{A}_{i,2} + \tilde{A}_{i,3})^{\mathrm{T}} P_{i+1} (\tilde{A}_{i,2} + \tilde{A}_{i,3})\eta_k \\
&\quad + 2\eta_k^{\mathrm{T}} (\tilde{A}_{i,2} + \tilde{A}_{i,3})^{\mathrm{T}} P_{i+1}\tilde{A}_{d1}\eta_{k-\tau_k} + 2\eta_k^{\mathrm{T}} (\tilde{A}_{i,2} + \tilde{A}_{i,3})^{\mathrm{T}} P_{i+1}\tilde{A}_{d2}\left(\sum_{d=1}^{\infty}\mu_d\eta_{k-d}\right) \\
&\quad + 2\eta_k^{\mathrm{T}} (\tilde{A}_{i,2} + \tilde{A}_{i,3})^{\mathrm{T}} P_{i+1}\tilde{I}g(x_k) + 2\eta_k^{\mathrm{T}} (\tilde{A}_{i,2} + \tilde{A}_{i,3})^{\mathrm{T}} P_{i+1}\tilde{D}_{i,1}\vartheta_k \\
&\quad + \eta_{k-\tau_k}^{\mathrm{T}}\tilde{A}_{d1}^{\mathrm{T}} P_{i+1}\tilde{A}_{d1}\eta_{k-\tau_k} + 2\eta_{k-\tau_k}^{\mathrm{T}}\tilde{A}_{d1}^{\mathrm{T}} P_{i+1}\tilde{A}_{d2}\left(\sum_{d=1}^{\infty}\mu_d\eta_{k-d}\right) \\
&\quad + 2\eta_{k-\tau_k}^{\mathrm{T}}\tilde{A}_{d1}^{\mathrm{T}} P_{i+1}\tilde{I}g(x_k) + 2\eta_{k-\tau_k}^{\mathrm{T}}\tilde{A}_{d1}^{\mathrm{T}} P_{i+1}\tilde{D}_{i,1}\vartheta_k \\
&\quad + \left(\sum_{d=1}^{\infty}\mu_d\eta_{k-d}\right)^{\mathrm{T}}\tilde{A}_{d2}^{\mathrm{T}} P_{i+1}\tilde{A}_{d2}\left(\sum_{d=1}^{\infty}\mu_d\eta_{k-d}\right) + 2\left(\sum_{d=1}^{\infty}\mu_d\eta_{k-d}\right)^{\mathrm{T}}\tilde{A}_{d2}^{\mathrm{T}} P_{i+1}\tilde{I}g(x_k) \\
&\quad + 2\left(\sum_{d=1}^{\infty}\mu_d\eta_{k-d}\right)^{\mathrm{T}}\tilde{A}_{d2}^{\mathrm{T}} P_{i+1}\tilde{D}_{i,1}\vartheta_k + g^{\mathrm{T}}(x_k)\tilde{I}^{\mathrm{T}} P_{i+1}\tilde{I}g(x_k) \\
&\quad + 2g^{\mathrm{T}}(x_k)\tilde{I}^{\mathrm{T}} P_{i+1}\tilde{D}_{i,1}\vartheta_k + \vartheta_k^{\mathrm{T}}\tilde{D}_{i,1}^{\mathrm{T}} P_{i+1}\tilde{D}_{i,1}\vartheta_k - \eta_k^{\mathrm{T}} P_i \eta_k
\end{aligned} \tag{2-41}$$

$$\begin{aligned}
\Delta V_{2,k} \leqslant\; & \eta_k^{\mathrm{T}}[Q_1 + (\tau_M - \tau_m + 1)Q_2 + Q_3]\eta_k - \eta_{k-\tau_m}^{\mathrm{T}} Q_1 \eta_{k-\tau_m} \\
& - \eta_{k-\tau_k}^{\mathrm{T}} Q_2 \eta_{k-\tau_k} - \eta_{k-\tau_M}^{\mathrm{T}} Q_3 \eta_{k-\tau_M}
\end{aligned} \tag{2-42}$$

$$\Delta V_{3,k} = \bar{\mu}\eta_k^{\mathrm{T}} R\eta_k - \sum_{d=1}^{\infty}\mu_d \eta_{k-d}^{\mathrm{T}} R \eta_{k-d} \tag{2-43}$$

注意到$\sigma_j^2 \leqslant \bar{\sigma}_j^2$，则

$$\Delta V_{1,k} \leqslant \sum_{j=1}^{m}\bar{\sigma}_j^2 \eta_k^{\mathrm{T}} (\tilde{A}_{i,1}^j)^{\mathrm{T}} P_{i+1} (\tilde{A}_{i,1}^j)\eta_k + \eta_k^{\mathrm{T}} (\tilde{A}_{i,2} + \tilde{A}_{i,3})^{\mathrm{T}} P_{i+1} (\tilde{A}_{i,2} + \tilde{A}_{i,3})\eta_k$$

$$
\begin{aligned}
&+2\eta_k^{\mathrm{T}}(\tilde{A}_{i,2}+\tilde{A}_{i,3})^{\mathrm{T}}P_{i+1}\tilde{A}_{d1}\eta_{k-\tau_k}+2\eta_k^{\mathrm{T}}(\tilde{A}_{i,2}+\tilde{A}_{i,3})^{\mathrm{T}}P_{i+1}\tilde{A}_{d2}\left(\sum_{d=1}^{\infty}\mu_d\eta_{k-d}\right)\\
&+2\eta_k^{\mathrm{T}}(\tilde{A}_{i,2}+\tilde{A}_{i,3})^{\mathrm{T}}P_{i+1}\tilde{I}g(x_k)+2\eta_k^{\mathrm{T}}(\tilde{A}_{i,2}+\tilde{A}_{i,3})^{\mathrm{T}}P_{i+1}\tilde{D}_{i,1}\vartheta_k\\
&+\eta_{k-\tau_k}^{\mathrm{T}}\tilde{A}_{d1}^{\mathrm{T}}P_{i+1}\tilde{A}_{d1}\eta_{k-\tau_k}+2\eta_{k-\tau_k}^{\mathrm{T}}\tilde{A}_{d1}^{\mathrm{T}}P_{i+1}\tilde{A}_{d2}\left(\sum_{d=1}^{\infty}\mu_d\eta_{k-d}\right)+2\eta_{k-\tau_k}^{\mathrm{T}}\tilde{A}_{d1}^{\mathrm{T}}P_{i+1}\tilde{I}g(x_k)\\
&+2\eta_{k-\tau_k}^{\mathrm{T}}\tilde{A}_{d1}^{\mathrm{T}}P_{i+1}\tilde{D}_{i,1}\vartheta_k+\left(\sum_{d=1}^{\infty}\mu_d\eta_{k-d}\right)^{\mathrm{T}}\tilde{A}_{d2}^{\mathrm{T}}P_{i+1}\tilde{A}_{d2}\left(\sum_{d=1}^{\infty}\mu_d\eta_{k-d}\right)\\
&+2\left(\sum_{d=1}^{\infty}\mu_d\eta_{k-d}\right)^{\mathrm{T}}\tilde{A}_{d2}^{\mathrm{T}}P_{i+1}\tilde{I}g(x_k)+2\left(\sum_{d=1}^{\infty}\mu_d\eta_{k-d}\right)^{\mathrm{T}}\tilde{A}_{d2}^{\mathrm{T}}P_{i+1}\tilde{D}_{i,1}\vartheta_k\\
&+g^{\mathrm{T}}(x_k)\tilde{I}^{\mathrm{T}}P_{i+1}\tilde{I}g(x_k)+2g^{\mathrm{T}}(x_k)\tilde{I}^{\mathrm{T}}P_{i+1}\tilde{D}_{i,1}\vartheta_k+\vartheta_k^{\mathrm{T}}\tilde{D}_{i,1}^{\mathrm{T}}P_{i+1}\tilde{D}_{i,1}\vartheta_k-\eta_k^{\mathrm{T}}P_i\eta_k
\end{aligned}
$$

利用引理 2.3 处理式(2-43)，有

$$
-\sum_{d=1}^{\infty}\mu_d\eta_{k-d}^{\mathrm{T}}R\eta_{k-d}\leqslant-\frac{1}{\bar{\mu}}\left(\sum_{d=1}^{\infty}\mu_d\eta_{k-d}\right)^{\mathrm{T}}R\left(\sum_{d=1}^{\infty}\mu_d\eta_{k-d}\right) \tag{2-44}
$$

进一步可以得到

$$
\Delta V_{3,k}\leqslant\bar{\mu}\eta_k^{\mathrm{T}}R\eta_k-\frac{1}{\bar{\mu}}\left(\sum_{d=1}^{\infty}\mu_d\eta_{k-d}\right)^{\mathrm{T}}R\left(\sum_{d=1}^{\infty}\mu_d\eta_{k-d}\right) \tag{2-45}
$$

注意到 $x_k=\tilde{I}^{\mathrm{T}}\eta_k$，通过式(2-28)可知

$$
\begin{bmatrix}\eta_k\\ g(x_k)\end{bmatrix}^{\mathrm{T}}\begin{bmatrix}-\tilde{I}\mathcal{T}_1\tilde{I}^{\mathrm{T}} & -\tilde{I}\mathcal{T}_2\\ * & -I\end{bmatrix}\begin{bmatrix}\eta_k\\ g(x_k)\end{bmatrix}\geqslant 0 \tag{2-46}
$$

首先证明系统(2-35)在 $\vartheta_k=0$ 时的稳定性。由式(2-40)～式(2-46)容易得到

$$
\Delta V_k\leqslant\zeta_k^{\mathrm{T}}\hat{\Xi}^i\zeta_k \tag{2-47}
$$

式中

$$
\hat{\Xi}^i=\begin{bmatrix}
\Xi_{11}^i & 0 & \Xi_{13}^i & 0 & \Xi_{15}^i & \Xi_{16}^i\\
* & -Q_1 & 0 & 0 & 0 & 0\\
* & * & \Xi_{33}^i & 0 & \Xi_{35}^i & \Xi_{36}^i\\
* & * & * & -Q_3 & 0 & 0\\
* & * & * & * & \Xi_{55}^i & \Xi_{56}^i\\
* & * & * & * & * & \Xi_{66}^i
\end{bmatrix}
$$

$$\zeta_k = \begin{bmatrix} \eta_k^{\mathrm{T}} & \eta_{k-\tau_m}^{\mathrm{T}} & \eta_{k-\tau_k}^{\mathrm{T}} & \eta_{k-\tau_M}^{\mathrm{T}} & \left(\sum_{d=1}^{\infty}\mu_d\eta_{k-d}\right)^{\mathrm{T}} & g^{\mathrm{T}}(x_k) \end{bmatrix}^{\mathrm{T}}$$

由式(2-38)可知 $\hat{\Xi}^i < 0$，则当 $\vartheta_k = 0$ 时，系统(2-35)在均方意义下全局渐近稳定。

下面分析系统(2-35)在 $\vartheta_k \neq 0$ 时的 H_∞ 性能。在零初始条件下考虑如下指标：

$$J_N = \sum_{k=0}^{N}\mathbb{E}\{\overline{r}_k^{\mathrm{T}}\overline{r}_k - \gamma^2\vartheta_k^{\mathrm{T}}\vartheta_k\}$$

根据 ΔV_k 的定义得到

$$\begin{aligned} J_N &= \sum_{k=0}^{N}\mathbb{E}\{\overline{r}_k^{\mathrm{T}}\overline{r}_k - \gamma^2\vartheta_k^{\mathrm{T}}\vartheta_k + \Delta V_k\} - \mathbb{E}\{V_{N+1}\} \\ &\leqslant \sum_{k=0}^{N}\mathbb{E}\{\overline{r}_k^{\mathrm{T}}\overline{r}_k - \gamma^2\vartheta_k^{\mathrm{T}}\vartheta_k + \Delta V_k\} \\ &= \sum_{k=0}^{N}\xi_k^{\mathrm{T}}\Xi^i\xi_k \end{aligned} \tag{2-48}$$

式中，$\xi_k = [\zeta_k^{\mathrm{T}} \quad \vartheta_k^{\mathrm{T}}]^{\mathrm{T}}$。

根据式(2-38)并借助于以上分析，可以推导出 $J_N < 0$。令 $N \to \infty$，进一步得到

$$\sum_{k=0}^{\infty}\mathbb{E}\{\|\overline{r}_k\|^2\} < \gamma^2\sum_{k=0}^{\infty}\|\vartheta_k\|^2 \tag{2-49}$$

式(2-49)等价于式(2-37)。证毕。

2.2.3　故障检测滤波器设计

本节旨在给出滤波器参数矩阵的显式表达式,解决故障检测滤波器的设计问题。

定理 2.4　对于给定的正整数 $\tau_M > \tau_m$ 及正标量 γ，如果存在对称正定矩阵 $P_i(i=1,2,\cdots,m)$，Q_1，Q_2，Q_3 和 R，正标量 ρ，任意适当维数的矩阵 X_i 和 $K_{i,2}(i=1,2,\cdots,m)$ 使得矩阵不等式

$$\Theta^i = \begin{bmatrix} \Theta_{11}^i & \Theta_{12}^i \\ * & \Theta_{22} \end{bmatrix} < 0 \tag{2-50}$$

成立，对于所有的 $i \in \{1,2,\cdots,m\}$，有 $P_{m+i} = P_i$ 且

$$\Theta_{11}^i = \begin{bmatrix} \Psi^i & \tilde{\Xi}_{12}^i + \Upsilon_{12}^i & \tilde{\Xi}_{13}^i + \Upsilon_{13}^i & \tilde{\Xi}_{14}^i & \tilde{\Xi}_{15}^i \\ * & -P_{i+1} & 0 & 0 & 0 \\ * & * & -I & 0 & 0 \\ * & * & * & -P_{i+1} & 0 \\ * & * & * & * & -I \end{bmatrix},\quad \Theta_{22} = \begin{bmatrix} -\rho I & 0 \\ * & -\rho I \end{bmatrix}$$

$$\Psi^i = \begin{bmatrix} \Psi_i^{11} & 0 & 0 & 0 & 0 & -\tilde{I}\mathcal{T}_2 & 0 \\ * & -Q_1 & 0 & 0 & 0 & 0 & 0 \\ * & * & -Q_2 & 0 & 0 & 0 & 0 \\ * & * & * & -Q_3 & 0 & 0 & 0 \\ * & * & * & * & -\dfrac{1}{\bar{\mu}}R & 0 & 0 \\ * & * & * & * & * & -I & 0 \\ * & * & * & * & * & * & -\gamma^2 I \end{bmatrix}$$

$$\Theta_{12}^i = \begin{bmatrix} 0 & P_{i+1}\hat{\Phi}_{i,1} + X_i\hat{\Phi}_{i,2} & K_{i,2}\hat{\Phi}_{i,2} & 0 & 0 \\ \rho\breve{\Lambda}_1 & 0 & 0 & 0 & 0 \end{bmatrix}^{\mathrm{T}}$$

$$\Psi_i^{11} = -P_i + Q_1 + (\tau_M - \tau_m + 1)Q_2 + Q_3 + \bar{\mu}R - \tilde{I}\mathcal{T}_1\tilde{I}^{\mathrm{T}}$$

$$\tilde{\Xi}_{12}^i = [P_{i+1}\hat{A}_{i,2} + X_i\hat{C}_{i,2} \quad 0 \quad P_{i+1}\tilde{A}_{d1} \quad 0 \quad P_{i+1}\tilde{A}_{d2} \quad P_{i+1}\tilde{I} \quad P_{i+1}\hat{D}_{i,1} + X_i\hat{D}_{i,2}]^{\mathrm{T}}$$

$$\tilde{\Xi}_{13}^i = [K_{i,2}\hat{C}_{i,2} \quad 0 \quad 0 \quad 0 \quad 0 \quad 0 \quad K_{i,2}\hat{D}_{i,2} - \hat{E}^{\mathrm{T}}]^{\mathrm{T}}$$

$$\tilde{\Xi}_{14}^i = [P_{i+1}\hat{A}_{i,1}^j + X_i\hat{C}_{i,1}^j \quad 0 \quad 0 \quad 0 \quad 0 \quad 0 \quad 0]^{\mathrm{T}}$$

$$\tilde{\Xi}_{15}^i = [K_{i,2}\hat{C}_{i,1}^j \quad 0 \quad 0 \quad 0 \quad 0 \quad 0 \quad 0]^{\mathrm{T}}, \quad \breve{\Lambda}_1 = [\hat{\Lambda}_1 \quad 0 \quad 0 \quad 0 \quad 0 \quad 0 \quad 0]$$

$$\Upsilon_{12}^i = [P_{i+1}\Sigma_{i,1} + X_i\Sigma_{i,2} \quad 0 \quad 0 \quad 0 \quad 0 \quad 0 \quad 0]^{\mathrm{T}}, \quad \hat{\Lambda}_1 = [\bar{\Lambda}_1 \quad 0]$$

$$\Upsilon_{13}^i = [K_{i,2}\Sigma_{i,2} \quad 0 \quad 0 \quad 0 \quad 0 \quad 0 \quad 0]^{\mathrm{T}}, \quad \bar{\Lambda}_1 = [\Lambda_1 C \quad 0]$$

$$\hat{A}_{i,1}^j = \begin{bmatrix} \sum_{j=1}^{m} \bar{\sigma}_j(\bar{A}_{i,1}^j) & 0 \\ 0 & 0 \end{bmatrix}, \quad \hat{A}_{i,2} = \begin{bmatrix} \bar{A}_{i,2} & 0 \\ 0 & 0 \end{bmatrix}, \quad \hat{A}_{i,3} = \begin{bmatrix} \bar{A}_{i,3} & 0 \\ 0 & 0 \end{bmatrix}$$

$$\hat{C}_{i,1}^j = \begin{bmatrix} 0 & 0 \\ \sum_{j=1}^{m} \bar{\sigma}_j(\bar{C}_{i,1}^j) & 0 \end{bmatrix}, \quad \hat{C}_{i,2} = \begin{bmatrix} 0 & I \\ \bar{C}_{i,2} & 0 \end{bmatrix}, \quad \hat{C}_{i,3} = \begin{bmatrix} 0 & 0 \\ \bar{C}_{i,3} & 0 \end{bmatrix}$$

$$\hat{D}_{i,1} = \begin{bmatrix} \bar{D}_i & \bar{G} \\ 0 & 0 \end{bmatrix}, \quad \hat{D}_{i,2} = \begin{bmatrix} 0 & 0 \\ \Phi_i D_2 & 0 \end{bmatrix}, \quad \hat{E} = \begin{bmatrix} 0 \\ I \end{bmatrix}, \quad \hat{\Phi}_{i,1} = \begin{bmatrix} \bar{\Phi}_{i,1} \\ 0 \end{bmatrix}$$

$$\bar{\Phi}_{i,1} = \begin{bmatrix} 0 \\ \Phi_i \end{bmatrix}, \quad \hat{\Phi}_{i,2} = \begin{bmatrix} 0 \\ \Phi_i \end{bmatrix}, \quad \Sigma_{i,1} = \begin{bmatrix} \Omega_{i,1} & 0 \\ 0 & 0 \end{bmatrix}, \quad \Sigma_{i,2} = \begin{bmatrix} 0 & 0 \\ \Omega_{i,2} & 0 \end{bmatrix}$$

$$\Omega_{i,1}=\begin{bmatrix}0 & 0\\ \Phi_i\bar{\Lambda}C & 0\end{bmatrix},\quad \Omega_{i,2}=[\Phi_i\bar{\Lambda}C \quad 0],\quad K_{i,1}=[\bar{A}_{i,F} \quad \bar{B}_{i,F}] \tag{2-51}$$

则当 $\vartheta_k=0$ 时，增广系统(2-35)在均方意义下全局渐近稳定；当 $\vartheta_k\neq 0$ 时，系统在零初始条件下满足式(2-37)。此外，滤波器参数矩阵可通过

$$[\bar{A}_{i,F} \quad \bar{B}_{i,F}]=(\hat{E}^{\mathrm{T}}P_{i+1}\hat{E})^{-1}\hat{E}^{\mathrm{T}}X_i,\quad [\bar{C}_{i,F} \quad \bar{D}_{i,F}]=K_{i,2} \tag{2-52}$$

给出。

证 首先，将定理 2.3 中的部分参数重写为

$$\sum_{j=1}^{m}\bar{\sigma}_j(\tilde{A}_{i,1}^j)=\hat{A}_{i,1}^j+\hat{E}K_{i,1}\hat{C}_{i,1}^j,\quad \tilde{A}_{i,2}=\hat{A}_{i,2}+\hat{E}K_{i,1}\hat{C}_{i,2},\quad \tilde{A}_{i,3}=\hat{A}_{i,3}+\hat{E}K_{i,1}\hat{C}_{i,3}$$

$$\sum_{j=1}^{m}\bar{\sigma}_j(\tilde{C}_{i,1}^j)=K_{i,2}\hat{C}_{i,1}^j,\quad \tilde{C}_{i,2}=K_{i,2}\hat{C}_{i,2},\quad \tilde{C}_{i,3}=K_{i,2}\hat{C}_{i,3}$$

$$\tilde{D}_{i,1}=\hat{D}_{i,1}+\hat{E}K_{i,1}\hat{D}_{i,2},\quad \tilde{D}_{i,2}=K_{i,2}\hat{D}_{i,2}-\hat{E}^{\mathrm{T}} \tag{2-53}$$

利用引理 2.1 和式(2-53)，可重写式(2-38)为

$$\begin{bmatrix}\Psi^i & \breve{\Xi}_{12}^i & \breve{\Xi}_{13}^i & \breve{\Xi}_{14}^i & \tilde{\Xi}_{15}^i\\ * & -P_{i+1}^{-1} & 0 & 0 & 0\\ * & * & -I & 0 & 0\\ * & * & * & -P_{i+1}^{-1} & 0\\ * & * & * & * & -I\end{bmatrix}<0 \tag{2-54}$$

式中

$$\breve{\Xi}_{12}^i=[\hat{A}_{i,2}+\hat{E}K_{i,1}\hat{C}_{i,2}+\hat{A}_{i,3}+\hat{E}K_{i,1}\hat{C}_{i,3} \quad 0 \quad \tilde{A}_{d1} \quad 0 \quad \tilde{A}_{d2} \quad \tilde{I} \quad \hat{D}_{i,1}+\hat{E}K_{i,1}\hat{D}_{i,2}]^{\mathrm{T}}$$

$$\breve{\Xi}_{13}^i=[K_{i,2}\hat{C}_{i,2}+K_{i,2}\hat{C}_{i,3} \quad 0 \quad 0 \quad 0 \quad 0 \quad 0 \quad K_{i,2}\hat{D}_{i,2}-\hat{E}^{\mathrm{T}}]^{\mathrm{T}}$$

$$\breve{\Xi}_{14}^i=[\hat{A}_{i,1}^j+\hat{E}K_{i,1}\hat{C}_{i,1}^j \quad 0 \quad 0 \quad 0 \quad 0 \quad 0 \quad 0]^{\mathrm{T}}$$

利用矩阵 $\mathrm{diag}\{I,P_{i+1},I,P_{i+1},I\}$ 对式(2-54)进行合同变换，并定义 $X_i=P_{i+1}\hat{E}K_{i,1}$，则有

$$\begin{bmatrix}\Psi^i & \tilde{\Xi}_{12}^i+\breve{\Upsilon}_{12}^i & \tilde{\Xi}_{13}^i+\breve{\Upsilon}_{13}^i & \tilde{\Xi}_{14}^i & \tilde{\Xi}_{15}^i\\ * & -P_{i+1} & 0 & 0 & 0\\ * & * & -I & 0 & 0\\ * & * & * & -P_{i+1} & 0\\ * & * & * & * & -I\end{bmatrix}<0 \tag{2-55}$$

式中

$$\breve{\Upsilon}_{12}^{i}=[P_{i+1}\hat{A}_{i,3}+X_i\hat{C}_{i,3}\quad 0\quad 0\quad 0\quad 0\quad 0\quad 0]^{\mathrm{T}},\quad \breve{\Upsilon}_{13}^{i}=[K_{i,2}\hat{C}_{i,3}\quad 0\quad 0\quad 0\quad 0\quad 0\quad 0]^{\mathrm{T}}$$

根据式(2-32)，利用$\bar{\Lambda}+\varGamma\Lambda_1$代替$\hat{A}_{i,3}$和$\hat{C}_{i,3}$中的$\tilde{\Lambda}$，则有

$$\varTheta_{11}^{i}+\tilde{H}_i\varGamma\tilde{\Lambda}_1+(\tilde{H}_i\varGamma\tilde{\Lambda}_1)^{\mathrm{T}}<0 \tag{2-56}$$

式中

$$\tilde{H}_i=[0\quad (P_{i+1}\hat{\varPhi}_{i,1}+X_i\hat{\varPhi}_{i,2})^{\mathrm{T}}\quad \hat{\varPhi}_{i,2}^{\mathrm{T}}K_{i,2}^{\mathrm{T}}\quad 0\quad 0]^{\mathrm{T}},\quad \tilde{\Lambda}_1=[\breve{\Lambda}_1\quad 0\quad 0\quad 0\quad 0]$$

若存在标量$\rho>0$使得

$$\varTheta_{11}^{i}+\rho^{-1}\tilde{H}_i\tilde{H}_i^{\mathrm{T}}+\rho\tilde{\Lambda}_1^{\mathrm{T}}\tilde{\Lambda}_1<0 \tag{2-57}$$

那么由引理 2.2 有式(2-56)成立。再利用引理 2.1，式(2-57)可写为式(2-50)，证毕。

2.2.4 算例

为了验证提出的故障检测方法的有效性，本节结合定理 2.3 与定理 2.4 得到的结论给出一个数值算例。考虑具有如下参数的时滞非线性系统(2-26)：

$$A=\begin{bmatrix}0.8 & -0.3\\ 0 & 0.1\end{bmatrix},\quad A_{d1}=\begin{bmatrix}0.03 & 0\\ 0.02 & 0.03\end{bmatrix},\quad A_{d2}=\begin{bmatrix}0.01 & 0\\ 0 & 0.01\end{bmatrix}$$

$$D_1=\begin{bmatrix}0.8\\ 0.3\end{bmatrix},\quad G=\begin{bmatrix}-1\\ 0.6\end{bmatrix},\quad C=\begin{bmatrix}0.2 & -0.1\\ 0.3 & -0.2\end{bmatrix},\quad D_2=\begin{bmatrix}0.6\\ 0.7\end{bmatrix}$$

时滞τ_k满足$1\leqslant\tau_k\leqslant 3$，选取$\bar{\lambda}_i=0.9$，$\epsilon_i=0.05(i=1,2)$且$\mu_d=2^{-3-d}$，则$\bar{\mu}=\sum_{d=1}^{\infty}\mu_d=2^{-3}<\sum_{d=1}^{\infty}d\mu_d=2^{-2}<+\infty$，满足式(2-27)中的收敛条件。令$g(x_k)=0.5[(\varGamma_1+\varGamma_2)x_k+(\varGamma_2-\varGamma_1)\sin(k)x_k]$，且$\varGamma_1=\mathrm{diag}\{0.2,0.4\}$，$\varGamma_2=\mathrm{diag}\{-0.4,-0.3\}$。此外，取$H_\infty$性能指标为$\gamma=1.4$。

通过求解式(2-50)可得：

$$\bar{A}_{1,F}=\begin{bmatrix}0.0085 & -0.0002 & 0.0028 & -0.0044\\ 0.0039 & 0.0079 & -0.0002 & 0.0003\\ 0.0006 & -0.0005 & 0.0003 & -0.0004\\ -0.0007 & 0.0005 & -0.0003 & 0.0005\end{bmatrix},\quad \bar{B}_{1,F}=\begin{bmatrix}-0.0386 & -0.0045\\ -0.0134 & -0.0006\\ -0.1792 & -0.0208\\ -0.0173 & -0.1681\end{bmatrix}$$

$$\bar{C}_{1,F}=[-0.0208\quad 0.0106\quad -0.0093\quad 0.0144],\quad \bar{D}_{1,F}=[-0.0385\quad 0.0179]$$

$$\overline{A}_{2,F}=\begin{bmatrix}0.0059 & 0.0054 & 0.0001 & 0.0000\\ 0.0036 & 0.0082 & 0.0001 & -0.0001\\ -0.0024 & 0.0019 & 0.0001 & -0.0001\\ 0.0027 & -0.0023 & -0.0001 & 0.0001\end{bmatrix},\quad \overline{B}_{2,F}=\begin{bmatrix}-0.0029 & -0.0351\\ 0.0019 & -0.0070\\ -0.1303 & -0.0824\\ -0.0733 & -0.0970\end{bmatrix}$$

$$\overline{C}_{2,F}=[-0.0788\quad 0.0444\quad 0.0043\quad -0.0027],\quad \overline{D}_{2,F}=[0.0115\quad -0.0580]$$

对于 $k=0,1,\cdots,150$，令故障信号为

$$f_k=\begin{cases}1, & 50\leqslant k\leqslant 100\\ 0, & \text{其他}\end{cases}$$

时滞非线性系统 (2-26) 和故障检测滤波器 (2-34) 的初始条件选取为 $\varphi_k=[0.2\ \ -0.3]^{\mathrm{T}}$，$\forall k\in\mathbb{Z}^-$ 和 $\hat{x}_0=0$。

一方面，当外部扰动 $v_k=0$ 时，图 2.6 和图 2.7 分别表示残差信号 r_k 和残差评价函数 J_k 的轨迹。图 2.6 显示了残差信号 r_k 对故障 f_k 的敏感性，图 2.7 说明本节提出的故障检测方法能有效地检测故障的发生。

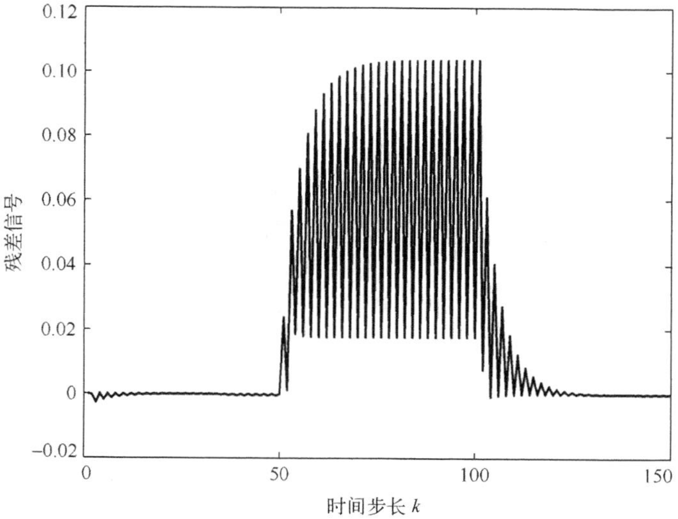

图 2.6　$v_k=0$ 时的 r_k

另一方面，当 $v_k\neq 0$ 时，令

$$v_k=\begin{cases}0.2\times \mathrm{rand}[0,1], & 30\leqslant k\leqslant 60\\ 0, & \text{其他}\end{cases}$$

其中，rand[0,1] 代表 [0,1] 区间内均匀分布的随机数组。残差信号 r_k 和残差评价函数

J_k 的轨迹分别呈现在图 2.8 和图 2.9 中。根据 J_{th} 的定义得到 $J_{\text{th}}=0.0583$。则由图 2.9 可知， $0.0420=J_{54}<J_{\text{th}}<J_{55}=0.0734$，说明故障在发生 5 步后能够被检测出来。

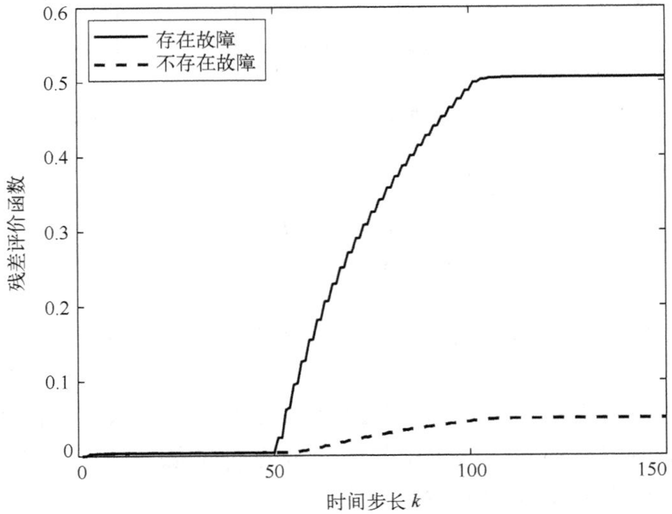

图 2.7　$v_k=0$ 时的 J_k

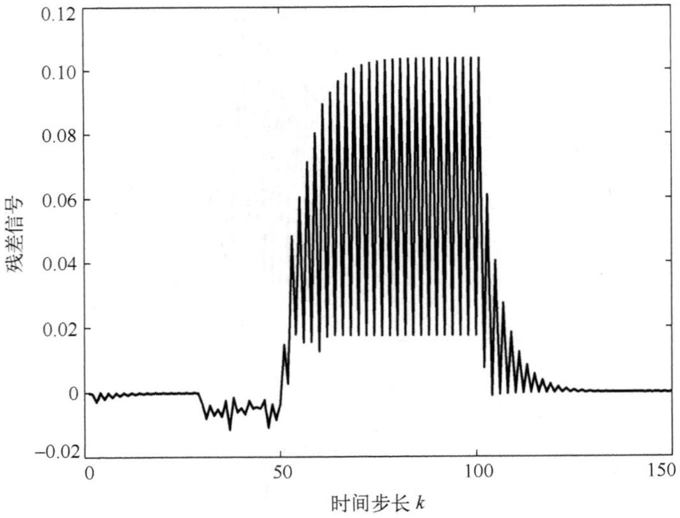

图 2.8　$v_k\neq 0$ 时的 r_k

此外，RR 协议下传感器节点的传输序列如图 2.10 所示。从图 2.10 中可以看出，在 RR 协议调控下，每个时刻只有一个传感器节点可以使用通信网络，与式(2-30)的通信规则一致。以上仿真结果表明，本节设计的故障检测方法能够解决 RR 协议下具有传感器测量丢失的时滞非线性系统故障检测问题。

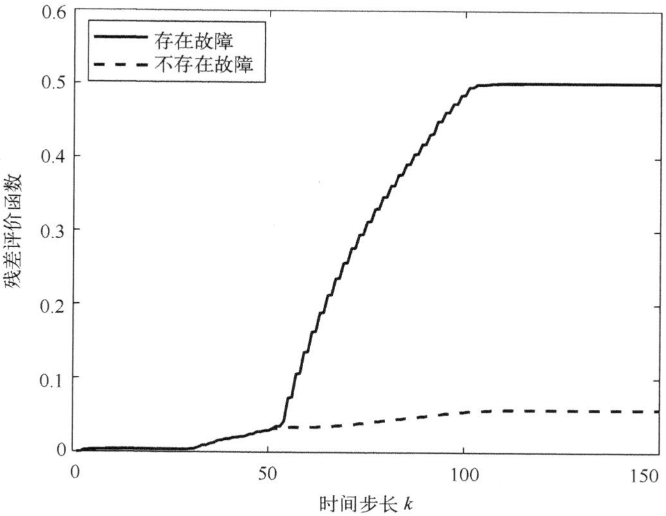

图 2.9　$v_k \neq 0$ 时的 J_k

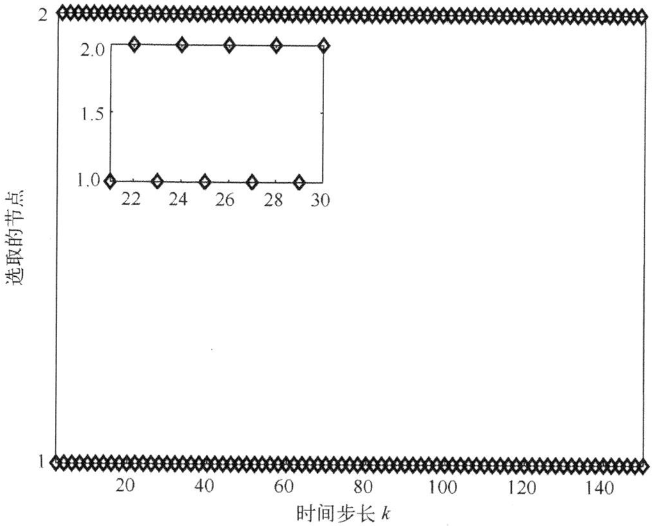

图 2.10　选取的节点 h_k

2.3　本 章 小 结

本章共讨论了两个问题。一方面，本章研究了不确定非线性系统在通信协议下的故障检测问题。首先，为了减少网络带宽的占用，提高数据传输效率，引入了 RR

协议调控测量输出的传输，并利用协议信息设计了故障检测滤波器。其次，建立适当的 Lyapunov 函数，得到了系统的稳定性判据，给出了滤波器参数矩阵的设计方法。最后，利用一个数值算例说明了设计的故障检测滤波算法的可行性。另一方面，本章研究了 RR 协议下具有不确定传感器测量丢失的时滞非线性系统故障检测问题。首先，引入了 RR 协议节省通信资源，并设计了相应的故障检测滤波器。根据矩阵不等式技术和 Lyapunov 方法，得到了保证滤波器参数矩阵存在的充分条件。此外，根据矩阵不等式的解，给出了滤波器参数矩阵的显式表达式，并借助一个数值仿真验证了提出的故障检测方法的可行性和有效性。

第 3 章　WTOD 协议下具有数据漂移的非线性系统故障检测

第 2 章研究了具有传感器测量丢失现象的网络化系统故障检测问题，如果系统中发生测量丢失现象，那么滤波器将接收不到可靠的测量信息。而在实际网络环境中，测量值经过网络传输到达滤波器时，传感器数据漂移现象可能发生。本章在第 2 章的基础上研究 WTOD 协议调控下一类具有传感器数据漂移和随机发生非线性的网络化系统鲁棒故障检测问题。所谓“鲁棒性”，就是指系统在一定参数摄动下，维持某些性能的特性。特别地，本章考虑随机发生故障现象，该类故障由具有两个状态的马尔可夫链刻画，进而设计故障检测滤波器。根据 Lyapunov 方法，在理论上提出使得增广系统随机稳定且满足 H_∞ 性能的充分条件，给出滤波器参数矩阵的设计方法。

3.1　问 题 简 述

考虑具有随机发生非线性和传感器数据漂移的不确定网络化系统：

$$
\begin{aligned}
x_{k+1} &= (A+\Delta A)x_k + \alpha_k g(x_k) + D_1 v_k + G\bar{f}_k \\
y_k &= \Lambda_k C x_k + D_2 v_k + H\bar{f}_k \\
x_0 &= \varphi_0
\end{aligned}
\tag{3-1}
$$

式中，$x_k \in \mathbb{R}^n$ 表示系统状态；$y_k \in \mathbb{R}^m$ 为测量输出；$g(x_k) \in \mathbb{R}^n$ 为非线性函数；$v_k \in \mathbb{R}^s$ 代表属于 $l_2[0,\infty)$ 的外部扰动；φ_0 为给定的初始值；A，D_1，G，C，D_2 和 H 为具有适当维数的已知矩阵，参数不确定性 ΔA 满足：

$$
\Delta A = E_a F H_a \tag{3-2}
$$

式中，E_a 和 H_a 为已知矩阵；未知矩阵 F 满足 $F^{\mathrm{T}}F \leqslant I$。随机发生非线性现象由随机变量 α_k 来刻画，α_k 服从伯努利分布且具有如下统计特征：

$$
\begin{aligned}
\mathrm{Prob}\{\alpha_k = 1\} &= \mathbb{E}\{\alpha_k\} = \bar{\alpha} \\
\mathrm{Prob}\{\alpha_k = 0\} &= 1-\mathbb{E}\{\alpha_k\} = 1-\bar{\alpha}
\end{aligned}
\tag{3-3}
$$

式中，$\mathbb{E}\{\alpha_k\}$ 表示 α_k 的数学期望；$\bar{\alpha} \in [0,1]$ 为已知标量。

非线性函数满足 $g(0)=0$ 和

$$[g(x)-g(y)-\Gamma_1(x-y)]^{\mathrm{T}}[g(x)-g(y)-\Gamma_2(x-y)]\leqslant 0, \quad \forall x,y\in\mathbb{R}^n$$

式中，$\Gamma_1>\Gamma_2$，Γ_1 和 Γ_2 为已知矩阵。则有

$$\begin{bmatrix} x_k \\ g(x_k) \end{bmatrix}^{\mathrm{T}} \begin{bmatrix} \mathcal{T}_1 & \mathcal{T}_2 \\ * & I \end{bmatrix} \begin{bmatrix} x_k \\ g(x_k) \end{bmatrix} \leqslant 0 \tag{3-4}$$

式中

$$\mathcal{T}_1=\frac{\Gamma_1^{\mathrm{T}}\Gamma_2+\Gamma_2^{\mathrm{T}}\Gamma_1}{2}, \quad \mathcal{T}_2=-\frac{\Gamma_1^{\mathrm{T}}+\Gamma_2^{\mathrm{T}}}{2}$$

众所周知，传感器在采集测量信号的过程中可能会发生数据漂移现象。系统(3-1)中的 Λ_k 表示数据漂移矩阵，且满足

$$\Lambda_k=\mathrm{diag}\{\lambda_{1,k},\lambda_{2,k},\cdots,\lambda_{m,k}\}=\sum_{j=1}^{m}\lambda_{j,k}E_j$$

式中，$E_j=\mathrm{diag}\{\underbrace{0,\cdots,0}_{j-1},1,\underbrace{0,\cdots,0}_{m-j}\}$；$\lambda_{j,k}(j=1,2,\cdots,m)$ 为 m 个相互独立的随机变量，表示各个传感器的数据漂移项。假设 $\lambda_{j,k}$ 与 α_k 相互独立，$\lambda_{j,k}$ 的概率分布函数 $F(\lambda_{j,k})$ $(j=1,2,\cdots,m)$ 位于 $[0,1]$ 区间内，其数学期望为 $\bar{\lambda}_j$。

本章考虑随机发生的系统故障，该类随机发生故障由下式刻画：

$$\bar{f}_k=\beta_k f_k \tag{3-5}$$

式中，f_k 是待检测的故障；β_k 表示只有两个取值的随机变量，即

$$\beta_k=\begin{cases} 1, & \text{发生故障 } f_k \\ 0, & \text{其他} \end{cases} \tag{3-6}$$

借助于式(3-5)和式(3-6)，系统(3-1)可重写为

$$\begin{aligned} x_{k+1}&=(A+\Delta A)x_k+\alpha_k g(x_k)+D_1v_k+G_{\theta_k}f_k \\ y_k&=\Lambda_k Cx_k+D_2v_k+H_{\theta_k}f_k \end{aligned} \tag{3-7}$$

式中，参数 $\{\theta_k,\ k\in\mathbb{Z}^+\}$ 在有限集合 $\mathbb{S}\triangleq\{1,2\}$ 上取值。也就是说 $\theta_k=1$ 对应 $\beta_k=1$，即系统(3-1)发生故障 f_k；$\theta_k=2$ 对应 $\beta_k=0$，即系统(3-1)中不发生故障。因此，矩阵 G_{θ_k} 的值可选取为 $G_1=G$ 和 $G_2=0$，矩阵 H_{θ_k} 的值可选取为 $H_1=H$ 和 $H_2=0$。利用一个离散马尔可夫链描述参数 $\{\theta_k,\ k\in\mathbb{Z}^+\}$，其转移概率为

$$\mathrm{Prob}\{\theta_{k+1}=j\mid\theta_k=i\}=\pi_{ij} \tag{3-8}$$

故转移概率矩阵为

$$\Pi \triangleq \begin{bmatrix} \pi_{11} & \pi_{12} \\ \pi_{21} & \pi_{22} \end{bmatrix} = \begin{bmatrix} 1-\mu & \mu \\ \beta & 1-\beta \end{bmatrix} \tag{3-9}$$

式中，$\mu = \text{Prob}\{\beta_{k+1}=0 \mid \beta_k = 1\}$ 和 $\beta = \text{Prob}\{\beta_{k+1}=1 \mid \beta_k = 0\}$ 为条件概率，且有 $\mu, \beta \in [0,1]$。随机发生故障的情形可由图 3.1 表示。

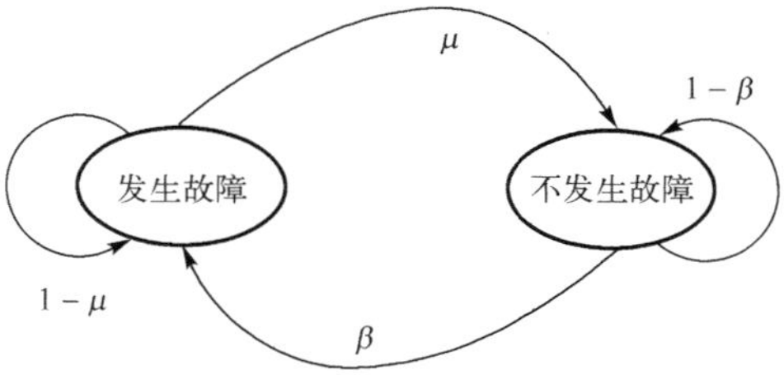

图 3.1　马尔可夫型随机发生故障模型图

为了节约网络资源，本章利用 WTOD 协议来确定具有访问网络权限的传感器节点。考虑有 m 个传感器节点的网络化系统，定义 $y_k = [y_{1,k} \quad y_{2,k} \quad \cdots \quad y_{m,k}]^{\mathrm{T}}$ 和 $y_k^* = [y_{1,k}^* \quad y_{2,k}^* \quad \cdots \quad y_{m,k}^*]^{\mathrm{T}}$，其中 $y_{i,k}^*$ 表示第 i 个传感器在第 k 时刻之前(不包括 k 时刻)最后一次发送的测量数据。令 $\delta_k \in \{1,2,\cdots,m\}$ 表示第 k 时刻获得网络权限的传感器节点，根据 WTOD 协议，δ_k 的值由如下规则确定：

$$\delta_k = \min\{\arg\max_{1\leqslant i\leqslant m}(y_{i,k} - y_{i,k}^*)W_i(y_{i,k} - y_{i,k}^*)\} \tag{3-10}$$

式中，$W_i > 0(i \in \{1,2,\cdots,m\})$ 为已知矩阵，表示第 i 个传感器的权重矩阵。值得指出的是，若有多个传感器节点有相同的优先级，则选择指标最小的传感器节点进行数据传输。式(3-10)可重写为

$$\delta_k = \min\{\arg\max_{1\leqslant i\leqslant m}(y_k - y_k^*)^{\mathrm{T}}\overline{W}_i(y_k - y_k^*)\} \tag{3-11}$$

式中，$\overline{W}_i = \overline{W}\Phi_i$；$\overline{W} = \text{diag}\{W_1, W_2, \cdots, W_m\}$；$\Phi_i = \text{diag}\{\delta_{i,1}I, \delta_{i,2}I, \cdots, \delta_{i,m}I\}$；$\delta_{i,j} \in \{0,1\}$ $(i,j \in \{1,2,\cdots,m\})$ 表示 Kronecker delta 函数。

令 $\overline{y}_k = [\overline{y}_{1,k} \quad \overline{y}_{2,k} \quad \cdots \quad \overline{y}_{m,k}]^{\mathrm{T}}$ 表示 WTOD 协议下经网络传输后获得的测量输出，则 $\overline{y}_{i,k}(i=1,2,\cdots,m)$ 的更新规则如下：

$$\overline{y}_{i,k} = \begin{cases} y_{i,k}, & i = \delta_k \\ \overline{y}_{i,k-1}, & \text{其他} \end{cases} \tag{3-12}$$

根据更新规则(3-12)，滤波器实际接收到的测量值具有如下形式：

$$\begin{aligned} \overline{y}_k &= \Phi_{\delta_k} y_k + (I - \Phi_{\delta_k})\overline{y}_{k-1} \\ &= \Phi_{\delta_k}\overline{\Lambda}Cx_k + \Phi_{\delta_k}(\Lambda_k - \overline{\Lambda})Cx_k + \Phi_{\delta_k}D_2v_k \\ &\quad + \Phi_{\delta_k}H_{\theta_k}f_k + (I - \Phi_{\delta_k})\overline{y}_{k-1} \end{aligned} \tag{3-13}$$

式中，$\bar{\Lambda}=\mathbb{E}\{\Lambda_k\}=\operatorname{diag}\{\bar{\lambda}_1,\bar{\lambda}_2,\cdots,\bar{\lambda}_m\}$。

众所周知，WTOD 协议是一种动态调度协议，可以根据不同任务的重要性来调整传输顺序。根据 WTOD 协议，测量值与最后更新值之间相差较大的传感器节点可以使用通信网络。记 $\bar{x}_k=[x_k^{\mathrm{T}} \quad \bar{y}_{k-1}^{\mathrm{T}}]^{\mathrm{T}}\in\mathbb{R}^{n+m}$，根据式(3-7)及式(3-13)，得到增广系统：

$$\begin{aligned}\bar{x}_{k+1}&=(\bar{A}_{\delta_k,1}+\bar{A}_{\delta_k,2}+\bar{A}_{\delta_k,3})\bar{x}_k+(\bar{\alpha}+\tilde{\alpha}_k)I_1 g(x_k)+\bar{D}_{\delta_k}v_k+\bar{G}_{\delta_k,\theta_k}f_k\\ \bar{y}_k&=(\bar{C}_{\delta_k,1}+\bar{C}_{\delta_k,2}+\bar{C}_{\delta_k,3})\bar{x}_k+\Phi_{\delta_k}D_2 v_k+\Phi_{\delta_k}H_{\theta_k}f_k\end{aligned}\tag{3-14}$$

式中

$$\bar{A}_{\delta_k,1}=\begin{bmatrix}0 & 0\\ \Phi_{\delta_k}(\Lambda_k-\bar{\Lambda})C & 0\end{bmatrix},\quad \bar{A}_{\delta_k,2}=\begin{bmatrix}A+\Delta A & 0\\ 0 & I-\Phi_{\delta_k}\end{bmatrix}$$

$$\bar{A}_{\delta_k,3}=\begin{bmatrix}0 & 0\\ \Phi_{\delta_k}\bar{\Lambda}C & 0\end{bmatrix},\quad \bar{D}_{\delta_k}=\begin{bmatrix}D_1\\ \Phi_{\delta_k}D_2\end{bmatrix},\quad \bar{G}_{\delta_k,\theta_k}=\begin{bmatrix}G_{\theta_k}\\ \Phi_{\delta_k}H_{\theta_k}\end{bmatrix}$$

$$I_1=\begin{bmatrix}I\\ 0\end{bmatrix},\quad \bar{C}_{\delta_k,1}=[\Phi_{\delta_k}(\Lambda_k-\bar{\Lambda})C \quad 0],\quad \bar{C}_{\delta_k,2}=[0 \quad I-\Phi_{\delta_k}]$$

$$\bar{C}_{\delta_k,3}=[\Phi_{\delta_k}\bar{\Lambda}C \quad 0],\quad \tilde{\alpha}_k=\alpha_k-\bar{\alpha}$$

构造如下故障检测滤波器：

$$\begin{aligned}\hat{\bar{x}}_{k+1}&=\bar{A}_{\delta_k,F}\hat{\bar{x}}_k+\bar{B}_{\delta_k,F}\bar{y}_k\\ r_k&=\bar{C}_{\delta_k,F}\hat{\bar{x}}_k+\bar{D}_{\delta_k,F}\bar{y}_k\end{aligned}\tag{3-15}$$

式中，$\hat{\bar{x}}_k\in\mathbb{R}^{n+m}$ 为故障检测滤波器的状态，$r_k\in\mathbb{R}^l$ 为残差，$\bar{A}_{\delta_k,F}$，$\bar{B}_{\delta_k,F}$，$\bar{C}_{\delta_k,F}$ 和 $\bar{D}_{\delta_k,F}$ 为适当维数的待设计滤波器参数矩阵。

令 $\eta_k=[\bar{x}_k^{\mathrm{T}} \quad \hat{\bar{x}}_k^{\mathrm{T}}]^{\mathrm{T}}$，$\bar{r}_k=r_k-f_k$ 和 $\vartheta_k=[v_k^{\mathrm{T}} \quad f_k^{\mathrm{T}}]^{\mathrm{T}}$，根据式(3-14)及式(3-15)，可推导出：

$$\begin{aligned}\eta_{k+1}&=(\tilde{A}_{\delta_k,1}+\tilde{A}_{\delta_k,2}+\tilde{A}_{\delta_k,3})\eta_k+(\bar{\alpha}+\tilde{\alpha}_k)I_2 g(x_k)+\tilde{D}_{\delta_k,\theta_k}\vartheta_k\\ \bar{r}_k&=(\tilde{C}_{\delta_k,1}+\tilde{C}_{\delta_k,2}+\tilde{C}_{\delta_k,3})\eta_k+\tilde{G}_{\delta_k,\theta_k}\vartheta_k\end{aligned}\tag{3-16}$$

式中

$$\tilde{A}_{\delta_k,1}=\begin{bmatrix}\bar{A}_{\delta_k,1} & 0\\ \bar{B}_{\delta_k,F}\bar{C}_{\delta_k,1} & 0\end{bmatrix},\quad \tilde{A}_{\delta_k,2}=\begin{bmatrix}\bar{A}_{\delta_k,2} & 0\\ \bar{B}_{\delta_k,F}\bar{C}_{\delta_k,2} & \bar{A}_{\delta_k,F}\end{bmatrix},\quad \tilde{A}_{\delta_k,3}=\begin{bmatrix}\bar{A}_{\delta_k,3} & 0\\ \bar{B}_{\delta_k,F}\bar{C}_{\delta_k,3} & 0\end{bmatrix}$$

$$I_2=\begin{bmatrix}I_1\\ 0\end{bmatrix},\quad \tilde{D}_{\delta_k,\theta_k}=\begin{bmatrix}\bar{D}_{\delta_k} & \bar{G}_{\delta_k,\theta_k}\\ \bar{B}_{\delta_k,F}\Phi_{\delta_k}D_2 & \bar{B}_{\delta_k,F}\Phi_{\delta_k}H_{\theta_k}\end{bmatrix}$$

$$\tilde{G}_{\delta_k,\theta_k}=[\bar{D}_{\delta_k,F}\varPhi_{\delta_k}D_2 \quad \bar{D}_{\delta_k,F}\varPhi_{\delta_k}H_{\theta_k}-I],\quad \tilde{C}_{\delta_k,1}=[\bar{D}_{\delta_k,F}\bar{C}_{\delta_k,1} \quad 0]$$

$$\tilde{C}_{\delta_k,2}=[\bar{D}_{\delta_k,F}\bar{C}_{\delta_k,2} \quad \bar{C}_{\delta_k,F}],\quad \tilde{C}_{\delta_k,3}=[\bar{D}_{\delta_k,F}\bar{C}_{\delta_k,3} \quad 0]$$

定义 3.1[171]　如果对于初始条件 $\eta_0\in\mathbb{R}^{2(n+m)}$ 和 $\theta_0\in\mathbb{S}$，有

$$\sum_{k=0}^{\infty}\mathbb{E}\{\|\eta_k\|^2|\eta_0,\theta_0\}<\infty \tag{3-17}$$

则当 $\vartheta_k=0$ 时，称系统(3-16)随机稳定。

给出残差评价函数 J_k 和阈值 J_{th} 的定义：

$$J_k=\left(\mathbb{E}\left\{\sum_{s=0}^{k}r_s^{\mathrm{T}}r_s\right\}\right)^{1/2},\quad J_{\text{th}}=\sup_{v_k\in l_2,f_k=0}J_k \tag{3-18}$$

根据式(3-18)，按照以下规则，通过比较 J_k 和 J_{th} 的大小判断系统是否发生故障，即

$$J_k>J_{\text{th}}\Rightarrow \text{检测出故障}\Rightarrow\text{警报}$$

$$J_k\leqslant J_{\text{th}}\Rightarrow \text{无故障}\Rightarrow\text{不警报}$$

本章的目的是研究具有传感器数据漂移和随机发生非线性的网络化系统鲁棒故障检测问题，设计相应的故障检测策略，使得当系统中同时存在传感器数据漂移和随机发生非线性现象时，保证增广系统(3-16)随机稳定且满足 H_∞ 性能，即设计 $\bar{A}_{\delta_k,F}$，$\bar{B}_{\delta_k,F}$，$\bar{C}_{\delta_k,F}$ 和 $\bar{D}_{\delta_k,F}$ 使得

(1) 当 $\vartheta_k=0$ 时，系统(3-16)随机稳定；

(2) 当 $\vartheta_k\neq 0$ 时，误差 $\overline{r_k}$ 在零初始条件下满足

$$\sum_{k=0}^{\infty}\mathbb{E}\{\|\overline{r_k}\|^2\}<\gamma^2\sum_{k=0}^{\infty}\|\vartheta_k\|^2 \tag{3-19}$$

式中，γ 为正标量。

3.2　系统性能分析

本节给出保证系统(3-16)随机稳定且满足 H_∞ 性能的充分条件。

定理 3.1　对于给定的滤波器参数矩阵 $\bar{A}_{\delta_k,F}$，$\bar{B}_{\delta_k,F}$，$\bar{C}_{\delta_k,F}$ 和 $\bar{D}_{\delta_k,F}$，以及正标量 γ，如果存在对称正定矩阵 $P_i(i\in\mathbb{S})$，使得矩阵不等式

$$\Xi_{\delta_k}^i=\begin{bmatrix}\Xi_{\delta_k,11}^i+L_{\delta_k,1}+L_{\delta_k,2} & \Xi_{\delta_k,12}^i & \Xi_{\delta_k,13}^i+L_{\delta_k,3}^i\\ * & \Xi_{22}^i & \Xi_{\delta_k,23}^i\\ * & * & \Xi_{\delta_k,33}^i+L_{\delta_k,4}^i\end{bmatrix}<0 \tag{3-20}$$

成立，式中

$$\Xi^i_{\delta_k,11}=-P_i+\sum_{r=1}^{m}\sigma_r^2(\tilde{A}^r_{\delta_k,1})^{\mathrm T}\overline{P}_i(\tilde{A}^r_{\delta_k,1})+(\tilde{A}_{\delta_k,2}+\tilde{A}_{\delta_k,3})^{\mathrm T}\overline{P}_i(\tilde{A}_{\delta_k,2}+\tilde{A}_{\delta_k,3})-I_2\mathcal{T}_1I_2^{\mathrm T}$$

$$\Xi^i_{\delta_k,12}=\overline{\alpha}(\tilde{A}_{\delta_k,2}+\tilde{A}_{\delta_k,3})^{\mathrm T}\overline{P}_iI_2-I_2\mathcal{T}_2$$

$$\Xi^i_{\delta_k,13}=(\tilde{A}_{\delta_k,2}+\tilde{A}_{\delta_k,3})^{\mathrm T}\overline{P}_i\tilde{D}_{\delta_k,i}+(\tilde{C}_{\delta_k,2}+\tilde{C}_{\delta_k,3})^{\mathrm T}\tilde{G}_{\delta_k,i}$$

$$\Xi^i_{22}=-I+[\overline{\alpha}^2+\overline{\alpha}(1-\overline{\alpha})]I_2^{\mathrm T}\overline{P}_iI_2\text{，}\quad \Xi^i_{\delta_k,23}=\overline{\alpha}I_2^{\mathrm T}\overline{P}_i\tilde{D}_{\delta_k,i}$$

$$\Xi^i_{\delta_k,33}=-\gamma^2I+\tilde{D}^{\mathrm T}_{\delta_k,i}\overline{P}_i\tilde{D}_{\delta_k,i}+\tilde{G}^{\mathrm T}_{\delta_k,i}\tilde{G}_{\delta_k,i}$$

$$L_{\delta_k,1}=\sum_{r=1}^{m}\sigma_r^2(\tilde{C}^r_{\delta_k,1})^{\mathrm T}(\tilde{C}^r_{\delta_k,1})+(\tilde{C}_{\delta_k,2}+\tilde{C}_{\delta_k,3})^{\mathrm T}(\tilde{C}_{\delta_k,2}+\tilde{C}_{\delta_k,3})$$

$$L_{\delta_k,2}=-\sum_{l=1}^{m}\varrho_l[\tilde{V}^{\mathrm T}\overline{W}_{\delta_k,l}\tilde{V}+\overline{E}^{\mathrm T}\overline{W}_{\delta_k,l}\overline{E}]\text{，}\quad L^i_{\delta_k,3}=-\sum_{l=1}^{m}\varrho_l\tilde{V}^{\mathrm T}\overline{W}_{\delta_k,l}\overline{H}_i$$

$$L^i_{\delta_k,4}=-\sum_{l=1}^{m}\varrho_l\overline{H}_i^{\mathrm T}\overline{W}_{\delta_k,l}\overline{H}_i\text{，}\quad \tilde{A}^r_{\delta_k,1}=\begin{bmatrix}\overline{A}^r_{\delta_k,1} & 0\\ \overline{B}_{\delta_k,F}\overline{C}^r_{\delta_k,1} & 0\end{bmatrix}\text{，}\quad \overline{A}^r_{\delta_k,1}=\begin{bmatrix}0 & 0\\ \varPhi_{\delta_k}E_rC & 0\end{bmatrix}$$

$$\tilde{C}^r_{\delta_k,1}=[\overline{D}_{\delta_k,F}\overline{C}^r_{\delta_k,1}\quad 0]\text{，}\quad \overline{C}^r_{\delta_k,1}=[\varPhi_{\delta_k}E_rC\quad 0]\ \overline{C}^r_{\delta_k,1}=[\varPhi_{\delta_k}E_rC\quad 0]\text{，}\quad \overline{P}_i=\sum_{j\in\mathbb{S}}\pi_{ij}P_j$$

$$\overline{W}_{\delta_k,l}=\overline{W}_l-\overline{W}_{\delta_k}\ (l=1,2,\cdots,m)\text{，}\quad \overline{U}_{i,k}=[\overline{V}_k\quad 0\quad \overline{H}_i]$$

$$\overline{V}_k=[\Lambda_kC\quad -I\quad 0]\text{，}\quad \overline{H}_i=[D_2\quad H_i]\text{，}\quad \sigma_r^2=\overline{\lambda}_r(1-\overline{\lambda}_r)\tag{3-21}$$

则当 $\vartheta_k=0$ 时，增广系统(3-16)随机稳定；当 $\vartheta_k\neq 0$ 时，系统在零初始条件下满足式(3-19)。

证 首先，建立如下 Lyapunov 函数：

$$V(\eta_k,k,\theta_k)=\eta_k^{\mathrm T}P_{\theta_k}\eta_k\tag{3-22}$$

对于 $\theta_k=i\in\mathbb{S}$，沿着系统(3-16)的轨迹求 $V(\eta_k,k,\theta_k)$ 的差分，有

$$\begin{aligned}\Delta V_k&=\mathbb{E}\{V((\eta_{k+1},k+1,\theta_{k+1})|\eta_k,\theta_k=i)\}-V(\eta_k,k,\theta_k=i)\\&=\mathbb{E}\left\{\eta_{k+1}^{\mathrm T}\sum_{j\in\mathbb{S}}\pi_{ij}P_j\eta_{k+1}\right\}-\eta_k^{\mathrm T}P_i\eta_k\\&=\mathbb{E}\{[(\tilde{A}_{\delta_k,1}+\tilde{A}_{\delta_k,2}+\tilde{A}_{\delta_k,3})\eta_k+(\overline{\alpha}+\tilde{\alpha}_k)I_2g(x_k)+\tilde{D}_{\delta_k,i}\vartheta_k]^{\mathrm T}\overline{P}_i\\&\quad\times[(\tilde{A}_{\delta_k,1}+\tilde{A}_{\delta_k,2}+\tilde{A}_{\delta_k,3})\eta_k+(\overline{\alpha}+\tilde{\alpha}_k)I_2g(x_k)+\tilde{D}_{\delta_k,i}\vartheta_k]\}-\eta_k^{\mathrm T}P_i\eta_k\end{aligned}$$

$$
\begin{aligned}
&= \mathbb{E}\{\eta_k^{\mathrm{T}}\tilde{A}_{\delta_k,1}^{\mathrm{T}}\bar{P}_i\tilde{A}_{\delta_k,1}\eta_k + \eta_k^{\mathrm{T}}(\tilde{A}_{\delta_k,2}+\tilde{A}_{\delta_k,3})^{\mathrm{T}}\bar{P}_i(\tilde{A}_{\delta_k,2}+\tilde{A}_{\delta_k,3})\eta_k \\
&\quad + [\bar{\alpha}^2+\bar{\alpha}(1-\bar{\alpha})]g^{\mathrm{T}}(x_k)I_2^{\mathrm{T}}\bar{P}_i I_2 g(x_k) + \vartheta_k^{\mathrm{T}}\tilde{D}_{\delta_k,i}^{\mathrm{T}}\bar{P}_i\tilde{D}_{\delta_k,i}\vartheta_k \\
&\quad + 2\bar{\alpha}\eta_k^{\mathrm{T}}(\tilde{A}_{\delta_k,2}+\tilde{A}_{\delta_k,3})^{\mathrm{T}}\bar{P}_i I_2 g(x_k) + 2\eta_k^{\mathrm{T}}(\tilde{A}_{\delta_k,2}+\tilde{A}_{\delta_k,3})^{\mathrm{T}}\bar{P}_i\tilde{D}_{\delta_k,i}\vartheta_k \\
&\quad + 2\bar{\alpha}g^{\mathrm{T}}(x_k)I_2^{\mathrm{T}}\bar{P}_i\tilde{D}_{\delta_k,i}\vartheta_k\} - \eta_k^{\mathrm{T}}P_i\eta_k \\
&= \sum_{r=1}^{m}\sigma_r^2\eta_k^{\mathrm{T}}(\tilde{A}_{\delta_k,1}^{r})^{\mathrm{T}}\bar{P}_i(\tilde{A}_{\delta_k,1}^{r})\eta_k + \eta_k^{\mathrm{T}}(\tilde{A}_{\delta_k,2}+\tilde{A}_{\delta_k,3})^{\mathrm{T}}\bar{P}_i(\tilde{A}_{\delta_k,2}+\tilde{A}_{\delta_k,3})\eta_k \\
&\quad + [\bar{\alpha}^2+\bar{\alpha}(1-\bar{\alpha})]g^{\mathrm{T}}(x_k)I_2^{\mathrm{T}}\bar{P}_i I_2 g(x_k) + \vartheta_k^{\mathrm{T}}\tilde{D}_{\delta_k,i}^{\mathrm{T}}\bar{P}_i\tilde{D}_{\delta_k,i}\vartheta_k \\
&\quad + 2\bar{\alpha}\eta_k^{\mathrm{T}}(\tilde{A}_{\delta_k,2}+\tilde{A}_{\delta_k,3})^{\mathrm{T}}\bar{P}_i I_2 g(x_k) + 2\eta_k^{\mathrm{T}}(\tilde{A}_{\delta_k,2}+\tilde{A}_{\delta_k,3})^{\mathrm{T}}\bar{P}_i\tilde{D}_{\delta_k,i}\vartheta_k \\
&\quad + 2\bar{\alpha}g^{\mathrm{T}}(x_k)I_2^{\mathrm{T}}\bar{P}_i\tilde{D}_{\delta_k,i}\vartheta_k - \eta_k^{\mathrm{T}}P_i\eta_k
\end{aligned} \tag{3-23}
$$

已知 $x_k = I_2^{\mathrm{T}}\eta_k$，由式(3-4)得

$$
\begin{bmatrix}\eta_k \\ g(x_k)\end{bmatrix}^{\mathrm{T}}\begin{bmatrix}-I_2\mathcal{T}_1 I_2^{\mathrm{T}} & -I_2\mathcal{T}_2 \\ * & -I\end{bmatrix}\begin{bmatrix}\eta_k \\ g(x_k)\end{bmatrix} \geqslant 0 \tag{3-24}
$$

另一方面，根据 WTOD 协议，有

$$
\mathbb{E}\{(y_k - y_k^*)^{\mathrm{T}}(\bar{W}_l - \bar{W}_{\delta_k})(y_k - y_k^*)\} \leqslant 0, \quad l = 1,2,\cdots,m \tag{3-25}
$$

定义 $\xi_k = [\eta_k^{\mathrm{T}} \quad g^{\mathrm{T}}(x_k) \quad \vartheta_k^{\mathrm{T}}]^{\mathrm{T}}$，进一步得到

$$
\mathbb{E}\{\xi_k^{\mathrm{T}}\bar{U}_{i,k}^{\mathrm{T}}(\bar{W}_l - \bar{W}_{\delta_k})\bar{U}_{i,k}\xi_k\} \leqslant 0 \tag{3-26}
$$

由上式易知

$$
\begin{aligned}
&\mathbb{E}\{\xi_k^{\mathrm{T}}\bar{U}_{i,k}^{\mathrm{T}}(\bar{W}_l - \bar{W}_{\delta_k})\bar{U}_{i,k}\xi_k\} \\
&= \mathbb{E}\left\{[\eta_k^{\mathrm{T}} \quad g^{\mathrm{T}}(x_k) \quad \vartheta_k^{\mathrm{T}}]\begin{bmatrix}\bar{V}_k^{\mathrm{T}} \\ 0 \\ \bar{H}_i^{\mathrm{T}}\end{bmatrix}(\bar{W}_l - \bar{W}_{\delta_k})[\bar{V}_k \quad 0 \quad \bar{H}_i]\begin{bmatrix}\eta_k \\ g(x_k) \\ \vartheta_k\end{bmatrix}\right\} \\
&= [\eta_k^{\mathrm{T}} \quad g^{\mathrm{T}}(x_k) \quad \vartheta_k^{\mathrm{T}}]\begin{bmatrix}\tilde{V}^{\mathrm{T}} \\ 0 \\ \bar{H}_i^{\mathrm{T}}\end{bmatrix}(\bar{W}_l - \bar{W}_{\delta_k})[\tilde{V} \quad 0 \quad \bar{H}_i]\begin{bmatrix}\eta_k \\ g(x_k) \\ \vartheta_k\end{bmatrix} \\
&\quad + [\eta_k^{\mathrm{T}} \quad g^{\mathrm{T}}(x_k) \quad \vartheta_k^{\mathrm{T}}]\begin{bmatrix}\bar{E}^{\mathrm{T}} \\ 0 \\ 0\end{bmatrix}(\bar{W}_l - \bar{W}_{\delta_k})[\bar{E} \quad 0 \quad 0]\begin{bmatrix}\eta_k \\ g(x_k) \\ \vartheta_k\end{bmatrix} \\
&= \xi_k^{\mathrm{T}}\tilde{U}_i^{\mathrm{T}}(\bar{W}_l - \bar{W}_{\delta_k})\tilde{U}_i\xi_k + \xi_k^{\mathrm{T}}\tilde{E}^{\mathrm{T}}(\bar{W}_l - \bar{W}_{\delta_k})\tilde{E}\xi_k
\end{aligned} \tag{3-27}
$$

式中，$\tilde{V}=[\bar{\Lambda}C \quad -I \quad 0]$，$\bar{E}=\left[\sum_{r=1}^{m}\sigma_r E_r \quad 0 \quad 0\right]$。借助于式(3-26)及式(3-27)不难看出

$$\xi_k^{\mathrm{T}}\tilde{U}_i^{\mathrm{T}}(\bar{W}_l-\bar{W}_{\delta_k})\tilde{U}_i\xi_k+\xi_k^{\mathrm{T}}\tilde{E}^{\mathrm{T}}(\bar{W}_l-\bar{W}_{\delta_k})\tilde{E}\xi_k\leqslant 0,\quad l=1,2,\cdots,m,\ i\in\mathbb{S} \tag{3-28}$$

故存在正标量 $\varrho_l(l=1,2,\cdots,m)$ 使得

$$-\sum_{l=1}^{m}\varrho_l\xi_k^{\mathrm{T}}[\tilde{U}_i^{\mathrm{T}}(\bar{W}_l-\bar{W}_{\delta_k})\tilde{U}_i+\tilde{E}^{\mathrm{T}}(\bar{W}_l-\bar{W}_{\delta_k})\tilde{E}]\xi_k\geqslant 0 \tag{3-29}$$

下面证明当 $\vartheta_k=0$ 时系统(3-16)的稳定性。令 $\zeta_k=[\eta_k^{\mathrm{T}} \quad g^{\mathrm{T}}(x_k)]^{\mathrm{T}}$，则由式(3-22)～式(3-29)容易得到

$$\Delta V_k\leqslant\zeta_k^{\mathrm{T}}\hat{\Xi}_{\delta_k}^i\zeta_k \tag{3-30}$$

式中

$$\hat{\Xi}_{\delta_k}^i=\begin{bmatrix}\Xi_{\delta_k,11}^i+L_{\delta_k,2} & \Xi_{\delta_k,12}^i\\ * & \Xi_{22}^i\end{bmatrix}$$

式(3-20)意味着 $\hat{\Xi}_{\delta_k}^i<0$，则有

$$\begin{aligned}\mathbb{E}\{V((\eta_{k+1},k+1,\theta_{k+1})|\eta_k,\theta_k=i)\}&\leqslant V(\eta_k,k,\theta_k)+\lambda_{\max}(\hat{\Xi}_{\delta_k}^i)\|\zeta_k\|^2\\&\leqslant V(\eta_k,k,\theta_k)+\lambda_{\max}(\hat{\Xi}_{\delta_k}^i)\|\eta_k\|^2\\&\leqslant V(\eta_k,k,\theta_k)-\chi\|\eta_k\|^2\end{aligned} \tag{3-31}$$

式中，$\chi=\min_{i\in\mathbb{S}}\{\lambda_{\min}(-\hat{\Xi}_{\delta_k}^i)\}$。对式(3-31)进行迭代，可知对于任意的 $T\geqslant 1$，有

$$\mathbb{E}\{V(\eta_{T+1},T+1,\theta_{T+1})\}-V(\eta_0,0,\theta_0)\leqslant-\chi\sum_{k=0}^{T}\mathbb{E}\{\|\eta_k\|^2\}$$

因此，下式成立：

$$\begin{aligned}\sum_{k=0}^{T}\mathbb{E}\{\|\eta_k\|^2\}&\leqslant\frac{1}{\chi}V(\eta_0,0,\theta_0)-\frac{1}{\chi}\mathbb{E}\{V(\eta_{T+1},T+1,\theta_{T+1})\}\\&\leqslant\frac{1}{\chi}V(\eta_0,0,\theta_0)\end{aligned}$$

这意味着 $\sum_{k=0}^{\infty}\mathbb{E}\{\|\eta_k\|^2\}<\infty$ 成立。故根据定义 3.1，容易证明当 $\vartheta_k=0$ 时，系统(3-16)随机稳定。

下面分析 $\vartheta_k\neq 0$ 时系统(3-16)的 H_∞ 性能。在零初始条件下考虑如下指标：

$$J_N = \sum_{k=0}^{N} \mathbb{E}\{\overline{r}_k^{\mathrm{T}} \overline{r}_k - \gamma^2 \vartheta_k^{\mathrm{T}} \vartheta_k\}$$

根据 ΔV_k 的定义得到

$$\begin{aligned} J_N &= \sum_{k=0}^{N} \mathbb{E}\{\overline{r}_k^{\mathrm{T}} \overline{r}_k - \gamma^2 \vartheta_k^{\mathrm{T}} \vartheta_k + \Delta V_k\} - \mathbb{E}\{V(\eta_{N+1}, N+1, \theta_{N+1})\} \\ &\leqslant \sum_{k=0}^{N} \mathbb{E}\{\overline{r}_k^{\mathrm{T}} \overline{r}_k - \gamma^2 \vartheta_k^{\mathrm{T}} \vartheta_k + \Delta V_k\} \\ &= \sum_{k=0}^{N} \xi_k^{\mathrm{T}} \Xi_{\delta_k}^i \xi_k \end{aligned} \tag{3-32}$$

借助于以上分析得到 $J_N < 0$。令 $N \to \infty$，有

$$\sum_{k=0}^{\infty} \mathbb{E}\{\|\overline{r}_k\|^2\} < \gamma^2 \sum_{k=0}^{\infty} \|\vartheta_k\|^2 \tag{3-33}$$

该式等价于式(3-19)。证毕。

3.3　故障检测滤波器设计

本节旨在给出 $\overline{A}_{\delta_k,F}$，$\overline{B}_{\delta_k,F}$，$\overline{C}_{\delta_k,F}$ 和 $\overline{D}_{\delta_k,F}$ 的设计方法，解决故障检测滤波器的设计问题。

定理 3.2　对于给定的正标量 γ，如果存在对称正定矩阵 $P_i (i \in \mathbb{S})$ 和 R，正标量 ε_1，任意适当维数的矩阵 X_{δ_k} 和 $K_{\delta_k,2} (\delta_k = 1,2,\cdots,m)$ 使得矩阵不等式

$$\Theta_{\delta_k}^i < 0 \tag{3-34}$$

成立，式中

$$\Theta_{\delta_k}^i = \begin{bmatrix} \Psi_{\delta_k}^i & \Theta_{\delta_k,12}^i + \Upsilon_{\delta_k,12} & \Theta_{\delta_k,13}^i & \Theta_{\delta_k,14} & \Theta_{\delta_k,15} & 0 & \varepsilon_1 \breve{H}_a^{\mathrm{T}} \\ * & -2R + \overline{P}_i & 0 & 0 & 0 & R\hat{E}_a & 0 \\ * & * & -I & 0 & 0 & 0 & 0 \\ * & * & * & -2R + \overline{P}_i & 0 & 0 & 0 \\ * & * & * & * & -I & 0 & 0 \\ * & * & * & * & * & -\varepsilon_1 I & 0 \\ * & * & * & * & * & * & -\varepsilon_1 I \end{bmatrix}$$

$$\Psi^i_{\delta_k}=\begin{bmatrix}-P_i-I_2\mathcal{T}_1I_2^{\mathrm{T}}+L_{\delta_k,2} & -I_2\mathcal{T}_2 & L^i_{\delta_k,3}\\ * & -I+\bar{\alpha}(1-\bar{\alpha})I_2^{\mathrm{T}}\bar{P}_iI_2 & 0\\ * & * & -\gamma^2I+L^i_{\delta_k,4}\end{bmatrix}$$

$$\Theta^i_{\delta_k,12}=[X_{\delta_k}\hat{C}_{\delta_k,2}+X_{\delta_k}\hat{C}_{\delta_k,3}+R\hat{A}_{\delta_k,3}\quad \bar{\alpha}RI_2\quad R\hat{D}^i_{\delta_k,1}+X_{\delta_k}\hat{D}^i_{\delta_k,2}]^{\mathrm{T}}$$

$$\Theta^i_{\delta_k,13}=[K_{\delta_k,2}\hat{C}_{\delta_k,2}+K_{\delta_k,2}\hat{C}_{\delta_k,3}\quad 0\quad K_{\delta_k,2}\hat{D}^i_{\delta_k,2}-\hat{E}^{\mathrm{T}}]^{\mathrm{T}}$$

$$\Theta_{\delta_k,14}=[R\hat{A}^r_{\delta_k,1}+X_{\delta_k}\hat{C}^r_{\delta_k,1}\quad 0\quad 0]^{\mathrm{T}},\quad \Theta_{\delta_k,15}=[K_{\delta_k,2}\hat{C}^r_{\delta_k,1}\quad 0\quad 0]^{\mathrm{T}}$$

$$\breve{H}_a=[\hat{H}_a\quad 0\quad 0],\quad \Upsilon_{\delta_k,12}=[R\Sigma_{\delta_k,1}\quad 0\quad 0]^{\mathrm{T}},\quad K_{\delta_k,1}=[\bar{A}_{\delta_k,F}\quad \bar{B}_{\delta_k,F}]$$

$$\hat{A}^r_{\delta_k,1}=\begin{bmatrix}\sum_{r=1}^{m}\sigma_r(\bar{A}^r_{\delta_k,1}) & 0\\ 0 & 0\end{bmatrix},\quad \hat{A}_{\delta_k,2}=\begin{bmatrix}\bar{A}_{\delta_k,2} & 0\\ 0 & 0\end{bmatrix},\quad \hat{A}_{\delta_k,3}=\begin{bmatrix}\bar{A}_{\delta_k,3} & 0\\ 0 & 0\end{bmatrix}$$

$$\hat{C}^r_{\delta_k,1}=\begin{bmatrix}0 & 0\\ \sum_{r=1}^{m}\sigma_r(\bar{C}^r_{\delta_k,1}) & 0\end{bmatrix},\quad \hat{C}_{\delta_k,2}=\begin{bmatrix}0 & I\\ \bar{C}_{\delta_k,2} & 0\end{bmatrix},\quad \hat{C}_{\delta_k,3}=\begin{bmatrix}0 & 0\\ \bar{C}_{\delta_k,3} & 0\end{bmatrix}$$

$$\hat{D}^i_{\delta_k,1}=\begin{bmatrix}\bar{D}_{\delta_k} & \bar{G}_{\delta_k,i}\\ 0 & 0\end{bmatrix},\quad \hat{D}^i_{\delta_k,2}=\begin{bmatrix}0 & 0\\ \Phi_{\delta_k}D_2 & \Phi_{\delta_k}H_i\end{bmatrix},\quad \hat{E}=\begin{bmatrix}0\\ I\end{bmatrix}$$

$$\hat{E}_a=\begin{bmatrix}\bar{E}_a\\ 0\end{bmatrix},\quad \bar{E}_a=\begin{bmatrix}E_a\\ 0\end{bmatrix},\quad \hat{H}_a=[\bar{H}_a\quad 0],\quad \bar{H}_a=[H_a\quad 0]$$

$$\Sigma_{\delta_k,1}=\begin{bmatrix}\Omega_{\delta_k} & 0\\ 0 & 0\end{bmatrix},\quad \Omega_{\delta_k}=\begin{bmatrix}A & 0\\ 0 & I-\Phi_{\delta_k}\end{bmatrix},\quad \bar{P}_i=\sum_{j\in\mathbb{S}}\pi_{ij}P_j \tag{3-35}$$

则当 $\vartheta_k=0$ 时，增广系统(3-16)随机稳定；当 $\vartheta_k\neq 0$ 时，系统在零初始条件下满足式(3-19)。此外，滤波器参数矩阵可通过

$$[\bar{A}_{\delta_k,F}\quad \bar{B}_{\delta_k,F}]=(\hat{E}^{\mathrm{T}}R\hat{E})^{-1}\hat{E}^{\mathrm{T}}X_{\delta_k},\quad [\bar{C}_{\delta_k,F}\quad \bar{D}_{\delta_k,F}]=K_{\delta_k,2} \tag{3-36}$$

给出。

证　首先，将定理 3.1 中的部分参数重写为

$$\sum_{r=1}^{m}\sigma_r(\tilde{A}^r_{\delta_k,1})=\hat{A}^r_{\delta_k,1}+\hat{E}K_{\delta_k,1}\hat{C}^r_{\delta_k,1},\quad \tilde{A}_{\delta_k,2}=\hat{A}_{\delta_k,2}+\hat{E}K_{\delta_k,1}\hat{C}_{\delta_k,2},\quad \tilde{A}_{\delta_k,3}=\hat{A}_{\delta_k,3}+\hat{E}K_{\delta_k,1}\hat{C}_{\delta_k,3}$$

$$\sum_{r=1}^{m}\sigma_r(\tilde{C}^r_{\delta_k,1})=K_{\delta_k,2}\hat{C}^r_{\delta_k,1}\,,\quad \tilde{C}_{\delta_k,2}=K_{\delta_k,2}\hat{C}_{\delta_k,2}\,,\quad \tilde{C}_{\delta_k,3}=K_{\delta_k,2}\hat{C}_{\delta_k,3}$$

$$\tilde{D}_{\delta_k,i}=\hat{D}^i_{\delta_k,1}+\hat{E}K_{\delta_k,1}\hat{D}^i_{\delta_k,2}\,,\quad \tilde{G}_{\delta_k,i}=K_{\delta_k,2}\hat{D}^i_{\delta_k,2}-\hat{E}^{\mathrm{T}} \tag{3-37}$$

利用式(3-37)并借助于引理 2.1，式(3-20)等价于

$$\begin{bmatrix} \Psi^i_{\delta_k} & \breve{\Theta}^i_{\delta_k,12} & \Theta^i_{\delta_k,13} & \breve{\Theta}_{\delta_k,14} & \Theta_{\delta_k,15} \\ * & -\overline{P}_i^{-1} & 0 & 0 & 0 \\ * & * & -I & 0 & 0 \\ * & * & * & -\overline{P}_i^{-1} & 0 \\ * & * & * & * & -I \end{bmatrix}<0 \tag{3-38}$$

式中

$$\breve{\Theta}^i_{\delta_k,12}=[\hat{A}_{\delta_k,2}+\hat{E}K_{\delta_k,1}\hat{C}_{\delta_k,2}+\hat{A}_{\delta_k,3}+\hat{E}K_{\delta_k,1}\hat{C}_{\delta_k,3}\quad \overline{\alpha}I_2\quad \hat{D}^i_{\delta_k,1}+\hat{E}K_{\delta_k,1}\hat{D}^i_{\delta_k,2}]^{\mathrm{T}}$$

$$\breve{\Theta}_{\delta_k,14}=[\hat{A}^r_{\delta_k,1}+\hat{E}K_{\delta_k,1}\hat{C}^r_{\delta_k,1}\quad 0\quad 0]^{\mathrm{T}}$$

利用矩阵 $\mathrm{diag}\{I,R,I,R,I\}$ 对式(3-38)进行合同变换，并定义 $X_{\delta_k}=R\hat{E}K_{\delta_k,1}$，则有

$$\begin{bmatrix} \Psi^i_{\delta_k} & \Theta^i_{\delta_k,12}+\hat{\Upsilon}_{\delta_k,12} & \Theta^i_{\delta_k,13} & \Theta_{\delta_k,14} & \Theta_{\delta_k,15} \\ * & -R\overline{P}_i^{-1}R & 0 & 0 & 0 \\ * & * & -I & 0 & 0 \\ * & * & * & -R\overline{P}_i^{-1}R & 0 \\ * & * & * & * & -I \end{bmatrix}<0 \tag{3-39}$$

式中，$\hat{\Upsilon}_{\delta_k,12}=[R\hat{A}_{\delta_k,2}\quad 0\quad 0]^{\mathrm{T}}$。

由于

$$(R-\overline{P}_i)\overline{P}_i^{-1}(R-\overline{P}_i)\geqslant 0$$

故有

$$-R\overline{P}_i^{-1}R\leqslant -2R+\overline{P}_i$$

因此，如果

$$\begin{bmatrix} \Psi^i_{\delta_k} & \Theta^i_{\delta_k,12}+\hat{\Upsilon}_{\delta_k,12} & \Theta^i_{\delta_k,13} & \Theta_{\delta_k,14} & \Theta_{\delta_k,15} \\ * & -2R+\overline{P}_i & 0 & 0 & 0 \\ * & * & -I & 0 & 0 \\ * & * & * & -2R+\overline{P}_i & 0 \\ * & * & * & * & -I \end{bmatrix}<0 \tag{3-40}$$

则式(3-39)成立。

接下来，处理式(3-40)中的参数不确定性。根据式(3-2)，式(3-40)可重新描述为

$$\begin{bmatrix} \Psi_{\delta_k}^i & \Theta_{\delta_k,12}^i + \Upsilon_{\delta_k,12} & \Theta_{\delta_k,13}^i & \Theta_{\delta_k,14} & \Theta_{\delta_k,15} \\ * & -2R+\bar{P}_i & 0 & 0 & 0 \\ * & * & -I & 0 & 0 \\ * & * & * & -2R+\bar{P}_i & 0 \\ * & * & * & * & -I \end{bmatrix} + \tilde{E}_a F \tilde{H}_a + (\tilde{E}_a F \tilde{H}_a)^{\mathrm{T}} < 0 \tag{3-41}$$

式中，$\tilde{E}_a = [0 \quad \hat{E}_a^{\mathrm{T}} R \quad 0 \quad 0 \quad 0]^{\mathrm{T}}$；$\tilde{H}_a = [\breve{H}_a \quad 0 \quad 0 \quad 0 \quad 0]$。

根据引理 2.2 可知，如果存在一个正标量 ε_1 使得

$$\begin{bmatrix} \Psi_{\delta_k}^i & \Theta_{\delta_k,12}^i + \Upsilon_{\delta_k,12} & \Theta_{\delta_k,13}^i & \Theta_{\delta_k,14} & \Theta_{\delta_k,15} \\ * & -2R+\bar{P}_i & 0 & 0 & 0 \\ * & * & -I & 0 & 0 \\ * & * & * & -2R+\bar{P}_i & 0 \\ * & * & * & * & -I \end{bmatrix} + \varepsilon_1^{-1} \tilde{E}_a \tilde{E}_a^{\mathrm{T}} + \varepsilon_1 \tilde{H}_a^{\mathrm{T}} \tilde{H}_a < 0$$

则式(3-41)成立。再利用引理 2.1，上式等价于式(3-34)，证毕。

3.4 算　　例

本节通过 Matlab 软件进行仿真实验，利用两个算例说明提出的故障检测滤波算法的有效性。

算例 3.1　考虑具有如下参数的系统(3-1)：

$$A = \begin{bmatrix} -0.6 & 0.2 \\ 0 & 0.7 \end{bmatrix},\quad D_1 = \begin{bmatrix} 0.8 \\ 0.3 \end{bmatrix},\quad G_1 = \begin{bmatrix} -1 \\ 0.6 \end{bmatrix},\quad G_2 = \begin{bmatrix} 0 \\ 0 \end{bmatrix}$$

$$C = \begin{bmatrix} 0.2 & -0.1 \\ 0.3 & -0.2 \end{bmatrix},\quad D_2 = \begin{bmatrix} 0.6 \\ 0.7 \end{bmatrix},\quad H_1 = \begin{bmatrix} -1 \\ 0.6 \end{bmatrix},\quad H_2 = \begin{bmatrix} 0 \\ 0 \end{bmatrix}$$

$$E_a = \begin{bmatrix} 0.1 \\ 0.2 \end{bmatrix},\quad H_a = \begin{bmatrix} 0.2 & -0.3 \end{bmatrix},\quad F_k = \cos(0.03k)$$

令 $g(x_k) = 0.5[(\varGamma_1 + \varGamma_2)x_k + (\varGamma_2 - \varGamma_1)\sin(k)x_k]$，且 $\varGamma_1 = \mathrm{diag}\{-0.3, 0.6\}$，$\varGamma_2 = \mathrm{diag}\{-0.6, 0.4\}$。转移概率矩阵 $\Pi = \begin{bmatrix} 0.2 & 0.8 \\ 0.3 & 0.7 \end{bmatrix}$。此外，每个传感器数据漂移的概率分布函数 $F(\lambda_{i,k})(i=1,2)$ 由下式描述：

$$F(\lambda_{1,k})=\begin{cases}0.1, & \lambda_{1,k}=0.9\\0.8, & \lambda_{1,k}=1.0\\0.1, & \lambda_{1,k}=1.1\end{cases},\quad F(\lambda_{2,k})=\begin{cases}0.2, & \lambda_{2,k}=0.8\\0.7, & \lambda_{2,k}=1.0\\0.1, & \lambda_{2,k}=1.3\end{cases}$$

通过简单的代数运算，易知 $\lambda_{1,k}$ 和 $\lambda_{2,k}$ 的数学期望及方差分别为 $\bar{\lambda}_1=1.0$，$\sigma_1^2=0.002$ 及 $\bar{\lambda}_2=0.99$，$\sigma_2^2=0.0169$。此外，α_k 的数学期望为 $\bar{\alpha}=0.85$，式(3-19)中的性能指标 $\gamma=1.4$。协议权重矩阵选取为 $\bar{W}=\mathrm{diag}\{0.6,1.2\}$。

利用 Matlab 软件对定理 3.2 中的矩阵不等式进行求解，解得如下鲁棒故障检测滤波器参数矩阵：

$$\bar{A}_{1,F}=\begin{bmatrix}-0.0233 & 0.0006 & -0.0015 & 0.0016\\0.0177 & 0.0290 & 0.0009 & 0.0026\\-0.0009 & -0.0002 & -0.0001 & 0.0000\\0.0011 & 0.0006 & 0.0001 & -0.0000\end{bmatrix},\quad \bar{B}_{1,F}=\begin{bmatrix}0.0067 & 0.0145\\0.0049 & 0.0165\\-0.1633 & 0.0003\\-0.0001 & -0.1641\end{bmatrix}$$

$$\bar{C}_{1,F}=[-0.1380\quad -0.0502\quad 0.0069\quad -0.1587],\quad \bar{D}_{1,F}=[-0.5781\quad -0.1570]$$

$$\bar{A}_{2,F}=\begin{bmatrix}-0.0281 & 0.0036 & -0.0007 & 0.0008\\0.0263 & 0.0397 & 0.0007 & -0.0004\\-0.0010 & -0.0004 & -0.0000 & 0.0000\\0.0013 & 0.0009 & 0.0000 & -0.0000\end{bmatrix},\quad \bar{B}_{2,F}=\begin{bmatrix}0.0063 & 0.0127\\-0.0003 & 0.0104\\-0.1632 & 0.0003\\-0.0002 & -0.1642\end{bmatrix}$$

$$\bar{C}_{2,F}=[0.3363\quad -0.5203\quad 0.0106\quad -0.0008],\quad \bar{D}_{2,F}=[0.0009\quad 0.0109]$$

不确定非线性系统(3-1)和故障检测滤波器(3-15)的初始条件分别为 $\varphi_0=[0.2\quad -0.3]^{\mathrm{T}}$ 和 $\hat{x}_0=0$，根据式(3-5)知 $\bar{f}_k=\beta_k f_k$，设置故障信号 f_k 为

$$f_k=\begin{cases}\sin(k), & 50\leqslant k\leqslant 100\\0, & \text{其他}\end{cases}$$

一方面，当外部扰动 $v_k=0$ 时，图 3.2 和图 3.3 分别表示残差信号 r_k 和残差评价函数 J_k 的轨迹。图 3.2 和图 3.3 说明本章设计的故障检测滤波器能及时捕捉到故障的发生。

另一方面，当外部扰动 $v_k\neq 0$ 时，选取扰动信号 $v_k=\exp(-k/20)w_k$，其中 w_k 表示$[-0.5,0.5]$上均匀分布的噪声。此时，残差信号 r_k 和残差评价函数 J_k 的轨迹分别呈现在图 3.4 和图 3.5 中。由 J_{th} 的定义可得 $J_{\mathrm{th}}=0.1720$。那么由图 3.5 可知，$0.1715=J_{55}<J_{\mathrm{th}}<J_{56}=0.4663$，说明故障在发生 6 步后能够被检测出来。

此外，图 3.6 描述了在 WTOD 协议调控下传输测量数据的传感器节点序列。由图 3.6 能够发现，在通信协议作用下，每个时刻只有一个传感器节点发送测量数据。系统对应的故障信号如图 3.7 所示。图 3.7 表明当 $50\leqslant k\leqslant 100$ 时，如果 $\beta_k=1$，则系

统(3-1)中发生故障 f_k；相反地，如果 $\beta_k = 0$，那么系统(3-1)中没有故障发生。以上仿真结果表明，在 WTOD 协议的控制下，本章设计的故障检测滤波算法能够及时捕捉到具有传感器数据漂移的非线性系统中发生的故障。

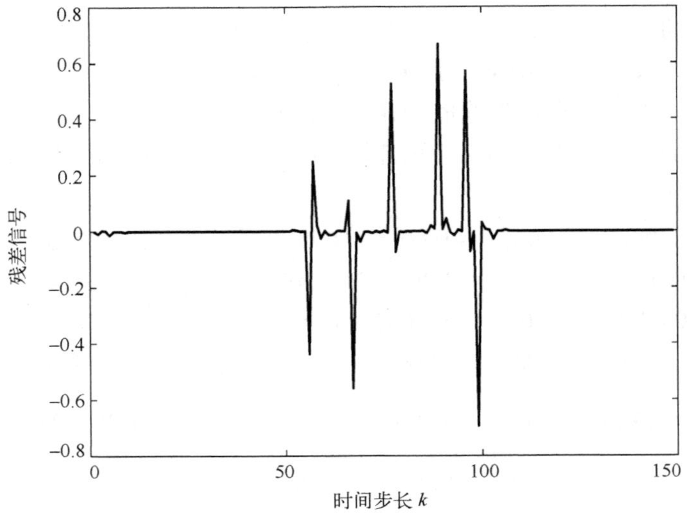

图 3.2　$v_k = 0$ 时的 r_k

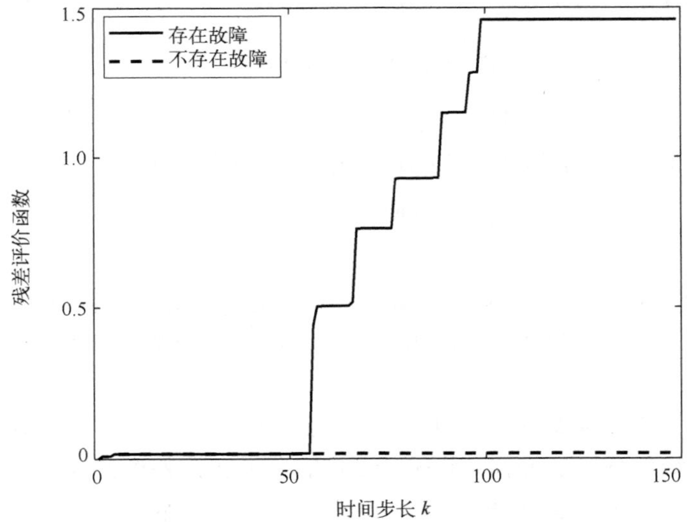

图 3.3　$v_k = 0$ 时的 J_k

算例 3.2　算例 3.2 利用本章提出的故障检测方法检测工业连续搅拌槽式反应器是否发生故障。图 3.8 描述了该系统的物理结构，其中化学物质 A 反应生成物质

$B:A \to B$，C_{Ai} 和 C_A 分别表示化学物质 A 的输入浓度和输出浓度，T_C 和 T 分别表示冷却介质温度和反应温度。

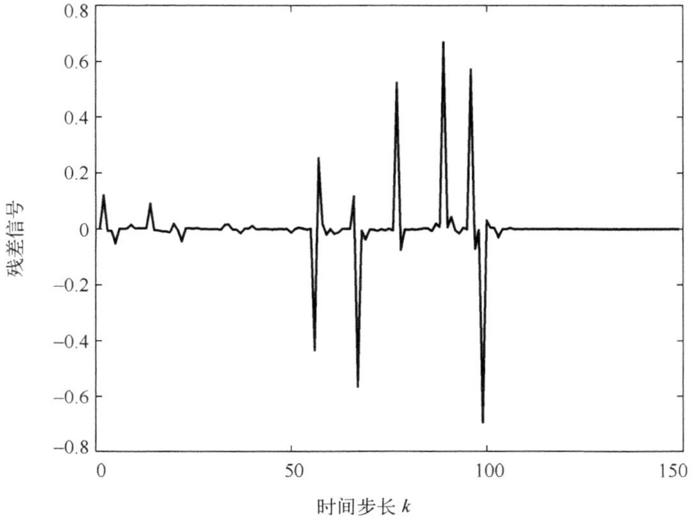

图 3.4　$v_k \neq 0$ 时的 r_k

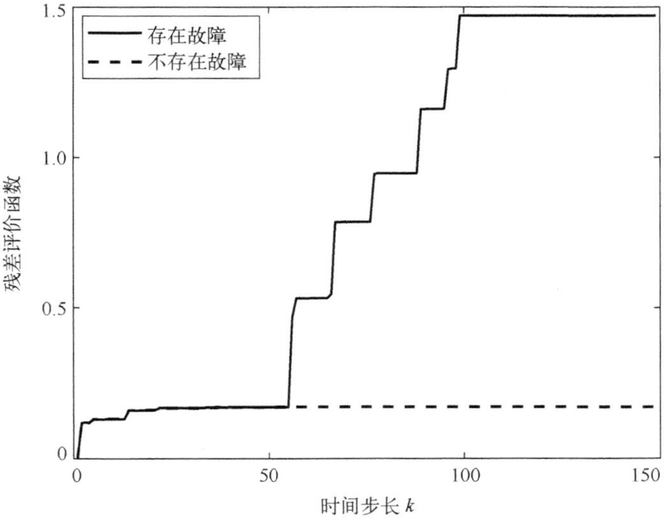

图 3.5　$v_k \neq 0$ 时的 J_k

状态变量和输入变量分别为 $x=[C_A^{\mathrm{T}} \quad T_C^{\mathrm{T}}]^{\mathrm{T}}$ 和 $u=[T^{\mathrm{T}} \quad C_{Ai}^{\mathrm{T}}]^{\mathrm{T}}$，算例 3.2 的目的是检测冷却介质温度 T_C 的异常情况。考虑到建模误差及随机发生非线性现象，搅拌槽式反应器的离散空间模型为

$$x_{k+1} = (A + \Delta A)x_k + Bu_k + \alpha_k g(x_k) + D_1 v_k + G_{\theta_k} f_k \tag{3-42}$$

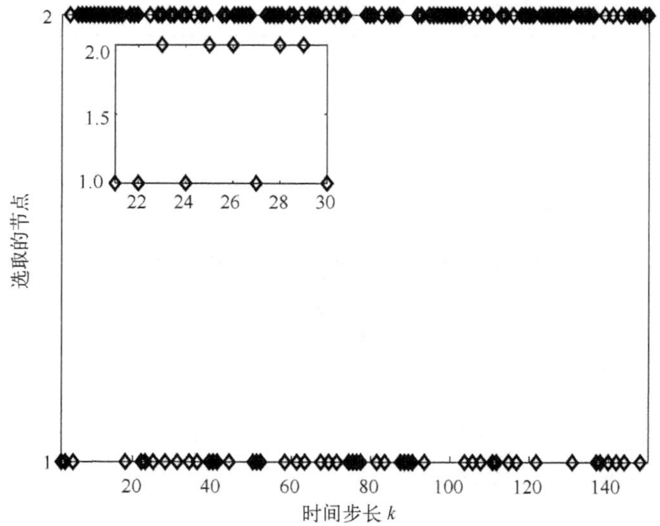

图 3.6　选取的节点 δ_k

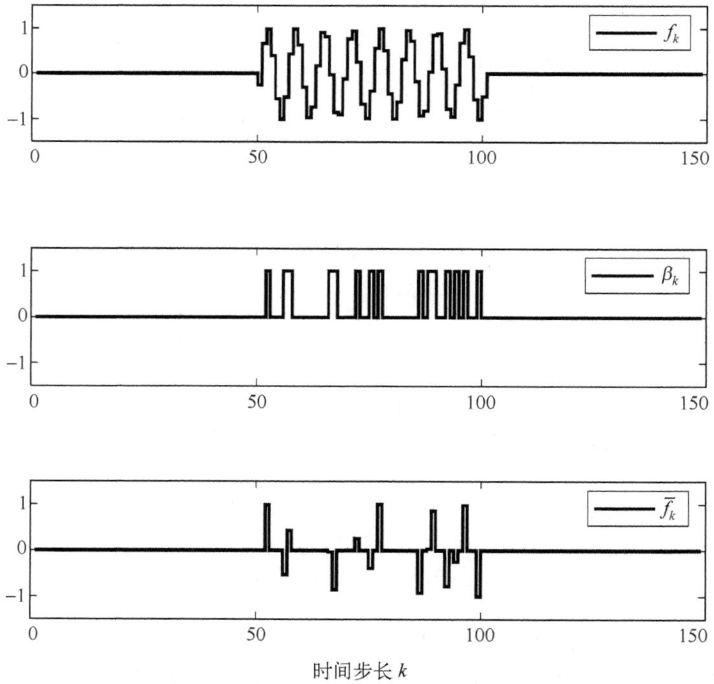

图 3.7　故障信号模拟

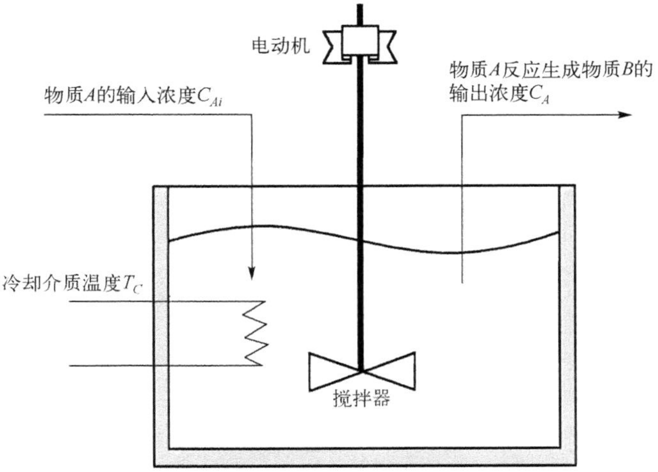

图 3.8　连续搅拌槽式反应器模型

系统的测量输出可以由式(3-7)描述。借助于文献[172]，搅拌槽式反应器的参数矩阵可选取为

$$A=\begin{bmatrix}0.9719 & -0.0013\\ -0.0340 & 0.8628\end{bmatrix},\quad D_1=\begin{bmatrix}0\\0\end{bmatrix},\quad G_1=\begin{bmatrix}-0.0839\\0.0761\end{bmatrix}$$

$$G_2=\begin{bmatrix}0\\0\end{bmatrix},\quad C=\begin{bmatrix}1 & 0\\0 & 1\end{bmatrix},\quad D_2=\begin{bmatrix}0\\0.1\end{bmatrix},\quad H_1=\begin{bmatrix}-1\\0.6\end{bmatrix}$$

$$H_2=\begin{bmatrix}0\\0\end{bmatrix},\quad E_a=\begin{bmatrix}0\\0\end{bmatrix},\quad H_a=[0\quad 0],\quad B=0$$

其余参数与算例 3.1 中相同。

利用 Matlab 软件对定理 3.2 中的矩阵不等式进行求解，得到如下故障检测滤波器参数矩阵：

$$\bar{A}_{1,F}=\begin{bmatrix}0.0027 & 0.0012 & 0.0008 & -0.0009\\ -0.0029 & 0.0219 & -0.0012 & -0.0029\\ 0.0001 & 0.0001 & 0.0000 & -0.0000\\ 0.0001 & -0.0006 & 0.0000 & 0.0001\end{bmatrix},\quad \bar{B}_{1,F}=\begin{bmatrix}-0.0221 & -0.0147\\ -0.0014 & -0.0539\\ -0.1647 & -0.0008\\ -0.0001 & -0.1636\end{bmatrix}$$

$$\bar{A}_{2,F}=\begin{bmatrix}0.0195 & 0.0001 & 0.0011 & -0.0002\\ -0.0027 & 0.0124 & -0.0002 & -0.0005\\ 0.0010 & 0.0001 & 0.0000 & -0.0000\\ 0.0002 & -0.0003 & 0.0000 & 0.0000\end{bmatrix},\quad \bar{B}_{2,F}=\begin{bmatrix}-0.0093 & -0.0096\\ 0.0010 & -0.0470\\ -0.1640 & -0.0006\\ -0.0001 & -0.1637\end{bmatrix}$$

$$\bar{C}_{1,F} = [-0.0876 \quad 0.0697 \quad -0.0223 \quad 0.0131], \quad \bar{D}_{1,F} = [-0.1274 \quad 0.1259]$$

$$\bar{C}_{2,F} = [-0.0082 \quad 0.0435 \quad -0.0007 \quad 0.0037], \quad \bar{D}_{2,F} = [-0.0059 \quad 0.0213]$$

残差信号 r_k 和残差评价函数 J_k 的轨迹分别如图 3.9 和图 3.10 所示。

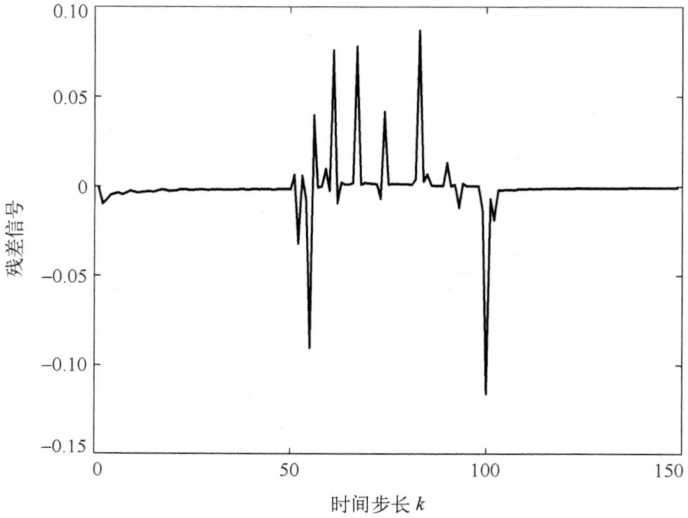

图 3.9　$v_k \neq 0$ 时的残差信号 r_k

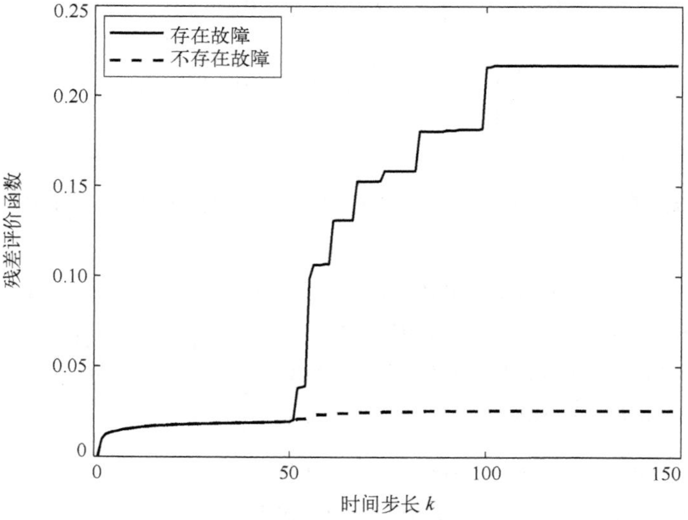

图 3.10　$v_k \neq 0$ 时的残差评价函数 J_k

根据阈值 J_{th} 的定义，计算得到 J_{th} 的值为 0.0257。由图 3.9 可知，$0.0206 = J_{52} <$

$J_{th} < J_{53} = 0.0382$，说明故障在发生 3 步后能够被检测出来。算例 3.2 进一步说明了本章提出的故障检测方法能够用于实际工业环境中，并有效检测到系统中发生的故障。

3.5 本章小结

本章研究了 WTOD 协议约束下具有传感器数据漂移和随机发生非线性的不确定网络化系统故障检测问题。首先，为了反映更真实的工程环境，利用具有两个状态的马尔可夫链对随机发生故障进行刻画。其次，引入了 WTOD 协议节省通信资源，即在每一时刻只有一个传感器可以传输测量值，设计了融入协议信息的故障检测滤波器。再次，利用 Lyapunov 方法，给出了保证增广系统随机稳定且满足 H_∞ 性能的判别准则，根据矩阵不等式的解，得到了故障检测滤波器的参数矩阵。最后，通过一个数值算例说明了设计的故障检测滤波算法的可行性和有效性。

第 4 章　SCP 调度下具有异常测量值的时滞系统故障检测

众所周知，异常测量值是指采集数据中偏离正常数据的孤立值。传感器节点采集的数据出现异常的原因有很多，如恶意活动、网络攻击、传感器故障或系统崩溃等。在实际工程环境中，特别是对于一些大规模、高精度的系统，如果出现大量的异常值，可能会导致系统故障检测不灵敏。本章在前两章的基础上，考虑系统中存在异常测量值的情况，通过设计具有饱和约束的故障检测滤波器对数据进行过滤，减弱异常测量值对检测性能的影响，进而研究具有随机发生时变时滞和异常测量值的不确定网络化系统在 SCP 下的故障检测问题。另外，为了便于比较，本章还设计非饱和约束的故障检测滤波算法，以便说明饱和约束下的故障检测方法能够较好地避免错误警报。

4.1　问 题 简 述

由于测量信息的不精确和运行中环境因素的影响常常会引起系统特性或参数的改变，因此有必要提出不确定系统的故障检测方法。本章考虑如下一类具有随机发生时变时滞的不确定网络化系统：

$$
\begin{aligned}
x_{k+1} &= (A+\Delta A)x_k + \alpha_k A_d x_{k-\tau_k} + Bv_k + Df_k \\
y_k &= Cx_k \\
x_k &= \varphi_k, \forall k \in [-\tau_M, 0]
\end{aligned}
\tag{4-1}
$$

式中，$x_k \in \mathbb{R}^n$ 表示系统状态；$y_k \in \mathbb{R}^m$ 为测量输出；$v_k \in \mathbb{R}^s$ 代表属于 $l_2[0,\infty)$ 的外部扰动；φ_k 为给定的初始序列；$f_k \in \mathbb{R}^l$ 为待检测的故障；τ_k 是满足 $\tau_m \leqslant \tau_k \leqslant \tau_M$ 的时滞；τ_M 和 τ_m 分别表示时滞 τ_k 的上下界；A，A_d，B，D 和 C 为具有适当维数的已知矩阵；ΔA 满足如下条件：

$$
\Delta A = HFN \tag{4-2}
$$

式中，H 和 N 为已知矩阵，未知矩阵 F 满足 $F^{\mathrm{T}}F \leqslant I$。随机发生时变时滞现象由随机变量 α_k 来刻画，α_k 服从伯努利分布且具有如下统计特征：

$$
\mathrm{Prob}\{\alpha_k = 1\} = \mathbb{E}\{\alpha_k\} = \bar{\alpha} + \Delta\bar{\alpha}
$$

$$\text{Prob}\{\alpha_k = 0\} = 1 - \mathbb{E}\{\alpha_k\} = 1 - (\bar{\alpha} + \Delta\bar{\alpha})$$

式中，$\bar{\alpha} > 0$ 是已知的正标量，$|\Delta\bar{\alpha}| \leqslant \beta$ 且 β 为已知的正标量。

为了减少数据冲突的发生，引入 SCP 来调节测量输出的传输。令 $\vartheta_k \in \{1, 2, \cdots, m\}$ 表示第 k 时刻获得网络权限的传感器节点，在 SCP 约束下，所有节点均有机会在任意时刻访问网络，相应的规则由马尔可夫链刻画。在 $\vartheta_k = i$ 条件下，$\vartheta_{k+1} = j$ 的发生概率为

$$\text{Prob}\{\vartheta_{k+1} = j \mid \vartheta_k = i\} = \pi_{ij}$$

式中，$\pi_{ij} \geqslant 0 (i, j \in \{1, 2, \cdots, m\})$ 且 $\sum_{j=1}^{m} \pi_{ij} = 1 (i \in \{1, 2, \cdots, m\})$。

令 $\bar{y}_k = [\bar{y}_{1,k} \quad \bar{y}_{2,k} \quad \cdots \quad \bar{y}_{m,k}]^{\mathrm{T}}$ 表示 SCP 约束下通过网络后获得的测量信号。$\bar{y}_{i,k}$ $(i = 1, 2, \cdots, m)$ 的更新准则如下：

$$\bar{y}_{i,k} = \begin{cases} y_{i,k}, & i = \vartheta_k \\ \bar{y}_{i,k-1}, & \text{其他} \end{cases} \tag{4-3}$$

根据更新规则(4-3)，故障检测滤波器实际接收的测量值可由下式描述：

$$\begin{aligned} \bar{y}_k &= \varPhi_{\vartheta_k} y_k + (I - \varPhi_{\vartheta_k}) \bar{y}_{k-1} \\ &= \varPhi_{\vartheta_k} C x_k + (I - \varPhi_{\vartheta_k}) \bar{y}_{k-1} \end{aligned} \tag{4-4}$$

式中，$\varPhi_{\vartheta_k} = \text{diag}\{\psi_{\vartheta_k,1}, \psi_{\vartheta_k,2}, \cdots, \psi_{\vartheta_k,m}\}$ 表示更新矩阵；$\psi_{\vartheta_k,i} \in \{0, 1\} (i \in \{1, 2, \cdots, m\})$ 代表 Kronecker delta 函数。

定义 $\bar{x}_k = [x_k^{\mathrm{T}} \quad \bar{y}_{k-1}^{\mathrm{T}}]^{\mathrm{T}} \in \mathbb{R}^{n+m}$，结合式(4-1)和式(4-4)，推导出增广系统：

$$\begin{aligned} \bar{x}_{k+1} &= (\bar{A}_{\vartheta_k,1} + \bar{A}_2)\bar{x}_k + (\tilde{\alpha}_k + \bar{\alpha} + \Delta\bar{\alpha})\bar{A}_d \bar{x}_{k-\tau_k} + \bar{B}v_k + \bar{D}f_k \\ \bar{y}_k &= \bar{C}_{\vartheta_k} \bar{x}_k \end{aligned} \tag{4-5}$$

式中

$$\bar{A}_{\vartheta_k,1} = \begin{bmatrix} A & 0 \\ \varPhi_{\vartheta_k} C & I - \varPhi_{\vartheta_k} \end{bmatrix}, \quad \bar{A}_2 = \begin{bmatrix} \Delta A & 0 \\ 0 & 0 \end{bmatrix}, \quad \bar{A}_d = \begin{bmatrix} A_d & 0 \\ 0 & 0 \end{bmatrix}, \quad \bar{B} = \begin{bmatrix} B \\ 0 \end{bmatrix}$$

$$\bar{D} = \begin{bmatrix} D \\ 0 \end{bmatrix}, \quad \bar{C}_{\vartheta_k} = [\varPhi_{\vartheta_k} C \quad I - \varPhi_{\vartheta_k}], \quad \tilde{\alpha}_k = \alpha_k - (\bar{\alpha} + \Delta\bar{\alpha})$$

4.2 饱和约束故障检测方案

在异常测量值影响下，为了检测系统中的故障，构造如下具有饱和约束的故障检测滤波器：

$$
\begin{aligned}
\hat{\hat{x}}_{k+1} &= \overline{A}_{\vartheta_k,1}\hat{\hat{x}}_k + \overline{\alpha}\overline{A}_d\hat{\hat{x}}_{k-\tau_k} + F_{\vartheta_k}\mathrm{sat}(\overline{y}_k - \overline{C}_{\vartheta_k}\hat{\hat{x}}_k) \\
r_k &= M_{\vartheta_k}\mathrm{sat}(\overline{y}_k - \overline{C}_{\vartheta_k}\hat{\hat{x}}_k) \\
\hat{\hat{x}}_\theta &= 0, \forall\theta\in[-\tau_M, 0]
\end{aligned}
\tag{4-6}
$$

式中，$\hat{\hat{x}}_k \in \mathbb{R}^{n+m}$ 为故障检测滤波器的状态；$r_k \in \mathbb{R}^l$ 为残差；F_{ϑ_k} 和 M_{ϑ_k} 为适当维数的待设计滤波器参数矩阵。饱和函数由下式刻画：

$$
\mathrm{sat}(\sigma) = \begin{bmatrix} \mathrm{sat}(\sigma_1) \\ \mathrm{sat}(\sigma_2) \\ \vdots \\ \mathrm{sat}(\sigma_m) \end{bmatrix}
$$

式中

$$
\mathrm{sat}(\sigma_i) = \begin{cases} u_{i,\max}, & \sigma_i > u_{i,\max} \\ \sigma_i, & -u_{i,\max} \leqslant \sigma_i \leqslant u_{i,\max} \\ -u_{i,\max}, & \sigma_i < -u_{i,\max} \end{cases}
\tag{4-7}
$$

其中，$u_{i,\max} > 0$ 表示饱和阈值。

异常测量值是指采集数据中明显偏离其余观测值的个体值。在故障检测过程中，如果异常测量值过多，会导致检测性能差，甚至出现误报。考虑以上情况，式(4-6)中设计的故障检测滤波器最重要的特点是引入了饱和函数来过滤数据，以适当地消除测量输出中出现的异常值，降低其对检测性能的影响。

根据式(4-5)，故障检测滤波器(4-6)可以重新表述为

$$
\begin{aligned}
\hat{\hat{x}}_{k+1} &= \overline{A}_{\vartheta_k,1}\hat{\hat{x}}_k + \overline{\alpha}\overline{A}_d\hat{\hat{x}}_{k-\tau_k} + F_{\vartheta_k}\mathrm{sat}(\overline{C}_{\vartheta_k}\overline{x}_k - \overline{C}_{\vartheta_k}\hat{\hat{x}}_k) \\
r_k &= M_{\vartheta_k}\mathrm{sat}(\overline{C}_{\vartheta_k}\overline{x}_k - \overline{C}_{\vartheta_k}\hat{\hat{x}}_k) \\
\hat{\hat{x}}_\theta &= 0, \forall\theta\in[-\tau_M, 0]
\end{aligned}
\tag{4-8}
$$

定义 $e_k = \overline{x}_k - \hat{\hat{x}}_k$ 和 $\overline{r}_k = r_k - f_k$，通过式(4-5)和式(4-8)，得到如下动态系统：

$$
\begin{aligned}
e_{k+1} &= (\overline{A}_{\vartheta_k,1} - F_{\vartheta_k}\overline{C}_{\vartheta_k})e_k + \overline{A}_2\overline{x}_k - F_{\vartheta_k}\phi(\overline{C}_{\vartheta_k}e_k) + \overline{\alpha}\overline{A}_d e_{k-\tau_k} \\
&\quad + (\tilde{\alpha}_k + \Delta\overline{\alpha})\overline{A}_d\overline{x}_{k-\tau_k} + \overline{B}v_k + \overline{D}f_k \\
\overline{r}_k &= M_{\vartheta_k}\overline{C}_{\vartheta_k}e_k + M_{\vartheta_k}\phi(\overline{C}_{\vartheta_k}e_k) - f_k
\end{aligned}
\tag{4-9}
$$

式中，$\phi(\overline{C}_{\vartheta_k}e_k) = \mathrm{sat}(\overline{C}_{\vartheta_k}e_k) - \overline{C}_{\vartheta_k}e_k$。借助于式(4-7)，易知

$$
\phi(\sigma_i) = \begin{cases} u_{i,\max} - \sigma_i, & \sigma_i > u_{i,\max} \\ 0, & -u_{i,\max} \leqslant \sigma_i \leqslant u_{i,\max} \\ -u_{i,\max} - \sigma_i, & \sigma_i < -u_{i,\max} \end{cases}
$$

令 $\eta_k=[\overline{x}_k^{\mathrm{T}} \quad e_k^{\mathrm{T}}]^{\mathrm{T}}$ 和 $w_k=[v_k^{\mathrm{T}} \quad f_k^{\mathrm{T}}]^{\mathrm{T}}$，计算得到增广系统：

$$\begin{aligned}\eta_{k+1}&=(\tilde{A}_{\vartheta_k,1}+\tilde{A}_2)\eta_k+[(\tilde{\alpha}_k+\Delta\overline{\alpha})\tilde{A}_{d1}+\overline{\alpha}\tilde{A}_{d2}]\eta_{k-\tau_k}-\tilde{F}_{\vartheta_k}q_k+\tilde{B}w_k\\ \overline{r}_k&=\tilde{C}_{\vartheta_k}\eta_k+M_{\vartheta_k}q_k+I_1w_k\end{aligned} \tag{4-10}$$

式中

$$\tilde{A}_{\vartheta_k,1}=\begin{bmatrix}\overline{A}_{\vartheta_k,1} & 0\\ 0 & \overline{A}_{\vartheta_k,1}-F_{\vartheta_k}\overline{C}_{\vartheta_k}\end{bmatrix},\quad \tilde{A}_2=\begin{bmatrix}\overline{A}_2 & 0\\ \overline{A}_2 & 0\end{bmatrix},\quad \tilde{A}_{d1}=\begin{bmatrix}\overline{A}_d & 0\\ \overline{A}_d & 0\end{bmatrix}$$

$$\tilde{A}_{d2}=\begin{bmatrix}\overline{A}_d & 0\\ 0 & \overline{A}_d\end{bmatrix},\quad \tilde{F}_{\vartheta_k}=\begin{bmatrix}0\\ F_{\vartheta_k}\end{bmatrix},\quad \tilde{B}=\begin{bmatrix}\overline{B} & \overline{D}\\ \overline{B} & \overline{D}\end{bmatrix},\quad \tilde{C}_{\vartheta_k}=[0 \quad M_{\vartheta_k}\overline{C}_{\vartheta_k}]$$

$$q_k=\mathrm{sat}(\overline{C}_{\vartheta_k}I_2\eta_k)-\overline{C}_{\vartheta_k}I_2\eta_k,\quad I_1=[0 \quad -I],\quad I_2=[0 \quad I] \tag{4-11}$$

给出残差评价函数 J_k 和阈值 J_{th} 的定义：

$$J_k=\left(\mathbb{E}\left\{\sum_{s=0}^{k}r_s^{\mathrm{T}}r_s\right\}\right)^{1/2},\quad J_{\mathrm{th}}=\sup_{v_k\in l_2,f_k=0}J_k \tag{4-12}$$

根据式(4-12)，按照以下规则，通过比较 J_k 和 J_{th} 的大小判断系统是否发生故障，即

$$J_k>J_{\mathrm{th}}\Rightarrow \text{检测出故障}\Rightarrow \text{警报}$$

$$J_k\leqslant J_{\mathrm{th}}\Rightarrow \text{无故障}\Rightarrow \text{不警报}$$

本节的目的是构造一个形如式(4-6)的饱和约束故障检测滤波器，以期对数据进行过滤，减弱异常测量值对检测性能的影响，给出增广系统(4-10)的稳定性判据，获取饱和约束故障检测滤波器参数矩阵的显式表达式，即设计 F_{ϑ_k} 和 M_{ϑ_k} 使得

(1) 当 $w_k=0$ 时，系统(4-10)在均方意义下全局渐近稳定；

(2) 当 $w_k\neq 0$ 时，误差 $\overline{r}_k$ 在零初始条件下满足

$$\sum_{k=0}^{\infty}\mathbb{E}\{\|\overline{r}_k\|^2\}<\gamma^2\sum_{k=0}^{\infty}\|w_k\|^2 \tag{4-13}$$

式中，γ 为正标量。

为了后续分析，介绍如下引理。

引理 4.1[173]　定义 $\mathcal{S}\triangleq\{\alpha\in\mathbb{R}^m,\beta\in\mathbb{R}^m,-u_{\max}\leqslant\alpha-\beta\leqslant u_{\max}\}$，对任意的对角矩阵 $W>0$，如果 $\alpha\in\mathcal{S}$ 且 $\beta\in\mathcal{S}$，那么非线性函数 $\phi(\sigma)=\mathrm{sat}(\sigma)-\sigma$ 满足广义扇形条件：

$$\phi^{\mathrm{T}}(\alpha)W(\phi(\alpha)+\beta)\leqslant 0$$

引理 4.2[174]　对任意的正定矩阵 $\mathcal{T}\in\mathbb{R}^{n\times n}$ 及向量 $\alpha,\beta\in\mathbb{R}^n$，下式成立：

$$2\alpha^{\mathrm{T}}\beta\leqslant\alpha^{\mathrm{T}}\mathcal{T}\alpha+\beta^{\mathrm{T}}\mathcal{T}^{-1}\beta$$

4.2.1 系统性能分析

本节提出系统(4-10)的稳定性判据，并且当 $w_k \neq 0$ 时，给出有噪声抑制能力的 H_∞ 性能准则。

定理 4.1 对于给定的滤波器参数矩阵 F_i 和 $M_i(i=1,2,\cdots,m)$，正整数 $\tau_M > \tau_m$ 及正标量 γ，如果存在对称正定矩阵 $P_i(i=1,2,\cdots,m)$，S_1，S_2，S_3 和正定对角矩阵 T，使得矩阵不等式

$$\Sigma_i = \begin{bmatrix} \Sigma_i^{11} & 0 & \Sigma_i^{13} & 0 & \Sigma_i^{15} & \Sigma_i^{16} \\ * & -S_1 & 0 & 0 & 0 & 0 \\ * & * & \Sigma_i^{33} & 0 & \Sigma_i^{35} & \Sigma_i^{36} \\ * & * & * & -S_3 & 0 & 0 \\ * & * & * & * & \Sigma_i^{55} & \Sigma_i^{56} \\ * & * & * & * & * & \Sigma_i^{66} \end{bmatrix} < 0 \tag{4-14}$$

成立，式中

$$\Sigma_i^{11} = -P_i + (\tilde{A}_{i,1} + \tilde{A}_2)^{\mathrm{T}} \overline{P}_i (\tilde{A}_{i,1} + \tilde{A}_2) + S_1 + (\tau_M - \tau_m + 1) S_2 + S_3 + \tilde{C}_i^{\mathrm{T}} \tilde{C}_i$$

$$\Sigma_i^{13} = (\tilde{A}_{i,1} + \tilde{A}_2)^{\mathrm{T}} \overline{P}_i (\beta \tilde{A}_{d1} + \overline{\alpha} \tilde{A}_{d2}), \quad \Sigma_i^{15} = -(\tilde{A}_{i,1} + \tilde{A}_2)^{\mathrm{T}} \overline{P}_i \tilde{F}_i - I_2^{\mathrm{T}} \overline{C}_i^{\mathrm{T}} T + \tilde{C}_i^{\mathrm{T}} M_i$$

$$\Sigma_i^{33} = -S_2 + (\beta \tilde{A}_{d1} + \overline{\alpha} \tilde{A}_{d2})^{\mathrm{T}} \overline{P}_i (\beta \tilde{A}_{d1} + \overline{\alpha} \tilde{A}_{d2}) + [(\beta + \overline{\alpha})(1 - \overline{\alpha} + \beta) + \beta] \tilde{A}_{d1}^{\mathrm{T}} \overline{P}_i \tilde{A}_{d1}$$

$$\Sigma_i^{16} = (\tilde{A}_{i,1} + \tilde{A}_2)^{\mathrm{T}} \overline{P}_i \tilde{B} + \tilde{C}_i^{\mathrm{T}} I_1, \quad \Sigma_i^{35} = -\overline{\alpha} \tilde{A}_{d2}^{\mathrm{T}} \overline{P}_i \tilde{F}_i, \quad \Sigma_i^{36} = (\beta \tilde{A}_{d1} + \overline{\alpha} \tilde{A}_{d2})^{\mathrm{T}} \overline{P}_i \tilde{B}$$

$$\Sigma_i^{55} = -2T + (1+\beta) \tilde{F}_i^{\mathrm{T}} \overline{P}_i \tilde{F}_i + M_i^{\mathrm{T}} M_i, \quad \Sigma_i^{56} = -\tilde{F}_i^{\mathrm{T}} \overline{P}_i \tilde{B} + M_i^{\mathrm{T}} I_1$$

$$\Sigma_i^{66} = -\gamma^2 I + \tilde{B}^{\mathrm{T}} \overline{P}_i \tilde{B} + I_1^{\mathrm{T}} I_1, \quad \overline{P}_i = \sum_{j=1}^{m} \pi_{ij} P_j \tag{4-15}$$

则当 $w_k = 0$ 时，增广系统(4-10)在均方意义下全局渐近稳定；当 $w_k \neq 0$ 时，系统在零初始条件下满足式(4-13)。

证 首先，建立如下 Lyapunov 泛函：

$$V_k = V_{1,k} + V_{2,k} \tag{4-16}$$

式中

$$V_{1,k} = \eta_k^{\mathrm{T}} P_{\vartheta_k} \eta_k$$

$$V_{2,k} = \sum_{i=k-\tau_m}^{k-1} \eta_i^{\mathrm{T}} S_1 \eta_i + \sum_{i=k-\tau_k}^{k-1} \eta_i^{\mathrm{T}} S_2 \eta_i + \sum_{i=k-\tau_M}^{k-1} \eta_i^{\mathrm{T}} S_3 \eta_i$$

$$+\sum_{j=-\tau_M+1}^{-\tau_m}\sum_{i=k+j}^{k-1}\eta_i^{\mathrm{T}}S_2\eta_i$$

定义 $\Delta V_{i,k}=\mathbb{E}\{V_{i,k+1}\}-V_{i,k}$，对于 $\vartheta_k=i$ 且 $\vartheta_{k+1}=j$，沿着系统(4-10)的轨迹求 V_k 的差分，有

$$\begin{aligned}\Delta V_{1,k}&=\mathbb{E}\left\{\sum_{j=1}^{m}\pi_{ij}\eta_{k+1}^{\mathrm{T}}P_j\eta_{k+1}\right\}-\eta_k^{\mathrm{T}}P_i\eta_k\\&=\mathbb{E}\{[(\tilde{A}_{i,1}+\tilde{A}_2)\eta_k+[(\tilde{\alpha}_k+\Delta\bar{\alpha})\tilde{A}_{d1}+\bar{\alpha}\tilde{A}_{d2}]\eta_{k-\tau_k}-\tilde{F}_iq_k+\tilde{B}w_k]^{\mathrm{T}}\\&\quad\times\bar{P}_i[(\tilde{A}_{i,1}+\tilde{A}_2)\eta_k+[(\tilde{\alpha}_k+\Delta\bar{\alpha})\tilde{A}_{d1}+\bar{\alpha}\tilde{A}_{d2}]\eta_{k-\tau_k}-\tilde{F}_iq_k+\tilde{B}w_k]\}\\&\quad-\eta_k^{\mathrm{T}}P_i\eta_k\\&=\eta_k^{\mathrm{T}}[(\tilde{A}_{i,1}+\tilde{A}_2)^{\mathrm{T}}\bar{P}_i(\tilde{A}_{i,1}+\tilde{A}_2)-P_i]\eta_k\\&\quad+2\eta_k^{\mathrm{T}}(\tilde{A}_{i,1}+\tilde{A}_2)^{\mathrm{T}}\bar{P}_i(\Delta\bar{\alpha}\tilde{A}_{d1}+\bar{\alpha}\tilde{A}_{d2})\eta_{k-\tau_k}\\&\quad-2\eta_k^{\mathrm{T}}(\tilde{A}_{i,1}+\tilde{A}_2)^{\mathrm{T}}\bar{P}_i\tilde{F}_iq_k+2\eta_k^{\mathrm{T}}(\tilde{A}_{i,1}+\tilde{A}_2)^{\mathrm{T}}\bar{P}_i\tilde{B}w_k\\&\quad+\eta_{k-\tau_k}^{\mathrm{T}}(\Delta\bar{\alpha}\tilde{A}_{d1}+\bar{\alpha}\tilde{A}_{d2})^{\mathrm{T}}\bar{P}_i(\Delta\bar{\alpha}\tilde{A}_{d1}+\bar{\alpha}\tilde{A}_{d2})\eta_{k-\tau_k}\\&\quad+(\bar{\alpha}+\Delta\bar{\alpha})(1-\bar{\alpha}-\Delta\bar{\alpha})\eta_{k-\tau_k}^{\mathrm{T}}\tilde{A}_{d1}^{\mathrm{T}}\bar{P}_i\tilde{A}_{d1}\eta_{k-\tau_k}\\&\quad-2\eta_{k-\tau_k}^{\mathrm{T}}(\Delta\bar{\alpha}\tilde{A}_{d1}+\bar{\alpha}\tilde{A}_{d2})^{\mathrm{T}}\bar{P}_i\tilde{F}_iq_k\\&\quad+2\eta_{k-\tau_k}^{\mathrm{T}}(\Delta\bar{\alpha}\tilde{A}_{d1}+\bar{\alpha}\tilde{A}_{d2})^{\mathrm{T}}\bar{P}_i\tilde{B}w_k+q_k^{\mathrm{T}}\tilde{F}_i^{\mathrm{T}}\bar{P}_i\tilde{F}_iq_k\\&\quad-2q_k^{\mathrm{T}}\tilde{F}_i^{\mathrm{T}}\bar{P}_i\tilde{B}w_k+w_k^{\mathrm{T}}\tilde{B}^{\mathrm{T}}\bar{P}_i\tilde{B}w_k\end{aligned}\tag{4-17}$$

$$\begin{aligned}\Delta V_{2,k}\leqslant{}&\eta_k^{\mathrm{T}}[S_1+(\tau_M-\tau_m+1)S_2+S_3]\eta_k-\eta_{k-\tau_m}^{\mathrm{T}}S_1\eta_{k-\tau_m}\\&-\eta_{k-\tau_k}^{\mathrm{T}}S_2\eta_{k-\tau_k}-\eta_{k-\tau_M}^{\mathrm{T}}S_3\eta_{k-\tau_M}\end{aligned}\tag{4-18}$$

由引理 4.2 得

$$-2\Delta\bar{\alpha}\eta_{k-d_k}^{\mathrm{T}}\tilde{A}_{d1}^{\mathrm{T}}\bar{P}_i\tilde{F}_iq_k\leqslant\beta\eta_{k-d_k}^{\mathrm{T}}\tilde{A}_{d1}^{\mathrm{T}}\bar{P}_i\tilde{A}_{d1}\eta_{k-d_k}+\beta q_k^{\mathrm{T}}\tilde{F}_i^{\mathrm{T}}\bar{P}_i\tilde{F}_iq_k\tag{4-19}$$

因此

$$\begin{aligned}\Delta V_{1,k}\leqslant{}&\eta_k^{\mathrm{T}}[(\tilde{A}_{i,1}+\tilde{A}_2)^{\mathrm{T}}\bar{P}_i(\tilde{A}_{i,1}+\tilde{A}_2)-P_i]\eta_k\\&+2\eta_k^{\mathrm{T}}(\tilde{A}_{i,1}+\tilde{A}_2)^{\mathrm{T}}\bar{P}_i(\beta\tilde{A}_{d1}+\bar{\alpha}\tilde{A}_{d2})\eta_{k-\tau_k}\\&-2\eta_k^{\mathrm{T}}(\tilde{A}_{i,1}+\tilde{A}_2)^{\mathrm{T}}\bar{P}_i\tilde{F}_iq_k+2\eta_k^{\mathrm{T}}(\tilde{A}_{i,1}+\tilde{A}_2)^{\mathrm{T}}\bar{P}_i\tilde{B}w_k\\&+\eta_{k-\tau_k}^{\mathrm{T}}(\beta\tilde{A}_{d1}+\bar{\alpha}\tilde{A}_{d2})^{\mathrm{T}}\bar{P}_i(\beta\tilde{A}_{d1}+\bar{\alpha}\tilde{A}_{d2})\eta_{k-\tau_k}\\&+[(\bar{\alpha}+\beta)(1-\bar{\alpha}+\beta)+\beta]\eta_{k-\tau_k}^{\mathrm{T}}\tilde{A}_{d1}^{\mathrm{T}}\bar{P}_i\tilde{A}_{d1}\eta_{k-\tau_k}\\&-2\bar{\alpha}\eta_{k-\tau_k}^{\mathrm{T}}\tilde{A}_{d2}{}^{\mathrm{T}}\bar{P}_i\tilde{F}_iq_k+(1+\beta)q_k^{\mathrm{T}}\tilde{F}_i^{\mathrm{T}}\bar{P}_i\tilde{F}_iq_k\end{aligned}$$

$$
\begin{aligned}
&+2\eta_{k-\tau_k}^{\mathrm{T}}(\beta\tilde{A}_{d1}+\bar{\alpha}\tilde{A}_{d2})^{\mathrm{T}}\bar{P}_i\tilde{B}w_k \\
&-2q_k^{\mathrm{T}}\tilde{F}_i^{\mathrm{T}}\bar{P}_i\tilde{B}w_k+w_k^{\mathrm{T}}\tilde{B}^{\mathrm{T}}\bar{P}_i\tilde{B}w_k
\end{aligned}
\tag{4-20}
$$

此外，根据引理 4.1 可知，存在一个对角矩阵 $T>0$ 使得

$$
q_k^{\mathrm{T}}T(q_k+\bar{C}_iI_2\eta_k)\leqslant 0 \tag{4-21}
$$

综合以上分析推导出

$$
\begin{aligned}
\Delta V_k\leqslant{}&\eta_k^{\mathrm{T}}[(\tilde{A}_{i,1}+\tilde{A}_2)^{\mathrm{T}}\bar{P}_i(\tilde{A}_{i,1}+\tilde{A}_2)-P_i]\eta_k \\
&+2\eta_k^{\mathrm{T}}(\tilde{A}_{i,1}+\tilde{A}_2)^{\mathrm{T}}\bar{P}_i(\beta\tilde{A}_{d1}+\bar{\alpha}\tilde{A}_{d2})\eta_{k-\tau_k} \\
&-2\eta_k^{\mathrm{T}}(\tilde{A}_{i,1}+\tilde{A}_2)^{\mathrm{T}}\bar{P}_i\tilde{F}_iq_k+2\eta_k^{\mathrm{T}}(\tilde{A}_{i,1}+\tilde{A}_2)^{\mathrm{T}}\bar{P}_i\tilde{B}w_k \\
&+\eta_{k-\tau_k}^{\mathrm{T}}(\beta\tilde{A}_{d1}+\bar{\alpha}\tilde{A}_{d2})^{\mathrm{T}}\bar{P}_i(\beta\tilde{A}_{d1}+\bar{\alpha}\tilde{A}_{d2})\eta_{k-\tau_k} \\
&+[(\bar{\alpha}+\beta)(1-\bar{\alpha}+\beta)+\beta]\eta_{k-\tau_k}^{\mathrm{T}}\tilde{A}_{d1}^{\mathrm{T}}\bar{P}_i\tilde{A}_{d1}\eta_{k-\tau_k} \\
&-2\bar{\alpha}\eta_{k-\tau_k}^{\mathrm{T}}\tilde{A}_{d2}{}^{\mathrm{T}}\bar{P}_i\tilde{F}_iq_k+2\eta_{k-\tau_k}^{\mathrm{T}}(\beta\tilde{A}_{d1}+\bar{\alpha}\tilde{A}_{d2})^{\mathrm{T}}\bar{P}_i\tilde{B}w_k \\
&+(1+\beta)q_k^{\mathrm{T}}\tilde{F}_i^{\mathrm{T}}\bar{P}_i\tilde{F}_iq_k-2q_k^{\mathrm{T}}\tilde{F}_i^{\mathrm{T}}\bar{P}_i\tilde{B}w_k+w_k^{\mathrm{T}}\tilde{B}^{\mathrm{T}}\bar{P}_i\tilde{B}w_k \\
&-2q_k^{\mathrm{T}}T(q_k+\bar{C}_iI_2\eta_k)+\eta_k^{\mathrm{T}}[S_1+(\tau_M-\tau_m+1)S_2+S_3]\eta_k \\
&-\eta_{k-\tau_m}^{\mathrm{T}}S_1\eta_{k-\tau_m}-\eta_{k-\tau_k}^{\mathrm{T}}S_2\eta_{k-\tau_k}-\eta_{k-\tau_M}^{\mathrm{T}}S_3\eta_{k-\tau_M}
\end{aligned}
\tag{4-22}
$$

下面旨在证明当 $w_k=0$ 时系统(4-10)在均方意义下的全局渐近稳定性。令 $\hat{\xi}_k=[\eta_k^{\mathrm{T}}\quad \eta_{k-\tau_m}^{\mathrm{T}}\quad \eta_{k-\tau_k}^{\mathrm{T}}\quad \eta_{k-\tau_M}^{\mathrm{T}}\quad q_k^{\mathrm{T}}]^{\mathrm{T}}$，由式(4-22)易知

$$
\Delta V_k\leqslant\hat{\xi}_k^{\mathrm{T}}\hat{\Sigma}_i\hat{\xi}_k \tag{4-23}
$$

式中

$$
\hat{\Sigma}_i=\begin{bmatrix}
\Sigma_i^{11}-\tilde{C}_i^{\mathrm{T}}\tilde{C}_i & 0 & \Sigma_i^{13} & 0 & \Sigma_i^{15}-\tilde{C}_i^{\mathrm{T}}M_i \\
* & -S_1 & 0 & 0 & 0 \\
* & * & \Sigma_i^{33} & 0 & \Sigma_i^{35} \\
* & * & * & -S_3 & 0 \\
* & * & * & * & \Sigma_i^{55}-M_i^{\mathrm{T}}M_i
\end{bmatrix}
$$

式(4-14)意味着 $\Delta V_k<0$。因此，当 $w_k=0$ 时系统(4-10)在均方意义下全局渐近稳定。

下面分析 $w_k\neq 0$ 时系统(4-10)的 H_∞ 性能。在零初始条件下考虑如下指标：

$$
J_N=\sum_{k=0}^{N}\mathbb{E}\{\bar{r}_k^{\mathrm{T}}\bar{r}_k-\gamma^2w_k^{\mathrm{T}}w_k\}
$$

根据 ΔV_k 的定义得到

$$\begin{aligned} J_N &= \sum_{k=0}^{N} \mathbb{E}\{\overline{r}_k^{\mathrm{T}}\overline{r}_k - \gamma^2 w_k^{\mathrm{T}} w_k + \Delta V_k\} - \mathbb{E}\{V_{N+1}\} \\ &\leqslant \sum_{k=0}^{N} \mathbb{E}\{\overline{r}_k^{\mathrm{T}}\overline{r}_k - \gamma^2 w_k^{\mathrm{T}} w_k + \Delta V_k\} \\ &= \sum_{k=0}^{N} \xi_k^{\mathrm{T}} \Sigma_i \xi_k \end{aligned} \tag{4-24}$$

式中，$\xi_k = [\hat{\xi}_k^{\mathrm{T}} \quad w_k^{\mathrm{T}}]^{\mathrm{T}}$。借助于以上分析推导出 $J_N < 0$。令 $N \to \infty$，进一步得到

$$\sum_{k=0}^{\infty} \mathbb{E}\{\|\overline{r}_k\|^2\} < \gamma^2 \sum_{k=0}^{\infty} \|w_k\|^2 \tag{4-25}$$

满足条件(4-13)。证毕。

4.2.2　饱和约束故障检测滤波器设计

本节旨在解决饱和约束故障检测滤波器的设计问题，给出滤波器参数矩阵的设计方法。

定理 4.2　对于给定的正整数 $\tau_M > \tau_m$ 及正标量 γ，如果存在对称正定矩阵 P_i $(i=1,2,\cdots,m)$，S_1，S_2，S_3，正定对角矩阵 T，正标量 ϵ，任意适当维数的矩阵 X_i 和 M_i 使得矩阵不等式

$$\Gamma_i = \begin{bmatrix} \Gamma_i^{11} & \Gamma_i^{12} & \Gamma_i^{13} & \Gamma_i^{14} & 0 & \Gamma^{16} \\ * & -\overline{P}_i & 0 & 0 & \overline{P}_i\tilde{H} & 0 \\ * & * & -\overline{P}_i & 0 & 0 & 0 \\ * & * & * & -I & 0 & 0 \\ * & * & * & * & -\epsilon I & 0 \\ * & * & * & * & * & -\epsilon I \end{bmatrix} < 0 \tag{4-26}$$

成立，式中

$$\Gamma_i^{11} = \begin{bmatrix} \hat{\Gamma}_i^{11} & 0 & 0 & 0 & -I_2^{\mathrm{T}}\overline{C}_i^{\mathrm{T}}T & 0 \\ * & -S_1 & 0 & 0 & 0 & 0 \\ * & * & \hat{\Gamma}_i^{33} & 0 & 0 & 0 \\ * & * & * & -S_3 & 0 & 0 \\ * & * & * & * & -2T & 0 \\ * & * & * & * & * & -\gamma^2 I \end{bmatrix}$$

$$\Gamma_i^{12} = [\overline{P}_i\hat{A}_i - X_i\hat{C}_i \quad 0 \quad \overline{P}_i(\beta\tilde{A}_{d1} + \overline{\alpha}\tilde{A}_{d2}) \quad 0 \quad -X_i \quad \overline{P}_i\tilde{B}]^{\mathrm{T}}$$

$$\Gamma_i^{13} = [0 \quad 0 \quad \sqrt{\beta}\bar{P}_i\tilde{A}_{d1} \quad 0 \quad \sqrt{\beta}X_i \quad 0]^{\mathrm{T}}$$

$$\Gamma_i^{14} = [M_i\hat{C}_i \quad 0 \quad 0 \quad 0 \quad M_i \quad I_1]^{\mathrm{T}}，\ \Gamma^{16} = [\epsilon\breve{N} \quad 0 \quad 0 \quad 0 \quad 0 \quad 0]^{\mathrm{T}}$$

$$\hat{\Gamma}_i^{11} = -P_i + S_1 + (\tau_M - \tau_m + 1)S_2 + S_3，\ \hat{\Gamma}_i^{33} = -S_2 + (\bar{\alpha} + \beta)(1 - \bar{\alpha} + \beta)\tilde{A}_{d1}^{\mathrm{T}}\bar{P}_i\tilde{A}_{d1}$$

$$\hat{A}_i = \begin{bmatrix} \bar{A}_{i,1} & 0 \\ 0 & \bar{A}_{i,1} \end{bmatrix}，\ \hat{C}_i = [0 \quad \bar{C}_i]，\ \breve{N} = [\tilde{N} \quad 0 \quad 0 \quad 0 \quad 0 \quad 0]，\ \tilde{N} = [\bar{N} \quad 0]$$

$$\bar{N} = [N \quad 0]，\ \tilde{H} = \begin{bmatrix} \bar{H} \\ \bar{H} \end{bmatrix}，\ \bar{H} = \begin{bmatrix} H \\ 0 \end{bmatrix}，\ X_i = \bar{P}_i I_3 F_i，\ I_3 = \begin{bmatrix} 0 \\ I \end{bmatrix} \tag{4-27}$$

则当 $w_k = 0$ 时，系统(4-10)在均方意义下全局渐近稳定；当 $w_k \neq 0$ 时，系统在零初始条件下满足式(4-13)。此外，滤波器参数矩阵可通过

$$F_i = (I_3^{\mathrm{T}}\bar{P}_i I_3)^{-1} I_3^{\mathrm{T}} X_i，\ M_i = M_i \tag{4-28}$$

给出。

证　首先，将定理 4.1 中的部分参数写为如下形式：

$$\tilde{A}_{i,1} = \hat{A}_i - I_3 F_i \hat{C}_i，\ \tilde{F}_i = I_3 F_i，\ \tilde{C}_i = M_i\hat{C}_i \tag{4-29}$$

利用引理 2.1，式(4-14)可重写为

$$\begin{bmatrix} \Gamma_i^{11} & \bar{\Gamma}_i^{12} & \bar{\Gamma}_i^{13} & \bar{\Gamma}_i^{14} \\ * & -\bar{P}_i^{-1} & 0 & 0 \\ * & * & -\bar{P}_i^{-1} & 0 \\ * & * & * & -I \end{bmatrix} \tag{4-30}$$

式中

$$\bar{\Gamma}_i^{12} = [\tilde{A}_{i,1} + \tilde{A}_2 \quad 0 \quad \beta\tilde{A}_{d1} + \bar{\alpha}\tilde{A}_{d2} \quad 0 \quad -\tilde{F}_i \quad \tilde{B}]^{\mathrm{T}}$$

$$\bar{\Gamma}_i^{13} = [0 \quad 0 \quad \sqrt{\beta}\tilde{A}_{d1} \quad 0 \quad \sqrt{\beta}\tilde{F}_i \quad 0]^{\mathrm{T}}$$

$$\bar{\Gamma}_i^{14} = [\tilde{C}_i \quad 0 \quad 0 \quad 0 \quad M_i \quad I_1]^{\mathrm{T}}$$

结合式(4-29)并定义 $X_i = \bar{P}_i I_3 F_i$，利用矩阵 $\mathrm{diag}\{I, \bar{P}_i, \bar{P}_i, I\}$ 对式(4-30)进行合同变换，则有

$$\begin{bmatrix} \Gamma_i^{11} & \Gamma_i^{12} + \Delta\bar{\Gamma}_i^{12} & \Gamma_i^{13} & \Gamma_i^{14} \\ * & -\bar{P}_i & 0 & 0 \\ * & * & -\bar{P}_i & 0 \\ * & * & * & -I \end{bmatrix} < 0 \tag{4-31}$$

式中，$\Delta\bar{\Gamma}_i^{12}=[\bar{P}_i\tilde{A}_2 \quad 0 \quad 0 \quad 0 \quad 0 \quad 0]^{\mathrm{T}}$。

接下来，处理式(4-31)中的参数不确定性。由 $\Delta A=HFN$ 易知，式(4-31)可写为

$$\begin{bmatrix} \Gamma_i^{11} & \Gamma_i^{12} & \Gamma_i^{13} & \Gamma_i^{14} \\ * & -\bar{P}_i & 0 & 0 \\ * & * & -\bar{P}_i & 0 \\ * & * & * & -I \end{bmatrix}+\hat{H}_i F\hat{N}+(\hat{H}_i F\hat{N})^{\mathrm{T}}<0 \tag{4-32}$$

式中，$\hat{H}_i=[0 \quad \tilde{H}^{\mathrm{T}}\bar{P}_i \quad 0 \quad 0]^{\mathrm{T}}$，$\hat{N}=[\breve{N} \quad 0 \quad 0 \quad 0]$。

利用引理 2.2，若存在正标量 ϵ 使得

$$\begin{bmatrix} \Gamma_i^{11} & \Gamma_i^{12} & \Gamma_i^{13} & \Gamma_i^{14} \\ * & -\bar{P}_i & 0 & 0 \\ * & * & -\bar{P}_i & 0 \\ * & * & * & -I \end{bmatrix}+\epsilon^{-1}\hat{H}_i\hat{H}_i^{\mathrm{T}}+\epsilon\hat{N}^{\mathrm{T}}\hat{N}<0$$

则式(4-32)成立。再根据引理 2.1，上式等价于式(4-26)，证毕。

4.3　非饱和约束故障检测方案

为了便于与饱和约束故障检测滤波器(4-6)进行比较，本节旨在设计一个非饱和约束的故障检测滤波器检测具有异常测量值的不确定时滞系统中的故障。首先，构造如下故障检测滤波器：

$$\begin{aligned} \varsigma_{k+1}&=\bar{A}_{\vartheta_k,1}\varsigma_k+\bar{\alpha}\bar{A}_d\varsigma_{k-\tau_k}+\bar{F}_{\vartheta_k}(\bar{y}_k-\bar{C}_{\vartheta_k}\varsigma_k) \\ \hat{r}_k&=\bar{M}_{\vartheta_k}(\bar{y}_k-\bar{C}_{\vartheta_k}\varsigma_k) \\ \varsigma_l&=0, \forall l\in[-\tau_M,0] \end{aligned} \tag{4-33}$$

式中，$\varsigma_k\in\mathbb{R}^{n+m}$ 表示故障检测滤波器的状态；$\hat{r}_k\in\mathbb{R}^l$ 为残差；$\bar{F}_{\vartheta_k}$ 和 $\bar{M}_{\vartheta_k}$ 为适当维数的待设计滤波器参数矩阵。

定义 $\tilde{e}_k=\bar{x}_k-\varsigma_k$ 和 $\tilde{r}_k=\hat{r}_k-f_k$，通过式(4-5)和式(4-33)，得到如下动态系统：

$$\begin{aligned} \tilde{e}_{k+1}&=(\bar{A}_{\vartheta_k,1}-\bar{F}_{\vartheta_k}\bar{C}_{\vartheta_k})\tilde{e}_k+\bar{A}_2\bar{x}_k+\bar{\alpha}\bar{A}_d\tilde{e}_{k-\tau_k} \\ &\quad+(\tilde{\alpha}_k+\Delta\bar{\alpha})\bar{A}_d\bar{x}_{k-\tau_k}+\bar{B}v_k+\bar{D}f_k \\ \tilde{r}_k&=\bar{M}_{\vartheta_k}\bar{C}_{\vartheta_k}\tilde{e}_k-f_k \end{aligned} \tag{4-34}$$

令 $\tilde{\eta}_k=[\bar{x}_k^{\mathrm{T}} \quad \tilde{e}_k^{\mathrm{T}}]^{\mathrm{T}}$ 和 $w_k=[v_k^{\mathrm{T}} \quad f_k^{\mathrm{T}}]^{\mathrm{T}}$，有如下增广系统：

$$\begin{aligned} \tilde{\eta}_{k+1}&=(E_{\vartheta_k,1}+\tilde{A}_2)\tilde{\eta}_k+[(\tilde{\alpha}_k+\Delta\bar{\alpha})\tilde{A}_{d1}+\bar{\alpha}\tilde{A}_{d2}]\tilde{\eta}_{k-\tau_k}+\tilde{B}w_k \\ \tilde{r}_k&=E_{\vartheta_k,2}\tilde{\eta}_k+I_1 w_k \end{aligned} \tag{4-35}$$

式中

$$E_{\vartheta_k,1}=\begin{bmatrix}\bar{A}_{\vartheta_k,1} & 0\\ 0 & \bar{A}_{\vartheta_k,1}-\bar{F}_{\vartheta_k}\bar{C}_{\vartheta_k}\end{bmatrix},\quad E_{\vartheta_k,2}=[0\quad \bar{M}_{\vartheta_k}\bar{C}_{\vartheta_k}]$$

其中，$\tilde{A}_2$，$\tilde{A}_{d1}$，$\tilde{A}_{d2}$，$\tilde{B}$ 和 I_1 定义在式(4-11)中。

给出残差评价函数 $\bar{J}_k$ 和阈值 $\bar{J}_{\text{th}}$ 的定义：

$$\bar{J}_k=\left(\mathbb{E}\left\{\sum_{s=0}^{k}\hat{r}_s^{\text{T}}\hat{r}_s\right\}\right)^{1/2},\quad \bar{J}_{\text{th}}=\sup_{v_k\in l_2,f_k=0}\bar{J}_k \tag{4-36}$$

根据式(4-36)，按照以下规则，通过比较 $\bar{J}_k$ 和 $\bar{J}_{\text{th}}$ 的大小判断系统是否发生故障，即

$$\bar{J}_k>\bar{J}_{\text{th}}\Rightarrow \text{检测出故障}\Rightarrow \text{警报}$$

$$\bar{J}_k\leqslant\bar{J}_{\text{th}}\Rightarrow \text{无故障}\Rightarrow \text{不警报}$$

本节的目的是构造一个形如式(4-33)的故障检测滤波器，使增广系统(4-35)在均方意义下全局渐近稳定且满足 H_∞ 性能。即设计 $\bar{F}_{\vartheta_k}$ 和 $\bar{M}_{\vartheta_k}$ 使得

(1) 当 $w_k=0$ 时，系统(4-35)在均方意义下全局渐近稳定；

(2) 当 $w_k\neq 0$ 时，误差 $\tilde{r}_k$ 在零初始条件下满足

$$\sum_{k=0}^{\infty}\mathbb{E}\{\|\tilde{r}_k\|^2\}<\tilde{\gamma}^2\sum_{k=0}^{\infty}\|w_k\|^2 \tag{4-37}$$

式中，$\tilde{\gamma}$ 为正标量。

4.3.1　系统性能分析

本节提出系统(4-35)的稳定性判据，并且当 $w_k\neq 0$ 时，给出有噪声抑制能力的 H_∞ 性能准则。

定理 4.3　对于给定的滤波器参数矩阵 $\bar{F}_i$ 和 $\bar{M}_i(i=1,2,\cdots,m)$，正整数 $\tau_M>\tau_m$ 及正标量 $\tilde{\gamma}$，如果存在对称正定矩阵 $R_i(i=1,2,\cdots,m)$，U_1，U_2 和 U_3，使得矩阵不等式

$$\Theta_{\text{i}}=\begin{bmatrix}\Theta_i^{11} & 0 & \Theta_i^{13} & 0 & \Theta_i^{15}\\ * & -U_1 & 0 & 0 & 0\\ * & * & \Theta_i^{33} & 0 & \Theta_i^{35}\\ * & * & * & -U_3 & 0\\ * & * & * & * & \Theta_i^{55}\end{bmatrix}<0 \tag{4-38}$$

成立，式中

$$\Theta_i^{11}=-R_i+(E_{i,1}+\tilde{A}_2)^{\text{T}}\bar{R}_i(E_{i,1}+\tilde{A}_2)+U_1+(\tau_M-\tau_m+1)U_2+U_3+E_{i,2}^{\text{T}}E_{i,2}$$

$$\Theta_i^{13} = (E_{i,1} + \tilde{A}_2)^{\mathrm{T}} \bar{R}_i (\beta \tilde{A}_{d1} + \bar{\alpha} \tilde{A}_{d2}), \quad \Theta_i^{15} = (E_{i,1} + \tilde{A}_2)^{\mathrm{T}} \bar{R}_i \tilde{B} + E_{i,2}^{\mathrm{T}} I_1$$

$$\Theta_i^{33} = -U_2 + (\beta \tilde{A}_{d1} + \bar{\alpha} \tilde{A}_{d2})^{\mathrm{T}} \bar{R}_i (\beta \tilde{A}_{d1} + \bar{\alpha} \tilde{A}_{d2}) + [(\bar{\alpha} + \beta)(1 - \bar{\alpha} + \beta)] \tilde{A}_{d1}^{\mathrm{T}} \bar{R}_i \tilde{A}_{d1}$$

$$\Theta_i^{35} = (\beta \tilde{A}_{d1} + \bar{\alpha} \tilde{A}_{d2})^{\mathrm{T}} \bar{R}_i \tilde{B}, \quad \Theta_i^{55} = -\tilde{\gamma}^2 I + \tilde{B}^{\mathrm{T}} \bar{R}_i \tilde{B} + I_1^{\mathrm{T}} I_1, \quad \bar{R}_i = \sum_{j=1}^{m} \pi_{ij} R_j \tag{4-39}$$

则当 $w_k = 0$ 时，系统(4-35)在均方意义下全局渐近稳定；当 $w_k \neq 0$ 时，系统在零初始条件下满足式(4-37)。

证　建立下列 Lyapunov 泛函：

$$\tilde{V}_k = \tilde{V}_{1,k} + \tilde{V}_{2,k} \tag{4-40}$$

式中

$$\tilde{V}_{1,k} = \tilde{\eta}_k^{\mathrm{T}} R_{\vartheta_k} \tilde{\eta}_k$$

$$\tilde{V}_{2,k} = \sum_{i=k-\tau_m}^{k-1} \tilde{\eta}_i^{\mathrm{T}} U_1 \tilde{\eta}_i + \sum_{i=k-\tau_k}^{k-1} \tilde{\eta}_i^{\mathrm{T}} U_2 \tilde{\eta}_i + \sum_{i=k-\tau_M}^{k-1} \tilde{\eta}_i^{\mathrm{T}} U_3 \tilde{\eta}_i + \sum_{j=-\tau_M+1}^{-\tau_m} \sum_{i=k+j}^{k-1} \tilde{\eta}_i^{\mathrm{T}} U_2 \tilde{\eta}_i$$

定义 $\Delta \tilde{V}_{i,k} = \mathbb{E}\{\tilde{V}_{i,k+1}\} - \tilde{V}_{i,k}$，对于 $\vartheta_k = i$ 且 $\vartheta_{k+1} = j$，沿着系统(4-35)的轨迹求 $\tilde{V}_k$ 的差分，有

$$\begin{aligned}
\Delta \tilde{V}_{1,k} &= \mathbb{E}\left\{ \sum_{j=1}^{m} \pi_{ij} \tilde{\eta}_{k+1}^{\mathrm{T}} R_j \tilde{\eta}_{k+1} \right\} - \tilde{\eta}_k^{\mathrm{T}} R_i \tilde{\eta}_k \\
&= \mathbb{E}\{[(E_{i,1} + \tilde{A}_2)\tilde{\eta}_k + [(\tilde{\alpha}_k + \Delta\bar{\alpha})\tilde{A}_{d1} + \bar{\alpha}\tilde{A}_{d2}]\tilde{\eta}_{k-\tau_k} + \tilde{B} w_k]^{\mathrm{T}} \bar{R}_i \\
&\quad \times [(E_{i,1} + \tilde{A}_2)\tilde{\eta}_k + [(\tilde{\alpha}_k + \Delta\bar{\alpha})\tilde{A}_{d1} + \bar{\alpha}\tilde{A}_{d2}]\tilde{\eta}_{k-\tau_k} + \tilde{B} w_k]\} - \tilde{\eta}_k^{\mathrm{T}} R_i \tilde{\eta}_k \\
&= \tilde{\eta}_k^{\mathrm{T}} [(E_{i,1} + \tilde{A}_2)^{\mathrm{T}} \bar{R}_i (E_{i,1} + \tilde{A}_2) - R_i] \tilde{\eta}_k + w_k^{\mathrm{T}} \tilde{B}^{\mathrm{T}} \bar{R}_i \tilde{B} w_k \\
&\quad + \tilde{\eta}_{k-\tau_k}^{\mathrm{T}} (\Delta\bar{\alpha} \tilde{A}_{d1} + \bar{\alpha} \tilde{A}_{d2})^{\mathrm{T}} \bar{R}_i (\Delta\bar{\alpha} \tilde{A}_{d1} + \bar{\alpha} \tilde{A}_{d2}) \tilde{\eta}_{k-\tau_k} \\
&\quad + (\bar{\alpha} + \Delta\bar{\alpha})(1 - \bar{\alpha} - \Delta\bar{\alpha}) \tilde{\eta}_{k-\tau_k}^{\mathrm{T}} \tilde{A}_{d1}^{\mathrm{T}} \bar{R}_i \tilde{A}_{d1} \tilde{\eta}_{k-\tau_k} \\
&\quad + 2\tilde{\eta}_k^{\mathrm{T}} (E_{i,1} + \tilde{A}_2)^{\mathrm{T}} \bar{R}_i (\Delta\bar{\alpha} \tilde{A}_{d1} + \bar{\alpha} \tilde{A}_{d2}) \tilde{\eta}_{k-\tau_k} \\
&\quad + 2\tilde{\eta}_k^{\mathrm{T}} (E_{i,1} + \tilde{A}_2)^{\mathrm{T}} \bar{R}_i \tilde{B} w_k + 2\tilde{\eta}_{k-\tau_k}^{\mathrm{T}} (\Delta\bar{\alpha} \tilde{A}_{d1} + \bar{\alpha} \tilde{A}_{d2})^{\mathrm{T}} \bar{R}_i \tilde{B} w_k \\
&\leqslant \tilde{\eta}_k^{\mathrm{T}} [(E_{i,1} + \tilde{A}_2)^{\mathrm{T}} \bar{R}_i (E_{i,1} + \tilde{A}_2) - R_i] \tilde{\eta}_k + w_k^{\mathrm{T}} \tilde{B}^{\mathrm{T}} \bar{R}_i \tilde{B} w_k \\
&\quad + \tilde{\eta}_{k-\tau_k}^{\mathrm{T}} (\beta \tilde{A}_{d1} + \bar{\alpha} \tilde{A}_{d2})^{\mathrm{T}} \bar{R}_i (\beta \tilde{A}_{d1} + \bar{\alpha} \tilde{A}_{d2}) \tilde{\eta}_{k-\tau_k} \\
&\quad + (\bar{\alpha} + \beta)(1 - \bar{\alpha} + \beta) \tilde{\eta}_{k-\tau_k}^{\mathrm{T}} \tilde{A}_{d1}^{\mathrm{T}} \bar{R}_i \tilde{A}_{d1} \tilde{\eta}_{k-\tau_k} \\
&\quad + 2\tilde{\eta}_k^{\mathrm{T}} (E_{i,1} + \tilde{A}_2)^{\mathrm{T}} \bar{R}_i (\beta \tilde{A}_{d1} + \bar{\alpha} \tilde{A}_{d2}) \tilde{\eta}_{k-\tau_k} \\
&\quad + 2\tilde{\eta}_k^{\mathrm{T}} (E_{i,1} + \tilde{A}_2)^{\mathrm{T}} \bar{R}_i \tilde{B} w_k + 2\tilde{\eta}_{k-\tau_k}^{\mathrm{T}} (\beta \tilde{A}_{d1} + \bar{\alpha} \tilde{A}_{d2})^{\mathrm{T}} \bar{R}_i \tilde{B} w_k
\end{aligned} \tag{4-41}$$

$$\begin{aligned}\Delta\tilde{V}_{2,k} \leqslant & \tilde{\eta}_k^{\mathrm{T}}[U_1+(\tau_M-\tau_m+1)U_2+U_3]\tilde{\eta}_k \\ & -\tilde{\eta}_{k-\tau_m}^{\mathrm{T}}U_1\tilde{\eta}_{k-\tau_m}-\tilde{\eta}_{k-\tau_k}^{\mathrm{T}}U_2\tilde{\eta}_{k-\tau_k}-\tilde{\eta}_{k-\tau_M}^{\mathrm{T}}U_3\tilde{\eta}_{k-\tau_M}\end{aligned} \tag{4-42}$$

综合以上分析得到

$$\begin{aligned}\Delta\tilde{V}_k \leqslant & \tilde{\eta}_k^{\mathrm{T}}[(E_{i,1}+\tilde{A}_2)^{\mathrm{T}}\bar{R}_i(E_{i,1}+\tilde{A}_2)-R_i]\tilde{\eta}_k+w_k^{\mathrm{T}}\tilde{B}^{\mathrm{T}}\bar{R}_i\tilde{B}w_k \\ & +\tilde{\eta}_{k-\tau_k}^{\mathrm{T}}(\beta\tilde{A}_{d1}+\bar{\alpha}\tilde{A}_{d2})^{\mathrm{T}}\bar{R}_i(\beta\tilde{A}_{d1}+\bar{\alpha}\tilde{A}_{d2})\tilde{\eta}_{k-\tau_k} \\ & +(\bar{\alpha}+\beta)(1-\bar{\alpha}+\beta)\tilde{\eta}_{k-\tau_k}^{\mathrm{T}}\tilde{A}_{d1}^{\mathrm{T}}R_i\tilde{A}_{d1}\tilde{\eta}_{k-\tau_k} \\ & +2\tilde{\eta}_k^{\mathrm{T}}(E_{i,1}+\tilde{A}_2)^{\mathrm{T}}\bar{R}_i(\beta\tilde{A}_{d1}+\bar{\alpha}\tilde{A}_{d2})\tilde{\eta}_{k-\tau_k} \\ & +2\tilde{\eta}_k^{\mathrm{T}}(E_{i,1}+\tilde{A}_2)^{\mathrm{T}}\bar{R}_i\tilde{B}w_k+2\tilde{\eta}_{k-\tau_k}^{\mathrm{T}}(\beta\tilde{A}_{d1}+\bar{\alpha}\tilde{A}_{d2})^{\mathrm{T}}\bar{R}_i\tilde{B}w_k \\ & +\tilde{\eta}_k^{\mathrm{T}}[U_1+(\tau_M-\tau_m+1)U_2+U_3]\tilde{\eta}_k-\tilde{\eta}_{k-\tau_m}^{\mathrm{T}}U_1\tilde{\eta}_{k-\tau_m} \\ & -\tilde{\eta}_{k-\tau_k}^{\mathrm{T}}U_2\tilde{\eta}_{k-\tau_k}-\tilde{\eta}_{k-\tau_M}^{\mathrm{T}}U_3\tilde{\eta}_{k-\tau_M}\end{aligned} \tag{4-43}$$

本节旨在证明当 $w_k=0$ 时系统(4-35)在均方意义下的全局渐近稳定性。令 $\tilde{\xi}_k=[\tilde{\eta}_k^{\mathrm{T}}\quad \tilde{\eta}_{k-\tau_m}^{\mathrm{T}}\quad \tilde{\eta}_{k-\tau_k}^{\mathrm{T}}\quad \tilde{\eta}_{k-\tau_M}^{\mathrm{T}}]^{\mathrm{T}}$，由式(4-43)易知

$$\Delta\tilde{V}_k \leqslant \tilde{\xi}_k^{\mathrm{T}}\bar{\Theta}_i\tilde{\xi}_k \tag{4-44}$$

式中

$$\bar{\Theta}_i=\begin{bmatrix}\Theta_i^{11}-E_{i,2}^{\mathrm{T}}E_{i,2} & 0 & \Theta_i^{13} & 0 \\ * & -U_1 & 0 & 0 \\ * & * & \Theta_i^{33} & 0 \\ * & * & * & -U_3\end{bmatrix}$$

式(4-38)意味着 $\Delta\tilde{V}_k<0$。因此，当 $w_k=0$ 时系统(4-35)在均方意义下全局渐近稳定。

下面分析 $w_k\neq 0$ 时系统(4-35)的 H_∞ 性能。在零初始条件下考虑如下指标：

$$\tilde{J}_N=\mathbb{E}\left\{\sum_{k=0}^{N}[\tilde{r}_k^{\mathrm{T}}\tilde{r}_k-\tilde{\gamma}^2w_k^{\mathrm{T}}w_k]\right\}$$

根据 $\Delta\tilde{V}_k$ 的定义得到

$$\begin{aligned}\tilde{J}_N &= \mathbb{E}\left\{\sum_{k=0}^{N}[\tilde{r}_k^{\mathrm{T}}\tilde{r}_k-\tilde{\gamma}^2w_k^{\mathrm{T}}w_k+\Delta\tilde{V}_k]\right\}-\mathbb{E}\{\tilde{V}_{N+1}\} \\ &\leqslant \mathbb{E}\left\{\sum_{k=0}^{N}[\tilde{r}_k^{\mathrm{T}}\tilde{r}_k-\tilde{\gamma}^2w_k^{\mathrm{T}}w_k+\Delta\tilde{V}_k]\right\} \\ &= \sum_{k=0}^{N}\tilde{\zeta}_k^{\mathrm{T}}\Theta_i\tilde{\zeta}_k\end{aligned} \tag{4-45}$$

式中，$\tilde{\zeta}_k = [\tilde{\xi}_k^{\mathrm{T}} \quad w_k^{\mathrm{T}}]^{\mathrm{T}}$。根据前面的分析，可以推导出 $J_N < 0$。令 $N \to \infty$，进一步得到

$$\sum_{k=0}^{\infty} \mathbb{E}\{\|\tilde{r}_k\|^2\} < \tilde{\gamma}^2 \sum_{k=0}^{\infty} \|w_k\|^2 \tag{4-46}$$

满足条件(4-37)。证毕。

4.3.2 非饱和约束故障检测滤波器设计

下面的定理用来处理非饱和约束故障检测滤波器的设计问题，给出滤波器参数矩阵的设计方法。

定理 4.4 对于给定的正整数 $\tau_M > \tau_m$ 及正标量 $\tilde{\gamma}$，如果存在对称正定矩阵 $R_i (i = 1,2,\cdots,m)$，U_1，U_2 和 U_3，正标量 μ，任意适当维数的矩阵 Y_i 和 $\bar{M}_i$ 使得矩阵不等式

$$\Upsilon_i = \begin{bmatrix} \Upsilon_i^{11} & \Upsilon_i^{12} & \Upsilon_i^{13} & 0 & \Upsilon^{15} \\ * & -\bar{R}_i & 0 & \bar{R}_i \tilde{H} & 0 \\ * & * & -I & 0 & 0 \\ * & * & * & -\mu I & 0 \\ * & * & * & * & -\mu I \end{bmatrix} < 0 \tag{4-47}$$

成立，式中

$$\Upsilon_i^{11} = \mathrm{diag}\{\mathcal{L}_1, -U_1, \mathcal{L}_2, -U_3, -\tilde{\gamma}^2 I\}，\quad \mathcal{L}_1 = -R_i + U_1 + (\tau_M - \tau_m + 1)U_2 + U_3$$

$$\mathcal{L}_2 = -U_2 + (\bar{\alpha} + \beta)(1 - \bar{\alpha} + \beta)\tilde{A}_{d1}^{\mathrm{T}} \bar{R}_i \tilde{A}_{d1}$$

$$\Upsilon_i^{12} = [\bar{R}_i \hat{A}_i - Y_i \hat{C}_i \quad 0 \quad \bar{R}_i(\beta \tilde{A}_{d1} + \bar{\alpha} \tilde{A}_{d2}) \quad 0 \quad \bar{R}_i \tilde{B}]^{\mathrm{T}}$$

$$\Upsilon_i^{13} = [\bar{M}_i \hat{C}_i \quad 0 \quad 0 \quad 0 \quad I_1]^{\mathrm{T}}，\quad \Upsilon^{15} = [\mu \tilde{N} \quad 0 \quad 0 \quad 0 \quad 0]^{\mathrm{T}}$$

$$\hat{A}_i = \begin{bmatrix} \bar{A}_{i,1} & 0 \\ 0 & \bar{A}_{i,1} \end{bmatrix}，\quad \hat{C}_i = [0 \quad \bar{C}_i]，\quad \vec{N} = [\tilde{N} \quad 0 \quad 0 \quad 0 \quad 0]，\quad \tilde{N} = [\bar{N} \quad 0]$$

$$\bar{N} = [N \quad 0]，\quad \tilde{H} = \begin{bmatrix} \bar{H} \\ \bar{H} \end{bmatrix}，\quad \bar{H} = \begin{bmatrix} H \\ 0 \end{bmatrix}，\quad Y_i = \bar{R}_i I_3 \bar{F}_i，\quad I_3 = \begin{bmatrix} 0 \\ I \end{bmatrix} \tag{4-48}$$

则当 $w_k = 0$ 时，增广系统(4-35)在均方意义下全局渐近稳定；当 $w_k \neq 0$ 时，系统在零初始条件下满足式(4-37)。此外，滤波器参数矩阵可通过

$$\bar{F}_i = (I_3^{\mathrm{T}} \bar{R}_i I_3)^{-1} I_3^{\mathrm{T}} Y_i，\quad \bar{M}_i = \bar{M}_i \tag{4-49}$$

给出。

证 首先，将定理 4.3 中的部分参数重写为

$$E_{i,1} = \hat{A}_i - I_3 \bar{F}_i \hat{C}_i, \quad E_{i,2} = \bar{M}_i \hat{C}_i \tag{4-50}$$

利用引理 2.1，式(4-38)可重写为

$$\begin{bmatrix} \Upsilon_i^{11} & \bar{\Upsilon}_i^{12} & \Upsilon_i^{13} \\ * & -\bar{R}_i^{-1} & 0 \\ * & * & -I \end{bmatrix} < 0 \tag{4-51}$$

式中，$\bar{\Gamma}_i^{12} = [\hat{A}_i - I_3 \bar{F}_i \hat{C}_i + \tilde{A}_2 \quad 0 \quad \beta \tilde{A}_{d1} + \bar{\alpha} \tilde{A}_{d2} \quad 0 \quad \tilde{B}]^{\mathrm{T}}$。

定义 $Y_i = \bar{R}_i I_3 \bar{F}_i$，利用矩阵 $\mathrm{diag}\{I, \bar{R}_i, I\}$ 对式(4-51)进行合同变换，则有

$$\begin{bmatrix} \Upsilon_i^{11} & \Upsilon_i^{12} + \Delta\bar{\Upsilon}_i^{12} & \Upsilon_i^{13} \\ * & -\bar{R}_i & 0 \\ * & * & -I \end{bmatrix} < 0 \tag{4-52}$$

式中，$\Delta\bar{\Upsilon}_i^{12} = [\bar{R}_i \tilde{A}_2 \quad 0 \quad 0 \quad 0 \quad 0]^{\mathrm{T}}$。

接下来，处理式(4-52)中的参数不确定性。由式(4-2)易知，式(4-52)可写为

$$\begin{bmatrix} \Upsilon_i^{11} & \Upsilon_i^{12} & \Upsilon_i^{13} \\ * & -\bar{R}_i & 0 \\ * & * & -I \end{bmatrix} + \hat{\mathcal{H}}_i F \hat{\mathcal{N}} + (\hat{\mathcal{H}}_i F \hat{\mathcal{N}})^{\mathrm{T}} < 0 \tag{4-53}$$

式中，$\hat{\mathcal{H}}_i = [0 \quad \tilde{H}^{\mathrm{T}} \bar{R}_i \quad 0]^{\mathrm{T}}$；$\hat{\mathcal{N}} = [\vec{N} \quad 0 \quad 0]$；$\tilde{H}$ 和 $\vec{N}$ 在式(4-48)中给出。

根据引理 2.2，若存在一个正标量 μ 使

$$\begin{bmatrix} \Upsilon_i^{11} & \Upsilon_i^{12} & \Upsilon_i^{13} \\ * & -\bar{R}_i & 0 \\ * & * & -I \end{bmatrix} + \mu^{-1} \hat{\mathcal{H}}_i \hat{\mathcal{H}}_i^{\mathrm{T}} + \mu \hat{\mathcal{N}}^{\mathrm{T}} \hat{\mathcal{N}} < 0$$

则式(4-53)成立。再利用引理 2.1，上式等价于式(4-47)，证毕。

注释 4.1　近几年来，网络化系统在 SCP 调控下的故障检测问题得到了一些关注。例如，文献[175]研究了基于 SCP 的模糊系统故障检测问题，根据 Lyapunov 方法和矩阵不等式技术，提出了滤波误差动态系统的稳定性判据，给出了故障检测滤波器参数矩阵的显式表达式。此外，文献[176]对一类非线性网络化系统进行了研究，在 SCP 作用下设计了系统的故障检测滤波算法，提出了保证增广系统随机稳定且满足 H_∞ 性能的充分条件。与文献[175]、[176]相比，本章考虑了传感器采集的数据中潜在的异常测量值，同时引入了 SCP 控制数据传输，提出了测量异常值影响下能够有效检测出系统故障的检测方法，所得结果应用范围更广。

4.4 算　　例

借助于 Matlab 软件，本节给出三个例子说明提出的饱和约束故障检测方法的有效性和优越性。首先，算例 4.1 比较饱和约束故障检测滤波算法与非饱和约束故障检测滤波算法的检测速度。其次，算例 4.2 给出不同 SCP 转移概率情况下的系统故障检测情况。最后，算例 4.3 将本章提出的饱和约束故障检测方案应用于质量-弹簧-阻尼器系统，以说明该方法的实用性。

算例 4.1　本算例旨在验证提出的两种故障检测方法的可行性和有效性，并对饱和约束故障检测滤波算法与非饱和约束故障检测滤波算法进行比较，说明饱和约束故障检测方法的优越性。考虑系统(4-1)，参数如下：

$$A=\begin{bmatrix}0.7 & -0.2\\0.3 & 0.5\end{bmatrix},\quad A_d=\begin{bmatrix}0.03 & 0\\0.02 & 0.03\end{bmatrix},\quad B=\begin{bmatrix}0.5\\0.2\end{bmatrix},\quad D=\begin{bmatrix}-0.8\\0.7\end{bmatrix}$$

$$C=\begin{bmatrix}0.2 & -0.1\\0.3 & -0.2\end{bmatrix},\quad H=\begin{bmatrix}-0.2\\0.3\end{bmatrix},\quad N=[0.1\quad 0.2],\quad F_k=\cos(0.05k)$$

令系统(4-1)的初始值为 $\varphi_k=[0.5\quad -0.2]^{\mathrm T}(k=-3,-2,-1,0)$，时滞满足 $1\leqslant\tau_k\leqslant 3$，即 $\tau_m=1$ 且 $\tau_M=3$。选取 $\bar{\alpha}=0.9$，$\beta=0.05$ 及 $\gamma=1.4$。此外，SCP 的转移概率为 $\pi_{11}=0.6$，$\pi_{12}=0.4$，$\pi_{21}=0.55$ 和 $\pi_{22}=0.45$。饱和阈值 $u_{1,\max}=0.5$ 和 $u_{2,\max}=1$。

利用 Matlab 软件对定理 4.2 中的矩阵不等式进行求解，解得如下饱和约束故障检测滤波器参数矩阵：

$$F_1=\begin{bmatrix}0.0127 & -0.0032\\0.0026 & -0.0003\\0.0075 & 0.0042\\-0.0181 & 0.0293\end{bmatrix},\quad F_2=\begin{bmatrix}-0.0036 & 0.0073\\0.0024 & -0.0004\\0.0662 & -0.0179\\0.0023 & 0.0065\end{bmatrix}$$

$$M_1=[-0.3274\quad 0.1519],\quad M_2=[0.1792\quad -0.1620]$$

本算例从以下三个方面分析与解释饱和约束故障检测滤波算法的有效性和优越性。

(1) 对于 $v_k=0$ 但 $f_k\neq 0$，令

$$f_k=\begin{cases}1, & 35\leqslant k\leqslant 65\\0, & \text{其他}\end{cases}$$

图 4.1 和图 4.2 分别表示残差信号 r_k 及残差评价函数 J_k 和阈值 J_{th} 的轨迹。从这两个图能够看出本章设计的饱和约束故障检测滤波器(4-6)能及时捕捉到系统故障的发生。

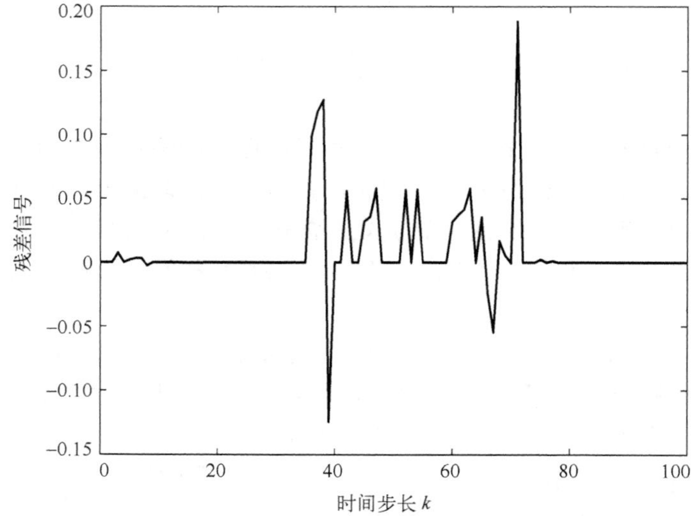

图 4.1　$v_k = 0$ 时的 r_k

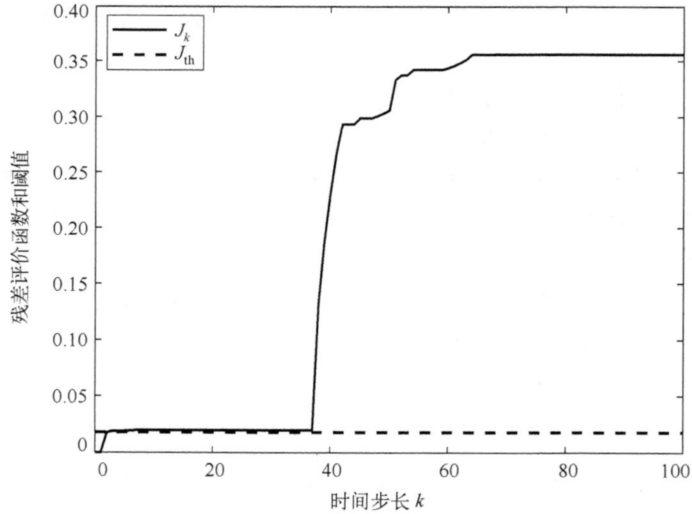

图 4.2　$v_k = 0$ 时的 J_k 和 J_{th}

(2) 对于 $v_k \neq 0$ 且 $f_k \neq 0$，令扰动信号为 $v_k = 2\exp(-0.1k)w_k$，其中 w_k 表示 $[-0.15, 0.15]$ 上均匀分布的噪声。残差信号 r_k 及残差评价函数 J_k 和阈值 J_{th} 的轨迹分别呈现在图 4.3 和图 4.4 中。根据 J_{th} 的定义得到 $J_{th} = 0.0380$。由图 4.4 可知，$0.0310 = J_{37} < J_{th} < J_{38} = 0.1316$，说明故障在发生 3 步后能够被检测出来。此外，图 4.5 描绘了 SCP 调度下传输测量数据的传感器节点序列。从图 4.5 可以看出，在 SCP 的调控下，每个时刻有且只有一个传感器节点发送测量数据。

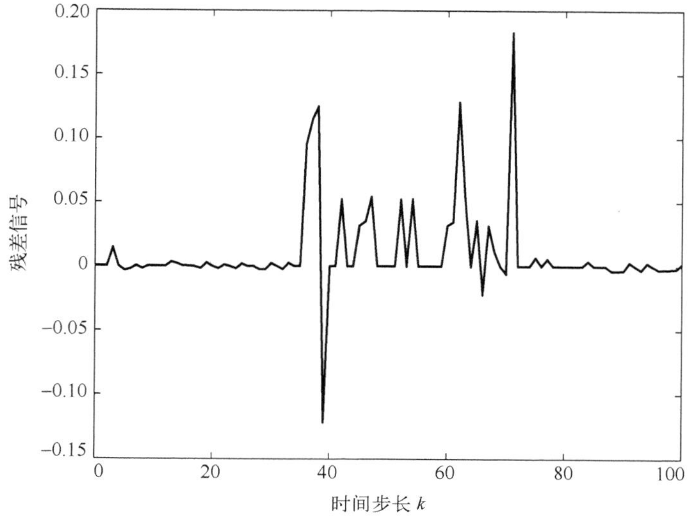

图 4.3　$v_k \neq 0$ 时的 r_k

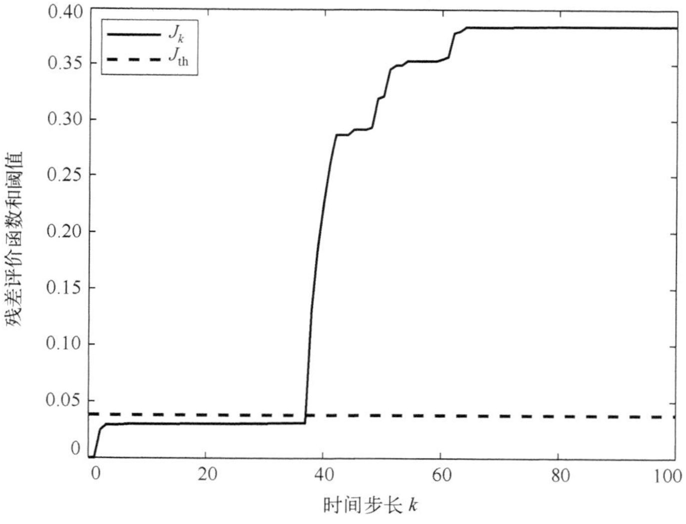

图 4.4　$v_k \neq 0$ 时的 J_k 和 J_{th}

(3) 本算例旨在比较饱和约束故障检测滤波算法和非饱和约束故障检测滤波算法减弱异常测量值影响的能力，进一步凸显饱和约束故障检测方法的优越性。为了实现这一目的，先根据定理 4.4，解得如下无饱和约束的故障检测滤波器参数矩阵：

$$\overline{F}_1 = \begin{bmatrix} 0.3601 & -0.0000 \\ 0.2542 & -0.0000 \\ 1.0000 & 0.0000 \\ -0.0000 & 1.0000 \end{bmatrix}, \quad \overline{F}_2 = \begin{bmatrix} -0.0000 & 0.2334 \\ 0.0000 & 0.1442 \\ 1.0000 & 0.0000 \\ -0.0000 & 1.0000 \end{bmatrix}$$

$$\bar{M}_1=[0.0020 \quad 0.0000]，\quad \bar{M}_2=[-0.0000 \quad 0.0035]$$

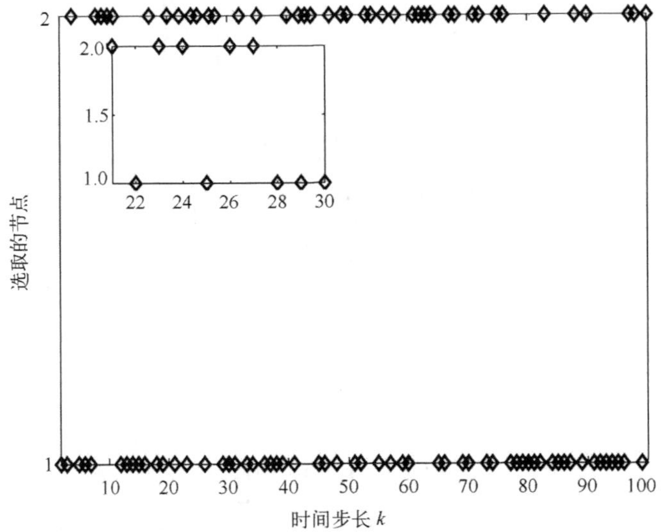

图 4.5　选取的节点 ϑ_k

假设 $k=0,1,\cdots,100$ 无故障发生，异常测量值为单位脉冲信号，且在 $k=30$ 时出现。在这种情况下，饱和约束故障检测滤波算法的残差评价函数 J_k 和阈值 J_{th} 呈现在图 4.6 中。非饱和约束故障检测滤波算法的残差评价函数 $\bar{J}_k$ 和阈值 $\bar{J}_{\text{th}}$ 显示在图 4.7 中。从图 4.6 和图 4.7 可以看出，当系统中无故障发生但存在异常测量值时，具有饱和约束的故障检测方法可以避免误报。然而，使用非饱和约束故障检测滤波算法会出现错误警报，这说明当系统中存在异常测量值时，引入饱和函数来约束故障检测滤波器能够适当提高故障检测方法的准确性。

算例 4.2　本算例针对两种 SCP 转移概率情形，呈现出系统的故障检测仿真结果。考虑具有如下参数矩阵的不确定系统(4-1)：

$$A=\begin{bmatrix}0.8 & 0 & -0.2\\ 0.2 & 0.5 & -0.1\\ 0 & -0.2 & 0.3\end{bmatrix},\quad A_d=\begin{bmatrix}0.03 & 0 & -0.01\\ 0.02 & -0.03 & -0.05\\ 0 & 0 & 0.02\end{bmatrix},\quad B=\begin{bmatrix}-0.1\\ 0.2\\ 0.1\end{bmatrix},\quad D=\begin{bmatrix}-0.8\\ 0.7\\ 0.9\end{bmatrix}$$

$$C=\begin{bmatrix}0.3 & -0.1 & 0\\ 0 & -0.2 & 0.1\\ 0 & 0.5 & -0.3\end{bmatrix},\quad H=\begin{bmatrix}-0.2\\ 0.3\\ -0.1\end{bmatrix},\quad N=[0.1 \quad 0.2 \quad -0.1],\quad F_k=\cos(0.05k)$$

令系统(4-1)的初始值为 $\varphi_k=[0.5 \quad -0.2 \quad -0.1]^{\mathrm{T}}(k=-3,-2,-1,0)$，时滞满足 $1\leqslant \tau_k\leqslant 3$，即 $\tau_m=1$ 且 $\tau_M=3$。设置 $\bar{\alpha}=0.9$，$\beta=0.05$ 及 $\gamma=1.0000$。此外，饱和阈值

为 $u_{1,\max} = 0.5$，$u_{2,\max} = 1.2$ 和 $u_{3,\max} = 1.8$。选择扰动信号为 $v_k = 2\exp(-0.1k)w_k$，其中 w_k 表示 $[-0.15, 0.15]$ 上均匀分布的噪声，故障信号为

$$f_k = \begin{cases} 1.2\sin(0.5k) + 0.2, & 35 \leqslant k \leqslant 65 \\ 0, & \text{其他} \end{cases}$$

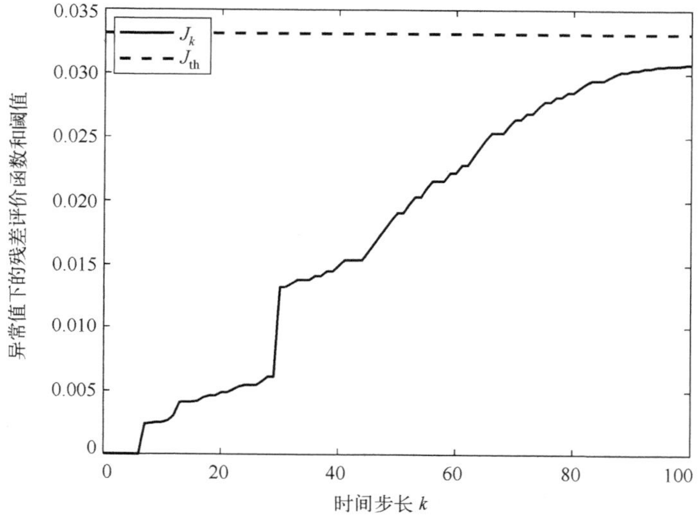

图 4.6　异常值影响下的 J_k 和 J_{th}

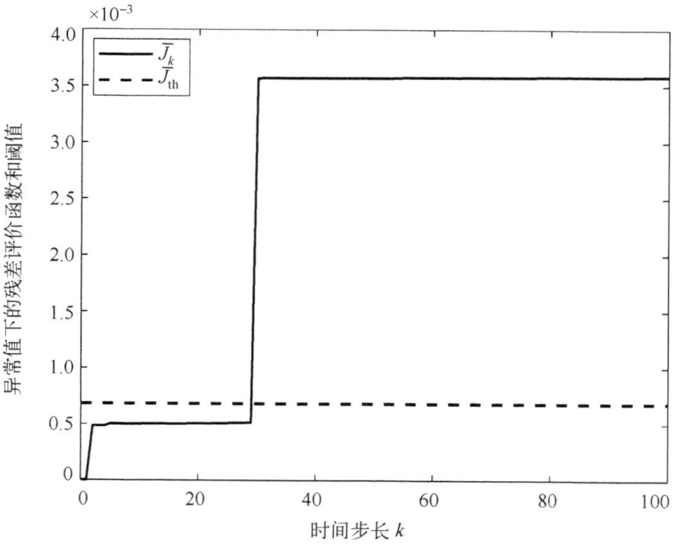

图 4.7　异常值影响下的 $\bar{J}_k$ 和阈值 $\bar{J}_{th}$

情形 1：SCP 的转移概率为

$$\pi_{11}=0.2\,,\quad \pi_{12}=0.3\,,\quad \pi_{13}=0.5$$

$$\pi_{21}=0.4\,,\quad \pi_{22}=0.35\,,\quad \pi_{23}=0.25$$

$$\pi_{31}=0.15\,,\quad \pi_{32}=0.65\,,\quad \pi_{33}=0.2$$

对定理 4.2 中的矩阵不等式进行求解，解得如下饱和约束故障检测滤波器参数矩阵：

$$F_1=10^{-7}\times\begin{bmatrix}0.0026 & 0.0007 & -0.0005\\ -0.0005 & -0.0040 & 0.0001\\ 0.0024 & 0.0028 & -0.0005\\ 0.0036 & 0.0080 & -0.0012\\ 0.0171 & 0.1644 & 0.0396\\ -0.0082 & 0.0560 & 0.0345\end{bmatrix},\quad F_2=10^{-8}\times\begin{bmatrix}0.0034 & 0.0530 & 0.0209\\ -0.0202 & -0.2380 & -0.0543\\ 0.0165 & 0.1899 & 0.0469\\ 0.2031 & 0.1912 & -0.0692\\ 0.1014 & 0.5110 & 0.0811\\ -0.0697 & 0.4029 & 0.2681\end{bmatrix}$$

$$F_3=10^{-7}\times\begin{bmatrix}0.0003 & -0.0050 & -0.0016\\ -0.0015 & 0.0107 & 0.0072\\ 0.0015 & -0.0115 & -0.0065\\ 0.0162 & 0.0123 & -0.0067\\ 0.0185 & 0.2137 & 0.0516\\ -0.0058 & 0.0091 & 0.0109\end{bmatrix},\quad M_1=10^{-7}\times[-0.1268\quad 0.0966\quad 0.0730]$$

$$M_2=10^{-7}\times[0.0190\quad 0.2160\quad 0.0554],\quad M_3=10^{-7}\times[0.0482\quad -0.1715\quad -0.0752]$$

在此情形下，残差信号 r_k 的轨迹呈现在图 4.8 中，残差评价函数 J_k 和阈值 J_{th} 的轨迹描述在图 4.9 中。由 J_{th} 的定义，计算得到 $J_{\text{th}}=10^{-9}\times 1.5896$。由图 4.9 可知，$10^{-9}\times 1.5579=J_{35}<J_{\text{th}}<J_{36}=10^{-9}\times 1.6237$，说明利用本章提出的饱和约束故障检测方法，故障在发生 1 步后能够被检测出来。此外，在 SCP 控制下，每个传输时刻选择的传感器节点绘制在图 4.10 中。从图 4.10 可以看出，在每个传输时刻，只有一个传感器节点被授予网络权限并进行数据传输。

情形 2：SCP 的转移概率为

$$\pi_{11}=0.5\,,\quad \pi_{12}=0.1\,,\quad \pi_{13}=0.4$$

$$\pi_{21}=0.2\,,\quad \pi_{22}=0.55\,,\quad \pi_{23}=0.25$$

$$\pi_{31}=0.25\,,\quad \pi_{32}=0.15\,,\quad \pi_{33}=0.6$$

对定理 4.2 中的矩阵不等式进行求解，解得如下饱和约束故障检测滤波器参数矩阵：

$$F_1 = 10^{-8} \times \begin{bmatrix} 0.0475 & 0.0109 & -0.0285 \\ -0.0168 & 0.0110 & 0.0237 \\ 0.0490 & -0.0064 & -0.0430 \\ 0.0264 & -0.0094 & -0.0269 \\ 0.0293 & 0.5690 & 0.1063 \\ -0.0776 & 0.1526 & 0.1594 \end{bmatrix}, \quad F_2 = 10^{-8} \times \begin{bmatrix} -0.0031 & 0.0126 & 0.0076 \\ -0.0088 & -0.0950 & -0.0155 \\ 0.0132 & 0.0878 & 0.0127 \\ 0.0946 & 0.0357 & -0.0513 \\ 0.0235 & 0.1440 & -0.0001 \\ -0.0582 & 0.0895 & 0.1185 \end{bmatrix}$$

$$F_3 = 10^{-8} \times \begin{bmatrix} -0.0004 & -0.0082 & -0.0036 \\ -0.0181 & 0.0438 & 0.0448 \\ 0.0272 & -0.0438 & -0.0505 \\ 0.1058 & 0.0303 & -0.0599 \\ 0.0339 & 0.5954 & 0.1048 \\ -0.0405 & 0.0449 & 0.0671 \end{bmatrix}, \quad M_1 = 10^{-8} \times [-0.8447 \quad -0.6411 \quad 0.1167]$$

$$M_2 = 10^{-8} \times [0.2101 \quad 0.6060 \quad 0.1605], \quad M_3 = 10^{-8} \times [0.3088 \quad -0.2878 \quad -0.3817]$$

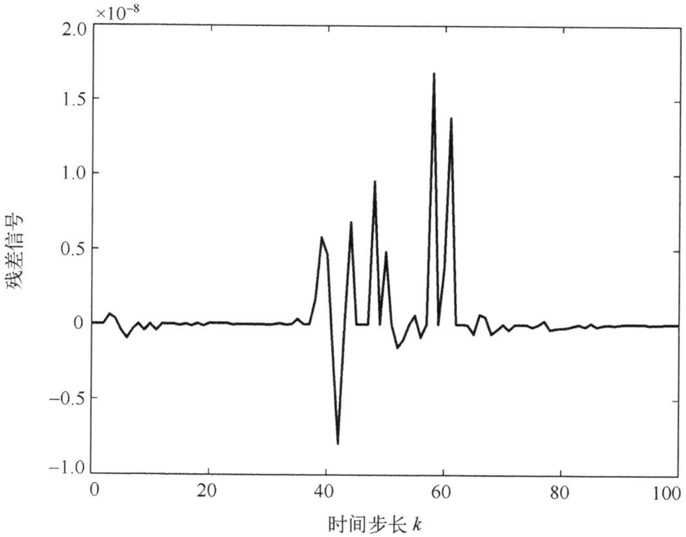

图 4.8　情形 1 下 $v_k \neq 0$ 时的 r_k

在此情形下，图 4.11 刻画了残差信号 r_k 的轨迹，图 4.12 显示了残差评价函数 J_k 和阈值 J_{th} 的轨迹。根据 J_{th} 的定义，计算得到 $J_{\text{th}} = 10^{-10} \times 6.4517$ 。由图 4.12 易知，$10^{-10} \times 6.3557 = J_{38} < J_{\text{th}} < J_{39} = 10^{-9} \times 1.9724$ ，说明故障在发生 4 步后能够被检测出来。此外，在 SCP 调控下，每个传输时刻选择的传感器节点呈现在图 4.13 中。由图 4.13 能够发现，每个传输时刻有且只有一个传感器节点拥有网络访问权限。通过

对比图 4.9 和图 4.12 可知，与第二种 SCP 转移概率情形相比，第一种 SCP 转移概率情形下的故障检测速度更快，这表明转移概率的选择确实会影响故障检测滤波算法的性能。

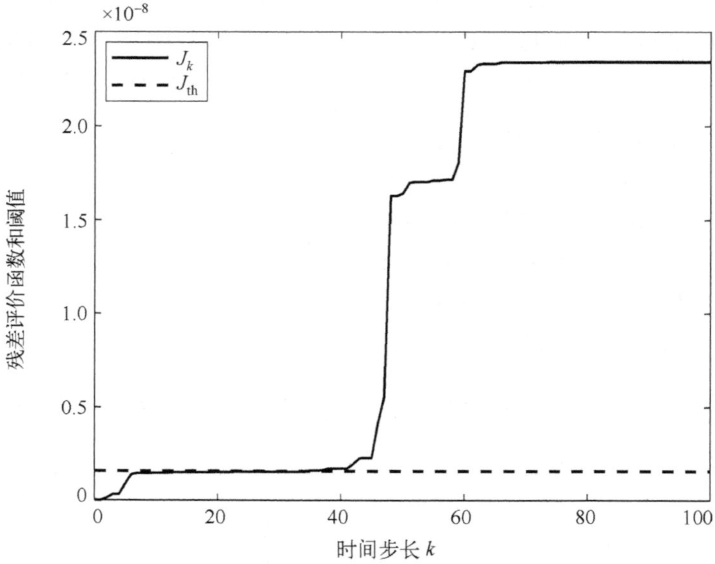

图 4.9　情形 1 下 $v_k \neq 0$ 时的 J_k 和 J_{th}

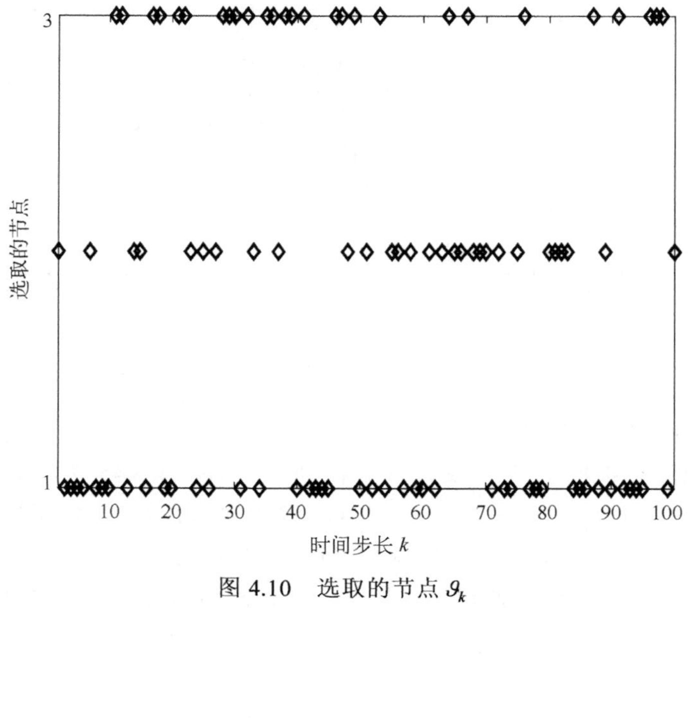

图 4.10　选取的节点 ϑ_k

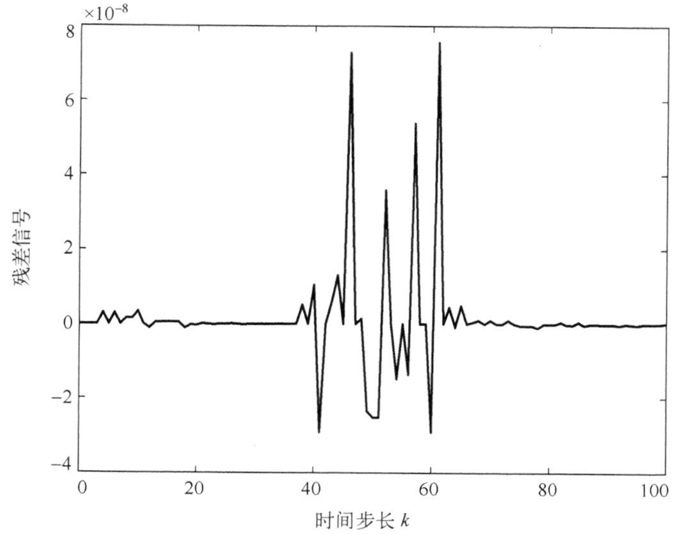

图 4.11　情形 2 下 $v_k \neq 0$ 时的 r_k

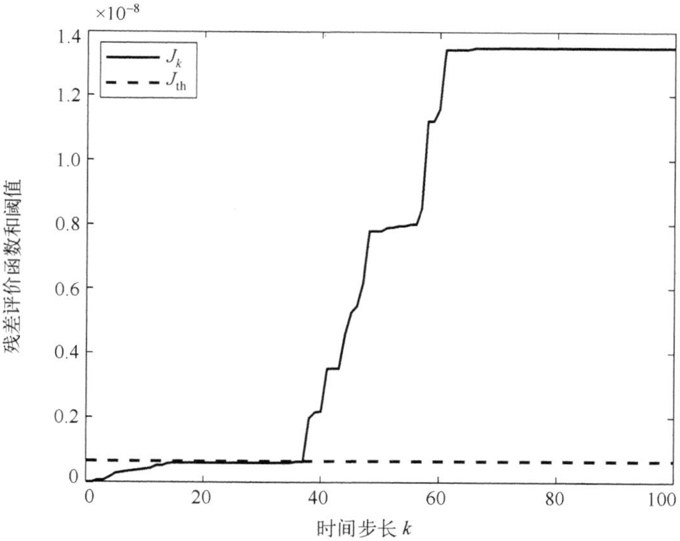

图 4.12　情形 2 下 $v_k \neq 0$ 时的 J_k 和 J_{th}

算例 4.3　质量-弹簧-阻尼器系统是一种比较普遍的机械振动系统，由于其装置相对简单，因而具有一定的工程应用前景。在质量-弹簧-阻尼器系统工作过程中，如果弹簧发生超过其弹性限度、断裂及严重磨损等问题，弹簧就不能恢复原来的形状，使得其负载不能恢复到期望位置，导致系统失去平衡进而引发系统故障。因此，讨论质量-弹簧-阻尼器系统的故障检测问题具有现实意义。本算例利用饱和约束故障检测滤波器(4-6)来检测质量-弹簧-阻尼器系统的故障，以说明本章提出的饱和约束故障检测方法的实用性。系统结构图如图 4.14 所示[177]。

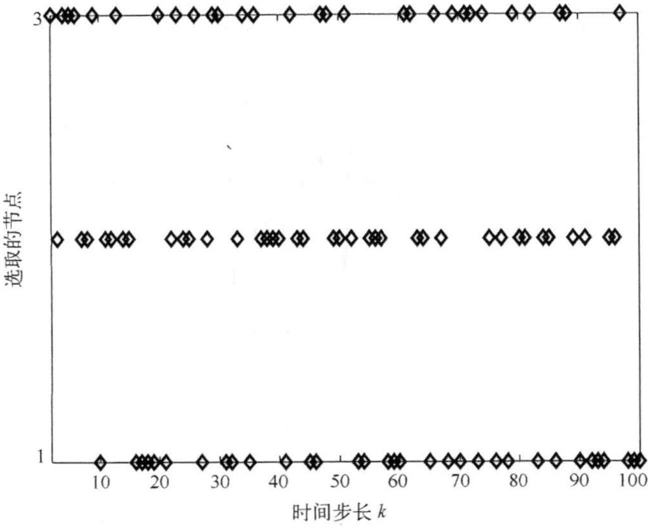

图 4.13　选取的节点 ϑ_k

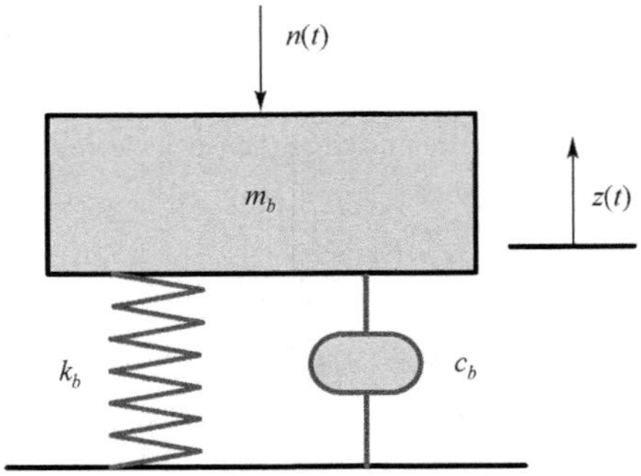

图 4.14　质量-弹簧-阻尼器系统结构图

此时，具有质量和弹簧的机械系统的动力学可以表示为

$$m_b\ddot{z}(t)+c_b\dot{z}(t)+k_bz(t)=n(t) \tag{4-54}$$

式中，m_b 表示质量；k_b 代表弹簧刚度；c_b 为阻尼器的质量；$z(t)$ 表示质量 m_b 的位置；$n(t)$ 为外力。

令 $x(t)=[z^{\mathrm{T}}(t)\quad \dot{z}^{\mathrm{T}}(t)]^{\mathrm{T}}$，$y(t)=[z^{\mathrm{T}}(t)\quad \dot{z}^{\mathrm{T}}(t)]^{\mathrm{T}}$ 且 $v(t)=n(t)$，能够得到如下增广系统：

$$
\begin{aligned}
\dot{x}(t) &= E_1 x(t) + E_2 v(t) \\
y(t) &= E_3 x(t)
\end{aligned} \tag{4-55}
$$

式中

$$
E_1 = \begin{bmatrix} 0 & 1 \\ -\dfrac{k_b}{m_b} & -\dfrac{c_b}{m_b} \end{bmatrix},\quad E_2 = \begin{bmatrix} 0 \\ \dfrac{1}{m_b} \end{bmatrix},\quad E_3 = \begin{bmatrix} 1 & 0 \\ 0 & 1 \end{bmatrix}
$$

利用 Euler 离散化方法，将增广系统(4-55)转化为离散形式。又考虑到时滞、系统建模过程中的不确定性及系统故障，可以建立形如方程(4-1)的质量-弹簧-阻尼器系统，对应的参数矩阵如下：

$$
A = I + T_s E_1,\quad B = T_s E_2,\quad C = E_3
$$

式中，T_s 为采样周期。

借助于文献[177]，系统的相关参数选取为 $m_b = 0.5$，$k_b = 1$ 和 $c_b = 1.5$。令 $T_s = 0.1$，通过计算得到

$$
A = \begin{bmatrix} 1 & 0.1 \\ -0.2 & 0.7 \end{bmatrix},\quad B = \begin{bmatrix} 0 \\ 0.2 \end{bmatrix},\quad C = \begin{bmatrix} 1 & 0 \\ 0 & 1 \end{bmatrix}
$$

其他参数与算例 4.1 中相同。

对定理 4.2 中的矩阵不等式进行求解，解得如下饱和约束故障检测滤波器参数矩阵：

$$
F_1 = 10^{-7} \times \begin{bmatrix} 0.1971 & 0.1777 \\ 0.0583 & 0.0937 \\ 0.0628 & 0.0533 \\ 0.5421 & 0.6887 \end{bmatrix},\quad F_2 = 10^{-7} \times \begin{bmatrix} 0.1417 & 0.1102 \\ 0.1991 & 0.2792 \\ 0.5967 & 0.6181 \\ 0.1899 & 0.2757 \end{bmatrix}
$$

$$
M_1 = [-0.0557 \quad -0.0498],\quad M_2 = [0.0243 \quad 0.0109]
$$

本例通过选择两组不同的饱和阈值观察饱和阈值对故障检测速度的影响。

情形 1：饱和阈值 $u_{1,\max} = 0.5$，$u_{2,\max} = 1$。在此情形下，图 4.15 和图 4.16 分别表示残差信号 r_k 及残差评价函数 J_k 和阈值 J_{th} 的轨迹。根据 J_{th} 的定义可得 $J_{\text{th}} = 0.0331$。由图 4.16 可知，$0.0239 = J_{38} < J_{\text{th}} < J_{39} = 0.0552$，说明故障在发生 4 步后能够被检测出来。

情形 2：饱和阈值 $u_{1,\max} = 1$，$u_{2,\max} = 2$。在此情形下，图 4.17 和图 4.18 分别表示残差信号 r_k 及残差评价函数 J_k 和阈值 J_{th} 的轨迹。根据 J_{th} 的定义可得 $J_{\text{th}} = 0.0901$。由图 4.18 可知，$0.0650 = J_{36} < J_{\text{th}} < J_{37} = 0.1054$，说明故障在发生 2 步后能够被检测出来。

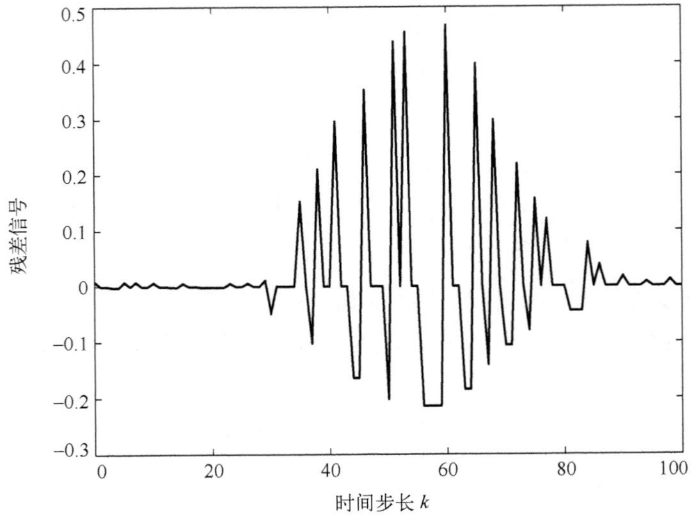

图 4.15　情形 1 下 $v_k \neq 0$ 时的 r_k

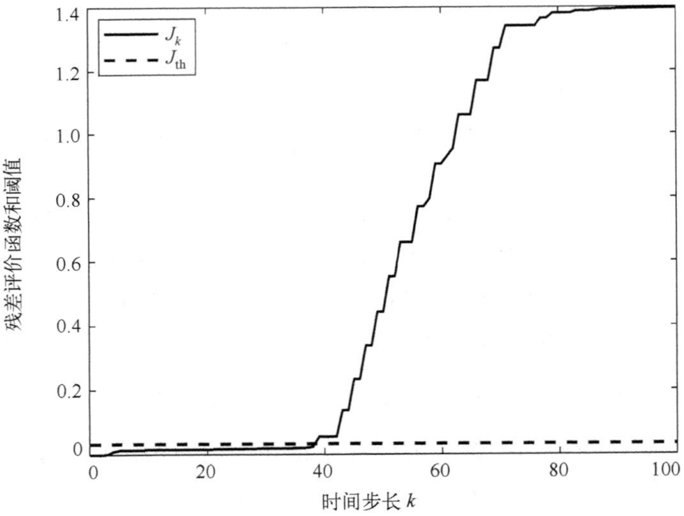

图 4.16　情形 1 下 $v_k \neq 0$ 时的 J_k 和 J_{th}

通过比较情形 1 和情形 2，可以得出饱和阈值的大小影响着故障检测滤波算法的速度。不失一般性，饱和阈值越大，可用于设计饱和约束故障检测滤波器的测量输出就越多。因此，较大的饱和阈值可以获得更好的故障检测性能。值得注意的是，饱和约束故障检测滤波器过滤异常测量值的能力会随着饱和阈值的增加而降低。因此，选择合适的饱和阈值来平衡异常测量值的过滤能力和故障检测方法的性能是至关重要的。算例 4.3 表明，本章提出的饱和约束故障检测方法能够解决 SCP 调度下质量-弹簧-阻尼器系统的故障检测问题。

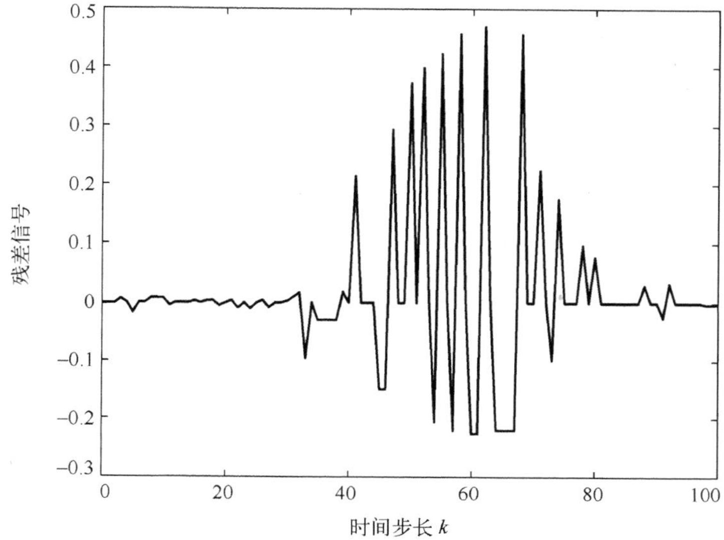

图 4.17　情形 2 下 $v_k \neq 0$ 时的 r_k

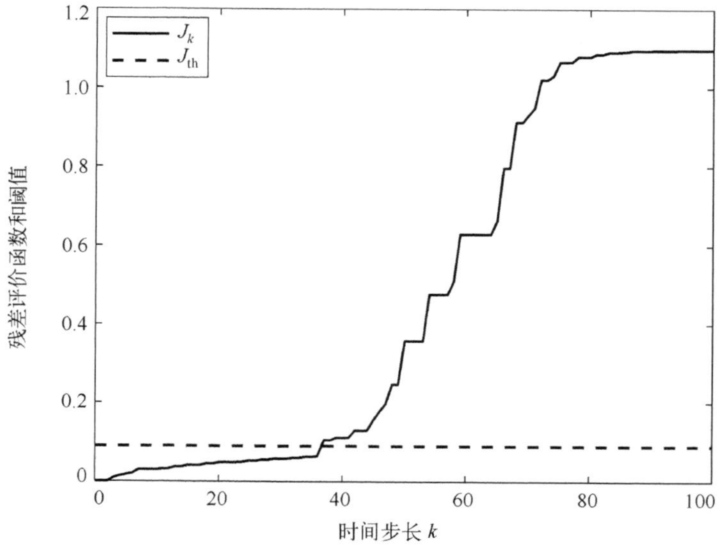

图 4.18　情形 2 下 $v_k \neq 0$ 时的 J_k 和 J_{th}

4.5 本 章 小 结

本章研究了SCP约束下具有异常测量值和随机发生时变时滞的网络化系统鲁棒故障检测问题。首先，引入了SCP减少通信负担和避免潜在的数据冲突，利用饱和约束条件构建了一个新的故障检测滤波器，以适当地消除由系统异常测量值引起的错误警报。随后，基于Lyapunov方法和矩阵不等式技术，应用广义扇形条件获得了增广系统的稳定性判据。此外，本章还给出了非饱和约束的故障检测方法，用来验证具有饱和约束的故障检测滤波算法，可以适当地避免异常测量值对检测结果的影响。最后，给出了三个算例，其中算例4.1从三个方面讨论了提出的饱和约束故障检测方法的有效性和优越性，算例4.2比较了SCP的转移概率对故障检测性能的影响，算例4.3将饱和约束故障检测方法用于检测质量-弹簧-阻尼器系统的故障。

第 5 章 静态事件触发机制下非线性马尔可夫跳跃系统故障检测

为了节约通信渠道的有限网络资源、调节传输到远程模块的数据传输频率，本章引入事件触发机制，探讨具有时变时滞、Lipschitz 非线性及参数不确定性的马尔可夫跳跃系统鲁棒故障检测问题。在事件触发机制的调控下，保证残差对故障的敏感性及对外部扰动的鲁棒性。也就是说，通过研究 H_∞ 滤波问题的可行性解决非线性马尔可夫跳跃系统的故障检测问题，构造模态依赖的 Lyapunov 泛函，得到保证增广系统随机稳定的充分条件。最后，通过一个算例验证基于事件触发机制的系统故障检测方法的有效性。

5.1 问 题 简 述

考虑如下一类具有时变时滞和非线性的不确定马尔可夫系统：

$$\begin{aligned} x_{k+1} &= (A_{\theta_k} + \Delta A_{\theta_k})x_k + (A_{\tau,\theta_k} + \Delta A_{\tau,\theta_k})x_{k-\tau_k} \\ &\quad + E_{\theta_k} g_{\theta_k}(x_k) + B_{f,\theta_k} f_k + B_{\theta_k}\omega_k \\ y_k &= C_{\theta_k} x_k + L_{\theta_k} f_k + D_{\theta_k}\omega_k \\ x_s &= \varphi_s, \quad s \in [-\tau_M, 0] \end{aligned} \tag{5-1}$$

式中，$x_k \in \mathbb{R}^n$ 表示状态向量；$y_k \in \mathbb{R}^m$ 表示输出；τ_k 是满足 $\tau_m \leqslant \tau_k \leqslant \tau_M$ 的时滞；τ_M 和 τ_m 分别表示时滞 τ_k 的上下界；$\omega_k \in \mathbb{R}^s$ 是属于 $l_2[0,\infty)$ 的未知输入；$f_k \in \mathbb{R}^l$ 是待检测的故障信号；$g_{\theta_k}(x_k)$ 是非线性函数；$\{\theta_k\}$ 是取值于有限状态空间 $\mathbb{S} = \{1,2,\cdots,N\}$ 的离散马尔可夫链，它的状态转移矩阵是 $\Pi = [\lambda_{ij}]_{i,j\in\mathbb{S}}$，其中，$\lambda_{ij} = \mathrm{Prob}\{\theta_{k+1} = j \mid \theta_k = i\}$，$\sum_{i=1}^{m}\lambda_{ij} = 1$；$A_{\theta_k}$，$A_{\tau,\theta_k}$，$E_{\theta_k}$，$B_{f,\theta_k}$，$B_{\theta_k}$，$C_{\theta_k}$，$L_{\theta_k}$ 和 D_{θ_k} 是已知矩阵；ΔA_{θ_k} 和 $\Delta A_{\tau,\theta_k}$ 是时变的参数不确定性且满足

$$[\Delta A_{\theta_k} \quad \Delta A_{\tau,\theta_k}] = M F_{\theta_k} [R_1 \quad R_2] \tag{5-2}$$

这里 M 和 R_1 是适当维数已知矩阵，F_{θ_k} 是未知矩阵且满足

$$F_{\theta_k}^{\mathrm{T}}F_{\theta_k} \leqslant I,\ \forall \theta_k \in \mathbb{S} \tag{5-3}$$

为了表示方便，记 $\theta_k = i \in \mathbb{S}$，则上述矩阵可表示为 $A_{\theta_k} = A_i$，$\Delta A_{\theta_k} = \Delta A_i$，$A_{\tau,\theta_k} = A_{\tau,i}$，$\Delta A_{\tau,\theta_k} = \Delta A_{\tau,i}$，$E_{\theta_k} = E_i$，$B_{f,\theta_k} = B_{f,i}$，$B_{\theta_k} = B_i$，$C_{\theta_k} = C_i$，$L_{\theta_k} = L_i$，$D_{\theta_k} = D_i$ 及 $F_{\theta_k} = F_i$。

假设 5.1　非线性函数 $g_i(\cdot)$ 满足下列 Lipchitz 条件：

$$\left|g_i(\mu_1) - g_i(\mu_2)\right| \leqslant \left|\tilde{G}_i(\mu_1 - \mu_2)\right| \tag{5-4}$$

为了减少数据传输，在传感器和远程故障检测滤波器之间引入事件触发机制，用于决定传感器数据是否应该传输到故障检测滤波器端。假定只有满足下列条件时才会传输系统的测量输出信息：

$$\varrho(\psi_k, y_k) \triangleq \psi_k^{\mathrm{T}}\psi_k - \rho y_k^{\mathrm{T}} y_k > 0 \tag{5-5}$$

式中，$\psi_k = y_{k_i} - y_k$；y_{k_i} 是最新传输时刻 k_i 的测量输出；y_k 是当前时刻的测量输出；$\rho > 0$ 表示触发阈值。令触发序列为 $0 \leqslant k_0 < k_1 < k_2 < \cdots < k_i < \cdots$，那么，下一个触发时刻可以按照如下方式确定：

$$k_{i+1} = \inf\{k \in \mathbb{N}^+ \mid k > k_i, \varrho(\psi_k, y_k) > 0\} \tag{5-6}$$

基于以上分析，故障检测滤波器的输入信息可由下式给出：

$$\overline{y}_k = y_{k_i},\quad k \in [k_i, k_{i+1}) \tag{5-7}$$

考虑具有如下结构的故障检测滤波器：

$$\begin{aligned} \hat{x}_{k+1} &= A_i\hat{x}_k + A_{\tau,i}\hat{x}_{k-\tau_k} + E_i g_i(\hat{x}_k) + K_i(\overline{y}_k - C_i\hat{x}_k) \\ r_k &= M_i(\overline{y}_k - C_i\hat{x}_k) \end{aligned} \tag{5-8}$$

式中，$\hat{x}_k \in \mathbb{R}^n$ 表示滤波器的状态；$r_k \in \mathbb{R}^l$ 表示残差信号；K_i 和 M_i 是待设计的适当维数的滤波器矩阵。

令 $e_k = x_k - \hat{x}_k$，$\tilde{g}_i(x_k) = g_i(x_k) - g_i(\hat{x}_k)$ 和 $\eta_k = [x_k^{\mathrm{T}} \quad e_k^{\mathrm{T}}]^{\mathrm{T}}$。结合式(5-1)和式(5-8)，可以得到如下增广系统：

$$\begin{aligned} \eta_{k+1} &= \tilde{A}_i\eta_k + \tilde{A}_{\tau,i}\eta_{k-\tau_k} + G_i g_i(x_k) + \breve{G}_i\tilde{g}_i(x_k) + \tilde{E}_i\psi_k + \tilde{B}_{f,i}f_k + \tilde{B}_i\omega_k \\ r_k &= \tilde{C}_i\eta_k + M_i\psi_k + M_iH_if_k + M_iD_i\omega_k \end{aligned} \tag{5-9}$$

式中

$$\tilde{A}_i = \begin{bmatrix} A_i + \Delta A_i & 0 \\ \Delta A_i & A_i - K_iC_i \end{bmatrix},\quad \tilde{A}_{\tau,i} = \begin{bmatrix} A_{\tau,i} + \Delta A_{\tau,i} & 0 \\ \Delta A_{\tau,i} & A_{\tau,i} \end{bmatrix}$$

$$G_i = \begin{bmatrix} E_i \\ 0 \end{bmatrix},\quad \breve{G}_i = \begin{bmatrix} 0 \\ E_i \end{bmatrix},\quad \tilde{B}_{f,i} = \begin{bmatrix} B_{f,i} \\ B_{f,i} - K_iL_i \end{bmatrix}$$

$$\tilde{B}_i = \begin{bmatrix} B_i \\ B_i - K_i D_i \end{bmatrix}, \quad \tilde{E}_i = \begin{bmatrix} 0 \\ -K_i \end{bmatrix}, \quad \tilde{C}_i = [0 \quad M_i C_i]$$

定义 5.1[178]　对于初始条件 $\eta_0 \in \mathbb{R}^{2n}$ 和 $\theta_0 \in \mathbb{S}$，如果下列条件成立：

$$\sum_{k=0}^{\infty} \mathbb{E}\{\|\eta_k\|^2 | \eta_0, \theta_0\} < \infty$$

则当 $f_k = 0$ 和 $\omega_k = 0$ 时，称增广系统(5-9)是随机稳定的。

定义 5.2[178]　给定一个正标量 γ，如果对于 $\omega_k \neq 0$ 有

$$\sum_{k=0}^{\infty} \mathbb{E}\{\|r_k\|^2 | \eta_0, \theta_0\} < \gamma^2 \sum_{k=0}^{\infty} \|\omega_k\|^2 \Big|_{f_k=0} \tag{5-10}$$

则增广系统(5-9)满足 H_∞ 性能指标。

给定一个正标量 β，如果对于 $f_k \neq 0$ 有

$$\sum_{k=0}^{\infty} \mathbb{E}\{\|r_k\|^2 | \eta_0, \theta_0\} > \beta^2 \sum_{k=0}^{\infty} \|f_k\|^2 \Big|_{\omega_k=0} \tag{5-11}$$

则增广系统(5-9)随机稳定且满足性能指标 β。

在设计滤波器之后，下一步是定义阈值和残差评价函数，即系统中发生的故障 f_k 可以由下列步骤检测出。

步骤 1　选择一个残差评估函数

$$J_k = \left(\mathbb{E}\left\{ \sum_{s=0}^{k} r_s^{\mathrm{T}} r_s \right\} \right)^{1/2}$$

步骤 2　选择一个阈值 $J_{\text{th}} = \sup\limits_{\omega_k \in l_2, f_k = 0} J_k$。

步骤 3　在此基础上，故障可由下列逻辑关系检测出：

$$J_k > J_{\text{th}} \Rightarrow \text{检测出故障} \Rightarrow \text{警报}$$

$$J_k \leqslant J_{\text{th}} \Rightarrow \text{无故障} \Rightarrow \text{不警报}$$

5.2　系统性能分析

本节基于 Lyapunov 稳定性理论，得到保证增广系统(5-9)随机稳定且满足性能指标(5-10)和(5-11)的充分条件。

定理 5.1　给定标量 γ，ρ，τ_m 和 τ_M，考虑事件触发机制(5-5)，如果存在矩阵 $P_i > 0 (i \in \mathbb{S})$，$Q_j > 0 (j = 1,2,3)$，$Z_l > 0 (l = 1,2)$，$X > 0$，$Y > 0$，正标量 ε_1 和 ε_2，以及适当维数矩阵 N_1，N_2，V_1，V_2，S_1 和 S_2 使得下列不等式同时成立：

$$\Pi_i = \begin{bmatrix} \Upsilon_i & \Xi_i^1 \\ * & \Xi_i^2 \end{bmatrix} < 0 \tag{5-12}$$

$$\Psi_1 = \begin{bmatrix} X & N \\ * & Z_1 \end{bmatrix} > 0 \tag{5-13}$$

$$\Psi_2 = \begin{bmatrix} Y & V \\ * & Z_2 \end{bmatrix} > 0 \tag{5-14}$$

$$\Psi_3 = \begin{bmatrix} X+Y & S \\ * & Z_1+Z_2 \end{bmatrix} > 0 \tag{5-15}$$

式中

$$\bar{A}_i = \begin{bmatrix} A_i & 0 \\ 0 & A_i - K_i C_i \end{bmatrix}，\ \bar{A}_{\tau,i} = \begin{bmatrix} A_{\tau,i} & 0 \\ 0 & A_{\tau,i} \end{bmatrix}，\ \bar{R}_1 = [R_1 \quad 0]，\ \bar{R}_2 = [R_2 \quad 0]$$

$$\bar{M} = \begin{bmatrix} M \\ M \end{bmatrix}，\ X = \begin{bmatrix} X_{11} & X_{12} \\ * & X_{22} \end{bmatrix}，\ Y = \begin{bmatrix} Y_{11} & Y_{12} \\ * & Y_{22} \end{bmatrix}$$

$$\Xi_i^1 = \begin{bmatrix} \bar{A}_i^{\mathrm{T}} \bar{P}_i & \sqrt{\tau_M - \tau_m} H_1^{\mathrm{T}} (A_i - I)^{\mathrm{T}} Z_2 & \sqrt{\tau_M} H_1^{\mathrm{T}} (A_i - I)^{\mathrm{T}} Z_1 & 0 & 0 \\ \bar{A}_{\tau,i}^{\mathrm{T}} \bar{P}_i & \sqrt{\tau_M - \tau_m} H_1^{\mathrm{T}} A_{\tau,i}^{\mathrm{T}} Z_2 & \sqrt{\tau_M} H_1^{\mathrm{T}} A_{\tau,i}^{\mathrm{T}} Z_1 & 0 & 0 \\ 0 & 0 & 0 & 0 & 0 \\ 0 & 0 & 0 & 0 & 0 \\ \tilde{B}_i^{\mathrm{T}} \bar{P}_i & \sqrt{\tau_M - \tau_m} B_i^{\mathrm{T}} Z_2 & \sqrt{\tau_M} B_i^{\mathrm{T}} Z_1 & 0 & 0 \\ G_i^{\mathrm{T}} \bar{P}_i & \sqrt{\tau_M - \tau_m} E_i^{\mathrm{T}} Z_2 & \sqrt{\tau_M} E_i^{\mathrm{T}} Z_1 & 0 & 0 \\ \breve{G}_i^{\mathrm{T}} \bar{P}_i & 0 & 0 & 0 & 0 \\ \tilde{E}_i^{\mathrm{T}} \bar{P}_i & 0 & 0 & 0 & 0 \end{bmatrix}$$

$$\Xi_i^2 = \begin{bmatrix} -\bar{P}_i & 0 & 0 & \bar{P}_i \bar{M} & 0 \\ * & -Z_2 & 0 & 0 & \sqrt{\tau_M - \tau_m} Z_2 M \\ * & * & -Z_1 & 0 & \sqrt{\tau_M} Z_1 M \\ * & * & * & -\varepsilon_1 I & 0 \\ * & * & * & * & -\varepsilon_2 I \end{bmatrix}，\ \bar{P}_i = \sum_{j \in \mathbb{S}} \lambda_{ij} P_j$$

$$\Upsilon_i = \begin{bmatrix} \Upsilon_i^{11} & \Upsilon_i^{12} & -H_1^{\mathrm{T}} S_1 & H_1^{\mathrm{T}} V_1 & \Upsilon_{15} & 0 & 0 & \tilde{C}_i^{\mathrm{T}} M_i \\ * & \Upsilon_i^{22} & -H_1^{\mathrm{T}} S_2 & H_1^{\mathrm{T}} V_2 & 0 & 0 & 0 & 0 \\ * & * & \Upsilon_i^{33} & 0 & 0 & 0 & 0 & 0 \\ * & * & * & \Upsilon_i^{44} & 0 & 0 & 0 & 0 \\ * & * & * & * & \Upsilon_i^{55} & 0 & 0 & D_i^{\mathrm{T}} M_i^{\mathrm{T}} M_i \\ * & * & * & * & * & \Upsilon_i^{66} & 0 & 0 \\ * & * & * & * & * & * & \Upsilon_i^{77} & 0 \\ * & * & * & * & * & * & * & \Upsilon_i^{88} \end{bmatrix}$$

$$\begin{aligned}\Upsilon_i^{11} = & -P_i + \tilde{C}_i^{\mathrm{T}} \tilde{C}_i + \bar{G}_i^{\mathrm{T}} \bar{G}_i + H_1^{\mathrm{T}} \tilde{G}_i^{\mathrm{T}} \tilde{G}_i H_1 + H_1^{\mathrm{T}} Q_1 H_1 + H_1^{\mathrm{T}} Q_2 H_1 + H_1^{\mathrm{T}} N_1 H_1 \\ & + H_1^{\mathrm{T}} N_1^{\mathrm{T}} H_1 + (\tau_M - \tau_m + 1) Q_3 + \tau_M H_1^{\mathrm{T}} X_{11} H_1 + (\tau_M - \tau_m) H_1^{\mathrm{T}} Y_{11} H_1 \\ & + \rho H_1^{\mathrm{T}} C_i^{\mathrm{T}} C_i H_1 + \varepsilon_1 \bar{R}_1^{\mathrm{T}} \bar{R}_1 + \varepsilon_2 H_1^{\mathrm{T}} R_1^{\mathrm{T}} R_1 H_1\end{aligned}$$

$$\begin{aligned}\Upsilon_i^{12} = & H_1^{\mathrm{T}} N_2^{\mathrm{T}} H_1 - H_1^{\mathrm{T}} N_1 H_1 - H_1^{\mathrm{T}} V_1 H_1 + H_1^{\mathrm{T}} S_1 H_1 + \tau_M H_1^{\mathrm{T}} X_{12}^{\mathrm{T}} H_1 \\ & + (\tau_M - \tau_m) H_1^{\mathrm{T}} Y_{12}^{\mathrm{T}} H_1 + \varepsilon_1 \bar{R}_1^{\mathrm{T}} \bar{R}_2 + \varepsilon_2 H_1^{\mathrm{T}} R_1^{\mathrm{T}} R_2 H_1\end{aligned}$$

$$\Upsilon_i^{15} = \tilde{C}_i^{\mathrm{T}} M_i D_i + \rho H_1^{\mathrm{T}} C_i^{\mathrm{T}} D_i,\quad \Upsilon_i^{33} = -Q_2,\quad \Upsilon_i^{44} = -Q_1$$

$$\begin{aligned}\Upsilon_i^{22} = & -Q_3 - H_1^{\mathrm{T}} N_2 H_1 - H_1^{\mathrm{T}} N_2^{\mathrm{T}} H_1 - H_1^{\mathrm{T}} V_2 H_1 - H_1^{\mathrm{T}} V_2^{\mathrm{T}} H_1 + H_1^{\mathrm{T}} S_2 H_1 \\ & + H_1^{\mathrm{T}} S_2^{\mathrm{T}} H_1 + \tau_M H_1^{\mathrm{T}} X_{22} H_1 + (\tau_M - \tau_m) H_1^{\mathrm{T}} Y_{22} H_1 + \varepsilon_1 \bar{R}_2^{\mathrm{T}} \bar{R}_2 \\ & + \varepsilon_2 H_1^{\mathrm{T}} R_2^{\mathrm{T}} R_2 H_1\end{aligned}$$

$$\Upsilon_i^{55} = D_i^{\mathrm{T}} M_i^{\mathrm{T}} M_i D_i - \gamma^2 I + \rho D_i^{\mathrm{T}} D_i,\quad \Upsilon_i^{66} = -I,\quad \Upsilon_i^{77} = -I$$

$$\Upsilon_i^{88} = -I + M_i^{\mathrm{T}} M_i,\quad \bar{G}_i = [0 \quad \tilde{G}_i],\quad H_1 = [I \quad 0]$$

则增广系统(5-9)是随机稳定的且满足条件(5-10)。

证　首先，构造如下 Lyapunov 泛函：

$$\begin{aligned}V(\eta_k, \theta_k) = & \eta_k^{\mathrm{T}} P_{\theta_k} \eta_k + \sum_{i=k-\tau_m}^{k-1} x_i^{\mathrm{T}} Q_1 x_i + \sum_{i=k-\tau_M}^{k-1} x_i^{\mathrm{T}} Q_2 x_i \\ & + \sum_{j=k-\tau_k}^{k-1} \eta_j^{\mathrm{T}} Q_3 \eta_j + \sum_{i=-\tau_M+1}^{-\tau_m} \sum_{l=k+i}^{k-1} \eta_l^{\mathrm{T}} Q_3 \eta_l \\ & + \sum_{i=-\tau_M}^{-1} \sum_{l=k+i}^{k-1} \bar{\eta}_l^{\mathrm{T}} Z_1 \bar{\eta}_l + \sum_{i=-\tau_M}^{-\tau_m-1} \sum_{l=k+i}^{k-1} \bar{\eta}_l^{\mathrm{T}} Z_2 \bar{\eta}_l\end{aligned} \tag{5-16}$$

式中，$\bar{\eta}_l = x_{l+1} - x_l$。对于任意的$\theta_k = i \in \mathbb{S}$，可以得到

$$\Delta V_k = \mathbb{E}\{V(\eta_{k+1}, \theta_{k+1}) | \eta_k, \theta_k\} - V(\eta_k, \theta_k)$$

$$
\begin{aligned}
&\leqslant \eta_k^{\mathrm{T}}(\tilde{A}_i^{\mathrm{T}}\overline{P}_i\tilde{A}_i - P_i)\eta_k + 2\eta_k^{\mathrm{T}}\tilde{A}_i^{\mathrm{T}}\overline{P}_i\tilde{A}_{\tau,i}\eta_{k-\tau_k} + 2\eta_k^{\mathrm{T}}\tilde{A}_i^{\mathrm{T}}\overline{P}_i\tilde{B}_i\omega_k \\
&\quad + 2\eta_k^{\mathrm{T}}\tilde{A}_i^{\mathrm{T}}\overline{P}_i\tilde{B}_{f,i}f_k + 2\eta_k^{\mathrm{T}}\tilde{A}_i^{\mathrm{T}}\overline{P}_iG_ig_i(x_k) + 2\eta_k^{\mathrm{T}}\tilde{A}_i^{\mathrm{T}}\overline{P}_i\breve{G}_i\tilde{g}_i(x_k) \\
&\quad + 2\eta_k^{\mathrm{T}}\tilde{A}_i^{\mathrm{T}}\overline{P}_i\tilde{E}_i\psi_k + \eta_{k-\tau_k}^{\mathrm{T}}\tilde{A}_{\tau,i}^{\mathrm{T}}\overline{P}_i\tilde{A}_{\tau,i}\eta_{k-\tau_k} + 2\eta_{k-\tau_k}^{\mathrm{T}}\tilde{A}_{\tau,i}^{\mathrm{T}}\overline{P}_i\tilde{B}_i\omega_k \\
&\quad + 2\eta_{k-\tau_k}^{\mathrm{T}}\tilde{A}_{\tau,i}^{\mathrm{T}}\overline{P}_i\tilde{B}_{f,i}f_k + 2\eta_{k-\tau_k}^{\mathrm{T}}\tilde{A}_{\tau,i}^{\mathrm{T}}\overline{P}_iG_ig_i(x_k) + 2\eta_{k-\tau_k}^{\mathrm{T}}\tilde{A}_{\tau,i}^{\mathrm{T}}\overline{P}_i\breve{G}_i\tilde{g}_i(x_k) \\
&\quad + 2\eta_{k-\tau_k}^{\mathrm{T}}\tilde{A}_{\tau,i}^{\mathrm{T}}\overline{P}_i\tilde{E}_i\psi_k + \omega_k^{\mathrm{T}}\tilde{B}_i^{\mathrm{T}}\overline{P}_i\tilde{B}_i\omega_k + 2\omega_k^{\mathrm{T}}\tilde{B}_i^{\mathrm{T}}\overline{P}_i\tilde{B}_{f,i}f_k \\
&\quad + 2\omega_k^{\mathrm{T}}\tilde{B}_i^{\mathrm{T}}\overline{P}_iG_ig_i(x_k) + 2\omega_k^{\mathrm{T}}\tilde{B}_i^{\mathrm{T}}\overline{P}_i\breve{G}_i\tilde{g}_i(x_k) + 2\omega_k^{\mathrm{T}}\tilde{B}_i^{\mathrm{T}}\overline{P}_i\tilde{E}_i\psi_k \\
&\quad + f_k^{\mathrm{T}}\tilde{B}_{f,i}^{\mathrm{T}}\overline{P}_i\tilde{B}_{f,i}f_k + 2f_k^{\mathrm{T}}\tilde{B}_{f,i}^{\mathrm{T}}\overline{P}_iG_ig_i(x_k) + 2f_k^{\mathrm{T}}\tilde{B}_{f,i}^{\mathrm{T}}\overline{P}_i\breve{G}_i\tilde{g}_i(x_k) \\
&\quad + 2f_k^{\mathrm{T}}\tilde{B}_{f,i}^{\mathrm{T}}\overline{P}_i\tilde{E}_i\psi_k + g_i^{\mathrm{T}}(x_k)G_i^{\mathrm{T}}\overline{P}_iG_ig_i(x_k) + 2g_i^{\mathrm{T}}(x_k)G_i^{\mathrm{T}}\overline{P}_i\breve{G}_i\tilde{g}_i(x_k) \\
&\quad + 2g_i^{\mathrm{T}}(x_k)G_i^{\mathrm{T}}\overline{P}_i\tilde{E}_i\psi_k + \tilde{g}_i^{\mathrm{T}}(x_k)\breve{G}_i^{\mathrm{T}}\overline{P}_i\breve{G}_i\tilde{g}_i(x_k) + 2\tilde{g}_i^{\mathrm{T}}(x_k)\breve{G}_i^{\mathrm{T}}\overline{P}_i\tilde{E}_i\psi_k \\
&\quad + \psi_k^{\mathrm{T}}\tilde{E}_i^{\mathrm{T}}\overline{P}_i\tilde{E}_i\psi_k + x_k^{\mathrm{T}}Q_1x_k - x_{k-\tau_m}^{\mathrm{T}}Q_1x_{k-\tau_m} + x_k^{\mathrm{T}}Q_2x_k \\
&\quad - x_{k-\tau_M}^{\mathrm{T}}Q_2x_{k-\tau_M} + (\tau_M - \tau_m + 1)\eta_k^{\mathrm{T}}Q_3\eta_k - \eta_{k-\tau_k}^{\mathrm{T}}Q_3\eta_{k-\tau_k} \\
&\quad + \tau_M\overline{\eta}_k^{\mathrm{T}}Z_1\overline{\eta}_k - \sum_{l=k-\tau_M}^{k-1}\overline{\eta}_l^{\mathrm{T}}Z_1\overline{\eta}_l + (\tau_M - \tau_m)\overline{\eta}_k^{\mathrm{T}}Z_2\overline{\eta}_k - \sum_{l=k-\tau_M}^{k-1-\tau_m}\overline{\eta}_l^{\mathrm{T}}Z_2\overline{\eta}_l
\end{aligned} \tag{5-17}
$$

由 Newton-Leibnitz 公式，可以得到

$$
\begin{aligned}
&2\phi_{k,1}^{\mathrm{T}}N\left[H_1\eta_k - H_1\eta_{k-\tau_k} - \sum_{l=k-\tau_k}^{k-1}\overline{\eta}_l\right] = 0 \\
&2\phi_{k,1}^{\mathrm{T}}V\left[x_{k-\tau_m} - H_1\eta_{k-\tau_k} - \sum_{l=k-\tau_k}^{k-1-\tau_m}\overline{\eta}_l\right] = 0 \\
&2\phi_{k,1}^{\mathrm{T}}S\left[H_1\eta_{k-\tau_k} - x_{k-\tau_M} - \sum_{l=k-\tau_M}^{k-1-\tau_k}\overline{\eta}_l\right] = 0
\end{aligned} \tag{5-18}
$$

式中

$$
\phi_{k,1}^{\mathrm{T}} = [\eta_k^{\mathrm{T}}H_1^{\mathrm{T}} \quad \eta_{k-\tau_k}^{\mathrm{T}}H_1^{\mathrm{T}}],\quad N^{\mathrm{T}} = [N_1^{\mathrm{T}} \quad N_2^{\mathrm{T}}],\quad V^{\mathrm{T}} = [V_1^{\mathrm{T}} \quad V_2^{\mathrm{T}}],\quad S^{\mathrm{T}} = [S_1^{\mathrm{T}} \quad S_2^{\mathrm{T}}]
$$

另一方面，对于任意 $X>0$ 和 $Y>0$，下列等式成立：

$$
\begin{aligned}
0 &= \sum_{l=k-\tau_M}^{k-1}\phi_{k,1}^{\mathrm{T}}X\phi_{k,1} - \sum_{l=k-\tau_M}^{k-1}\phi_{k,1}^{\mathrm{T}}X\phi_{k,1} \\
&= \tau_M\phi_{k,1}^{\mathrm{T}}X\phi_{k,1} - \sum_{l=k-\tau_k}^{k-1}\phi_{k,1}^{\mathrm{T}}X\phi_{k,1} - \sum_{l=k-\tau_M}^{k-\tau_k-1}\phi_{k,1}^{\mathrm{T}}X\phi_{k,1}
\end{aligned} \tag{5-19}
$$

$$
\begin{aligned}
0 &= \sum_{l=k-\tau_M}^{k-\tau_m-1} \phi_{k,1}^{\mathrm{T}} Y \phi_{k,1} - \sum_{l=k-\tau_M}^{k-\tau_m-1} \phi_{k,1}^{\mathrm{T}} Y \phi_{k,1} \\
&= (\tau_M - \tau_m)\phi_{k,1}^{\mathrm{T}} Y \phi_{k,1} - \sum_{l=k-\tau_k}^{k-\tau_m-1} \phi_{k,1}^{\mathrm{T}} Y \phi_{k,1} - \sum_{l=k-\tau_M}^{k-\tau_k-1} \phi_{k,1}^{\mathrm{T}} Y \phi_{k,1}
\end{aligned} \tag{5-20}
$$

由式(5-4)有

$$
\begin{aligned}
&\eta_k^{\mathrm{T}} \bar{G}_i^{\mathrm{T}} \bar{G}_i \eta_k - \tilde{g}_i^{\mathrm{T}}(x_k)\tilde{g}_i(x_k) \geqslant 0 \\
&\eta_k^{\mathrm{T}} H_1^{\mathrm{T}} \tilde{G}_i^{\mathrm{T}} \tilde{G}_i H_1 \eta_k - g_i^{\mathrm{T}}(x_k) g_i(x_k) \geqslant 0
\end{aligned} \tag{5-21}
$$

考虑到事件触发机制(5-5)，易知

$$
\begin{aligned}
&-\psi_k^{\mathrm{T}}\psi_k + \rho\eta_k^{\mathrm{T}} H_1^{\mathrm{T}} C_i^{\mathrm{T}} C_i H_1 \eta_k + 2\rho x_k^{\mathrm{T}} C_i^{\mathrm{T}} L_i f_k + 2\rho x_k^{\mathrm{T}} C_i^{\mathrm{T}} D_i \omega_k \\
&+\rho f_k^{\mathrm{T}} L_i^{\mathrm{T}} L_i f_k + 2\rho f_k^{\mathrm{T}} L_i^{\mathrm{T}} D_i \omega_k + \rho \omega_k^{\mathrm{T}} D_i^{\mathrm{T}} D_i \omega_k \geqslant 0
\end{aligned} \tag{5-22}
$$

结合式(5-17)～式(5-22)得到

$$
\begin{aligned}
\Delta V_k \leqslant{}& \eta_k^{\mathrm{T}}(\tilde{A}_i^{\mathrm{T}}\bar{P}_i\tilde{A}_i - P_i)\eta_k + 2\eta_k^{\mathrm{T}}\tilde{A}_i^{\mathrm{T}}\bar{P}_i\tilde{A}_{\tau,i}\eta_{k-\tau_k} + 2\eta_k^{\mathrm{T}}\tilde{A}_i^{\mathrm{T}}\bar{P}_i\tilde{B}_i\omega_k \\
&+ 2\eta_k^{\mathrm{T}}\tilde{A}_i^{\mathrm{T}}\bar{P}_i\tilde{B}_{f,i}f_k + 2\eta_k^{\mathrm{T}}\tilde{A}_i^{\mathrm{T}}\bar{P}_i G_i g_i(x_k) + 2\eta_k^{\mathrm{T}}\tilde{A}_i^{\mathrm{T}}\bar{P}_i\breve{G}_i\tilde{g}_i(x_k) \\
&+ 2\eta_k^{\mathrm{T}}\tilde{A}_i^{\mathrm{T}}\bar{P}_i\tilde{E}_i\psi_k + \eta_{k-\tau_k}^{\mathrm{T}}\tilde{A}_{\tau,i}^{\mathrm{T}}\bar{P}_i\tilde{A}_{\tau,i}\eta_{k-\tau_k} + 2\eta_{k-\tau_k}^{\mathrm{T}}\tilde{A}_{\tau,i}^{\mathrm{T}}\bar{P}_i\tilde{B}_i\omega_k \\
&+ 2\eta_{k-\tau_k}^{\mathrm{T}}\tilde{A}_{\tau,i}^{\mathrm{T}}\bar{P}_i\tilde{B}_{f,i}f_k + 2\eta_{k-\tau_k}^{\mathrm{T}}\tilde{A}_{\tau,i}^{\mathrm{T}}\bar{P}_i G_i g_i(x_k) + 2\eta_{k-\tau_k}^{\mathrm{T}}\tilde{A}_{\tau,i}^{\mathrm{T}}\bar{P}_i\breve{G}_i\tilde{g}_i(x_k) \\
&+ 2\eta_{k-\tau_k}^{\mathrm{T}}\tilde{A}_{\tau,i}^{\mathrm{T}}\bar{P}_i\tilde{E}_i\psi_k + \omega_k^{\mathrm{T}}\tilde{B}_i^{\mathrm{T}}\bar{P}_i\tilde{B}_i\omega_k + 2\omega_k^{\mathrm{T}}\tilde{B}_i^{\mathrm{T}}\bar{P}_i\tilde{B}_{f,i}f_k \\
&+ 2\omega_k^{\mathrm{T}}\tilde{B}_i^{\mathrm{T}}\bar{P}_i G_i g_i(x_k) + 2\omega_k^{\mathrm{T}}\tilde{B}_i^{\mathrm{T}}\bar{P}_i\breve{G}_i\tilde{g}_i(x_k) + 2\omega_k^{\mathrm{T}}\tilde{B}_i\bar{P}_i\tilde{E}_i\psi_k \\
&+ f_k^{\mathrm{T}}\tilde{B}_{f,i}^{\mathrm{T}}\bar{P}_i\tilde{B}_{f,i}f_k + 2f_k^{\mathrm{T}}\tilde{B}_{f,i}^{\mathrm{T}}\bar{P}_i G_i g_i(x_k) + 2f_k^{\mathrm{T}}\tilde{B}_{f,i}^{\mathrm{T}}\bar{P}_i\breve{G}_i\tilde{g}_i(x_k) \\
&+ 2f_k^{\mathrm{T}}\tilde{B}_{f,i}\bar{P}_i\tilde{E}_i\psi_k + g_i^{\mathrm{T}}(x_k)G_i^{\mathrm{T}}\bar{P}_i G_i g_i^{\mathrm{T}}(x_k) + 2g_i^{\mathrm{T}}(x_k)G_i^{\mathrm{T}}\bar{P}_i\breve{G}_i\tilde{g}_i(x_k) \\
&+ 2g_i^{\mathrm{T}}(x_k)G_i^{\mathrm{T}}\bar{P}_i\tilde{E}_i\psi_k + \tilde{g}_i^{\mathrm{T}}(x_k)\breve{G}_i^{\mathrm{T}}\bar{P}_i\breve{G}_i\tilde{g}_i^{\mathrm{T}}(x_k) + 2\tilde{g}_i^{\mathrm{T}}(x_k)\breve{G}_i^{\mathrm{T}}\bar{P}_i\tilde{E}_i\psi_k \\
&+ \psi_k^{\mathrm{T}}\tilde{E}_i^{\mathrm{T}}\bar{P}_i\tilde{E}_i\psi_k + \eta_k^{\mathrm{T}}H_1^{\mathrm{T}}Q_1H_1\eta_k - x_{k-\tau_m}^{\mathrm{T}}Q_1x_{k-\tau_m} + \eta_k^{\mathrm{T}}H_1^{\mathrm{T}}Q_2H_1\eta_k \\
&- x_{k-\tau_M}^{\mathrm{T}}Q_2x_{k-\tau_M} + (\tau_M - \tau_m + 1)\eta_k^{\mathrm{T}}Q_3\eta_k - \eta_{k-\tau_k}^{\mathrm{T}}Q_3\eta_{k-\tau_k} \\
&+ \tau_M\bar{\eta}_k^{\mathrm{T}}Z_1\bar{\eta}_k - \sum_{l=k-\tau_M}^{k-1}\bar{\eta}_l^{\mathrm{T}}Z_1\bar{\eta}_l + (\tau_M - \tau_m)\bar{\eta}_k^{\mathrm{T}}Z_2\bar{\eta}_k - \sum_{l=k-\tau_M}^{k-1-\tau_m}\bar{\eta}_l^{\mathrm{T}}Z_2\bar{\eta}_l \\
&+ 2\phi_{k,1}^{\mathrm{T}}NH_1\eta_k - 2\phi_{k,1}^{\mathrm{T}}NH_1\eta_{k-\tau_k} - 2\phi_{k,1}^{\mathrm{T}}N\sum_{l=k-\tau_k}^{k-1}\bar{\eta}_l \\
&+ 2\phi_{k,1}^{\mathrm{T}}VH_1\eta_{k-\tau_m} - 2\phi_{k,1}^{\mathrm{T}}VH_1\eta_{k-\tau_k} - 2\phi_{k,1}^{\mathrm{T}}V\sum_{l=k-\tau_k}^{k-\tau_m-1}\bar{\eta}_l
\end{aligned}
$$

$$
\begin{aligned}
&+2\phi_{k,1}^{\mathrm{T}} S H_1 \eta_{k-\tau_k} - 2\phi_{k,1}^{\mathrm{T}} S H_1 \eta_{k-\tau_M} - 2\phi_{k,1}^{\mathrm{T}} S \sum_{l=k-\tau_M}^{k-\tau_k-1} \bar{\eta}_l \\
&+\tau_M \phi_{k,1}^{\mathrm{T}} X \phi_{k,1} - \sum_{l=k-\tau_k}^{k-1} \phi_{k,1}^{\mathrm{T}} X \phi_{k,1} - \sum_{l=k-\tau_M}^{k-\tau_k-1} \phi_{k,1}^{\mathrm{T}} X \phi_{k,1} \\
&+(\tau_M - \tau_m)\phi_{k,1}^{\mathrm{T}} Y \phi_{k,1} - \sum_{l=k-\tau_k}^{k-\tau_m-1} \phi_{k,1}^{\mathrm{T}} Y \phi_{k,1} - \sum_{l=k-\tau_M}^{k-\tau_k-1} \phi_{k,1}^{\mathrm{T}} Y \phi_{k,1} \\
&-\psi_k^{\mathrm{T}} \psi_k + \rho \eta_k^{\mathrm{T}} H_1^{\mathrm{T}} C_i^{\mathrm{T}} C_i H_1 \eta_k + 2\rho x_k^{\mathrm{T}} C_i^{\mathrm{T}} L_i f_k + 2\rho x_k^{\mathrm{T}} C_i^{\mathrm{T}} D_i \omega_k \\
&+\rho f_k^{\mathrm{T}} L_i^{\mathrm{T}} L_i f_k + 2\rho f_k^{\mathrm{T}} L_i^{\mathrm{T}} D_i \omega_k + \rho \omega_k^{\mathrm{T}} D_i^{\mathrm{T}} D_i \omega_k \\
&-\tilde{g}_i^{\mathrm{T}}(x_k)\tilde{g}_i(x_k) + \eta_k^{\mathrm{T}} \bar{G}_i^{\mathrm{T}} \bar{G}_i \eta_k - g_i^{\mathrm{T}}(x_k) g_i(x_k) + \eta_k^{\mathrm{T}} H_1^{\mathrm{T}} \tilde{G}_i^{\mathrm{T}} \tilde{G}_i H_1 \eta_k
\end{aligned}
\tag{5-23}
$$

接下来，在 $\omega_k = 0$ 和 $f_k = 0$ 情形下证明增广系统(5-9)的随机稳定性。应用引理 2.1 有下列不等式成立：

$$
\Delta V_k \leqslant \tilde{\phi}_k^{\mathrm{T}} \bar{\Pi}_i \tilde{\phi}_k - \sum_{l=k-\tau_k}^{k-1} \hat{\phi}_k^{\mathrm{T}} \Psi_1 \hat{\phi}_k - \sum_{l=k-\tau_k}^{k-\tau_m-1} \hat{\phi}_k^{\mathrm{T}} \Psi_2 \hat{\phi}_k - \sum_{l=k-\tau_M}^{k-\tau_k-1} \hat{\phi}_k^{\mathrm{T}} \Psi_3 \hat{\phi}_k \tag{5-24}
$$

式中

$$
\tilde{\phi}_k = [\eta_k^{\mathrm{T}} \quad \eta_{k-\tau_k}^{\mathrm{T}} \quad x_{k-\tau_M}^{\mathrm{T}} \quad x_{k-\tau_m}^{\mathrm{T}} \quad g_i^{\mathrm{T}}(x_k) \quad \tilde{g}_i^{\mathrm{T}}(x_k) \quad \psi_k^{\mathrm{T}}]^{\mathrm{T}}
$$

$$
\hat{\phi}_k = [\phi_{k,1}^{\mathrm{T}} \quad \bar{\eta}_l^{\mathrm{T}}]^{\mathrm{T}}, \quad \bar{\Pi}_i = \begin{bmatrix} \bar{\Upsilon}_i & \Xi_i^1 \\ * & \Xi_i^2 \end{bmatrix}
$$

$$
\bar{\Upsilon}_i = \begin{bmatrix}
\bar{\Upsilon}_i^{11} & \bar{\Upsilon}_i^{12} & -H_1^{\mathrm{T}} S_1 & H_1^{\mathrm{T}} V_1 & 0 & 0 & 0 \\
* & \bar{\Upsilon}_i^{22} & -H_1^{\mathrm{T}} S_2 & H_1^{\mathrm{T}} V_2 & 0 & 0 & 0 \\
* & * & \Upsilon_i^{33} & 0 & 0 & 0 & 0 \\
* & * & * & \Upsilon_i^{44} & 0 & 0 & 0 \\
* & * & * & * & \Upsilon_i^{66} & 0 & 0 \\
* & * & * & * & * & \Upsilon_i^{77} & 0 \\
* & * & * & * & * & * & \bar{\Upsilon}_i^{88}
\end{bmatrix}
$$

$$\Xi_i^1 = \begin{bmatrix} \tilde{A}_i^{\mathrm{T}}\overline{P}_i & \sqrt{\tau_M-\tau_m}H_1^{\mathrm{T}}\Delta\tilde{A}_i^{\mathrm{T}}Z_2 & \sqrt{\tau_M}H_1^{\mathrm{T}}\Delta\tilde{A}_i^{\mathrm{T}}Z_1 \\ \tilde{A}_{\tau,i}^{\mathrm{T}}\overline{P}_i & \sqrt{\tau_M-\tau_m}H_1^{\mathrm{T}}\Delta\tilde{A}_{\tau,i}^{\mathrm{T}}Z_2 & \sqrt{\tau_M}H_1^{\mathrm{T}}\Delta\tilde{A}_{\tau,i}^{\mathrm{T}}Z_1 \\ 0 & 0 & 0 \\ 0 & 0 & 0 \\ G_i^{\mathrm{T}}\overline{P}_i & \sqrt{\tau_M-\tau_m}E_i^{\mathrm{T}}Z_2 & \sqrt{\tau_M}E_i^{\mathrm{T}}Z_1 \\ \breve{G}_i^{\mathrm{T}}\overline{P}_i & 0 & 0 \\ \tilde{E}_i^{\mathrm{T}}\overline{P}_i & 0 & 0 \end{bmatrix}$$

$$\Xi_i^2 = \mathrm{diag}\{-\overline{P}_i,-Z_2,-Z_1\}，\quad \overline{\Upsilon}_i^{11} = \Upsilon_i^{11} - \tilde{C}_i^{\mathrm{T}}\tilde{C}_i - \varepsilon_1\overline{R}_1^{\mathrm{T}}\overline{R}_1 - \varepsilon_2 H_1^{\mathrm{T}}R_1^{\mathrm{T}}R_1H_1$$

$$\overline{\Upsilon}_i^{12} = \Upsilon_i^{12} - \varepsilon_1\overline{R}_1^{\mathrm{T}}\overline{R}_2 - \varepsilon_2 H_1^{\mathrm{T}}R_1^{\mathrm{T}}R_1H_1，\quad \overline{\Upsilon}_i^{22} = \Upsilon_i^{22} - \varepsilon_1\overline{R}_2^{\mathrm{T}}\overline{R}_2 - \varepsilon_2 H_1^{\mathrm{T}}R_2^{\mathrm{T}}R_2H_1$$

$$\overline{\Upsilon}_i^{88} = -I，\quad \Delta\tilde{A}_i = A_i + \Delta A_i - I，\quad \Delta\tilde{A}_{\tau,i} = A_{\tau,i} + \Delta A_{\tau,i} - I$$

如果 $\Psi_l \geqslant 0(l=1,2,3)$，$\overline{\Pi}_i < 0$，可以得到

$$\Delta V_k \leqslant -\chi\mathbb{E}\left\{\left\|\tilde{\phi}_k\right\|^2\right\} \tag{5-25}$$

式中，$\chi = \min_{i\in\mathbb{S}}\{\lambda_{\min}(-\overline{\Pi}_i)\}$。对式(5-25)两边关于 k 求和，且令 $k\to\infty$，有

$$\begin{aligned}\mathbb{E}\{V(\eta_\infty,\theta_\infty)\} - V(\eta_0,\theta_0) &\leqslant -\chi\sum_{k=0}^{\infty}\mathbb{E}\left\{\left\|\tilde{\phi}_k\right\|^2\right\} \\ &\leqslant -\chi\sum_{k=0}^{\infty}\mathbb{E}\left\{\left\|\eta_k\right\|^2\right\}\end{aligned} \tag{5-26}$$

也就是说

$$\sum_{k=0}^{\infty}\mathbb{E}\{\|\eta_k\|^2\} \leqslant \frac{1}{\chi}V(\eta_0,\theta_0) < \infty \tag{5-27}$$

式(5-27)满足定义 5.1，因此增广系统(5-9)是随机稳定的。

接下来证明当 $f_k=0$ 时系统(5-9)满足 H_∞性能指标 γ 。考虑如下形式的性能指标 J:

$$J = \sum_{k=0}^{N}\mathbb{E}\{r_k^{\mathrm{T}}r_k - \gamma^2\omega_k^{\mathrm{T}}\omega_k\} \tag{5-28}$$

式中，$N>0$ 是一个任意的整数。对于任意非零的 $\omega_k \in l_2[0,\infty)$ 且 $\eta_0 = 0$，有

$$J = \sum_{k=0}^{N}\mathbb{E}\{r_k^{\mathrm{T}}r_k - \gamma^2\omega_k^{\mathrm{T}}\omega_k + \Delta V_k\} - \mathbb{E}\{V(\eta_{k+1},\theta_{k+1})\}$$

$$\begin{aligned}&\leqslant \sum_{k=0}^{N}\mathbb{E}\{r_k^{\mathrm{T}}r_k-\gamma^2\omega_k^{\mathrm{T}}\omega_k+\Delta V_k\}\\&=\sum_{k=0}^{N}\phi_k^{\mathrm{T}}\tilde{\Pi}_i\phi_k\end{aligned}\tag{5-29}$$

式中

$$\phi_k=[\eta_k^{\mathrm{T}}\quad \eta_{k-\tau_k}^{\mathrm{T}}\quad x_{k-\tau_M}^{\mathrm{T}}\quad x_{k-\tau_m}^{\mathrm{T}}\quad \omega_k^{\mathrm{T}}\quad g_i^{\mathrm{T}}(x_k)\quad g_i^{\mathrm{T}}(\tilde{x}_k)\quad \psi_k^{\mathrm{T}}]^{\mathrm{T}}$$

$$\tilde{\Upsilon}_i^{11}=\Upsilon_i^{11}-\varepsilon_1\overline{R}_1^{\mathrm{T}}\overline{R}_1-\varepsilon_2H_1^{\mathrm{T}}R_1^{\mathrm{T}}R_1H_1$$

$$\tilde{\Pi}_i=\begin{bmatrix}\tilde{\Upsilon}_i & \tilde{\Xi}_i^1\\ * & \Xi_i^2\end{bmatrix},\quad \tilde{\Xi}_i^1=\begin{bmatrix}\tilde{A}_i^{\mathrm{T}}\overline{P}_i & \sqrt{\tau_M-\tau_m}H_1^{\mathrm{T}}\Delta\tilde{A}_i^{\mathrm{T}}Z_2 & \sqrt{\tau_M}H_1^{\mathrm{T}}\Delta\tilde{A}_i^{\mathrm{T}}Z_1\\ \tilde{A}_{\tau,i}^{\mathrm{T}}\overline{P}_i & \sqrt{\tau_M-\tau_m}H_1^{\mathrm{T}}\Delta\tilde{A}_{\tau,i}^{\mathrm{T}}Z_2 & \sqrt{\tau_M}H_1^{\mathrm{T}}\Delta\tilde{A}_{\tau,i}^{\mathrm{T}}Z_1\\ 0&0&0\\ 0&0&0\\ \tilde{B}_i^{\mathrm{T}}\overline{P}_i & \sqrt{\tau_M-\tau_m}B_i^{\mathrm{T}}Z_2 & \sqrt{\tau_M}B_i^{\mathrm{T}}Z_1\\ G_i^{\mathrm{T}}\overline{P}_i & \sqrt{\tau_M-\tau_m}E_i^{\mathrm{T}}Z_2 & \sqrt{\tau_M}E_i^{\mathrm{T}}Z_1\\ \breve{G}_i^{\mathrm{T}}\overline{P}_i & 0 & 0\\ \tilde{E}_i^{\mathrm{T}}\overline{P}_i & 0 & 0\end{bmatrix}$$

$$\tilde{\Upsilon}_i=\begin{bmatrix}\tilde{\Upsilon}_i^{11} & \overline{\Upsilon}_i^{12} & -H_1^{\mathrm{T}}S_1 & H_1^{\mathrm{T}}V_1 & \Upsilon_i^{15} & 0 & 0 & \tilde{C}_i^{\mathrm{T}}M_i\\ * & \overline{\Upsilon}_i^{22} & -H_1^{\mathrm{T}}S_2 & H_1^{\mathrm{T}}V_2 & 0&0&0&0\\ * & * & \Upsilon_i^{33} & 0&0&0&0&0\\ *&*&*&\Upsilon_i^{44}&0&0&0&0\\ *&*&*&*&\Upsilon_i^{55}&0&0&D_i^{\mathrm{T}}M_i^{\mathrm{T}}M_i\\ *&*&*&*&*&\Upsilon_i^{66}&0&0\\ *&*&*&*&*&*&\Upsilon_i^{77}&0\\ *&*&*&*&*&*&*&\Upsilon_i^{88}\end{bmatrix}$$

应用引理 2.2，有

$$\tilde{\Pi}_i=\overline{\Pi}_i+\Delta\Pi_i\leqslant\overline{\Pi}_i+\varepsilon_1\mathcal{M}_1^T\mathcal{M}_1+\varepsilon_1^{-1}\mathcal{L}_1(\mathcal{L}_1^i)^{\mathrm{T}}+\varepsilon_2\mathcal{M}_2^T\mathcal{M}_2+\varepsilon_2^{-1}\mathcal{L}_2^i(\mathcal{L}_2^i)^{\mathrm{T}}\tag{5-30}$$

式中

$$\overline{\Pi}_i=\begin{bmatrix}\tilde{\Upsilon}_i & \hat{\Xi}_i^1\\ * & \Xi_i^2\end{bmatrix},\quad \Delta\Pi_i=\begin{bmatrix}0 & \Delta\Pi_i^{12}\\ * & 0\end{bmatrix}$$

$$\hat{\Xi}_i^1 = \begin{bmatrix} \bar{A}_i^{\mathrm{T}} \bar{P}_i & \sqrt{\tau_M - \tau_m} H_1^{\mathrm{T}} (A_i - I)^{\mathrm{T}} Z_2 & \sqrt{\tau_M} H_1^{\mathrm{T}} (A_i - I)^{\mathrm{T}} Z_1 \\ \bar{A}_{\tau,i}^{\mathrm{T}} \bar{P}_i & \sqrt{\tau_M - \tau_m} H_1^{\mathrm{T}} (A_{\tau,i} - I)^{\mathrm{T}} Z_2 & \sqrt{\tau_M} H_1^{\mathrm{T}} (A_{\tau,i} - I)^{\mathrm{T}} Z_1 \\ 0 & 0 & 0 \\ 0 & 0 & 0 \\ \tilde{B}_i^{\mathrm{T}} \bar{P}_i & \sqrt{\tau_M - \tau_m} B_i^{\mathrm{T}} Z_2 & \sqrt{\tau_M} B_i^{\mathrm{T}} Z_1 \\ G_i^{\mathrm{T}} \bar{P}_i & \sqrt{\tau_M - \tau_m} E_i^{\mathrm{T}} Z_2 & \sqrt{\tau_M} E_i^{\mathrm{T}} Z_1 \\ \breve{G}_i^{\mathrm{T}} \bar{P}_i & 0 & 0 \\ \tilde{E}_i^{\mathrm{T}} \bar{P}_i & 0 & 0 \end{bmatrix}$$

$$\Delta\Pi_i^{12} = \begin{bmatrix} \Delta\bar{A}_i^{\mathrm{T}} \bar{P}_i & \sqrt{\tau_M - \tau_m} H_1^{\mathrm{T}} \Delta A_i^{\mathrm{T}} Z_2 & \sqrt{\tau_M} H_1^{\mathrm{T}} \Delta A_i^{\mathrm{T}} Z_1 \\ \Delta\bar{A}_{\tau,i}^{\mathrm{T}} \bar{P}_i & \sqrt{\tau_M - \tau_m} H_1^{\mathrm{T}} \Delta A_{\tau,i}^{\mathrm{T}} Z_2 & \sqrt{\tau_M} H_1^{\mathrm{T}} \Delta A_{\tau,i}^{\mathrm{T}} Z_1 \\ 0 & 0 & 0 \\ 0 & 0 & 0 \\ 0 & 0 & 0 \\ 0 & 0 & 0 \\ 0 & 0 & 0 \\ 0 & 0 & 0 \end{bmatrix}$$

$$\Delta\bar{A}_{\tau,i} = \begin{bmatrix} \Delta A_{\tau,i} & 0 \\ \Delta A_{\tau,i} & 0 \end{bmatrix}, \quad \Delta\bar{A}_i = \begin{bmatrix} \Delta A_i & 0 \\ \Delta A_i & 0 \end{bmatrix}$$

$$\mathcal{M}_1 = [\bar{R}_1 \quad \bar{R}_2 \quad 0 \quad 0 \quad 0 \quad 0 \quad 0 \quad 0 \quad 0 \quad 0 \quad 0]$$

$$\mathcal{M}_2 = [R_1 H_1 \quad R_2 H_2 \quad 0 \quad 0 \quad 0 \quad 0 \quad 0 \quad 0 \quad 0 \quad 0 \quad 0]$$

$$\mathcal{L}_i^1 = [0 \quad 0 \quad 0 \quad 0 \quad 0 \quad 0 \quad 0 \quad 0 \quad M^{\mathrm{T}} \bar{P}_i^{\mathrm{T}} \quad 0 \quad 0]^{\mathrm{T}}$$

$$\mathcal{L}_i^2 = [0 \quad 0 \quad 0 \quad 0 \quad 0 \quad 0 \quad 0 \quad 0 \quad \sqrt{\tau_M - \tau_m} M^{\mathrm{T}} Z_2^{\mathrm{T}} \quad \sqrt{\tau_M} M^{\mathrm{T}} Z_1^{\mathrm{T}} \quad 0]^{\mathrm{T}}$$

借助于引理 2.1 可知，式(5-12)意味着 $\tilde{\Pi}_i < 0$，故 $J < 0$。令 $N \to \infty$，则有下列不等式成立：

$$\sum_{k=0}^{\infty} \mathbb{E}\{r_k^{\mathrm{T}} r_k\} - \gamma^2 \sum_{k=0}^{\infty} \omega_k^{\mathrm{T}} \omega_k < 0$$

因此，通过定义 5.2 可以推断出增广系统(5-9)是随机稳定的且满足 H_∞ 性能指标 γ。证毕。

定理 5.2　给定标量 β，ρ，τ_m 和 τ_M，考虑事件触发机制(5-5)，如果存在矩阵

$P_i>0(i\in\mathbb{S})$， $Q_j>0(j=1,2,3)$， $Z_l>0(l=1,2)$， $X>0$， $Y>0$，正标量ε_1和ε_2，以及适当维数矩阵N_1， N_2， V_1， V_2， S_1和S_2使得下列不等式同时成立：

$$\Delta_i=\begin{bmatrix}\Omega_i & \Theta_i^1\\ * & \Theta_i^2\end{bmatrix}<0 \tag{5-31}$$

$$\Psi_1=\begin{bmatrix}X & N\\ * & Z_1\end{bmatrix}>0 \tag{5-32}$$

$$\Psi_2=\begin{bmatrix}Y & M\\ * & Z_2\end{bmatrix}>0 \tag{5-33}$$

$$\Psi_3=\begin{bmatrix}X+Y & S\\ * & Z_1+Z_2\end{bmatrix}>0 \tag{5-34}$$

式中

$$\Omega_i=\begin{bmatrix}\Omega_i^{11} & \Omega_i^{12} & -H_1^{\mathrm T}S_1 & H_1^{\mathrm T}V_1 & \Omega_i^{15} & 0 & 0 & -M_i^{\mathrm T}\tilde C_i\\ * & \Omega_i^{22} & -H_1^{\mathrm T}S_2 & H_1^{\mathrm T}V_2 & 0 & 0 & 0 & 0\\ * & * & \Omega_i^{33} & 0 & 0 & 0 & 0 & 0\\ * & * & * & \Omega_i^{44} & 0 & 0 & 0 & 0\\ * & * & * & * & \Omega_i^{55} & 0 & 0 & -L_i^{\mathrm T}M_i^{\mathrm T}M_i\\ * & * & * & * & * & \Omega_i^{66} & 0 & 0\\ * & * & * & * & * & * & \Omega_i^{77} & 0\\ * & * & * & * & * & * & * & \Omega_i^{88}\end{bmatrix}$$

$$\Theta_i^1=\begin{bmatrix}\bar A_i^{\mathrm T}\bar P_i & \sqrt{\tau_M-\tau_m}H_1^{\mathrm T}(A_i-I)^{\mathrm T}Z_2 & \sqrt{\tau_M}H_1^{\mathrm T}(A_i-I)^{\mathrm T}Z_1 & 0 & 0\\ \bar A_{\tau,i}^{\mathrm T}\bar P_i & \sqrt{\tau_M-\tau_m}H_1^{\mathrm T}A_{\tau,i}^{\mathrm T}Z_2 & \sqrt{\tau_M}H_1^{\mathrm T}A_{\tau,i}^{\mathrm T}Z_1 & 0 & 0\\ 0 & 0 & 0 & 0 & 0\\ 0 & 0 & 0 & 0 & 0\\ \tilde B_{f,i}^{\mathrm T}\bar P_i & \sqrt{\tau_M-\tau_m}B_{f,i}^{\mathrm T}Z_2 & \sqrt{\tau_M}B_{f,i}^{\mathrm T}Z_1 & 0 & 0\\ G_i^{\mathrm T}\bar P_i & \sqrt{\tau_M-\tau_m}E_i^{\mathrm T}Z_2 & \sqrt{\tau_M}E_i^{\mathrm T}Z_1 & 0 & 0\\ \breve G_i^{\mathrm T}\bar P_i & 0 & 0 & 0 & 0\\ \tilde E_i^{\mathrm T}\bar P_i & 0 & 0 & 0 & 0\end{bmatrix}$$

$\Omega_{15}=-L_i^{\mathrm T}M_i^{\mathrm T}\tilde C_i+\rho H_1^{\mathrm T}C_i^{\mathrm T}L_i$， $\Omega_{33}=-Q_2$， $\Omega_{44}=-Q_1$， $\Omega_{66}=-I$

$$\Theta_i^2=\begin{bmatrix}-\bar{P}_i & 0 & 0 & \bar{P}_i\bar{M} & 0\\ * & -Z_2 & 0 & 0 & \sqrt{\tau_M-\tau_m}Z_2M\\ * & * & -Z_1 & 0 & \sqrt{\tau_M}Z_1M\\ * & * & * & -\varepsilon_1 I & 0\\ * & * & * & * & -\varepsilon_2 I\end{bmatrix}$$

$$\begin{aligned}\varOmega_{11}=&-P_i-\tilde{C}_i^{\mathrm{T}}\tilde{C}_i+\bar{G}_i^{\mathrm{T}}\bar{G}_i+H_1^{\mathrm{T}}\tilde{G}_i^{\mathrm{T}}\tilde{G}_iH_1+H_1^{\mathrm{T}}Q_1H_1+H_1^{\mathrm{T}}Q_2H_1+H_1^{\mathrm{T}}N_1H_1\\&+H_1^{\mathrm{T}}N_1^{\mathrm{T}}H_1+(\tau_M-\tau_m+1)Q_3+\tau_MH_1^{\mathrm{T}}X_{11}H_1+(\tau_M-\tau_m)H_1^{\mathrm{T}}Y_{11}H_1\\&+\rho H_1^{\mathrm{T}}C_i^{\mathrm{T}}C_iH_1+\varepsilon_1\bar{R}_1^{\mathrm{T}}\bar{R}_1+\varepsilon_2H_1^{\mathrm{T}}R_1^{\mathrm{T}}R_1H_1\end{aligned}$$

$$\begin{aligned}\varOmega_{12}=&H_1^{\mathrm{T}}N_2^{\mathrm{T}}H_1-H_1^{\mathrm{T}}N_1H_1-H_1^{\mathrm{T}}V_1H_1+H_1^{\mathrm{T}}S_1H_1+\tau_MH_1^{\mathrm{T}}X_{12}^{\mathrm{T}}H_1\\&+(\tau_M-\tau_m)H_1^{\mathrm{T}}Y_{12}^{\mathrm{T}}H_1+\varepsilon_1\bar{R}_1^{\mathrm{T}}\bar{R}_2+\varepsilon_2H_1^{\mathrm{T}}R_1^{\mathrm{T}}R_2H_1\end{aligned}$$

$$\varOmega_{55}=-L_i^{\mathrm{T}}M_i^{\mathrm{T}}M_iL_i+\beta^2I+\rho L_i^{\mathrm{T}}L_i,\quad \varOmega_{77}=-I,\quad \varOmega_{88}=-I-M_i^{\mathrm{T}}M_i$$

$$\begin{aligned}\varOmega_{22}=&-Q_3-H_1^{\mathrm{T}}N_2H_1-H_1^{\mathrm{T}}N_2^{\mathrm{T}}H_1-H_1^{\mathrm{T}}V_2H_1-H_1^{\mathrm{T}}V_2^{\mathrm{T}}H_1+H_1^{\mathrm{T}}S_2H_1\\&+H_1^{\mathrm{T}}S_2^{\mathrm{T}}H_1+\tau_MH_1^{\mathrm{T}}X_{22}H_1+(\tau_M-\tau_m)H_1^{\mathrm{T}}Y_{22}H_1+\varepsilon_1\bar{R}_2^{\mathrm{T}}\bar{R}_2\\&+\varepsilon_2H_1^{\mathrm{T}}R_2^{\mathrm{T}}R_2H_1\end{aligned}$$

则增广系统(5-9)是随机稳定的且满足约束条件(5-11)。

证　该证明类似于定理 5.1，故证明省略。

5.3　故障检测滤波器设计

基于以上分析结果，我们可以推导出如下充分条件保证增广系统性能并得到滤波器参数矩阵的表达形式。

定理 5.3　给定标量β，γ，ρ，τ_m及τ_M，考虑事件触发机制(5-5)，如果存在矩阵$P_i>0(i\in\mathbb{S})$，$Q_j>0(j=1,2,3)$，$Z_l>0(l=1,2)$，N_i，$\bar{M}_i$，$X>0$，$Y>0$，正标量ε_1和ε_2，以及适当维数矩阵N_1，N_2，V_1，V_2，S_1和S_2使得下列不等式同时成立：

$$\breve{\Pi}_i=\begin{bmatrix}\breve{\Upsilon}_i & \breve{\Xi}_i^1\\ * & \breve{\Xi}_i^2\end{bmatrix}<0 \tag{5-35}$$

$$\breve{\Delta}_i=\begin{bmatrix}\breve{\varOmega}_i & \breve{\Theta}_i^1\\ * & \breve{\Xi}_i^2\end{bmatrix}<0 \tag{5-36}$$

$$\Psi_1 = \begin{bmatrix} X & N \\ * & Z_1 \end{bmatrix} > 0 \tag{5-37}$$

$$\Psi_2 = \begin{bmatrix} Y & V \\ * & Z_2 \end{bmatrix} > 0 \tag{5-38}$$

$$\Psi_3 = \begin{bmatrix} X+Y & S \\ * & Z_1+Z_2 \end{bmatrix} > 0 \tag{5-39}$$

式中

$$\breve{\Upsilon}_i = \begin{bmatrix} \breve{\Upsilon}_i^{11} & \Upsilon_i^{12} & -H_1^{\mathrm{T}}S_1 & H_1^{\mathrm{T}}V_1 & (D_i')^{\mathrm{T}} + \rho H_1^{\mathrm{T}}C_i^{\mathrm{T}}D_i & 0 & 0 & (C_i')^{\mathrm{T}} \\ * & \Upsilon_i^{22} & -H_1^{\mathrm{T}}S_2 & H_1^{\mathrm{T}}V_2 & 0 & 0 & 0 & 0 \\ * & * & \Upsilon_i^{33} & 0 & 0 & 0 & 0 & 0 \\ * & * & * & \Upsilon_i^{44} & 0 & 0 & 0 & 0 \\ * & * & * & * & \breve{\Upsilon}_i^{55} & 0 & 0 & D_i^{\mathrm{T}}\bar{M}_i^{\mathrm{T}} \\ * & * & * & * & * & \Upsilon_i^{66} & 0 & 0 \\ * & * & * & * & * & * & \Upsilon_i^{77} & 0 \\ * & * & * & * & * & * & * & \breve{\Upsilon}_i^{88} \end{bmatrix}$$

$$\breve{\Omega}_i = \begin{bmatrix} \breve{\Omega}_i^{11} & \Omega_i^{12} & -H_1^{\mathrm{T}}S_1 & H_1^{\mathrm{T}}V_1 & (D_i'')^{\mathrm{T}} + \rho H_1^{\mathrm{T}}C_i^{\mathrm{T}}L_i & 0 & 0 & -(C_i')^{\mathrm{T}} \\ * & \Omega_i^{22} & -H_1^{\mathrm{T}}S_2 & H_1^{\mathrm{T}}V_2 & 0 & 0 & 0 & 0 \\ * & * & \Omega_i^{33} & 0 & 0 & 0 & 0 & 0 \\ * & * & * & \Omega_i^{44} & 0 & 0 & 0 & 0 \\ * & * & * & * & \breve{\Omega}_i^{55} & 0 & 0 & -L_i^{\mathrm{T}}\bar{M}_i^{\mathrm{T}} \\ * & * & * & * & * & \Omega_i^{66} & 0 & 0 \\ * & * & * & * & * & * & \Omega_i^{77} & 0 \\ * & * & * & * & * & * & * & \breve{\Omega}_i^{88} \end{bmatrix}$$

$$\breve{\Theta}_i^1 = \begin{bmatrix} A_{0,i}^{\mathrm{T}}\bar{P}_i + \hat{C}_i^{\mathrm{T}}N_i^{\mathrm{T}} & \sqrt{\tau_M - \tau_m}H_1^{\mathrm{T}}(A_i - I)^{\mathrm{T}}Z_2 & \sqrt{\tau_M}H_1^{\mathrm{T}}(A_i - I)^{\mathrm{T}}Z_1 & 0 & 0 \\ \bar{A}_{\tau,i}^{\mathrm{T}}\bar{P}_i & \sqrt{\tau_M - \tau_m}H_1^{\mathrm{T}}A_{\tau,i}^{\mathrm{T}}Z_2 & \sqrt{\tau_M}H_1^{\mathrm{T}}A_{\tau,i}^{\mathrm{T}}Z_1 & 0 & 0 \\ 0 & 0 & 0 & 0 & 0 \\ 0 & 0 & 0 & 0 & 0 \\ B_{1,i}^{\mathrm{T}}\bar{P}_i + D_i^{\mathrm{T}}N_i^{\mathrm{T}} & \sqrt{\tau_M - \tau_m}B_{f,i}^{\mathrm{T}}Z_2 & \sqrt{\tau_M}B_{f,i}^{\mathrm{T}}Z_1 & 0 & 0 \\ G_i^{\mathrm{T}}\bar{P}_i & \sqrt{\tau_M - \tau_m}E_i^{\mathrm{T}}Z_2 & \sqrt{\tau_M}E_i^{\mathrm{T}}Z_1 & 0 & 0 \\ \breve{G}_i^{\mathrm{T}}\bar{P}_i & 0 & 0 & 0 & 0 \\ N_i^{\mathrm{T}} & 0 & 0 & 0 & 0 \end{bmatrix}$$

$$\breve{\Xi}_i^1 = \begin{bmatrix} A_{0,i}^{\mathrm{T}}\bar{P}_i + \hat{C}_i^{\mathrm{T}}N_i^{\mathrm{T}} & \sqrt{\tau_M - \tau_m}H_1^{\mathrm{T}}(A_i - I)^{\mathrm{T}}Z_2 & \sqrt{\tau_M}H_1^{\mathrm{T}}(A_i - I)^{\mathrm{T}}Z_1 & 0 & 0 \\ \bar{A}_{\tau,i}^{\mathrm{T}}\bar{P}_i & \sqrt{\tau_M - \tau_m}H_1^{\mathrm{T}}A_{\tau,i}^{\mathrm{T}}Z_2 & \sqrt{\tau_M}H_1^{\mathrm{T}}A_{\tau,i}^{\mathrm{T}}Z_1 & 0 & 0 \\ 0 & 0 & 0 & 0 & 0 \\ 0 & 0 & 0 & 0 & 0 \\ B_{0,i}^{\mathrm{T}}\bar{P}_i + D_i^{\mathrm{T}}N_i^{\mathrm{T}} & \sqrt{\tau_M - \tau_m}B_i^{\mathrm{T}}Z_2 & \sqrt{\tau_M}B_i^{\mathrm{T}}Z_1 & 0 & 0 \\ G_i^{\mathrm{T}}\bar{P}_i & \sqrt{\tau_M - \tau_m}E_i^{\mathrm{T}}Z_2 & \sqrt{\tau_M}E_i^{\mathrm{T}}Z_1 & 0 & 0 \\ \breve{G}_i^{\mathrm{T}}\bar{P}_i & 0 & 0 & 0 & 0 \\ N_i^{\mathrm{T}} & 0 & 0 & 0 & 0 \end{bmatrix}$$

$$\breve{\Upsilon}_i^{55} = D_i^{\mathrm{T}}\bar{M}_iD_i - \gamma^2 I + \rho C_i^{\mathrm{T}}C_i\text{，}\quad \breve{\Upsilon}_i^{88} = -I + \bar{M}_i$$

$$\begin{aligned}\breve{\Upsilon}_i^{11} = &-P_i + \bar{C}_i + \bar{G}_i^{\mathrm{T}}\bar{G}_i + H_1^{\mathrm{T}}\tilde{G}_i^{\mathrm{T}}\tilde{G}_iH_1 + H_1^{\mathrm{T}}Q_1H_1 + H_1^{\mathrm{T}}Q_2H_1 + H_1^{\mathrm{T}}N_1H_1 \\ &+ H_1^{\mathrm{T}}N_1^{\mathrm{T}}H_1 + (\tau_M - \tau_m + 1)Q_3 + \tau_M H_1^{\mathrm{T}}X_{11}H_1 + (\tau_M - \tau_m)H_1^{\mathrm{T}}Y_{11}H_1 \\ &+ \varepsilon_1\bar{R}_1^{\mathrm{T}}\bar{R}_1 + \varepsilon_2 H_1^{\mathrm{T}}R_1^{\mathrm{T}}R_1H_1 + \rho H_1^{\mathrm{T}}C_i^{\mathrm{T}}C_iH_1\end{aligned}$$

$$\breve{\Xi}_i^2 = \begin{bmatrix} -\bar{P}_i & 0 & 0 & \bar{P}_i\bar{M} & 0 \\ * & -Z_2 & 0 & 0 & \sqrt{\tau_M - \tau_m}Z_2M \\ * & * & -Z_1 & 0 & \sqrt{\tau_M}Z_1M \\ * & * & * & -\varepsilon_1 I & 0 \\ * & * & * & * & -\varepsilon_2 I \end{bmatrix}$$

$$\begin{aligned}\breve{\Omega}_i^{11} = &-P_i - \bar{C}_i + \bar{G}_i^{\mathrm{T}}\bar{G}_i + H_1^{\mathrm{T}}\tilde{G}_i^{\mathrm{T}}\tilde{G}_iH_1 + H_1^{\mathrm{T}}Q_1H_1 + H_1^{\mathrm{T}}Q_2H_1 + H_1^{\mathrm{T}}N_1H_1 \\ &+ H_1^{\mathrm{T}}N_1^{\mathrm{T}}H_1 + (\tau_M - \tau_m + 1)Q_3 + \tau_M H_1^{\mathrm{T}}X_{11}H_1 + (\tau_M - \tau_m)H_1^{\mathrm{T}}Y_{11}H_1 \\ &+ \rho H_1^{\mathrm{T}}C_i^{\mathrm{T}}C_iH_1 + \varepsilon_1\bar{R}_1^{\mathrm{T}}\bar{R}_1 + \varepsilon_2 H_1^{\mathrm{T}}R_1^{\mathrm{T}}R_1H_1\end{aligned}$$

$$\breve{\Omega}_i^{55} = -L_i^{\mathrm{T}}\bar{M}_iL_i + \beta^2 I\text{，}\quad \breve{\Omega}_i^{88} = -I - \bar{M}_i\text{，}\quad D_i'' = [0 \quad -L_i^{\mathrm{T}}\bar{M}_iC_i]$$

$$\bar{C}_i = \begin{bmatrix} 0 & 0 \\ 0 & C_i^{\mathrm{T}}\bar{M}_iC_i \end{bmatrix}\text{，}\quad D_i' = [0 \quad D_i^{\mathrm{T}}\bar{M}_iC_i]\text{，}\quad C_i' = [0 \quad \bar{M}_iC_i]$$

$$I' = [0 \quad -I]\text{，}\quad A_{0,i} = \begin{bmatrix} A_i & 0 \\ 0 & A_i \end{bmatrix}\text{，}\quad \hat{C}_i = [0 \quad C_i]\text{，}\quad B_{0,i} = \begin{bmatrix} B_i \\ B_i \end{bmatrix}$$

$$B_{1,i} = \begin{bmatrix} B_{f,i} \\ B_{f,i} \end{bmatrix}\text{，}\quad \mathcal{K}_i = \begin{bmatrix} 0 \\ -K_i \end{bmatrix}$$

则增广系统(5-9)随机稳定且满足性能约束(5-10)和(5-11)。此外，滤波器参数矩阵可由下式表示：

$$K_i = ((I')^{\mathrm{T}} \bar{P}_i I')^{-1} (I')^{\mathrm{T}} N_i ,\quad \bar{M}_i = M_i^{\mathrm{T}} M_i \tag{5-40}$$

这里，M_i 可以由 $\bar{M}_i$ 获得。

证　将定理 5.1 和定理 5.2 中的部分参数重新写为如下形式：

$$\bar{A}_i = A_{0,i} + \mathcal{K}_i \hat{C}_i ,\quad \tilde{B}_i = B_{0,i} + \mathcal{K}_i D_i ,\quad \tilde{B}_{f,i} = B_{1,i} + \mathcal{K}_i L_i ,\quad \tilde{E}_i = \mathcal{K}_i \tag{5-41}$$

定义 $N_i = \bar{P}_i \mathcal{K}_i$ 并将式(5-41)代入式(5-12)和式(5-31)可推导出式(5-35)和式(5-36)。因此，增广系统(5-9)是随机稳定的且满足性能约束(5-10)和(5-11)，滤波器参数矩阵可由式(5-40)给出。证毕。

5.4　算　　例

本节给出一个数值仿真算例验证上述故障检测滤波算法的有效性。考虑离散时滞非线性马尔可夫跳跃系统(5-1)，相关参数如下给出：

$$A_1 = \begin{bmatrix} 0.6 & 0.2 \\ 0 & 0.7 \end{bmatrix},\quad A_2 = \begin{bmatrix} 0.3 & 0.5 \\ 0.4 & 0.5 \end{bmatrix},\quad A_{\tau,1} = A_{\tau,2} = \begin{bmatrix} 0.1 & 0 \\ -0.2 & 0.1 \end{bmatrix}$$

$$B_1 = \begin{bmatrix} 0.8 \\ 0.3 \end{bmatrix},\quad B_2 = \begin{bmatrix} 0 \\ 0.1 \end{bmatrix},\quad E_1 = E_2 = \begin{bmatrix} 0.1 & 0 \\ 0 & 0.1 \end{bmatrix},\quad B_{f,1} = \begin{bmatrix} -1 \\ 0.6 \end{bmatrix}$$

$$B_{f,2} = \begin{bmatrix} 0 \\ 1 \end{bmatrix},\quad C_1 = [0.3 \quad -0.2],\quad C_2 = [0.2 \quad 0.2],\quad D_1 = 0.4$$

$$D_2 = 0.9,\quad H_1 = 0.2,\quad H_2 = 0.7,\quad g_i(x_k) = 0.05x_k - \tan(0.05x_k)$$

$$M = \begin{bmatrix} 0.1 & 0 \\ 0 & 0.1 \end{bmatrix},\quad R_1 = R_2 = \begin{bmatrix} 0.02 & 0.01 \\ 0.02 & 0.01 \end{bmatrix}$$

令时滞满足 $1 \leqslant \tau_k \leqslant 3$，$\rho = 0.5$，$\gamma = 1.5$，$\beta = 2$。状态转移概率矩阵为

$$\Pi = \begin{bmatrix} 0.3 & 0.7 \\ 0.4 & 0.6 \end{bmatrix}$$

利用上述参数和定理 5.3，可以得到如下滤波器参数矩阵：

$$K_2 = \begin{bmatrix} -0.0219 \\ -0.0150 \end{bmatrix},\quad K_2 = \begin{bmatrix} 0.0140 \\ 0.0220 \end{bmatrix},\quad M_1 = 0.5092,\quad M_2 = 0.6524$$

选取系统(5-1)和故障检测滤波器的初始条件分别为 $x_0 = [0.2 \quad -0.5]^{\mathrm{T}}$ 和 $\hat{x}_0 = 0$。令外部扰动 $\omega_k = \exp(-k/20)v_k$，式中，$v_k$ 是均匀分布在 $[-0.5, 0.5]$ 上的噪声。设置故障信号为

$$f_k=\begin{cases}1, & 100\leqslant k\leqslant 150\\0, & \text{其他}\end{cases}$$

马尔可夫链 θ_k 的模拟结果如图 5.1 所示，残差信号如图 5.2 所示，图 5.3 表示残差评价函数 J_k，其中实线表示有故障出现的情况，点画线表示没有故障的情况。根据阈值定义计算得到 $J_{\mathrm{th}}=2.2304$，由图 5.3 可以得到，$2.1461=J_{102}<J_{\mathrm{th}}<J_{103}=2.4191$，这说明故障是在发生 3 步后能够被检测出来。

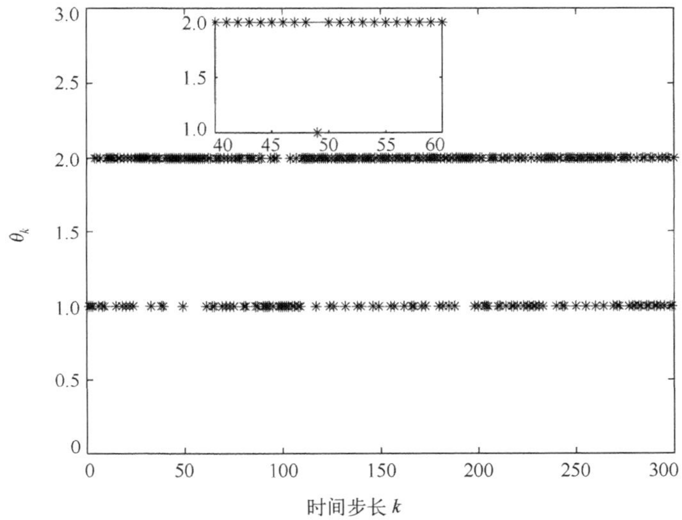

图 5.1　马尔可夫链 θ_k 的演变

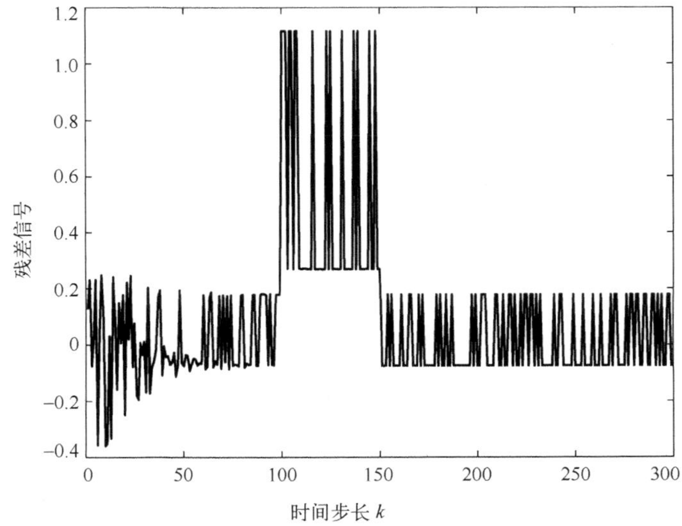

图 5.2　残差信号 r_k

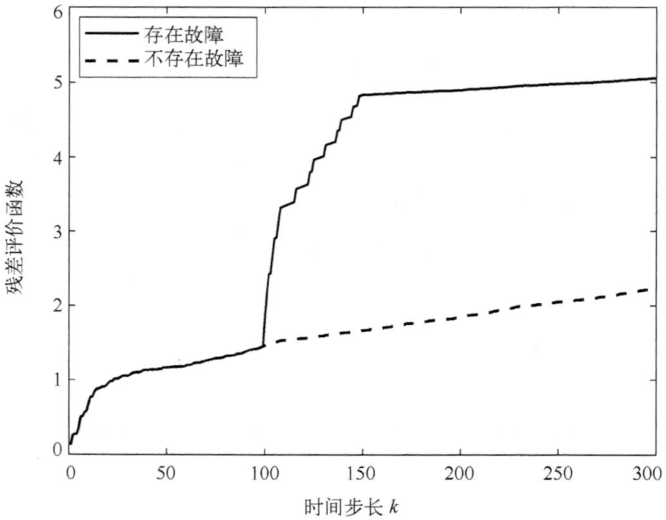

图 5.3　残差评价函数 J_k

5.5　本 章 小 结

本章解决了非线性时变马尔可夫跳跃系统在通信协议下的故障检测问题。在传输数据过程中，引入了静态事件触发机制决定当前时刻的测量输出是否发送到远程的故障检测滤波器。随后，借助于不等式技术对参数不确定性进行了处理，基于线性矩阵不等式方法，获得了保证增广系统随机稳定和滤波器参数矩阵存在的判别准则。最后，利用数值仿真验证了提出的故障检测滤波算法的可行性和有效性。

第 6 章　静态事件触发机制下具有量化的非线性系统有限时故障检测

本章针对一类具有信号量化和随机发生故障的非线性网络化系统，研究其在静态事件触发机制下的有限时故障检测问题。随机发生故障现象利用具有 0 和 1 两个状态的马尔可夫链刻画，考虑观测数据受到对数量化的影响，并将对数量化的误差转化为扇形有界不确定性进行处理。为缓解信道压力引入静态事件触发机制，即只有满足给定事件触发条件的数据才可以进行传输。基于可获得的测量信息设计静态事件触发机制下的有限时故障检测滤波器，综合利用 Lyapunov 稳定性理论和线性矩阵不等式方法推导出保证增广系统有限时随机稳定且满足 H_∞ 性能约束的充分条件，给出故障检测滤波器参数矩阵的显式表达式。最后，通过仿真算例验证设计的故障检测滤波算法的有效性。

6.1　问 题 简 述

考虑如下定义在 $k \in [0, N]$ 上的非线性网络化系统：

$$\begin{aligned} x_{k+1} &= Ax_k + \beta_k g(x_k) + B\omega_k + E\bar{f}_k \\ y_k &= Cx_k + D\omega_k \\ x_0 &= \varphi_0 \end{aligned} \tag{6-1}$$

其中，$x_k \in \mathbb{R}^n$ 表示系统状态；$y_k \in \mathbb{R}^m$ 是测量输出；$\omega_k \in \mathbb{R}^p$ 代表属于 $l_2[0, N]$ 的外部扰动；A，B，C，D 和 E 是具有适当维数的已知矩阵，φ_0 为初值。

非线性函数满足 $g(0) = 0$ 及以下扇形有界条件：

$$[g(x) - U_1 x]^{\mathrm{T}}[g(x) - U_2 x] \leqslant 0 \tag{6-2}$$

其中，U_1 和 U_2 是已知矩阵；$U_1 - U_2$ 是对称正定矩阵。

本章考虑的故障信号为随机跳跃故障信号，由 $\bar{f}_k$ 表示：

$$\bar{f}_k = \alpha_k f_k \tag{6-3}$$

其中，f_k 是待检测的故障信号；α_k 是随机变量且满足

$$\alpha_k=\begin{cases}1, & f_k\neq 0\\ 0, & f_k=0\end{cases} \tag{6-4}$$

β_k 是与 α_k 相互独立的服从伯努利分布的随机变量，具有如下统计特征：

$$\text{Prob}\{\beta_k=1\}=\mathbb{E}\{\beta_k\}=\bar{\beta},\quad \text{Prob}\{\beta_k=0\}=1-\bar{\beta}$$

其中，$\bar{\beta}\in[0,1]$ 为已知标量。

综上，系统(6-1)可以重新描述为

$$\begin{cases}x_{k+1}=Ax_k+\beta_k g(x_k)+B\omega_k+E_{\theta_k}f_k\\ y_k=Cx_k+D\omega_k\end{cases} \tag{6-5}$$

其中，参数 $\{\theta_k,k\in[0,N]\}$ 在集合 $\mathbb{S}\triangleq\{1,2\}$ 中取值且满足：

$$\theta_k=\begin{cases}1, & \alpha_k=1\\ 2, & \alpha_k=0\end{cases}$$

E_{θ_k} 的取值为 $E_1=E$ 和 $E_2=0$ 。此外，可知 $\{\theta_k,k\in[0,N]\}$ 是离散的马尔可夫链，其转移概率为

$$\text{Prob}\{\theta_{k+1}=j\mid\theta_k=i\}=\pi_{ij} \tag{6-6}$$

由此可得转移概率矩阵如下：

$$\Pi=\begin{bmatrix}\pi_{11} & \pi_{12}\\ \pi_{21} & \pi_{22}\end{bmatrix}=\begin{bmatrix}1-p & p\\ q & 1-q\end{bmatrix}$$

其中，p 和 q 是条件概率，满足下式：

$$p=\text{Prob}\{\theta_{k+1}=2\mid\theta_k=1\}$$
$$q=\text{Prob}\{\theta_{k+1}=1\mid\theta_k=2\}$$

为了减少不必要的数据通信，本章采用静态事件触发机制来确定是否将当前时刻的测量输出 y_k 发送到远程故障检测滤波器端。假定满足如下条件时更新系统测量输出：

$$\phi(\varepsilon_k,\delta)\triangleq\varepsilon_k^{\mathrm{T}}\Omega\varepsilon_k-\delta y_k^{\mathrm{T}}\Omega y_k>0 \tag{6-7}$$

其中，触发参数 $\delta>0$ ；$\varepsilon_k=y_{k_t}-y_k$ ；y_k 表示当前时刻的测量值；y_{k_t} 表示在最新触发时刻 k_t 的测量值；Ω 为加权矩阵；事件触发时刻序列 $0\leqslant k_0<k_1<\cdots<k_t<\cdots$ 由 $k_{t+1}=\inf\{k\in[0,N]\mid k>k_t,\ \phi(\varepsilon_k,\delta)>0\}$ 确定。则远程故障检测滤波器的实际输入可由下式描述：

$$\bar{y}_k=y_{k_t},\quad k\in[k_t,k_{t+1}) \tag{6-8}$$

考虑经过事件触发后的测量输出 $\overline{y}_k$ 在进入网络之前需要被量化。量化后的测量信号定义如下：

$$\mathcal{Q}(\overline{y}_k)\triangleq[\mathcal{Q}_1(\overline{y}_{1,k})\quad \mathcal{Q}_2(\overline{y}_{2,k})\quad \cdots\quad \mathcal{Q}_m(\overline{y}_{m,k})]^{\mathrm{T}}$$

式中，$\mathcal{Q}_j(\cdot)(1\leqslant j\leqslant m)$ 的量化水平集有如下形式：

$$\mathcal{U}_j\triangleq\{\pm\mu_i^j,\mu_i^j\triangleq\sigma_j^i\mu_0^j,i=0,\pm1,\pm2,\cdots\}\cup\{0\},\ 0<\sigma_j<1,\mu_0^j>0$$

其中，σ_j 为量化密度。每一个量化水平对应一个区间，这个区间的数据量化后的取值均为量化水平值。本章采用对数量化器，选取具有如下形式的量化函数：

$$\mathcal{Q}_i(\overline{y}_{j,k})=\begin{cases}\mu_i^j, & \dfrac{1}{1+\rho_j}\mu_i^j\leqslant\overline{y}_{j,k}\leqslant\dfrac{1}{1-\rho_j}\mu_i^j\\ 0, & \overline{y}_{j,k}=0\\ -\mathcal{Q}_j(-\overline{y}_{j,k}), & \overline{y}_{j,k}<0\end{cases}$$

其中，量化函数是对称时不变的，$\rho_j=(1-\sigma_j)/(1+\sigma_j)$。

根据上式可知：

$$\tilde{y}_{j,k}\triangleq\mathcal{Q}_j(\overline{y}_{j,k})=(1+\Delta_{j,k})\overline{y}_{j,k}$$

其中，$\left|\Delta_{j,k}\right|\leqslant\rho_j(j=1,2,\cdots,m)$。

定义 $\Delta_k=\mathrm{diag}\{\Delta_{1,k},\cdots,\Delta_{m,k}\}$，量化后的测量信号描述如下：

$$\tilde{y}_k=(I+\Delta_k)\overline{y}_k=(I+\Delta_k)(Cx_k+D\omega_k+\varepsilon_k)\tag{6-9}$$

其中，$\overline{y}_k\triangleq[\overline{y}_{1,k}\quad \overline{y}_{2,k}\quad \overline{y}_{3,k}\quad \cdots\quad \overline{y}_{m,k}]^{\mathrm{T}}$；$\tilde{y}_k\triangleq[\tilde{y}_{1,k}\quad \tilde{y}_{2,k}\quad \tilde{y}_{3,k}\quad \cdots\quad \tilde{y}_{m,k}]^{\mathrm{T}}$。

基于实际接收的测量输出 $\tilde{y}_k$，构造如下形式的故障检测滤波器：

$$\begin{aligned}\hat{x}_{k+1}&=A_f\hat{x}_k+B_f\tilde{y}_k\\ r_k&=C_f\hat{x}_k+D_f\tilde{y}_k\end{aligned}\tag{6-10}$$

其中，$\hat{x}_k\in\mathbb{R}^n$ 是滤波器状态；$r_k\in\mathbb{R}^r$ 是残差信号；A_f，B_f，C_f 和 D_f 是待设计的滤波器参数矩阵。

定义 $\overline{\Delta}=\mathrm{diag}\{\rho_1,\rho_2,\rho_3,\cdots,\rho_m\}$ 及 $F=\Delta_k\overline{\Delta}^{-1}$，那么未知矩阵 F 满足 $F^{\mathrm{T}}F\leqslant I$。

令 $\eta_k=[x_k^{\mathrm{T}}\quad \hat{x}_k^{\mathrm{T}}]^{\mathrm{T}}$，$\tilde{r}_k=r_k-f_k$ 及 $\upsilon_k=[\omega_k^{\mathrm{T}}\quad f_k^{\mathrm{T}}]^{\mathrm{T}}$，利用式(6-5)和式(6-10)可以得到如下增广系统：

$$\begin{aligned}\eta_{k+1}&=(\overline{A}+H_fFE_c)\eta_k+(\overline{D}_{\theta_k}+H_fFE_d)\upsilon_k+(H_f+H_fF\overline{\Delta})\varepsilon_k\\ &\quad+(\tilde{\beta}_k+\overline{\beta})Zg(x_k)\\ \tilde{r}_k&=(\overline{C}_1+D_fFE_c)\eta_k+(\overline{G}_1+D_fFE_d)\upsilon_k+(D_f+D_fF\overline{\Delta})\varepsilon_k\end{aligned}\tag{6-11}$$

其中

$$\bar{A}=\begin{bmatrix} A & 0 \\ B_fC & A_f \end{bmatrix},\quad \bar{D}_{\theta_k}=\begin{bmatrix} B & E_{\theta_k} \\ B_fD & 0 \end{bmatrix},\quad H_f=\begin{bmatrix} 0 \\ B_f \end{bmatrix},\quad Z=\begin{bmatrix} I \\ 0 \end{bmatrix}$$

$$\bar{C}_1=[D_fC \quad C_f],\quad \bar{G}_1=[D_fD \quad -I],\quad E_c=[\bar{\Delta}C \quad 0]$$

$$E_d=[\bar{\Delta}D \quad 0],\quad \tilde{\beta}_k=\beta_k-\bar{\beta}$$

首先，给出如下定义。

定义 6.1[179]　当$\upsilon_k=0$时，如果增广系统(6-11)满足：

$$\eta_0^{\mathrm{T}}R\eta_0\leqslant a_1\Rightarrow\mathbb{E}\{\eta_k^{\mathrm{T}}R\eta_k\}<a_2,\forall k\in\{1,2,\cdots,N\} \tag{6-12}$$

其中，$R>0$；$0<a_1<a_2$；$N\in\mathbb{Z}^+$，则称增广系统(6-11)相对于(a_1,a_2,N,R)是有限时随机稳定的。

进一步，给出残差评价函数J_k及阈值J_{th}的定义：

$$J_k=\left(\mathbb{E}\left\{\sum_{s=0}^{k}r_s^{\mathrm{T}}r_s\right\}\right)^{1/2},\quad J_{\mathrm{th}}=\sup_{\omega_k\in l_2,f_k=0}J_k \tag{6-13}$$

基于式(6-13)，可以通过以下规则判断故障是否发生：

$$\begin{aligned}&J_k>J_{\mathrm{th}}\Rightarrow\text{检测出故障}\Rightarrow\text{警报}\\&J_k\leqslant J_{\mathrm{th}}\Rightarrow\text{无故障}\Rightarrow\text{不警报}\end{aligned} \tag{6-14}$$

本章的主要目的是设计形如式(6-10)的故障检测滤波器，使得下面两个条件同时满足：

(1) 当$\upsilon_k=0$时，增广系统(6-11)是有限时随机稳定的；

(2) 当$\upsilon_k\neq0$时，在零初始条件下，对于给定的参数$\gamma>0$，误差$\tilde{r}_k$满足如下H_∞性能约束：

$$\sum_{k=0}^{N}\mathbb{E}\left\{\|\tilde{r}_k\|^2\right\}<\gamma^2\sum_{k=0}^{N}\|\upsilon_k\|^2 \tag{6-15}$$

6.2　系统性能分析

定理 6.1　考虑增广系统(6-11)，对于给定滤波器参数矩阵A_f，B_f，C_f和D_f，矩阵$R>0$，加权矩阵$\varOmega$，触发参数$\delta>0$，$\chi>1$，$0<a_1<a_2$，$N\in\mathbb{Z}^+$及扰动水平$\gamma>0$，若存在正定矩阵$P_i(i\in\mathbb{S})$，正标量λ_0和λ_1满足下列不等式：

$$\bar{\Pi}_1=\begin{bmatrix}\Pi_{11}^i & \Pi_{12}^i & \Pi_{13}^i & \Pi_{14}^i\\ * & \Pi_{22}^i & \Pi_{23}^i & \Pi_{24}^i\\ * & * & \Pi_{33}^i & \Pi_{34}^i\\ * & * & * & \Pi_{44}^i\end{bmatrix}<0 \tag{6-16}$$

$$\lambda_0 R < P_i < \lambda_1 R \tag{6-17}$$

$$\lambda_1 a_1 < \chi^{-N} \lambda_0 a_2 \tag{6-18}$$

式中

$$\begin{aligned}\Pi_{11}^i &= (\bar{A}+H_f F E_c)^{\mathrm{T}} \bar{P}_i (\bar{A}+H_f F E_c) - Z\tilde{U}_1 Z^{\mathrm{T}} - \chi P_i + \delta \bar{C}^{\mathrm{T}} \Omega \bar{C} \\ &\quad + (\bar{C}_1 + D_f F E_c)^{\mathrm{T}} (\bar{C}_1 + D_f F E_c)\end{aligned}$$

$$\Pi_{12}^i = (\bar{A}+H_f F E_c)^{\mathrm{T}} \bar{P}_i (\bar{D}_i + H_f F E_d) + \delta \bar{C}^{\mathrm{T}} \Omega \bar{D} + (\bar{C}_1 + D_f F E_c)^{\mathrm{T}} (\bar{G}_1 + D_f F E_d)$$

$$\begin{aligned}\Pi_{22}^i &= (\bar{D}_i + H_f F E_d)^{\mathrm{T}} \bar{P}_i (\bar{D}_i + H_f F E_d) + \delta \bar{D}^{\mathrm{T}} \Omega \bar{D} - \chi^{-N} \gamma^2 I \\ &\quad + (\bar{G}_1 + D_f F E_d)^{\mathrm{T}} (\bar{G}_1 + D_f F E_d)\end{aligned}$$

$$\Pi_{13}^i = (\bar{A}+H_f F E_c)^{\mathrm{T}} \bar{P}_i (H_f + H_f F \bar{\Delta}) + (\bar{C}_1 + D_f F E_c)^{\mathrm{T}} (D_f + D_f F \bar{\Delta})$$

$$\Pi_{23}^i = (\bar{D}_i + H_f F E_d)^{\mathrm{T}} \bar{P}_i (H_f + H_f F \bar{\Delta}) + (\bar{G}_1 + D_f F E_d)^{\mathrm{T}} (D_f + D_f F \bar{\Delta})$$

$$\Pi_{33}^i = (H_f + H_f F \bar{\Delta})^{\mathrm{T}} \bar{P}_i (H_f + H_f F \bar{\Delta}) - \Omega + (D_f + D_f F \bar{\Delta})^{\mathrm{T}} (D_f + D_f F \bar{\Delta})$$

$$\Pi_{14}^i = \bar{\beta}[(\bar{A}+H_f F E_c)^{\mathrm{T}} \bar{P}_i Z] - Z\tilde{U}_2,\quad \Pi_{24}^i = \bar{\beta}(\bar{D}_i + H_f F E_d)^{\mathrm{T}} \bar{P}_i Z$$

$$\Pi_{34}^i = \bar{\beta}(H_f + H_f F \bar{\Delta})^{\mathrm{T}} \bar{P}_i Z,\quad \Pi_{44}^i = \bar{\beta} Z^{\mathrm{T}} \bar{P}_i Z - I,\quad \bar{P}_i = \sum_{j\in\mathbb{S}} \pi_{ij} P_j$$

则增广系统(6-11)相对于(a_1, a_2, R, N)是有限时随机稳定的并且满足式(6-15)。

证　令

$$\xi_k = [\eta_k^{\mathrm{T}} \quad \varepsilon_k^{\mathrm{T}} \quad g^{\mathrm{T}}(x_k)]^{\mathrm{T}},\quad \bar{\xi}_k = [\eta_k^{\mathrm{T}} \quad \upsilon_k^{\mathrm{T}} \quad \varepsilon_k^{\mathrm{T}} \quad g^{\mathrm{T}}(x_k)]^{\mathrm{T}}$$

构造如下形式的 Lyapunov 函数:

$$V_k = \eta_k^{\mathrm{T}} P_{\theta_k} \eta_k \tag{6-19}$$

定义$\Delta V_k = \mathbb{E}\{V_{k+1}\} - \chi V_k$，对于$\theta_k = i$，可以得到下式:

$$\begin{aligned}\Delta V_k &= \mathbb{E}\{V_{k+1}\} - \chi V_k \\ &= \mathbb{E}\left\{\eta_{k+1}^{\mathrm{T}} \sum_{j\in\mathbb{S}} \pi_{ij} P_j \eta_{k+1}\right\} - \chi \eta_k^{\mathrm{T}} P_i \eta_k \\ &= \mathbb{E}\{[(\bar{A}+H_f F E_c)\eta_k + (\bar{D}_i + H_f F E_d)\upsilon_k + (H_f + H_f F \bar{\Delta})\varepsilon_k \\ &\quad + (\tilde{\beta}_k + \bar{\beta}) Z g(x_k)]^{\mathrm{T}} \bar{P}_i [(\bar{A}+H_f F E_c)\eta_k + (\bar{D}_i + H_f F E_d)\upsilon_k \\ &\quad + (H_f + H_f F \bar{\Delta})\varepsilon_k + (\tilde{\beta}_k + \bar{\beta}) Z g(x_k)]\} - \chi \eta_k^{\mathrm{T}} P_i \eta_k \\ &= \eta_k^{\mathrm{T}} (\bar{A}+H_f F E_c)^{\mathrm{T}} \bar{P}_i (\bar{A}+H_f F E_c)\eta_k + 2\eta_k^{\mathrm{T}} (\bar{A}+H_f F E_c)^{\mathrm{T}} \bar{P}_i\end{aligned}$$

$$\begin{aligned}
&\times(\overline{D}_i+H_fFE_d)\upsilon_k+2\eta_k^{\mathrm{T}}(\overline{A}+H_fFE_c)^{\mathrm{T}}\overline{P}_i(H_f+H_fF\overline{\Delta})\varepsilon_k\\
&+2\overline{\beta}\eta_k^{\mathrm{T}}(\overline{A}+H_fFE_c)^{\mathrm{T}}\overline{P}_iZg(x_k)+\upsilon_k^{\mathrm{T}}(\overline{D}_i+H_fFE_d)^{\mathrm{T}}\overline{P}_i\\
&\times(\overline{D}_i+H_fFE_d)\upsilon_k+2\upsilon_k^{\mathrm{T}}(\overline{D}_i+H_fFE_d)^{\mathrm{T}}\overline{P}_i(H_f+H_fF\overline{\Delta})\varepsilon_k\\
&+2\overline{\beta}\upsilon_k^{\mathrm{T}}(\overline{D}_i+H_fFE_d)^{\mathrm{T}}\overline{P}_iZg(x_k)+\varepsilon_k^{\mathrm{T}}(H_f+H_fF\overline{\Delta})^{\mathrm{T}}\overline{P}_i\\
&\times(H_f+H_fF\overline{\Delta})\varepsilon_k+2\overline{\beta}\varepsilon_k^{\mathrm{T}}(H_f+H_fF\overline{\Delta})^{\mathrm{T}}\overline{P}Zg(x_k)\\
&+\overline{\beta}g^{\mathrm{T}}(x_k)Z^{\mathrm{T}}\overline{P}_iZg(x_k)-\chi\eta_k^{\mathrm{T}}P_i\eta_k
\end{aligned}\tag{6-20}$$

由式(6-2)可知下式成立：

$$\begin{bmatrix}\eta_k\\ g(x_k)\end{bmatrix}^{\mathrm{T}}\begin{bmatrix}Z\tilde{U}_1Z^{\mathrm{T}} & Z\tilde{U}_2\\ * & I\end{bmatrix}\begin{bmatrix}\eta_k\\ g(x_k)\end{bmatrix}\leqslant 0\tag{6-21}$$

其中

$$\tilde{U}_1=\frac{U_1^{\mathrm{T}}U_2+U_2^{\mathrm{T}}U_1}{2}，\quad \tilde{U}_2=\frac{-(U_1^{\mathrm{T}}+U_2^{\mathrm{T}})}{2}$$

根据事件触发机制(6-7)有

$$\varepsilon_k^{\mathrm{T}}\Omega\varepsilon_k-\delta y_k^{\mathrm{T}}\Omega y_k=\varepsilon_k^{\mathrm{T}}\Omega\varepsilon_k-\delta(\eta_k^{\mathrm{T}}\overline{C}^{\mathrm{T}}\overline{C}\eta_k+2\eta_k^{\mathrm{T}}\overline{C}^{\mathrm{T}}\overline{D}\upsilon_k+\upsilon_k^{\mathrm{T}}\overline{D}^{\mathrm{T}}\overline{D}\upsilon_k)\leqslant 0\tag{6-22}$$

其中，$\overline{C}=[C\quad 0]$；$\overline{D}=[D\quad 0]$。

结合式(6-20)～式(6-22)可以得到

$$\begin{aligned}
\Delta V_k&=\mathbb{E}\left\{\eta_{k+1}^{\mathrm{T}}\sum_{j\in\mathbb{S}}\pi_{ij}P_j\eta_{k+1}\right\}-\chi\eta_k^{\mathrm{T}}P_i\eta_k\\
&=\mathbb{E}\{[(\overline{A}+H_fFE_c)\eta_k+(\overline{D}_i+H_fFE_d)\upsilon_k+(H_f+H_fF\overline{\Delta})\varepsilon_k\\
&\quad+(\tilde{\beta}_k+\overline{\beta})Zg(x_k)]^{\mathrm{T}}\overline{P}_i[(\overline{A}+H_fFE_c)\eta_k+(\overline{D}_i+H_fFE_d)\upsilon_k\\
&\quad+(H_f+H_fF\overline{\Delta})\varepsilon_k+(\tilde{\beta}_k+\overline{\beta})Zg(x_k)]\}-\chi\eta_k^{\mathrm{T}}P_i\eta_k\\
&\leqslant\eta_k^{\mathrm{T}}(\overline{A}+H_fFE_c)^{\mathrm{T}}\overline{P}_i(\overline{A}+H_fFE_c)\eta_k+2\eta_k^{\mathrm{T}}(\overline{A}+H_fFE_c)^{\mathrm{T}}\overline{P}_i\\
&\quad\times(\overline{D}_i+H_fFE_d)\upsilon_k+2\eta_k^{\mathrm{T}}(\overline{A}+H_fFE_c)^{\mathrm{T}}\overline{P}_i(H_f+H_fF\overline{\Delta})\varepsilon_k\\
&\quad+2\overline{\beta}\eta_k^{\mathrm{T}}(\overline{A}+H_fFE_c)^{\mathrm{T}}\overline{P}_iZg(x_k)+\upsilon_k^{\mathrm{T}}(\overline{D}_i+H_fFE_d)^{\mathrm{T}}\\
&\quad\times\overline{P}_i(\overline{D}_i+H_fFE_d)\upsilon_k+2\upsilon_k^{\mathrm{T}}(\overline{D}_i+H_fFE_d)^{\mathrm{T}}\overline{P}_i(H_f+H_fF\overline{\Delta})\varepsilon_k\\
&\quad+2\overline{\beta}\upsilon_k^{\mathrm{T}}(\overline{D}_i+H_fFE_d)^{\mathrm{T}}\overline{P}_iZg(x_k)+\varepsilon_k^{\mathrm{T}}(H_f+H_fF\overline{\Delta})^{\mathrm{T}}\\
&\quad\times\overline{P}_i(H_f+H_fF\overline{\Delta})\varepsilon_k+2\overline{\beta}\varepsilon_k^{\mathrm{T}}(H_f+H_fF\overline{\Delta})^{\mathrm{T}}\overline{P}Zg(x_k)\\
&\quad+\overline{\beta}g^{\mathrm{T}}(x_k)Z^{\mathrm{T}}\overline{P}_iZg(x_k)-\chi\eta_k^{\mathrm{T}}P_i\eta_k-\varepsilon_k^{\mathrm{T}}\Omega\varepsilon_k\\
&\quad+\delta(\eta_k^{\mathrm{T}}\overline{C}^{\mathrm{T}}\overline{C}\eta_k+2\eta_k^{\mathrm{T}}\overline{C}^{\mathrm{T}}\overline{D}\upsilon_k+\upsilon_k^{\mathrm{T}}\overline{D}^{\mathrm{T}}\overline{D}\upsilon_k)
\end{aligned}$$

$$-\left(\begin{bmatrix}\eta_k\\ g(x_k)\end{bmatrix}^{\mathrm{T}}\begin{bmatrix}Z\tilde{U}_1Z^{\mathrm{T}} & Z\tilde{U}_2\\ * & I\end{bmatrix}\begin{bmatrix}\eta_k\\ g(x_k)\end{bmatrix}\right) \tag{6-23}$$

现在证明当 $\upsilon_k=0$ 时，增广系统是有限时随机稳定的。利用式(6-23)能够得到

$$\Delta V_k \leqslant \xi_k \Pi_1^i \xi_k \tag{6-24}$$

其中

$$\Pi_1^i=\begin{bmatrix}\bar{\Pi}_{11}^i & \bar{\Pi}_{13}^i & \Pi_{14}^i\\ * & \bar{\Pi}_{33}^i & \Pi_{34}^i\\ * & * & \Pi_{44}^i\end{bmatrix},\quad \bar{\Pi}_{11}^i=\Pi_{11}^i-(\bar{C}_1+D_fFE_c)^{\mathrm{T}}(\bar{C}_1+D_fFE_c)$$

$$\bar{\Pi}_{13}^i=\Pi_{13}^i-(\bar{C}_1+D_fFE_c)^{\mathrm{T}}(D_f+D_fF\bar{\Delta}),\quad \bar{\Pi}_{33}^i=\Pi_{33}^i-(D_f+D_fF\bar{\Delta})^{\mathrm{T}}(D_f+D_fF\bar{\Delta})$$

根据式(6-16)及引理 2.1，有 $\Pi_1^i<0$ 。因此有 $\Delta V_k<0$ ，进一步有

$$\mathbb{E}\{V_{k+1}\}<\chi V_k \tag{6-25}$$

结合 $\chi>1$，通过迭代有下式成立：

$$\mathbb{E}\{V_k\}<\chi^k V_0 \leqslant \chi^N V_0 \tag{6-26}$$

结合 V_k 的定义和式(6-17)可以得到

$$V_0=\eta_0^{\mathrm{T}}P_i\eta_0 \leqslant \lambda_1\eta_0^{\mathrm{T}}R\eta_0 \leqslant \lambda_1 a_1 \tag{6-27}$$

$$\mathbb{E}\{V_k\}=\mathbb{E}\{\eta_k^{\mathrm{T}}P_i\eta_k\} \geqslant \lambda_0\mathbb{E}\{\eta_k^{\mathrm{T}}R\eta_k\} \tag{6-28}$$

利用式(6-18)和式(6-26)～式(6-28)能够推导出

$$\mathbb{E}\{\eta_k^{\mathrm{T}}R\eta_k\} \leqslant \frac{1}{\lambda_0}\mathbb{E}\{V_k\}<\frac{\chi^N}{\lambda_0}\lambda_1 a_1<a_2 \tag{6-29}$$

根据定义 6.1 可知，系统(6-11)是有限时随机稳定的。

下面分析零初始条件下 $\upsilon_k \neq 0$ 时增广系统(6-11)的 H_∞ 性能。根据式(6-11)有

$$\begin{aligned}\mathbb{E}\{\tilde{r}_k^{\mathrm{T}}\tilde{r}_k\}&=\mathbb{E}\{[(\bar{C}_1+D_fFE_c)\eta_k+(\bar{G}_1+D_fFE_d)\upsilon_k+(D_f+D_fF\bar{\Delta})\varepsilon_k]^{\mathrm{T}}\\&\quad\times[(\bar{C}_1+D_fFE_c)\eta_k+(\bar{G}_1+D_fFE_d)\upsilon_k+(D_f+D_fF\bar{\Delta})\varepsilon_k]\}\\&=\eta_k^{\mathrm{T}}(\bar{C}_1+D_fFE_c)^{\mathrm{T}}(\bar{C}_1+D_fFE_c)\eta_k+2\eta_k^{\mathrm{T}}(\bar{C}_1+D_fFE_c)^{\mathrm{T}}\\&\quad\times(\bar{G}_1+D_fFE_d)\upsilon_k+2\eta_k^{\mathrm{T}}(\bar{C}_1+D_fFE_c)^{\mathrm{T}}(D_f+D_fF\bar{\Delta})\varepsilon_k\\&\quad+\upsilon_k^{\mathrm{T}}(\bar{G}_1+D_fFE_d)^{\mathrm{T}}(\bar{G}_1+D_fFE_d)\upsilon_k+2\upsilon_k^{\mathrm{T}}(\bar{G}_1+D_fFE_d)^{\mathrm{T}}\\&\quad\times(D_f+D_fF\bar{\Delta})\varepsilon_k+\varepsilon_k^{\mathrm{T}}(D_f+D_fF\bar{\Delta})^{\mathrm{T}}(D_f+D_fF\bar{\Delta})\varepsilon_k\end{aligned} \tag{6-30}$$

在零初始条件下，有下列不等式成立：

$$\mathbb{E}\{V_{k+1}\}-\chi V_k+\mathbb{E}\{\tilde{r}_k^{\mathrm{T}}\tilde{r}_k\}-\chi^{-N}\gamma^2\upsilon_k^{\mathrm{T}}\upsilon_k \leqslant \bar{\xi}_k^{\mathrm{T}}\bar{\Pi}_1^i\bar{\xi}_k \tag{6-31}$$

根据式(6-16)，有 $\mathbb{E}\{V_{k+1}\}-\chi V_k+\mathbb{E}\{\tilde{r}_k^{\mathrm{T}}\tilde{r}_k\}-\chi^{-N}\gamma^2\upsilon_k^{\mathrm{T}}\upsilon_k<0$ 。接下来，由 $V_0=0$ 可以直接得到下式：

$$\begin{aligned}\mathbb{E}\{V_{k+1}\}&<\chi V_k-\mathbb{E}\{\tilde{r}_k^{\mathrm{T}}\tilde{r}_k\}+\chi^{-N}\gamma^2\upsilon_k^{\mathrm{T}}\upsilon_k\\&<\cdots\\&<\chi^{k+1}V_0-\mathbb{E}\left\{\sum_{i=0}^{k}\chi^{k-i}\tilde{r}_i^{\mathrm{T}}\tilde{r}_i\right\}+\chi^{-N}\gamma^2\sum_{i=0}^{k}\chi^{k-i}\upsilon_i^{\mathrm{T}}\upsilon_i\\&=-\mathbb{E}\left\{\sum_{i=0}^{k}\chi^{k-i}\tilde{r}_i^{\mathrm{T}}\tilde{r}_i\right\}+\chi^{-N}\gamma^2\sum_{i=0}^{k}\chi^{k-i}\upsilon_i^{\mathrm{T}}\upsilon_i\end{aligned} \tag{6-32}$$

根据 $\mathbb{E}\{V_{N+1}\}\geqslant 0$ 及 $\chi>1$，不难发现

$$\sum_{k=0}^{N}\mathbb{E}\{\tilde{r}_k^{\mathrm{T}}\tilde{r}_k\}<\gamma^2\sum_{k=0}^{N}\upsilon_k^{\mathrm{T}}\upsilon_k \tag{6-33}$$

证毕。

6.3 有限时故障检测滤波器设计

定理 6.2 对于给定矩阵 $R>0$，扰动水平 $\gamma>0$，触发参数 $\delta>0$， $\chi>1$， $0<a_1<a_2$， $N\in\mathbb{Z}^+$ 及加权矩阵 Ω，若存在正定矩阵 Y，适当维数矩阵 X 和 K，正标量 λ_0 和 λ_1 满足式(6-17)和式(6-18)及下述不等式：

$$\tilde{\Pi}_2^i=\begin{bmatrix}\tilde{\Pi}_{11}^i & \tilde{\Pi}_{12}^i\\ * & \tilde{\Pi}_{22}^i\end{bmatrix}<0 \tag{6-34}$$

式中

$$\tilde{\Pi}_{12}^i=\begin{bmatrix}\sqrt{\bar{\beta}}[\hat{A}_0^{\mathrm{T}}Y^{\mathrm{T}}+\hat{N}_1^{\mathrm{T}}X^{\mathrm{T}}] & \hat{N}_1^{\mathrm{T}}K^{\mathrm{T}} & 0 & \varphi E_c^{\mathrm{T}}\\ \sqrt{\bar{\beta}}[(\hat{D}_0^i)^{\mathrm{T}}Y^{\mathrm{T}}+\hat{N}_2^{\mathrm{T}}X^{\mathrm{T}}] & \hat{N}_2^{\mathrm{T}}K^{\mathrm{T}}-\hat{I}_1 & 0 & \varphi E_d^{\mathrm{T}}\\ \sqrt{\bar{\beta}}\hat{I}^{\mathrm{T}}X^{\mathrm{T}} & \hat{I}^{\mathrm{T}}K^{\mathrm{T}} & 0 & \varphi\bar{\Delta}^{\mathrm{T}}\\ \sqrt{\bar{\beta}}Z^{\mathrm{T}}Y^{\mathrm{T}} & 0 & 0 & 0\end{bmatrix}$$

$$\tilde{\Pi}_{11}^i=\begin{bmatrix}\Upsilon_{11}^i & \delta\bar{C}^{\mathrm{T}}\Omega\bar{D}_i & 0 & -Z\tilde{U}_2\\ * & \delta\bar{D}_i^{\mathrm{T}}\Omega\bar{D}_i-\chi^{-N}\gamma^2 I & 0 & 0\\ * & * & -\Omega & 0\\ * & * & * & -I\end{bmatrix},\quad \tilde{\Pi}_{22}^i=\begin{bmatrix}-(Y)^*+\bar{P}_i & 0 & \sqrt{\bar{\beta}}X\hat{I} & 0\\ * & -I & K\hat{I} & 0\\ * & * & -\varphi I & 0\\ * & * & * & -\varphi I\end{bmatrix}$$

$$\hat{I}_1=\begin{bmatrix}0_{r\times r}\\ I_{r\times r}\end{bmatrix},\quad \hat{A}_0=\begin{bmatrix}A & 0\\ 0 & 0\end{bmatrix},\quad \hat{D}_0^i=\begin{bmatrix}B & E_i\\ 0 & 0\end{bmatrix},\quad \hat{N}_1=\begin{bmatrix}0 & I\\ C & 0\end{bmatrix},\quad \hat{N}_2=\begin{bmatrix}0 & 0\\ D & 0\end{bmatrix},\quad \hat{I}=\begin{bmatrix}0_{n\times n}\\ I_{n\times n}\end{bmatrix}$$

$$\Upsilon_{11}^i=-\chi P_i+\delta\bar{C}^{\mathrm{T}}\Omega\bar{C}-Z\tilde{U}_1Z^{\mathrm{T}},\quad \hat{L}=[A_f\quad B_f]$$

则增广系统(6-11)相对于(a_1,a_2,R,N)是有限时随机稳定的且满足式(6-15)。此外，故障检测滤波器参数如下给出：

$$[A_f\quad B_f]=(\hat{I}^{\mathrm{T}}Y\hat{I})^{-1}\hat{I}^{\mathrm{T}}X,\quad [C_f\quad D_f]=K$$

证　定理 6.1 中的部分参数矩阵可重写为如下形式：

$$\bar{A}=\hat{A}_0+\hat{I}\hat{L}\hat{N}_1,\quad \bar{D}_i=\hat{D}_0^i+\hat{I}\hat{L}\hat{N}_2,\quad H_f=\hat{D}_0^i+\hat{I}\hat{L}\hat{I}$$

$$\bar{C}_1=K\hat{N}_1,\quad \bar{G}_1=K\hat{N}_2-\hat{I}_1,\quad D_f=K\hat{I} \tag{6-35}$$

根据引理 2.1，式(6-16)等价于下式：

$$\bar{\Pi}_2^i=\begin{bmatrix}\tilde{\Pi}_{11}^i & \bar{\Pi}_{12}^i\\ * & \bar{\Pi}_{22}^i\end{bmatrix}<0 \tag{6-36}$$

式中

$$\bar{\Pi}_{12}^i=\begin{bmatrix}\sqrt{\beta}(\bar{A}+H_fFE_c)^{\mathrm{T}} & (\bar{C}_1+D_fFE_c)^{\mathrm{T}}\\ \sqrt{\beta}(\bar{D}_i+H_fFE_d)^{\mathrm{T}} & (\bar{G}_1+D_fFE_d)^{\mathrm{T}}\\ \sqrt{\beta}(H_f+H_fF\bar{\Delta})^{\mathrm{T}} & (D_f+D_fF\bar{\Delta})^{\mathrm{T}}\\ \sqrt{\beta}Z^{\mathrm{T}} & 0\end{bmatrix},\quad \bar{\Pi}_{22}^i=\begin{bmatrix}-\bar{P}_i^{-1} & 0\\ * & -I\end{bmatrix}$$

利用$\mathrm{diag}\{I,I,I,I,Y,I\}$对不等式(6-36)进行合同变换，且定义$X=Y\hat{I}\hat{L}$得下式：

$$\hat{\Pi}_2^i=\begin{bmatrix}\tilde{\Pi}_{11}^i & \hat{\Pi}_{12}^i\\ * & \hat{\Pi}_{22}^i\end{bmatrix}<0 \tag{6-37}$$

式中

$$\hat{\Pi}_{12}^i=\begin{bmatrix}\sqrt{\beta}[\hat{A}_0^{\mathrm{T}}Y^{\mathrm{T}}+\hat{N}_1^{\mathrm{T}}X^{\mathrm{T}}+E_c^{\mathrm{T}}F^{\mathrm{T}}\hat{I}^{\mathrm{T}}X^{\mathrm{T}}] & \hat{N}_1^{\mathrm{T}}K^{\mathrm{T}}+E_c^{\mathrm{T}}F^{\mathrm{T}}\hat{I}^{\mathrm{T}}K^{\mathrm{T}}\\ \sqrt{\beta}[(\hat{D}_0^i)^{\mathrm{T}}Y^{\mathrm{T}}+\hat{N}_2^{\mathrm{T}}X^{\mathrm{T}}+E_d^{\mathrm{T}}F^{\mathrm{T}}\hat{I}^{\mathrm{T}}X^{\mathrm{T}}] & \hat{N}_2^{\mathrm{T}}K^{\mathrm{T}}-\hat{I}_1+E_d^{\mathrm{T}}F^{\mathrm{T}}\hat{I}^{\mathrm{T}}K^{\mathrm{T}}\\ \sqrt{\beta}[\hat{I}^{\mathrm{T}}X^{\mathrm{T}}+\bar{\Delta}^{\mathrm{T}}F^{\mathrm{T}}\hat{I}^{\mathrm{T}}X^{\mathrm{T}}] & \hat{I}^{\mathrm{T}}K^{\mathrm{T}}+\bar{\Delta}^{\mathrm{T}}F^{\mathrm{T}}\hat{I}^{\mathrm{T}}K^{\mathrm{T}}\\ \sqrt{\beta}Z^{\mathrm{T}}Y^{\mathrm{T}} & 0\end{bmatrix}$$

$$\hat{\Pi}_{22}^i=\begin{bmatrix}-Y\bar{P}_i^{-1}Y^{\mathrm{T}} & 0\\ * & -I\end{bmatrix}$$

根据 $(\overline{P}_i - Y)\overline{P}_i^{-1}(\overline{P}_i - Y)^{\mathrm{T}} \geqslant 0$，有

$$-Y\overline{P}_i^{-1}Y^{\mathrm{T}} \leqslant -Y - Y^{\mathrm{T}} + \overline{P}_i \triangleq -(Y)^{\star} + \overline{P}_i \tag{6-38}$$

根据式(6-38)，如果

$$\begin{bmatrix} \tilde{\Pi}_{11}^i & \hat{\Pi}_{12}^i \\ * & \breve{\Pi}_{22}^i \end{bmatrix} < 0 \tag{6-39}$$

式中

$$\breve{\Pi}_{22}^i = \begin{bmatrix} -(Y)^* + \overline{P}_i & 0 \\ * & -I \end{bmatrix}$$

则式(6-37)成立。

对式(6-39)中的确定项与不确定项进行分离得到下式：

$$\breve{\Pi}_2^i + M_1FN_1 + N_1^{\mathrm{T}}F^{\mathrm{T}}M_1^{\mathrm{T}} < 0 \tag{6-40}$$

式中

$$\breve{\Pi}_2^i = \begin{bmatrix} \tilde{\Pi}_{11}^i & \breve{\Pi}_{12}^i \\ * & \breve{\Pi}_{22}^i \end{bmatrix}, \quad \breve{\Pi}_{12}^i = \begin{bmatrix} \sqrt{\overline{\beta}}[\hat{A}_0^{\mathrm{T}}Y^{\mathrm{T}} + \hat{N}_1^{\mathrm{T}}X^{\mathrm{T}}] & \hat{N}_1^{\mathrm{T}}K^{\mathrm{T}} \\ \sqrt{\overline{\beta}}[(\hat{D}_0^i)^{\mathrm{T}}Y^{\mathrm{T}} + \hat{N}_2^{\mathrm{T}}X^{\mathrm{T}}] & \hat{N}_2^{\mathrm{T}}K^{\mathrm{T}} - \hat{I}_1 \\ \sqrt{\overline{\beta}}\hat{I}^{\mathrm{T}}X^{\mathrm{T}} & \hat{I}^{\mathrm{T}}K^{\mathrm{T}} \\ \sqrt{\overline{\beta}}Z^{\mathrm{T}}Y^{\mathrm{T}} & 0 \end{bmatrix}$$

$$M_1 = [0 \quad 0 \quad 0 \quad 0 \quad \sqrt{\overline{\beta}}(X\hat{I})^{\mathrm{T}} \quad (K\hat{I})^{\mathrm{T}}]^{\mathrm{T}}, \quad N_1 = [E_c \quad E_d \quad \overline{\Delta} \quad 0 \quad 0 \quad 0]$$

基于引理 2.2，若存在 $\varphi > 0$ 使得

$$\breve{\Pi}_2^i + \varphi^{-1}M_1M_1^{\mathrm{T}} + \varphi N_1^{\mathrm{T}}N_1 < 0 \tag{6-41}$$

则式(6-40)成立。对式(6-41)再次使用引理 2.1，可以得到式(6-34)，证毕。

6.4　算　　例

为了验证所得结果的有效性，本节给出了一个数值算例。非线性系统(6-1)的系统参数如下给出：

$$A = \begin{bmatrix} 0.2 & 0.15 \\ 0.3 & 0.15 \end{bmatrix}, \quad B = \begin{bmatrix} -0.1 \\ 0.35 \end{bmatrix}, \quad C = \begin{bmatrix} 0.2 & 0 \\ 0 & -0.3 \end{bmatrix}, \quad D = \begin{bmatrix} 2 \\ -1 \end{bmatrix}$$

$$E_1 = \begin{bmatrix} -1 \\ 0.9 \end{bmatrix}, \quad E_2 = \begin{bmatrix} 0 \\ 0 \end{bmatrix}, \quad \Pi = \begin{bmatrix} 0.2 & 0.8 \\ 0.3 & 0.7 \end{bmatrix}, \quad U_1 = \begin{bmatrix} 0.1 & 0 \\ 0 & 0.2 \end{bmatrix}$$

$$U_2=\begin{bmatrix}0.2 & 0\\ 0 & 0.1\end{bmatrix},\quad g(x_k)=\begin{bmatrix}0.45x_{1,k}+\tanh(0.225x_{1,k})+0.225x_{2,k}\\ 0.45x_{2,k}-\tanh(0.15x_{2,k})\end{bmatrix}$$

事件触发机制的相关参数为 $\delta=0.48$，$\Omega=1$，与量化器有关的参数选取为 $\mu_0^j=2$，$\sigma_j=0.8$，$j=1,2$。其余的标量分别取值为 $\chi=1.01$，$N=20$，$a_1=0.5$，$a_2=2.3$，$R=I$，$\bar{\beta}=0.9$。此外，H_∞ 性能指标为 $\gamma=2$。

利用 Matlab 软件对定理 6.2 中的式(6-34)进行求解，得到如下滤波器参数矩阵：

$$A_f=\begin{bmatrix}0.0572 & 0.0330\\ 0.0610 & 0.0583\end{bmatrix},\quad B_f=\begin{bmatrix}-0.0142 & 0.0180\\ -0.0603 & 0.0538\end{bmatrix}$$

$$C_f=[-0.0268\quad 0.0099],\quad D_f=[0.0068\quad 0.0068]$$

选择系统(6-1)和故障检测滤波器的初始条件分别为 $x_0=[0.2\quad -0.3]^{\mathrm{T}}$ 和 $\hat{x}_0=0$。故障信号为

$$f_k=\begin{cases}\sin(k), & 5\leqslant k\leqslant 15\\ 0, & \text{其他}\end{cases}$$

仿真结果如图 6.1～图 6.7 所示。

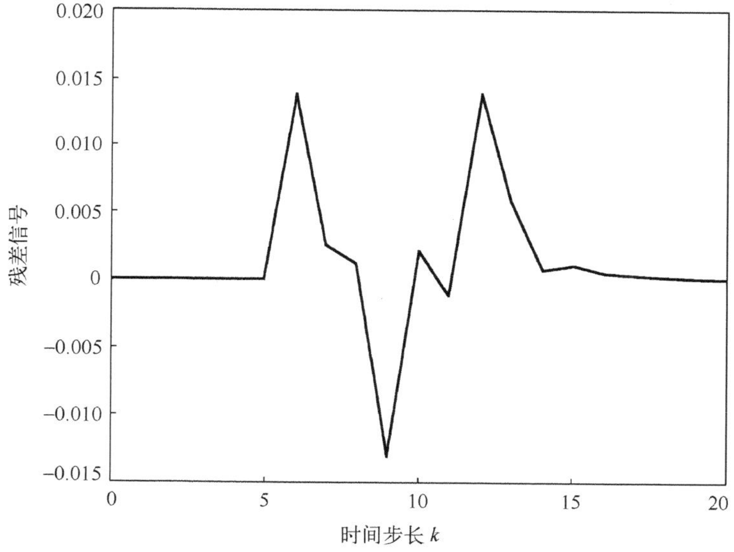

图 6.1　$\omega_k=0$ 时残差信号 r_k

图 6.1 和图 6.2 分别是 $\omega_k=0$ 时残差信号 r_k 和残差评价函数 J_k 的轨迹。由图 6.1 和图 6.2 可知，本章设计的故障检测方法能有效检测到系统中发生的故障。此外，当 $\omega_k\neq 0$ 时，假定 ω_k 是在区间 $[-0.5,0.5]$ 上均匀分布的噪声，图 6.3 和图 6.4 分别给

出了残差信号 r_k 和残差评价函数 J_k 在 $\omega_k \neq 0$ 时的轨迹。根据阈值 J_{th} 的定义，计算得到阈值为 $J_{\mathrm{th}} =$ 0.0063，从图 6.4 中容易得到 $0.0034 = J_5 < J_{\mathrm{th}} < J_6 = 0.0162$，即故障在发生 1 步后能够被检测出来。

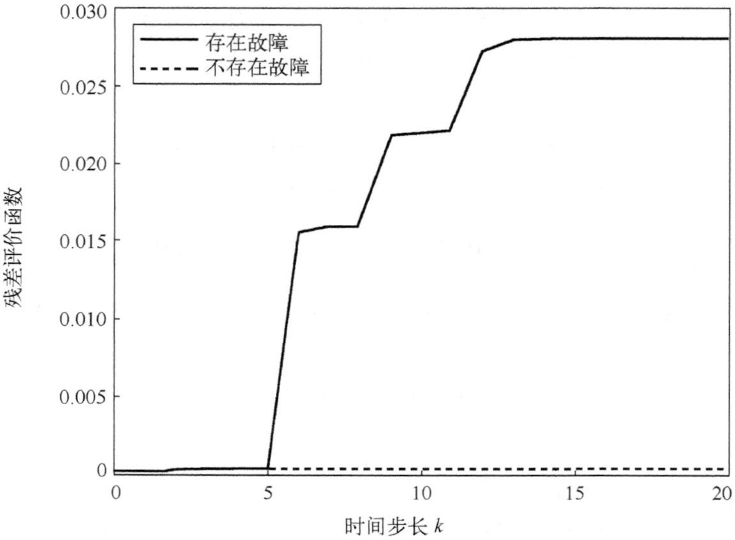

图 6.2　$\omega_k = 0$ 时残差估计函数 J_k

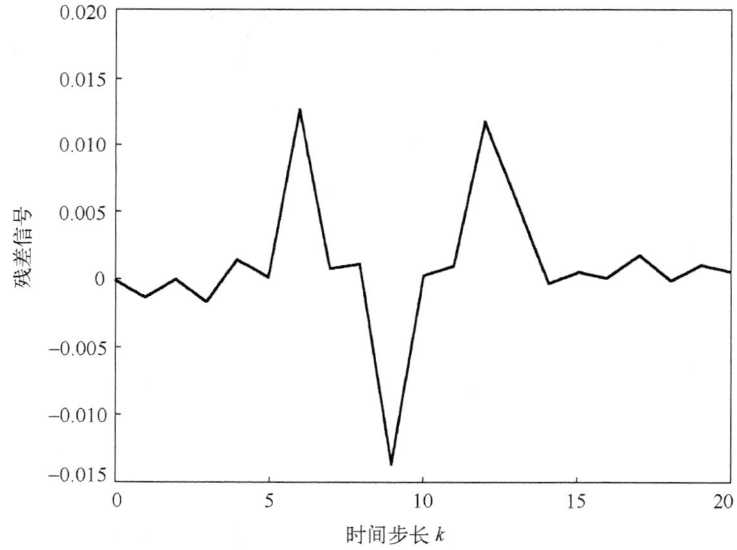

图 6.3　$\omega_k \neq 0$ 时残差信号 r_k

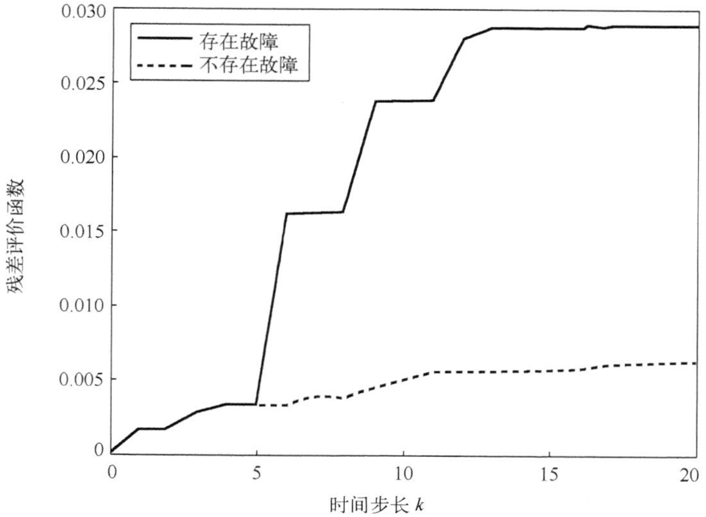

图 6.4　$\omega_k \neq 0$ 时残差估计函数 J_k

故障信号的模拟如图 6.5 所示。图 6.6 给出了事件触发机制下传输数据的触发时刻和间隔，与传统的 20 个时刻全部进行数据传输的方案相比，由图 6.6 易知通过网

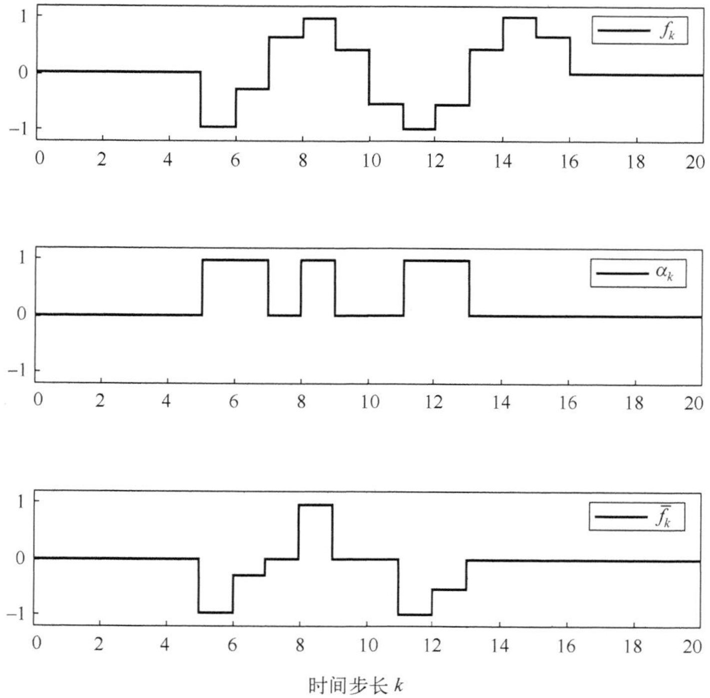

图 6.5　故障信号模拟

络传输的测量数据在事件触发方案的控制下减少了 15%，有效缓解了网络通道的压力，达到了节约通信资源的目的。图 6.7 描绘了 $\mathbb{E}\{\eta_k^{\mathrm{T}}R\eta_k\}$ 和 a_2 的轨迹，其中，实线表示 $\mathbb{E}\{\eta_k^{\mathrm{T}}R\eta_k\}$ 的轨迹，点画线表示 a_2 的轨迹。从图 6.7 中可以看出式(6-12)是成立的。

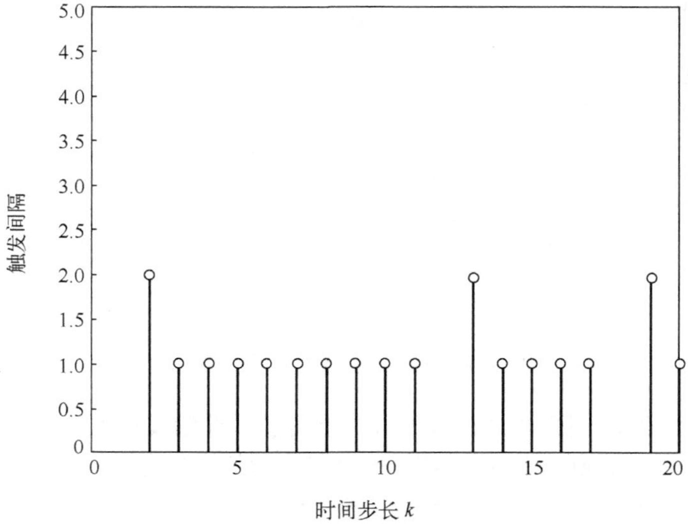

图 6.6　事件触发的时刻与间隔

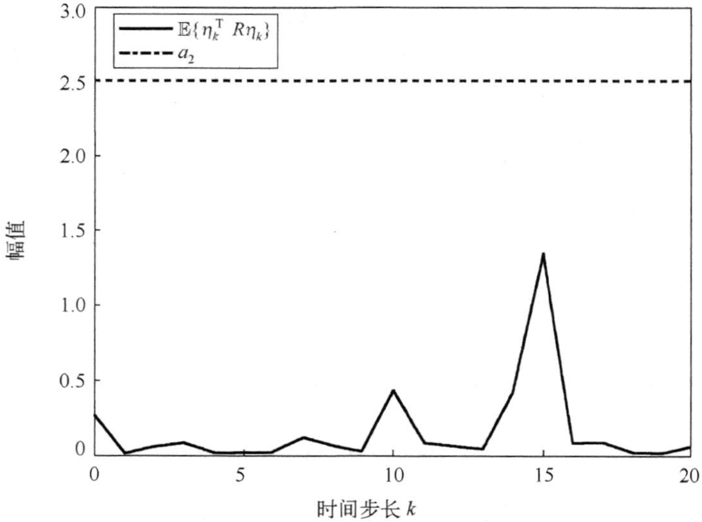

图 6.7　$\mathbb{E}\{\eta_k^{\mathrm{T}}R\eta_k\}$ 和 a_2 的轨迹

6.5 本章小结

本章针对一类具有信号量化的非线性网络化系统，探讨了其在静态事件触发机制下的有限时故障检测问题。通过引入事件触发机制节省了通信资源，即只有满足事件触发条件的数据才可以进行传输，利用量化后的测量数据设计了有限时故障检测滤波器。借助于 Lyapunov 稳定性理论和线性矩阵不等式方法给出了确保增广系统有限时随机稳定并且满足 H_∞性能指标的充分条件，得到了故障检测滤波器参数矩阵的显式表达式。最后，通过数值仿真验证了故障检测滤波算法的可行性和有效性。

第 7 章　环事件触发机制下具有随机时滞的非线性系统有限时故障检测

在传统的系统分析与研究中，常常假设信息的传输是无传输延迟的。然而，在实际工程环境中，系统设备有限的信道承载力限制了信息传输速度，使得网络化系统各组件在交换信息时时常发生传输延迟，导致系统出现时滞现象。一般而言，时滞包括定常时滞、时变时滞及随机时滞三类。若不能合理地处理时滞信息，有可能导致系统震荡甚至出现不稳定现象。

本章研究环事件触发机制下具有概率型区间时变时滞及随机发生故障的非线性网络化系统有限时故障检测问题。采用环事件触发方案减轻通信负担并且提高通信效率。概率区间时变时滞利用伯努利随机变量进行表示，通过引入具有两个状态的马尔可夫链刻画随机发生故障，构造一个和原系统等价的新模型，借助于 Lyapunov 方法和线性矩阵不等式方法，在保证增广系统有限时随机稳定及满足 H_∞ 性能指标的前提下设计基于环事件通信方案的有限时故障检测方法，得到滤波器参数矩阵的显式表达式。最后，通过数值算例验证主要结果的合理性及故障检测方法的有效性。

7.1　问 题 简 述

考虑如下定义在 $k\in[0,N]$ 上具有随机时滞的非线性网络化系统：

$$\begin{aligned} x_{k+1} &= Ax_k + Bx_{k-\tau_k} + g(x_k) + E\omega_k + F\bar{f}_k \\ y_k &= Cx_k + D\omega_k \\ x_k &= \varphi_k,\ \forall k\in[-\tau_M,0] \end{aligned} \tag{7-1}$$

其中，$x_k\in\mathbb{R}^n$ 表示系统状态；$y_k\in\mathbb{R}^m$ 是测量输出；$\omega_k\in\mathbb{R}^p$ 是属于 $l_2[0,N]$ 的外部扰动；τ_k 是概率区间时变时滞；φ_k 为初值；A，B，E，F，C 和 D 是具有适当维数的已知矩阵。

非线性函数 $g(x_k)$ 满足 Lipschitz 条件：

$$\begin{aligned} \|g(x_k)\| &\leqslant \|Gx_k\| \\ \|g(x_1)-g(x_2)\| &\leqslant \|G(x_1-x_2)\| \end{aligned} \tag{7-2}$$

其中，G 是具有适当维数的已知矩阵。

本章考虑故障信号为随机跳跃故障信号，由 $\bar{f}_k$ 表示：

$$\bar{f}_k = \alpha_k f_k$$

其中，f_k 是待检测的故障信号；α_k 是满足下式的随机变量：

$$\alpha_k = \begin{cases} 1, & f_k \neq 0 \\ 0, & f_k = 0 \end{cases}$$

假设随机时滞 τ_k 是有界的，即 $\tau_m \leqslant \tau_k \leqslant \tau_M$，$\tau_m$ 和 τ_M 分别表示 τ_k 的下界和上界，另外，τ_k 的概率分布是可知的，即 τ_k 落入 $[\tau_m, \tau_0]$ 的概率为 $\mathrm{Prob}\{\tau_k \in [\tau_m, \tau_0]\} = \bar{\beta}$，$\tau_k$ 落入 $(\tau_0, \tau_M]$ 的概率为 $\mathrm{Prob}\{\tau_k \in (\tau_0, \tau_M]\} = 1 - \bar{\beta}$，其中 τ_0 是已知整数满足 $\tau_m \leqslant \tau_0 \leqslant \tau_M$，并且 $0 \leqslant \bar{\beta} \leqslant 1$。

定义以下两个映射函数：

$$\tau_k^1 = \begin{cases} \tau_k, & k \in \mathfrak{R}_1 \\ \tau_m, & k \notin \mathfrak{R}_1 \end{cases}, \quad \tau_k^2 = \begin{cases} \tau_k, & k \in \mathfrak{R}_2 \\ \tau_0, & k \notin \mathfrak{R}_2 \end{cases} \tag{7-3}$$

其中，$\mathfrak{R}_1 \triangleq \{k \mid \tau_k \in [\tau_m, \tau_0]\}$；$\mathfrak{R}_2 \triangleq \{k \mid \tau_k \in (\tau_0, \tau_M]\}$。

为了后续计算，引入一个随机变量

$$\beta_k = \begin{cases} 1, & k \in \mathfrak{R}_1 \\ 0, & k \in \mathfrak{R}_2 \end{cases} \tag{7-4}$$

则系统(7-1)可以重新表示为以下形式：

$$\begin{aligned} x_{k+1} &= Ax_k + \beta_k Bx_{k-\tau_k^1} + (1-\beta_k)Bx_{k-\tau_k^2} + g(x_k) + E\omega_k + F_{\theta_k} f_k \\ y_k &= Cx_k + D\omega_k \\ x_k &= \varphi_k \,,\ k \in [-\tau_M, 0] \end{aligned} \tag{7-5}$$

其中，$\{\theta_k, k \in [0, N]\}$ 是离散的马尔可夫链，满足式(6-6)。

注释 7.1　值得指出的是，一般系统只考虑时滞的时变性且时滞的取值通常取不到上下界。在这种情况下，如果稳定性判据仅基于时滞变化范围的信息，那么结果会相对保守。实际上，网络化系统的时滞通常是以随机方式存在的，其概率特性(如泊松分布或二项分布等)通常可以通过统计方法得到。本章通过使用服从伯努利分布的随机变量 β_k 描述两个区间内的时变时滞，随机变量满足 $\mathrm{Prob}\{\beta_k = 1\} = \mathbb{E}\{\beta_k\} = \bar{\beta}$，$\mathrm{Prob}\{\beta_k = 0\} = 1 - \bar{\beta}$。相比于只考虑确定性时滞的情况，本章通过引入两个新的函数 τ_k^1 和 τ_k^2 将系统(7-1)等价转化为系统(7-5)，且时滞的随机影响可以转化为系统的参数矩阵。从系统(7-5)可以看出，新模型不仅讨论了概率区间时变时滞的变化范围，而且还考虑了其概率分布，从而反映了时滞的时变特性和随机性质。此外，值得注意的是，若 $\tau_0 = \tau_m$ 或 $\tau_0 = \tau_M$ 时，概率区间时变时滞将退化为传统时滞，这意味着本章考虑的时滞模型具有通用性。

另一方面，为了节省网络资源，本章考虑一种称为环事件触发机制的新型通信策略。定义

$$\varepsilon_k \triangleq y_{k_t} - y_k$$

其中，y_{k_t} 是最新触发时刻 k_t 的测量输出；y_k 是当前时刻测量输出；$0 \leqslant k_0 < k_1 < \cdots < k_t < \cdots$ 是事件触发时刻，k_t 的序列满足下式：

$$k_{t+1} \triangleq \inf\{k \in [0, N] \mid k > k_t, \delta^- y_k^{\mathrm{T}} y_k < \varepsilon_k^{\mathrm{T}} \Omega \varepsilon_k < \delta^+ y_k^{\mathrm{T}} y_k\} \tag{7-6}$$

其中，触发阈值 δ^- 和 δ^+ 满足 $0 < \delta^- < \delta^+$。只有满足事件触发条件(7-6)的测量信号会被发送到滤波器端，则故障检测滤波器的实际输入可以描述为

$$\bar{y}_k = y_{k_t}, \quad k \in [k_t, k_{t+1}) \tag{7-7}$$

注释 7.2 本章引入了环事件触发机制，该机制的数学模型由式(7-6)描述。利用不等式(7-6)中触发条件的约束，可以使得测量信号进行有效传输，从而节约网络资源。此外，传统的事件触发机制会预先设置一个阈值，并在测量误差 $\varepsilon_k^{\mathrm{T}} \Omega \varepsilon_k$ 大于该阈值时触发一次事件。然而，从工程角度来看，测量误差 $\varepsilon_k^{\mathrm{T}} \Omega \varepsilon_k$ 通常保持在一定范围内。事实上，当 $\varepsilon_k^{\mathrm{T}} \Omega \varepsilon_k \leqslant \delta^- y_k^{\mathrm{T}} y_k$ 时，测量值的变化很小，更新测量输出可能会造成网络资源浪费。相反，当 $\varepsilon_k^{\mathrm{T}} \Omega \varepsilon_k \geqslant \delta^+ y_k^{\mathrm{T}} y_k$，系统可能会被注入错误信息或生成异常值，此时更新测量信号将导致设备损坏或系统不稳定。因此，选择基于环事件的通信策略(7-6)更符合工程实际。

基于实际接收的测量输出 $\bar{y}_k$，构造如下故障检测滤波器：

$$\begin{aligned} \hat{x}_{k+1} &= A\hat{x}_k + \bar{\beta} B \hat{x}_{k-\tau_k^1} + (1-\bar{\beta}) B \hat{x}_{k-\tau_k^2} + g(\hat{x}_k) + K(\bar{y}_k - C\hat{x}_k) \\ r_k &= M(\bar{y}_k - C\hat{x}_k) \end{aligned} \tag{7-8}$$

其中，$\hat{x}_k \in \mathbb{R}^n$ 是滤波器状态；$r_k \in \mathbb{R}^r$ 是残差信号；K 和 M 是待设计的滤波器参数。

令 $e_k = x_k - \hat{x}_k$，根据式(7-5)和式(7-8)得到误差系统：

$$\begin{aligned} e_{k+1} &= (A-KC)e_k + \tilde{\beta}_k B x_{k-\tau_k^1} - \tilde{\beta}_k B x_{k-\tau_k^2} + \bar{\beta} B e_{k-\tau_k^1} + (1-\bar{\beta}) B e_{k-\tau_k^2} \\ &\quad + \tilde{g}_k + (E-KD)\omega_k + F_{\theta_k} f_k - K\varepsilon_k \\ r_k &= MCe_k + MD\omega_k + M\varepsilon_k \end{aligned} \tag{7-9}$$

其中，$\tilde{g}_k = g(x_k) - g(\hat{x}_k)$；$\tilde{\beta}_k = \beta_k - \bar{\beta}$。

令 $\eta_k = [x_k^{\mathrm{T}} \quad e_k^{\mathrm{T}}]^{\mathrm{T}}$，由式(7-5)和式(7-9)可以得到增广系统：

$$\begin{aligned} \eta_{k+1} &= \bar{A}\eta_k + \tilde{\beta}_k \bar{B}_1 \eta_{k-\tau_k^1} - \tilde{\beta}_k \bar{B}_1 \eta_{k-\tau_k^2} + \bar{\beta} \bar{B}_2 \eta_{k-\tau_k^1} + (1-\bar{\beta}) \bar{B}_2 \eta_{k-\tau_k^2} \\ &\quad + \bar{K}_{1,\theta_k} \nu_k - \bar{K}_2 \varepsilon_k + Z\tilde{g}_k + Hg(x_k) \\ \tilde{r}_k &= \bar{M}_1 \eta_k + \bar{M}_2 \nu_k + M\varepsilon_k \end{aligned} \tag{7-10}$$

式中

$$\bar{A} = \begin{bmatrix} A & 0 \\ 0 & A - KC \end{bmatrix}, \quad \bar{B}_1 = \begin{bmatrix} B & 0 \\ B & 0 \end{bmatrix}, \quad \bar{B}_2 = \begin{bmatrix} B & 0 \\ 0 & B \end{bmatrix}, \quad Z = \begin{bmatrix} 0 \\ I \end{bmatrix}$$

$$\bar{K}_{1,\theta_k} = \begin{bmatrix} E & F_{\theta_k} \\ E - KD & F_{\theta_k} \end{bmatrix}, \quad \bar{K}_2 = \begin{bmatrix} 0 \\ K \end{bmatrix}, \quad H = \begin{bmatrix} I \\ 0 \end{bmatrix}, \quad \bar{M}_1 = \begin{bmatrix} 0 \\ (MC)^{\mathrm{T}} \end{bmatrix}^{\mathrm{T}}$$

$$\bar{M}_2 = [MD \quad -I], \quad \tilde{r}_k = r_k - f_k, \quad \nu_k = [\omega_k^{\mathrm{T}} \quad f_k^{\mathrm{T}}]^{\mathrm{T}}$$

在给出本章主要目的前，先引入如下定义。

定义 7.1[179]　当 $\nu_k = 0$ 时，如果增广系统(7-10)满足：

$$\eta_i^{\mathrm{T}} R \eta_i \leqslant a_1 \Rightarrow \mathbb{E}\{\eta_k^{\mathrm{T}} R \eta_k\} < a_2, \forall i \in \{-\tau_M, \cdots, -1, 0\}, \forall k \in \{1, 2, \cdots, N\}$$

其中，$R > 0$；$0 < a_1 < a_2$；$N \in \mathbb{Z}^+$，则称增广系统(7-10)相对于(a_1, a_2, N, R)是有限时随机稳定的。

进一步，给出残差评价函数 J_k 及阈值 J_{th} 的定义：

$$J_k = \left(\mathbb{E}\left\{ \sum_{s=0}^{k} r_s^{\mathrm{T}} r_s \right\} \right)^{1/2}, \quad J_{\mathrm{th}} = \sup_{\omega_k \in l_2, f_k = 0} J_k$$

根据 J_k 及 J_{th} 的定义，可以通过以下规则判别故障是否发生：

$$J_k > J_{\mathrm{th}} \Rightarrow \text{检测出故障} \Rightarrow \text{警报}$$

$$J_k \leqslant J_{\mathrm{th}} \Rightarrow \text{无故障} \Rightarrow \text{不警报}$$

本章的主要目的是设计形如式(7-8)的故障检测滤波器，使得下面两个条件同时满足：

(1) 当 $\nu_k = 0$ 时，增广系统(7-10)是有限时随机稳定的；

(2) 当 $\nu_k \neq 0$ 时，在零初始条件下，对于给定的参数 $\gamma > 0$，误差 $\tilde{r}_k$ 满足下面的 H_∞ 性能约束：

$$\sum_{k=0}^{N} \mathbb{E}\left\{ \|\tilde{r}_k\|^2 \right\} < \gamma^2 \sum_{k=0}^{N} \|\nu_k\|^2 \tag{7-11}$$

7.2　系统性能分析

定理 7.1　考虑增广系统(7-10)，对于给定的滤波器参数矩阵 K 和 M，矩阵 $R > 0$，事件触发机制相关参数 $0 < \delta^- < \delta^+$，加权矩阵 Ω，标量 $\chi > 1$，$0 < \sigma_2 < \sigma_1$，$0 < a_1 < a_2$，$N \in \mathbb{Z}^+$ 及扰动水平 $\gamma > 0$，若存在对称正定矩阵 $P_i (i \in \mathbb{S})$，Q_1，Q_2，正标量 λ_0，λ_1，λ_2 和 λ_3 满足下列不等式：

$$\bar{\Pi}^i = \begin{bmatrix} \bar{\Pi}_1^i & \bar{\Pi}_2^i \\ * & \bar{\Pi}_3^i \end{bmatrix} \tag{7-12}$$

$$\lambda_0 R < P_i < \lambda_1 R \tag{7-13}$$

$$0 < Q_1 < \lambda_2 R \tag{7-14}$$

$$0 < Q_2 < \lambda_3 R \tag{7-15}$$

$$\hbar a_1 < \chi^{-N} \lambda_0 a_2 \tag{7-16}$$

式中

$$\bar{\Pi}_1^i = \begin{bmatrix} \Pi_{11}^i & \Pi_{12}^i & \Pi_{13}^i & \Pi_{14}^i \\ * & \Pi_{22}^i & \Pi_{23}^i & -\bar{\beta}\bar{B}_2^{\mathrm{T}}\bar{P}_i\bar{K}_2 \\ * & * & \Pi_{33}^i & \Pi_{34}^i \\ * & * & * & \Pi_{44}^i \end{bmatrix}, \quad \bar{\Pi}_3^i = \begin{bmatrix} Z^{\mathrm{T}}\bar{P}_i Z - I & Z^{\mathrm{T}}\bar{P}_i H & Z^{\mathrm{T}}\bar{P}_i\bar{K}_1^i \\ * & H^{\mathrm{T}}\bar{P}_i H - I & H^{\mathrm{T}}\bar{P}_i\bar{K}_1^i \\ * & * & \Pi_{77}^i \end{bmatrix}$$

$$\bar{\Pi}_2^i = \begin{bmatrix} \bar{A}^{\mathrm{T}}\bar{P}_i Z & \bar{A}^{\mathrm{T}}\bar{P}_i H & \Pi_{17}^i \\ \bar{\beta}\bar{B}_2^{\mathrm{T}}\bar{P}_i Z & \bar{\beta}\bar{B}_2^{\mathrm{T}}\bar{P}_i H & \bar{\beta}\bar{B}_2^{\mathrm{T}}\bar{P}_i\bar{K}_1^i \\ (1-\bar{\beta})\bar{B}_2^{\mathrm{T}}\bar{P}_i Z & (1-\bar{\beta})\bar{B}_2^{\mathrm{T}}\bar{P}_i H & (1-\bar{\beta})\bar{B}_2^{\mathrm{T}}\bar{P}_i\bar{K}_1^i \\ -\bar{K}_2^{\mathrm{T}}\bar{P}_i Z & -\bar{K}_2^{\mathrm{T}}\bar{P}_i H & \Pi_{47}^i \end{bmatrix}, \quad \bar{P}_i = \sum_{j\in\mathbb{S}} \pi_{ij} P_j$$

$$\begin{aligned} \hbar = {} & \lambda_1 + \chi^{\tau_0 - 1}\tau_0\lambda_2 + \frac{1}{2}\chi^{\tau_0 - 2}(\tau_0 - \tau_m)(\tau_0 + \tau_m + 1)\lambda_2 \\ & + \chi^{\tau_M - 1}\tau_M\lambda_3 + \frac{1}{2}\chi^{\tau_M - 2}(\tau_0 + \tau_M)(\tau_M - \tau_0 - 1)\lambda_3 \end{aligned}$$

$$\begin{aligned} \Pi_{11}^i = {} & \bar{A}^{\mathrm{T}}\bar{P}_i\bar{A} + (\tau_0 - \tau_m + 1)Q_1 + (\tau_M - \tau_0)Q_2 + HG^{\mathrm{T}}GH^{\mathrm{T}} \\ & + ZG^{\mathrm{T}}GZ^{\mathrm{T}} + \bar{M}_1^{\mathrm{T}}\bar{M}_1 + (\sigma_1\delta^- - \sigma_2\delta^+)\bar{C}^{\mathrm{T}}\bar{C} - \chi P_i \end{aligned}$$

$$\Pi_{12}^i = \bar{\beta}\bar{A}^{\mathrm{T}}\bar{P}_i\bar{B}_2, \quad \Pi_{13}^i = (1-\bar{\beta})\bar{A}^{\mathrm{T}}\bar{P}_i\bar{B}_2, \quad \Pi_{14}^i = -\bar{A}^{\mathrm{T}}\bar{P}_i\bar{K}_2 + \bar{M}_1^{\mathrm{T}}M$$

$$\Pi_{17}^i = \bar{A}^{\mathrm{T}}\bar{P}_i\bar{K}_1^i + (\sigma_1\delta^- - \sigma_2\delta^+)\bar{C}^{\mathrm{T}}\bar{D} + \bar{M}_1^{\mathrm{T}}\bar{M}_2$$

$$\Pi_{22}^i = \bar{\beta}(1-\bar{\beta})\bar{B}_1^{\mathrm{T}}\bar{P}_i\bar{B}_1 + \bar{\beta}^2\bar{B}_2^{\mathrm{T}}\bar{P}_i\bar{B}_2 - \chi^{\tau_m}Q_1$$

$$\Pi_{23}^i = \bar{\beta}(1-\bar{\beta})\bar{B}_2^{\mathrm{T}}\bar{P}_i\bar{B}_2 - \bar{\beta}(1-\bar{\beta})\bar{B}_1^{\mathrm{T}}\bar{P}_i\bar{B}_1$$

$$\Pi_{33}^i = \bar{\beta}(1-\bar{\beta})\bar{B}_1^{\mathrm{T}}\bar{P}_i\bar{B}_1 + (1-\bar{\beta})^2\bar{B}_2^{\mathrm{T}}\bar{P}_i\bar{B}_2 - \chi^{\tau_0}Q_2, \quad \Pi_{34}^i = -(1-\bar{\beta})\bar{B}_2^{\mathrm{T}}\bar{P}_i\bar{K}_2$$

$$\Pi_{44}^i = \bar{K}_2^{\mathrm{T}}\bar{P}_i\bar{K}_2 + (\sigma_2 - \sigma_1)\Omega + M^{\mathrm{T}}M, \quad \Pi_{47}^i = \bar{M}_2^{\mathrm{T}}M - \bar{K}_2^{\mathrm{T}}\bar{P}_i\bar{K}_1^i$$

$$\Pi_{77}^i = (\bar{K}_1^i)^{\mathrm{T}}\bar{P}_i\bar{K}_1^i + (\sigma_1\delta^- - \sigma_2\delta^+)\bar{D}^{\mathrm{T}}\bar{D} + \bar{M}_2^{\mathrm{T}}\bar{M}_2 - \chi^{-N}\gamma^2 I$$

则增广系统(7-10)相对于(a_1, a_2, N, R)是有限时随机稳定的且满足式(7-11)。

证　令

$$\xi_k = [\eta_k^{\mathrm{T}} \quad \eta_{k-\tau_k^1}^{\mathrm{T}} \quad \eta_{k-\tau_k^2}^{\mathrm{T}} \quad \varepsilon_k^{\mathrm{T}} \quad \tilde{g}_k^{\mathrm{T}} \quad g^{\mathrm{T}}(x_k)]^{\mathrm{T}}$$

$$\bar{\xi}_k = [\eta_k^{\mathrm{T}} \quad \eta_{k-\tau_k^1}^{\mathrm{T}} \quad \eta_{k-\tau_k^2}^{\mathrm{T}} \quad \varepsilon_k^{\mathrm{T}} \quad \tilde{g}_k^{\mathrm{T}} \quad g^{\mathrm{T}}(x_k) \quad \nu_k^{\mathrm{T}}]^{\mathrm{T}}$$

构造如下形式的 Lyapunov 泛函：

$$V_k = \sum_{l=1}^{3} V_{l,k} \tag{7-17}$$

式中

$$V_{1,k}=\eta_k^{\mathrm{T}}P_{\theta_k}\eta_k$$

$$V_{2,k}=\sum_{i=k-\tau_k^1}^{k-1}\chi^{k-i-1}\eta_i^{\mathrm{T}}Q_1\eta_i+\sum_{j=-\tau_0+1}^{-\tau_m}\sum_{i=k+j}^{k-1}\chi^{k-i-1}\eta_i^{\mathrm{T}}Q_1\eta_i$$

$$V_{3,k}=\sum_{i=k-\tau_k^2}^{k-1}\chi^{k-i-1}\eta_i^{\mathrm{T}}Q_2\eta_i+\sum_{j=-\tau_M+1}^{-\tau_0-1}\sum_{i=k+j}^{k-1}\chi^{k-i-1}\eta_i^{\mathrm{T}}Q_2\eta_i$$

定义 $\Delta V_k=\mathbb{E}\{V_{k+1}\}-\chi V_k$，根据式(7-17)，可以得到

$$\Delta V_k=\sum_{l=1}^{3}\Delta V_{l,k}$$

对于 $\theta_k=i$，有下式成立：

$$\begin{aligned}
\Delta V_{1,k}&=\mathbb{E}\{V_{1,k+1}\}-\chi V_{1,k}\\
&=\mathbb{E}\left\{\eta_{k+1}^{\mathrm{T}}\sum_{j\in\mathbb{S}}\pi_{ij}P_j\eta_{k+1}\right\}-\chi\eta_k^{\mathrm{T}}P_i\eta_k\\
&=\mathbb{E}\Big\{\Big[\bar{A}\eta_k+\tilde{\beta}_k\bar{B}_1\eta_{k-\tau_k^1}+\bar{\beta}\bar{B}_2\eta_{k-\tau_k^1}-\tilde{\beta}_k\bar{B}_1\eta_{k-\tau_k^2}\\
&\quad+(1-\bar{\beta})\bar{B}_2\eta_{k-\tau_k^2}+\bar{K}_1^i\nu_k-\bar{K}_2\varepsilon_k+Z\tilde{g}_k+Hg(x_k)\Big]^{\mathrm{T}}\\
&\quad\times\bar{P}_i\Big[\bar{A}\eta_k+\tilde{\beta}_k\bar{B}_1\eta_{k-\tau_k^1}+\bar{\beta}\bar{B}_2\eta_{k-\tau_k^1}-\tilde{\beta}_k\bar{B}_1\eta_{k-\tau_k^2}\\
&\quad+(1-\bar{\beta})\bar{B}_2\eta_{k-\tau_k^2}+\bar{K}_1^i\nu_k-\bar{K}_2\varepsilon_k+Z\tilde{g}_k+Hg(x_k)\Big]\Big\}-\chi\eta_k^{\mathrm{T}}P_i\eta_k\\
&=\eta_k^{\mathrm{T}}\bar{A}^{\mathrm{T}}\bar{P}_i\bar{A}\eta_k+2\bar{\beta}\eta_k^{\mathrm{T}}\bar{A}^{\mathrm{T}}\bar{P}_i\bar{B}_2\eta_{k-\tau_k^1}+2(1-\bar{\beta})\eta_k^{\mathrm{T}}\bar{A}^{\mathrm{T}}\bar{P}_i\bar{B}_2\eta_{k-\tau_k^2}+2\eta_k^{\mathrm{T}}\bar{A}^{\mathrm{T}}\bar{P}_i\bar{K}_1^i\nu_k\\
&\quad-2\eta_k^{T}\bar{A}^{\mathrm{T}}\bar{P}_i\bar{K}_2\varepsilon_k+2\eta_k^{\mathrm{T}}\bar{A}^{\mathrm{T}}\bar{P}_iZ\tilde{g}_k+2\eta_k^{\mathrm{T}}\bar{A}^{\mathrm{T}}\bar{P}_iHg(x_k)\\
&\quad+\bar{\beta}(1-\bar{\beta})\eta_{k-\tau_k^1}^{\mathrm{T}}\bar{B}_1^{\mathrm{T}}\bar{P}_i\bar{B}_1\eta_{k-\tau_k^1}-2\beta(1-\bar{\beta})\eta_{k-\tau_k^2}^{\mathrm{T}}\bar{B}_1^{\mathrm{T}}\bar{P}_i\bar{B}_1\eta_{k-\tau_k^1}\\
&\quad-2\nu_k^{\mathrm{T}}(\bar{K}_1^i)^{\mathrm{T}}\bar{P}_i\bar{K}_2\varepsilon_k+2\bar{\beta}(1-\bar{\beta})\eta_{k-\tau_k^1}^{\mathrm{T}}\bar{B}_2^{\mathrm{T}}\bar{P}_i\bar{B}_2\eta_{k-\tau_k^2}+2\bar{\beta}\eta_{k-\tau_k^1}^{\mathrm{T}}\bar{B}_2^{\mathrm{T}}\bar{P}_i\bar{K}_1^i\nu_k\\
&\quad-2\bar{\beta}\eta_{k-\tau_k^1}^{\mathrm{T}}\bar{B}_2^{\mathrm{T}}\bar{P}_i\bar{K}_2\varepsilon_k+2\bar{\beta}\eta_{k-\tau_k^1}^{\mathrm{T}}\bar{B}_2^{\mathrm{T}}\bar{P}_iZ\tilde{g}_k+2\bar{\beta}\eta_{k-\tau_k^1}^{\mathrm{T}}\bar{B}_2^{\mathrm{T}}\bar{P}_iHg(x_k)\\
&\quad+\bar{\beta}(1-\bar{\beta})\eta_{k-\tau_k^2}^{\mathrm{T}}\bar{B}_1^{\mathrm{T}}\bar{P}_i\bar{B}_1\eta_{k-\tau_k^2}-2\varepsilon_k^{\mathrm{T}}\bar{K}_2^{\mathrm{T}}\bar{P}_iZ\tilde{g}_k+(1-\bar{\beta})^2\eta_{k-\tau_k^2}^{\mathrm{T}}\bar{B}_2^{\mathrm{T}}\bar{P}_i\bar{B}_2\eta_{k-\tau_k^2}\\
&\quad+\bar{\beta}^2\eta_{k-\tau_k^1}^{\mathrm{T}}\bar{B}_2^{\mathrm{T}}\bar{P}_i\bar{B}_2\eta_{k-\tau_k^1}+2(1-\bar{\beta})\eta_{k-\tau_k^2}^{\mathrm{T}}\bar{B}_2^{\mathrm{T}}\bar{P}_i\bar{K}_1^i\nu_k+\nu_k^{\mathrm{T}}(\bar{K}_1^i)^{\mathrm{T}}\bar{P}_i\bar{K}_1^i\nu_k\\
&\quad+2\nu_k^{\mathrm{T}}(\bar{K}_1^i)^{\mathrm{T}}\bar{P}_iZ\tilde{g}_k-2(1-\bar{\beta})\eta_{k-\tau_k^2}^{\mathrm{T}}\bar{B}_2^{\mathrm{T}}\bar{P}_i\bar{K}_2\varepsilon_k+2(1-\bar{\beta})\eta_{k-\tau_k^2}^{\mathrm{T}}\bar{B}_2^{\mathrm{T}}\bar{P}_iZ\tilde{g}_k\\
&\quad+2(1-\bar{\beta})\eta_{k-\tau_k^2}^{\mathrm{T}}\bar{B}_2^{\mathrm{T}}\bar{P}_iHg(x_k)+2\nu_k^{\mathrm{T}}(\bar{K}_1^i)^{\mathrm{T}}\bar{P}_iHg(x_k)+\varepsilon_k^{\mathrm{T}}\bar{K}_2^{\mathrm{T}}\bar{P}_i\bar{K}_2\varepsilon_k\\
&\quad+g^{\mathrm{T}}(x_k)H^{\mathrm{T}}\bar{P}_iHg(x_k)+\tilde{g}_k^{\mathrm{T}}Z^{\mathrm{T}}\bar{P}_iZ\tilde{g}_k-2\varepsilon_k^{\mathrm{T}}\bar{K}_2^{\mathrm{T}}\bar{P}_iHg(x_k)\\
&\quad+2\tilde{g}_k^{\mathrm{T}}Z^{\mathrm{T}}\bar{P}_iHg(x_k)-\chi\eta_k^{\mathrm{T}}P_i\eta_k
\end{aligned}\tag{7-18}$$

$$\begin{aligned}\Delta V_{2,k} &= \mathbb{E}\{V_{2,k+1}\} - \chi V_{2,k} \\ &\leqslant (\tau_0 - \tau_m + 1)\eta_k^{\mathrm{T}} Q_1 \eta_k - \chi^{\tau_m} \eta_{k-\tau_k^1}^{\mathrm{T}} Q_1 \eta_{k-\tau_k^1}\end{aligned} \tag{7-19}$$

$$\begin{aligned}\Delta V_{3,k} &= \mathbb{E}\{V_{3,k+1}\} - \chi V_{3,k} \\ &\leqslant (\tau_M - \tau_0)\eta_k^{\mathrm{T}} Q_2 \eta_k - \chi^{\tau_0} \eta_{k-\tau_k^2}^{\mathrm{T}} Q_2 \eta_{k-\tau_k^2}\end{aligned} \tag{7-20}$$

根据 Lipschitz 条件(7-2)有

$$\begin{aligned}g^{\mathrm{T}}(x_k)g(x_k) - \eta_k^{\mathrm{T}} H G^{\mathrm{T}} G H^{\mathrm{T}} \eta_k = \overline{\xi}_k^{\mathrm{T}} \Lambda_1 \overline{\xi}_k \leqslant 0 \\ \tilde{g}_k^{\mathrm{T}} \tilde{g}_k - \eta_k^{\mathrm{T}} Z G^{\mathrm{T}} G Z^{\mathrm{T}} \eta_k = \overline{\xi}_k^{\mathrm{T}} \Lambda_2 \overline{\xi}_k \leqslant 0\end{aligned} \tag{7-21}$$

其中

$$\begin{aligned}\Lambda_1 &= \mathrm{diag}\{-HG^{\mathrm{T}}GH^{\mathrm{T}}, 0, 0, 0, 0, I, 0\} \\ \Lambda_2 &= \mathrm{diag}\{-ZG^{\mathrm{T}}GZ^{\mathrm{T}}, 0, 0, 0, I, 0, 0\}\end{aligned} \tag{7-22}$$

考虑环形事件触发条件(7-6)，存在两个正标量 σ_1 和 σ_2 使得

$$\begin{aligned}&-\sigma_1(\varepsilon_k^{\mathrm{T}} \Omega \varepsilon_k - \delta^- y_k^{\mathrm{T}} y_k) - \sigma_2(\delta^+ y_k^{\mathrm{T}} y_k - \varepsilon_k^{\mathrm{T}} \Omega \varepsilon_k) \\ &= (\sigma_2 - \sigma_1)\varepsilon_k^{\mathrm{T}} \Omega \varepsilon_k + (\sigma_1 \delta^- - \sigma_2 \delta^+) y_k^{\mathrm{T}} y_k \\ &= (\sigma_2 - \sigma_1)\varepsilon_k^{\mathrm{T}} \Omega \varepsilon_k + (\sigma_1 \delta^- - \sigma_2 \delta^+)(\eta_k^{\mathrm{T}} \overline{C}^{\mathrm{T}} \overline{C} \eta_k + 2\eta_k^{\mathrm{T}} \overline{C}^{\mathrm{T}} \overline{D} \nu_k + \nu_k^{\mathrm{T}} \overline{D}^{\mathrm{T}} \overline{D} \nu_k) \\ &\geqslant 0\end{aligned} \tag{7-23}$$

其中，$\overline{C} = [C \quad 0]$；$\overline{D} = [D \quad 0]$。

根据式(7-18)～式(7-23)可得

$$\begin{aligned}\Delta V_k &= \Delta V_{1,k} + \Delta V_{2,k} + \Delta V_{3,k} \\ &\leqslant \eta_k^{\mathrm{T}} \overline{A}^{\mathrm{T}} \overline{P}_i \overline{A} \eta_k + 2\overline{\beta} \eta_k^{\mathrm{T}} \overline{A}^{\mathrm{T}} \overline{P}_i \overline{B}_2 \eta_{k-\tau_k^1} + 2(1-\overline{\beta}) \eta_k^{\mathrm{T}} \overline{A}^{\mathrm{T}} \overline{P}_i \overline{B}_2 \eta_{k-\tau_k^2} \\ &\quad + 2\eta_k^{\mathrm{T}} \overline{A}^{\mathrm{T}} \overline{P}_i \overline{K}_1^i \nu_k + 2\eta_k^{\mathrm{T}} \overline{A}^{\mathrm{T}} \overline{P}_i Z \tilde{g}_k + 2\eta_k^{\mathrm{T}} \overline{A}^{\mathrm{T}} \overline{P}_i H g(x_k) + \eta_{k-\tau_k^1}^{\mathrm{T}} [(1-\overline{\beta}) \\ &\quad \times \overline{B}_1^{\mathrm{T}} \overline{P}_i \overline{B}_1 + \overline{\beta}^2 \overline{B}_2^{\mathrm{T}} \overline{P}_i \overline{B}_2] \eta_{k-\tau_k^1} + 2\overline{\beta} \eta_{k-\tau_k^1}^{\mathrm{T}} \overline{B}_2^{\mathrm{T}} \overline{P}_i \overline{K}_1^i \nu_k - 2\eta_k^{\mathrm{T}} \overline{A}^{\mathrm{T}} \overline{P}_i \\ &\quad \times \overline{K}_2 \varepsilon_k + \eta_{k-\tau_k^1}^{\mathrm{T}} [2\overline{\beta}(1-\overline{\beta})(\overline{B}_2^{\mathrm{T}} \overline{P}_i \overline{B}_2 - \overline{B}_1^{\mathrm{T}} \overline{P}_i \overline{B}_1)] \eta_{k-\tau_k^2} + \varepsilon_k^{\mathrm{T}} \overline{K}_2^{\mathrm{T}} \overline{P}_i \\ &\quad \times \overline{K}_2 \varepsilon_k + \eta_{k-\tau_k^2}^{\mathrm{T}} [\overline{\beta}(1-\overline{\beta}) \overline{B}_1^{\mathrm{T}} \overline{P}_i \overline{B}_1 + (1-\overline{\beta})^2 \overline{B}_2^{\mathrm{T}} \overline{P}_i \overline{B}_2] \eta_{k-\tau_k^2} + 2\overline{\beta} \\ &\quad \times \eta_{k-\tau_k^1}^{\mathrm{T}} \overline{B}_2^{\mathrm{T}} \overline{P}_i Z \tilde{g}_k + 2\overline{\beta} \eta_{k-\tau_k^1}^{\mathrm{T}} \overline{B}_2^{\mathrm{T}} \overline{P}_i H g(x_k) - 2\overline{\beta} \eta_{k-\tau_k^1}^{\mathrm{T}} \overline{B}_2^{\mathrm{T}} \overline{P}_i \overline{K}_2 \varepsilon_k \\ &\quad + 2(1-\overline{\beta}) \eta_{k-\tau_k^2}^{\mathrm{T}} \overline{B}_2^{\mathrm{T}} \overline{P}_i \overline{K}_1^i \nu_k - 2(1-\overline{\beta}) \eta_{k-\tau_k^2}^{\mathrm{T}} \overline{B}_2^{\mathrm{T}} \overline{P}_i \overline{K}_2 \varepsilon_k + 2(1-\overline{\beta}) \\ &\quad \times \eta_{k-\tau_k^2}^{\mathrm{T}} \overline{B}_2^{\mathrm{T}} \overline{P}_i Z \tilde{g}_k + 2(1-\overline{\beta}) \eta_{k-\tau_k^2}^{\mathrm{T}} \overline{B}_2^{\mathrm{T}} \overline{P}_i H g(x_k) + \nu_k^{\mathrm{T}} (\overline{K}_1^i)^{\mathrm{T}} \overline{P}_i \overline{K}_1^i \nu_k \\ &\quad - 2\nu_k^{\mathrm{T}} (\overline{K}_1^i)^{\mathrm{T}} \overline{P}_i \overline{K}_2 \varepsilon_k + 2\nu_k^{\mathrm{T}} (\overline{K}_1^i)^{\mathrm{T}} \overline{P}_i Z \tilde{g}_k + 2\nu_k^{\mathrm{T}} (\overline{K}_1^i)^{\mathrm{T}} \overline{P}_i H g(x_k) \\ &\quad - 2\varepsilon_k^{\mathrm{T}} \overline{K}_2^{\mathrm{T}} \overline{P}_i Z \tilde{g}_k - 2\varepsilon_k^{\mathrm{T}} \overline{K}_2^{\mathrm{T}} \overline{P}_i H g(x_k) + \tilde{g}_k^{\mathrm{T}} Z^{\mathrm{T}} \overline{P}_i Z \tilde{g}_k + 2\tilde{g}_k^{\mathrm{T}} Z^{\mathrm{T}} \overline{P}_i \\ &\quad \times H g(x_k) + g^{\mathrm{T}}(x_k) H^{\mathrm{T}} \overline{P}_i H g(x_k) - \chi \eta_k^{\mathrm{T}} P_i \eta_k \\ &\quad + (\tau_0 - \tau_m + 1)\eta_k^{\mathrm{T}} Q_1 \eta_k - \chi^{\tau_m} \eta_{k-\tau_k^1}^{\mathrm{T}} Q_1 \eta_{k-\tau_k^1} + (\tau_M - \tau_0)\eta_k^{\mathrm{T}} Q_2 \eta_k\end{aligned}$$

$$
\begin{aligned}
&-\chi^{\tau_0}\eta_{k-\tau_k^2}^{\mathrm{T}}Q_2\eta_{k-\tau_k^2}-[g^{\mathrm{T}}(x_k)g(x_k)-\eta_k^{\mathrm{T}}HG^{\mathrm{T}}GH^{\mathrm{T}}\eta_k]\\
&-(\tilde{g}_k^{\mathrm{T}}\tilde{g}_k-\eta_k^{\mathrm{T}}ZG^{\mathrm{T}}GZ^{\mathrm{T}}\eta_k)+(\sigma_2-\sigma_1)\varepsilon_k^{\mathrm{T}}\Omega\varepsilon_k+(\sigma_1\delta^{-}-\sigma_2\delta^{+})\\
&\times(\eta_k^{\mathrm{T}}\bar{C}^{\mathrm{T}}\bar{C}\eta_k+2\eta_k^{\mathrm{T}}\bar{C}^{\mathrm{T}}\bar{D}\nu_k+\nu_k^{\mathrm{T}}\bar{D}^{\mathrm{T}}\bar{D}\nu_k)
\end{aligned}\tag{7-24}
$$

现在证明当 $\nu_k=0$ 时，增广系统(7-10)是有限时随机稳定的。利用式(7-24)能够得到

$$
\Delta V_k\leqslant\xi_k\Pi_1^i\xi_k\tag{7-25}
$$

式中

$$
\Pi_1^i=\begin{bmatrix}\hat{\Pi}_1^i & \hat{\Pi}_2^i\\ * & \hat{\Pi}_3^i\end{bmatrix},\quad
\hat{\Pi}_1^i=\begin{bmatrix}\Pi_{11}^i-\bar{M}_1^{\mathrm{T}}\bar{M}_1 & \Pi_{12}^i & \Pi_{13}^i & \Pi_{14}^i-\bar{M}_1^{\mathrm{T}}M\\ * & \Pi_{22}^i & \Pi_{23}^i & -\bar{\beta}\bar{B}_2^{\mathrm{T}}\bar{P}_i\bar{K}_2\\ * & * & \Pi_{33}^i & \Pi_{34}^i\\ * & * & * & \Pi_{44}^i-M^{\mathrm{T}}M\end{bmatrix}
$$

$$
\hat{\Pi}_2^i=\begin{bmatrix}\bar{A}^{\mathrm{T}}\bar{P}_iZ & \bar{A}^{\mathrm{T}}\bar{P}_iH\\ \bar{\beta}\bar{B}_2^{\mathrm{T}}\bar{P}_iZ & \bar{\beta}\bar{B}_2^{\mathrm{T}}\bar{P}_iH\\ (1-\bar{\beta})\bar{B}_2^{\mathrm{T}}\bar{P}_iZ & (1-\bar{\beta})\bar{B}_2^{\mathrm{T}}\bar{P}_iH\\ -\bar{K}_2^{\mathrm{T}}\bar{P}_iZ & -\bar{K}_2^{\mathrm{T}}\bar{P}_iH\end{bmatrix},\quad
\hat{\Pi}_3^i=\begin{bmatrix}Z^{\mathrm{T}}\bar{P}_iZ-I & Z^{\mathrm{T}}\bar{P}_iH\\ * & H^{\mathrm{T}}\bar{P}_iH-I\end{bmatrix}
$$

根据式(7-12)及引理 2.1，容易得到 $\Pi_1^i<0$。因此，$\Delta V_k<0$，进一步有

$$
\mathbb{E}\{V_{k+1}\}<\chi V_k\tag{7-26}
$$

结合 $\chi>1$，通过迭代有

$$
\mathbb{E}\{V_k\}<\chi^kV_0\leqslant\chi^NV_0\tag{7-27}
$$

根据 V_k 的定义及式(7-13)～式(7-15)可以得到

$$
\begin{aligned}
V_0&=\eta_0^{\mathrm{T}}P_i\eta_0+\sum_{i=-\tau_0^1}^{-1}\chi^{-i-1}\eta_i^{\mathrm{T}}Q_1\eta_i+\sum_{j=-\tau_0+1}^{-\tau_m}\sum_{i=j}^{-1}\chi^{-i-1}\eta_i^{\mathrm{T}}Q_1\eta_i\\
&\quad+\sum_{i=-\tau_0^2}^{-1}\chi^{-i-1}\eta_i^{\mathrm{T}}Q_2\eta_i+\sum_{j=-\tau_M+1}^{-\tau_0-1}\sum_{i=j}^{-1}\chi^{-i-1}\eta_i^{\mathrm{T}}Q_2\eta_i\\
&\leqslant\Big[\lambda_1+\chi^{\tau_0-1}\tau_0\lambda_2+\frac{1}{2}\chi^{\tau_0-2}(\tau_0-\tau_m)(\tau_0+\tau_m+1)\lambda_2\\
&\quad+\chi^{\tau_M-1}\tau_M\lambda_3+\frac{1}{2}\chi^{\tau_M-2}(\tau_0+\tau_M)(\tau_M-\tau_0-1)\lambda_3\Big]a_1\\
&=\hbar a_1
\end{aligned}\tag{7-28}
$$

$$
\mathbb{E}\{V_k\}\geqslant\mathbb{E}\{\eta_k^{\mathrm{T}}P_i\eta_k\}\geqslant\lambda_0\mathbb{E}\{\eta_k^{\mathrm{T}}R\eta_k\}\tag{7-29}
$$

利用式(7-16)和式(7-27)～式(7-29)有

$$\mathbb{E}\{\eta_k^{\mathrm{T}} R \eta_k\} \leqslant \frac{1}{\lambda_0}\mathbb{E}\{V_k\} < \frac{\chi^N}{\lambda_0}\hbar a_1 < a_2 \tag{7-30}$$

根据定义 7.1 可知，增广系统(7-10)相对于(a_1,a_2,N,R)是有限时随机稳定的。

下面分析在零初始条件下，$\nu_k \neq 0$时系统的H_∞性能。

根据式(7-10)有

$$\begin{aligned}\mathbb{E}\{\tilde{r}_k^{\mathrm{T}}\tilde{r}_k\} &= \mathbb{E}\{[\bar{M}_1\eta_k + \bar{M}_2\nu_k + M\varepsilon_k]^{\mathrm{T}}[\bar{M}_1\eta_k + \bar{M}_2\nu_k + M\varepsilon_k]\} \\ &= \eta_k^{\mathrm{T}}\bar{M}_1^{\mathrm{T}}\bar{M}_1\eta_k + 2\eta_k^{\mathrm{T}}\bar{M}_1^{\mathrm{T}}\bar{M}_2\nu_k + 2\eta_k^{\mathrm{T}}\bar{M}_1^{\mathrm{T}}M\varepsilon_k \\ &\quad + \nu_k^{\mathrm{T}}\bar{M}_2^{\mathrm{T}}\bar{M}_2\nu_k + 2\nu_k^{\mathrm{T}}\bar{M}_2^{\mathrm{T}}M\varepsilon_k + \varepsilon_k^{\mathrm{T}}M^{\mathrm{T}}M\varepsilon_k\end{aligned} \tag{7-31}$$

根据上述分析有

$$\mathbb{E}\{V_{k+1}\} - \chi V_k + \mathbb{E}\{\tilde{r}_k^{\mathrm{T}}\tilde{r}_k\} - \chi^{-N}\gamma^2\nu_k^{\mathrm{T}}\nu_k \leqslant \bar{\xi}\,\bar{\Pi}^i\bar{\xi} \tag{7-32}$$

根据式(7-12)可知$\mathbb{E}\{V_{k+1}\} - \chi V_k + \mathbb{E}\{\tilde{r}_k^{\mathrm{T}}\tilde{r}_k\} - \chi^{-N}\gamma^2\nu_k^{\mathrm{T}}\nu_k < 0$。接下来，由$V_0 = 0$可以直接得到下式：

$$\begin{aligned}\mathbb{E}\{V_{k+1}\} &< \chi V_k - \mathbb{E}\{\tilde{r}_k^{\mathrm{T}}\tilde{r}_k\} + \chi^{-N}\gamma^2\nu_k^{\mathrm{T}}\nu_k \\ &< \cdots \\ &< \chi^{k+1}V_0 - \mathbb{E}\left\{\sum_{i=0}^{k}\chi^{k-i}\tilde{r}_i^{\mathrm{T}}\tilde{r}_i\right\} + \chi^{-N}\gamma^2\sum_{i=0}^{k}\chi^{k-i}\nu_i^{\mathrm{T}}\nu_i \\ &= -\mathbb{E}\left\{\sum_{i=0}^{k}\chi^{k-i}\tilde{r}_i^{\mathrm{T}}\tilde{r}_i\right\} + \chi^{-N}\gamma^2\sum_{i=0}^{k}\chi^{k-i}\nu_i^{\mathrm{T}}\nu_i\end{aligned}$$

结合$\mathbb{E}\{V_{N+1}\} \geqslant 0$和$\chi > 1$，有下式成立：

$$\sum_{k=0}^{N}\mathbb{E}\{\tilde{r}_k^{\mathrm{T}}\tilde{r}_k\} < \gamma^2\sum_{k=0}^{N}\nu_k^{\mathrm{T}}\nu_k \tag{7-33}$$

证毕。

7.3　有限时故障检测滤波器设计

定理 7.2　对于给定的矩阵$R > 0$，事件触发机制相关参数$0 < \delta^- < \delta^+$，加权矩阵Ω，标量$\chi > 1$，$0 < \sigma_2 < \sigma_1$，$0 < a_1 < a_2$，$N \in \mathbb{Z}^+$及扰动水平$\gamma > 0$，若存在对称正定矩阵P_{i1}，P_{i2}，P_{i3}，Y_{i1}，Y_{i2}，Q_{11}，Q_{12}，Q_{21}，Q_{22}和L，适当维数的矩阵$\bar{K}$和M，正标量λ_0，λ_1，λ_2和λ_3满足式(7-13)～式(7-16)及下列不等式：

$$\tilde{\Pi}_2^i = \begin{bmatrix}\tilde{\Pi}_{11}^i & \tilde{\Pi}_{12}^i \\ * & \tilde{\Pi}_{22}^i\end{bmatrix} < 0 \tag{7-34}$$

式中

$$\bar{\Pi}_{11}^{i}=\begin{bmatrix}\Gamma_{11,1}^{i} & -\chi P_{i3}\\ * & \Gamma_{11,2}^{i}\end{bmatrix},\quad \bar{\Pi}_{22}^{i}=\begin{bmatrix}\Gamma_{22,1}^{i} & 0\\ * & \Gamma_{22,2}^{i}\end{bmatrix},\quad \bar{\Pi}_{23}^{i}=\begin{bmatrix}\Gamma_{23,1}^{i} & 0\\ * & 0\end{bmatrix}$$

$$\tilde{\Pi}_{11}^{i}=\begin{bmatrix}\bar{\Pi}_{11}^{i} & 0 & 0 & 0 & 0 & 0 & \bar{\Pi}_{17}^{i}\\ * & \bar{\Pi}_{22}^{i} & \bar{\Pi}_{23}^{i} & 0 & 0 & 0 & 0\\ * & * & \bar{\Pi}_{33}^{i} & 0 & 0 & 0 & 0\\ * & * & * & (\sigma_2-\sigma_1)\Omega & 0 & 0 & 0\\ * & * & * & * & -I & 0 & 0\\ * & * & * & * & * & -I & 0\\ * & * & * & * & * & * & \bar{\Pi}_{77}^{i}\end{bmatrix},\quad \tilde{\Pi}_{12}^{i}=\begin{bmatrix}\Xi_{11}^{i} & \bar{M}_1^{\mathrm{T}}\\ \sqrt{\bar{\beta}}\Xi_{21}^{i} & 0\\ \sqrt{1-\bar{\beta}}\Xi_{31}^{i} & 0\\ \Xi_{41}^{i} & M^{\mathrm{T}}\\ \Xi_{51}^{i} & 0\\ \Xi_{61}^{i} & 0\\ \Xi_{71}^{i} & \bar{M}_2^{\mathrm{T}}\end{bmatrix}$$

$$\bar{\Pi}_{33}^{i}=\begin{bmatrix}\Gamma_{33,1}^{i} & 0\\ * & \Gamma_{33,2}^{i}\end{bmatrix},\quad \bar{\Pi}_{17}^{i}=\begin{bmatrix}(\sigma_1\delta^{-}-\sigma_2\delta^{+})C^{\mathrm{T}}D & 0\\ * & 0\end{bmatrix},\quad \tilde{\Pi}_{22}^{i}=\begin{bmatrix}\Upsilon_{22,1}^{i} & 0\\ * & -I\end{bmatrix}$$

$$\bar{\Pi}_{77}^{i}=\begin{bmatrix}(\sigma_1\delta^{-}-\sigma_2\delta^{+})D^{\mathrm{T}}D-\chi^{-N}\gamma^2 I & 0\\ * & -\chi^{-N}\gamma^2 I\end{bmatrix},\quad \Xi_{21}^{i}=\begin{bmatrix}B^{\mathrm{T}}Y_{i1}^{\mathrm{T}} & B^{\mathrm{T}}Y_{i2}^{\mathrm{T}}\\ B^{\mathrm{T}}L^{\mathrm{T}} & B^{\mathrm{T}}L^{\mathrm{T}}\end{bmatrix}$$

$$\Xi_{11}^{i}=\begin{bmatrix}A^{\mathrm{T}}Y_{i1}^{\mathrm{T}} & A^{\mathrm{T}}Y_{i2}^{\mathrm{T}}\\ A^{\mathrm{T}}L^{\mathrm{T}}-C^{\mathrm{T}}\bar{K}^{\mathrm{T}} & A^{\mathrm{T}}L^{\mathrm{T}}-C^{\mathrm{T}}\bar{K}^{\mathrm{T}}\end{bmatrix},\quad \Xi_{31}^{i}=\begin{bmatrix}B^{\mathrm{T}}Y_{i1}^{\mathrm{T}} & B^{\mathrm{T}}Y_{i2}^{\mathrm{T}}\\ B^{\mathrm{T}}L^{\mathrm{T}} & B^{\mathrm{T}}L^{\mathrm{T}}\end{bmatrix}$$

$$\Xi_{41}^{i}=[\bar{K}^{\mathrm{T}}\quad \bar{K}^{\mathrm{T}}],\quad \Xi_{51}^{i}=[L^{\mathrm{T}}\quad L^{\mathrm{T}}],\quad \Xi_{61}^{i}=[Y_{i1}^{\mathrm{T}}\quad Y_{i2}^{\mathrm{T}}]$$

$$\Xi_{71}^{i}=\begin{bmatrix}E^{\mathrm{T}}Y_{i1}^{\mathrm{T}}+E^{\mathrm{T}}L^{\mathrm{T}}-D^{\mathrm{T}}\bar{K}^{\mathrm{T}} & E^{\mathrm{T}}Y_{i2}^{\mathrm{T}}+E^{\mathrm{T}}L^{\mathrm{T}}-D^{\mathrm{T}}\bar{K}^{\mathrm{T}}\\ F_i^{\mathrm{T}}Y_{i1}^{\mathrm{T}}+F_i^{\mathrm{T}}L^{\mathrm{T}} & F_i^{\mathrm{T}}Y_{i2}^{\mathrm{T}}+F_i^{\mathrm{T}}L^{\mathrm{T}}\end{bmatrix}$$

$$\Upsilon_{22,1}^{i}=\begin{bmatrix}-(Y_{i1})^{*}+\sum_{j\in\mathbb{S}}\pi_{ij}P_{j1} & -(L+Y_{i2}^{\mathrm{T}})+\sum_{j\in\mathbb{S}}\pi_{ij}P_{j3}\\ * & -(L)^{*}+\sum_{j\in\mathbb{S}}\pi_{ij}P_{j2}\end{bmatrix}$$

$$A=\begin{bmatrix}A & 0\\ 0 & A\end{bmatrix},\quad \hat{A}=\begin{bmatrix}0 & 0\\ 0 & -KC\end{bmatrix},\quad K_0^{i}=\begin{bmatrix}E & F_i\\ E & F_i\end{bmatrix},\quad \hat{B}=\begin{bmatrix}0 & 0\\ -KD & 0\end{bmatrix}$$

$$\Gamma_{11,1}^{i}=(\tau_0-\tau_m+1)Q_{11}+(\tau_M-\tau_0)Q_{21}-\chi P_{i1}+G^{\mathrm{T}}G+(\sigma_1\delta^{-}-\sigma_2\delta^{+})C^{\mathrm{T}}C$$

$$\Gamma_{11,2}^{i}=(\tau_0-\tau_m+1)Q_{12}+(\tau_M-\tau_0)Q_{22}-\chi P_{i2}+G^{\mathrm{T}}G$$

$$\Gamma_{22,1}^{i}=\bar{\beta}(1-\bar{\beta})\left[B^{\mathrm{T}}\sum_{j\in\mathbb{S}}\pi_{ij}P_{j1}B+B^{\mathrm{T}}\left(\sum_{j\in\mathbb{S}}\pi_{ij}P_{j3}\right)^{\mathrm{T}}B+B^{\mathrm{T}}\sum_{j\in\mathbb{S}}\pi_{ij}P_{j3}B\right.$$
$$\left.+B^{\mathrm{T}}\sum_{j\in\mathbb{S}}\pi_{ij}P_{j2}B\right]-\chi^{\tau_m}Q_{11}$$

$$\Gamma_{23,1}^{i}=-\bar{\beta}(1-\bar{\beta})\left[B^{\mathrm{T}}\sum_{j\in\mathbb{S}}\pi_{ij}P_{j1}B+B^{\mathrm{T}}\left(\sum_{j\in\mathbb{S}}\pi_{ij}P_{j3}\right)^{\mathrm{T}}B+B^{\mathrm{T}}\sum_{j\in\mathbb{S}}\pi_{ij}P_{j3}B\right.$$
$$\left.+B^{\mathrm{T}}\sum_{j\in\mathbb{S}}\pi_{ij}P_{j2}B\right]$$

$$\Gamma_{22,2}^{i}=-\chi^{\tau_m}Q_{12}, \quad \Gamma_{33,2}^{i}=-\chi^{\tau_0}Q_{22}$$

$$\Gamma_{33,1}^{i}=\bar{\beta}(1-\bar{\beta})\left[B^{\mathrm{T}}\sum_{j\in\mathbb{S}}\pi_{ij}P_{j1}B+B^{\mathrm{T}}\left(\sum_{j\in\mathbb{S}}\pi_{ij}P_{j3}\right)^{\mathrm{T}}B+B^{\mathrm{T}}\sum_{j\in\mathbb{S}}\pi_{ij}P_{j3}B\right.$$
$$\left.+B^{\mathrm{T}}\sum_{j\in\mathbb{S}}\pi_{ij}P_{j2}B\right]-\chi^{\tau_0}Q_{21}$$

则增广系统(7-10)相对于(a_1,a_2,N,R)是有限时随机稳定的且满足式(7-11)。此外，式(7-9)中的滤波器参数矩阵可如下给出：

$$K=L^{-1}\bar{K} \tag{7-35}$$

M可以由不等式(7-34)直接得到。

证 将定理7.1中的如下参数重写为

$$\bar{A}=A_0+\hat{A}, \quad \bar{K}_1^i=K_0^i+\hat{B} \tag{7-36}$$

结合引理2.1和式(7-36)，式(7-12)可以重写为

$$\Pi_3^i=\begin{bmatrix}\hat{\Pi}_{11}^i & \hat{\Pi}_{12}^i\\ * & \hat{\Pi}_{22}^i\end{bmatrix}<0 \tag{7-37}$$

式中

$$\hat{\Pi}_{11}^i=\begin{bmatrix}\Psi_{11}^i & 0 & 0 & 0\\ * & \Psi_{22}^i & \Psi_{23}^i & 0\\ * & * & \Psi_{33}^i & 0\\ * & * & * & (\sigma_2-\sigma_1)\Omega\end{bmatrix}, \quad \hat{\Pi}_{12}^i=\begin{bmatrix}0 & 0 & \Psi_{17}^i & (A_0+\hat{A})^{\mathrm{T}} & \bar{M}_1^{\mathrm{T}}\\ 0 & 0 & 0 & \bar{\beta}\bar{B}_2^{\mathrm{T}} & 0\\ 0 & 0 & 0 & (1-\bar{\beta})\bar{B}_2^{\mathrm{T}} & 0\\ 0 & 0 & 0 & -\bar{K}_2^{\mathrm{T}} & M^{\mathrm{T}}\end{bmatrix}$$

$$\hat{\Pi}_{22}^i=\begin{bmatrix}-I & 0 & 0 & Z^{\mathrm{T}} & 0\\ * & -I & 0 & H^{\mathrm{T}} & 0\\ * & * & \Psi_{77}^i & (K_0^i+\hat{B})^{\mathrm{T}} & \bar{M}_2^{\mathrm{T}}\\ * & * & * & -\bar{P}_i^{-1} & 0\\ * & * & * & * & -I\end{bmatrix}$$

$$\Psi_{11}^{i}=(\tau_0-\tau_m+1)Q_1+(\tau_M-\tau_0)Q_2+HG^{\mathrm{T}}GH^{\mathrm{T}}+ZG^{\mathrm{T}}GZ^{\mathrm{T}}$$
$$+(\sigma_1\delta^- -\sigma_2\delta^+)\bar{C}^{\mathrm{T}}\bar{C}-\chi P_i$$

$\Psi_{22}^{i}=\Pi_{22}^{i}-\bar{\beta}^2\bar{B}_2^{\mathrm{T}}\bar{P}_i\bar{B}_2$，$\Psi_{23}^{i}=\Pi_{23}^{i}-\bar{\beta}(1-\bar{\beta})\bar{B}_2^{\mathrm{T}}\bar{P}_i\bar{B}_2$，$\Psi_{33}^{i}=\Pi_{33}^{i}-(1-\bar{\beta})^2\bar{B}_2^{\mathrm{T}}\bar{P}_i\bar{B}_2$

$\Psi_{17}^{i}=(\sigma_1\delta^- -\sigma_2\delta^+)\bar{C}^{\mathrm{T}}\bar{D}$，$\Psi_{77}^{i}=(\sigma_1\delta^- -\sigma_2\delta^+)\bar{D}^{\mathrm{T}}\bar{D}-\chi^{-N}\gamma^2 I$

利用 $\mathrm{diag}\{I,I,I,I,I,I,I,X_i,I\}$ 对不等式(7-37)进行合同变换，式(7-37)等价于下式：

$$\hat{\Pi}_4^{i}=\begin{bmatrix}\hat{\Pi}_{11}^{i} & \breve{\Pi}_{12}^{i}\\ * & \breve{\Pi}_{22}^{i}\end{bmatrix}<0 \tag{7-38}$$

式中

$$\breve{\Pi}_{12}^{i}=\begin{bmatrix}0 & 0 & \Psi_{17}^{i} & (A_0+\hat{A})^{\mathrm{T}}X_i^{\mathrm{T}} & \bar{M}_1^{\mathrm{T}}\\ 0 & 0 & 0 & \bar{\beta}\bar{B}_2^{\mathrm{T}}X_i^{\mathrm{T}} & 0\\ 0 & 0 & 0 & (1-\bar{\beta})\bar{B}_2^{\mathrm{T}}X_i^{\mathrm{T}} & 0\\ 0 & 0 & 0 & -\bar{K}_2^{\mathrm{T}}X_i^{\mathrm{T}} & M^{\mathrm{T}}\end{bmatrix}$$

$$\breve{\Pi}_{22}^{i}=\begin{bmatrix}-I & 0 & 0 & Z^{\mathrm{T}}X_i^{\mathrm{T}} & 0\\ * & -I & 0 & H^{\mathrm{T}}X_i^{\mathrm{T}} & 0\\ * & * & \Psi_{77}^{i} & (K_0^i+\hat{B})^{\mathrm{T}}X_i^{\mathrm{T}} & \bar{M}_2^{\mathrm{T}}\\ * & * & * & -X_i\bar{P}_i^{-1}X_i^{\mathrm{T}} & 0\\ * & * & * & * & -I\end{bmatrix}$$

由 $(\bar{P}_i-X_i)\bar{P}_i^{-1}(\bar{P}_i-X_i)^{\mathrm{T}}\geqslant 0$ 可以得到下式成立：

$$-X_i\bar{P}_i^{-1}X_i^{\mathrm{T}}\leqslant -X_i-X_i^{\mathrm{T}}+\bar{P}\triangleq -(X_i)^*+\bar{P}_i \tag{7-39}$$

根据式(7-39)，如果

$$\Pi_5^{i}=\begin{bmatrix}\hat{\Pi}_{11}^{i} & \breve{\Pi}_{12}^{i}\\ * & \vec{\Pi}_{22}^{i}\end{bmatrix}<0 \tag{7-40}$$

其中

$$\vec{\Pi}_{22}^{i}=\begin{bmatrix}-I & 0 & 0 & Z^{\mathrm{T}}X_i^{\mathrm{T}} & 0\\ * & -I & 0 & H^{\mathrm{T}}X_i^{\mathrm{T}} & 0\\ * & * & \Psi_{77}^{i} & (K_0^i+\hat{B})^{\mathrm{T}}X_i^{\mathrm{T}} & \bar{M}_2^{\mathrm{T}}\\ * & * & * & -(X_i)^*+\bar{P}_i & 0\\ * & * & * & * & -I\end{bmatrix}$$

则式(7-38)成立。

为了得到滤波器参数矩阵的表达形式，将 X_i，P_i，Q_1，Q_2 定义为如下形式：

$$X_i=\begin{bmatrix} Y_{i1} & L \\ Y_{i2} & L \end{bmatrix},\quad P_i=\begin{bmatrix} P_{i1} & P_{i3} \\ * & P_{i2} \end{bmatrix},\quad Q_1=\begin{bmatrix} Q_{11} & 0 \\ 0 & Q_{12} \end{bmatrix},\quad Q_2=\begin{bmatrix} Q_{21} & 0 \\ 0 & Q_{22} \end{bmatrix} \tag{7-41}$$

结合式(7-40)和式(7-41)，定义 $\bar{K}=LK$，通过计算可得式(7-34)，证毕。

7.4 算　　例

本节给出一个数值仿真算例来验证所述算法的有效性和合理性。考虑具有时滞的非线性系统(7-1)，相关参数如下：

$$A=\begin{bmatrix} -0.3800 & -0.3171 \\ -0.1100 & -0.3200 \end{bmatrix},\quad B=\begin{bmatrix} -0.0150 & -0.1000 \\ 0.1000 & -0.0060 \end{bmatrix},\quad F_1=\begin{bmatrix} -0.51 \\ 0.6 \end{bmatrix},\quad F_2=\begin{bmatrix} 0 \\ 0 \end{bmatrix}$$

$$E=\begin{bmatrix} 0.1 \\ -0.3 \end{bmatrix},\quad G=\begin{bmatrix} 0.01 & 0 \\ 0 & 0.01 \end{bmatrix},\quad \Pi=\begin{bmatrix} 0.2 & 0.8 \\ 0.3 & 0.7 \end{bmatrix},\quad C=[-0.0065\quad 0.0040],\quad D=0.2$$

$$\tau_k^1=1.5+\sin(\pi k+\pi/2)/2,\quad \tau_k^2=3,\quad g(x_k)=\begin{bmatrix} 0.45x_{1,k}+\tanh(0.225x_{1,k})+0.225x_{2,k} \\ 0.45x_{2,k}-\tanh(0.15x_{2,k}) \end{bmatrix}$$

时变时滞满足 $1\leqslant\tau_k\leqslant3$，令 $\tau_m=1$，$\tau_0=2$，$\tau_M=3$ 且 $\bar{\beta}=0.7$。给定事件触发机制相关参数 $\delta^-=0.3$，$\delta^+=0.55$，$\Omega=0.1$，选取正标量为 $\sigma_1=0.6$，$\sigma_2=0.3$。其他参数分别取值为 $\chi=1.01$，$N=20$，$a_1=0.1$，$a_2=2.5$，$R=I$。此外，H_∞ 性能指标为 $\gamma=1.9$。

利用 Matlab 对定理 7.2 中的式(7-34)进行求解，得到如下滤波器参数矩阵：

$$K=\begin{bmatrix} -0.5034 \\ 0.6579 \end{bmatrix},\quad M=0.0025$$

令系统(7-1)和故障检测滤波器的初始条件分别为 $x_0=[0.2\quad -0.3]^{\mathrm{T}}$ 和 $\hat{x}_0=0$。故障信号如下所示：

$$f_k=\begin{cases} \sin(k), & 5\leqslant k\leqslant15 \\ 0, & \text{其他} \end{cases}$$

图 7.1 和图 7.2 分别绘制了当 $\omega_k=0$ 时残差信号 r_k 和残差评价函数 J_k 的轨迹。

当 $\omega_k\neq0$ 时，令 ω_k 是在区间 $[-0.5,0.5]$ 上均匀分布的噪声。图 7.3 和图 7.4 分别表示残差信号 r_k 和残差评价函数 J_k 的轨迹。根据阈值 J_{th} 的定义，计算得到 $J_{\mathrm{th}}=0.5194$，由图 7.4 可以得到 $0.2560=J_4<J_{\mathrm{th}}<J_5=1.0030$，说明故障在发生后能够立刻被检测出来。

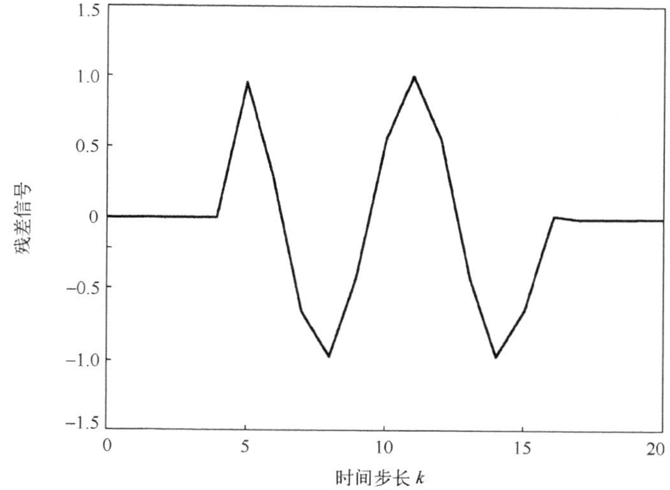

图 7.1　ω_k=0 时残差信号 r_k

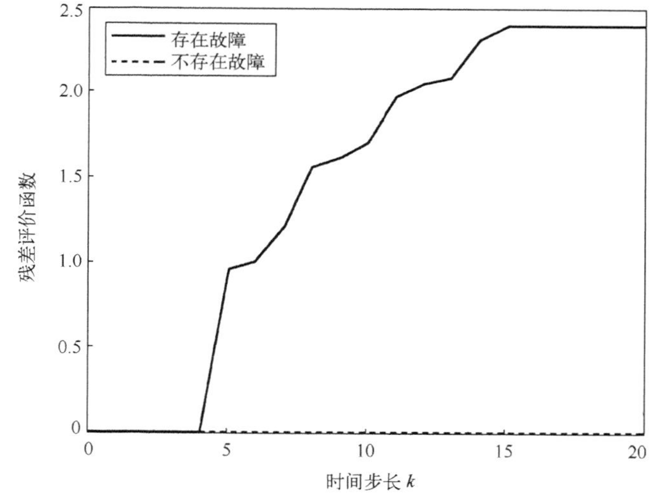

图 7.2　ω_k=0 时残差评价函数 J_k

图 7.5 刻画了不同事件触发机制下传输数据的触发时刻和间隔。其中，图 7.5(a)表示参数选择 $\delta^- = 0.3$ 和 $\delta^+ = 0.55$ 时，环形事件触发机制下有 12 个时刻的数据满足了事件触发条件并进行了数据传输，图 7.5(b)表示参数 $\delta^- = 0.3$ 时，静态事件触发机制下有 18 个时刻的数据可以传输到远程的故障检测滤波器。因此，相比静态事件触发机制，环事件触发机制能进一步减轻通信压力。此外，图 7.6 描述了 $\mathbb{E}\{\eta_k^{\mathrm{T}} R\eta_k\}$ 和 a_2 的轨迹，其中，实线表示 $\mathbb{E}\{\eta_k^{\mathrm{T}} R\eta_k\}$ 的轨迹，点画线表示 a_2 的轨迹。从图 7.6 中能够看出增广系统(7-10)是有限时随机稳定的。

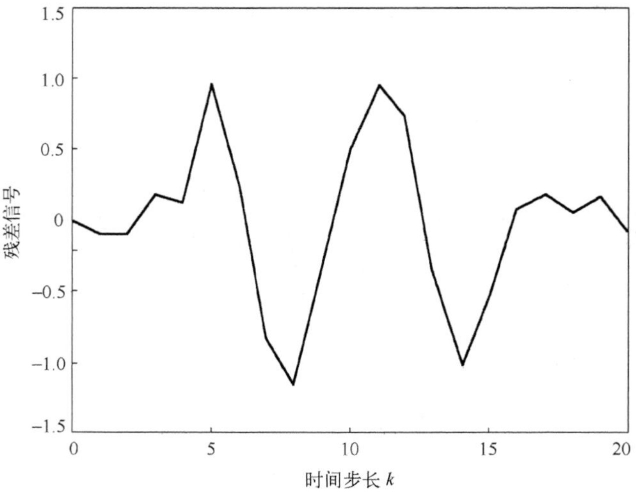

图 7.3　$\omega_k \neq 0$ 时残差信号 r_k

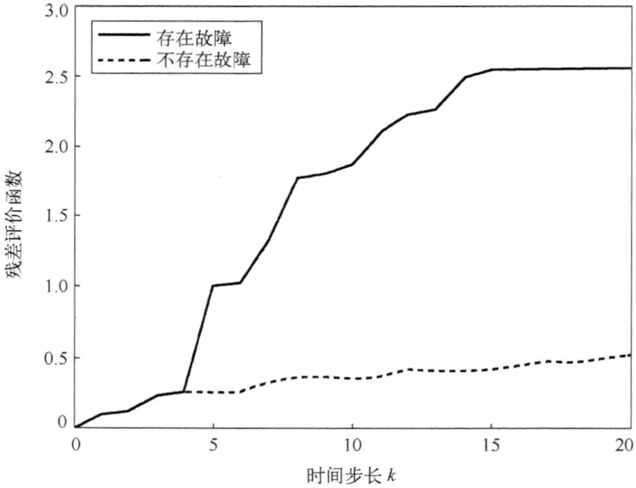

图 7.4　$\omega_k \neq 0$ 时残差评价函数 J_k

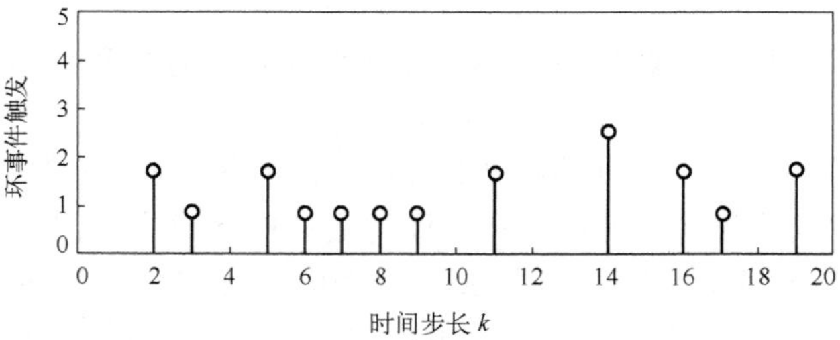

(a)

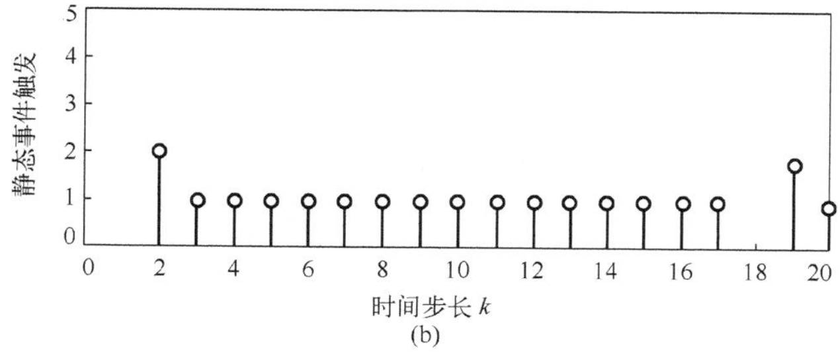

(b)

图 7.5　事件触发时刻和间隔

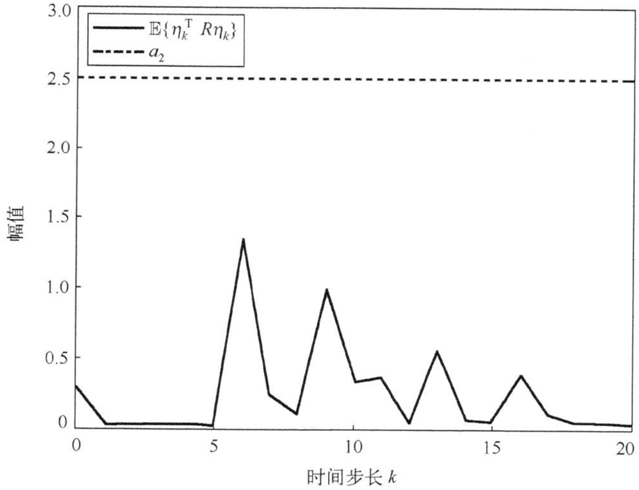

图 7.6　$\mathbb{E}\{\eta_k^{\mathrm{T}} R\eta_k\}$ 和 a_2 的轨迹

7.5　本 章 小 结

本章研究了环事件触发机制下具有概率区间时滞和随机发生故障的非线性网络化系统有限时故障检测问题。其中，随机发生故障现象用马尔可夫链刻画，考虑了概率区间时滞对系统的影响，给出了等价于原始系统的一种新模型。基于新模型，设计了故障检测滤波器。通过将随机区间时滞的概率信息转换成系统的参数矩阵来补偿随机时滞对系统的影响。借助于 Lyapunov 稳定性理论和线性矩阵不等式方法得到了新的基于环事件触发机制的非线性网络化系统有限时故障检测方法。最后，由一个仿真算例验证了该方法的有效性。

第 8 章　环事件触发机制下状态饱和时滞非线性系统有限时故障检测

本章的目的是研究环事件触发机制下时滞非线性系统的有限时故障检测问题。为了减轻网络的通信负担，采用基于环事件的通信策略调控测量数据的传输。也就是说，只有当当前时刻的测量值与最后一次传输时刻的数据之间的差值在规定触发环内时，测量输出才会发送给故障检测滤波器。通过引入无穷范数小于等于 1 的自由矩阵，使系统各时刻的状态受到凸包约束。随后，得到了保证增广系统全局渐近稳定且满足 H_∞ 性能的充分条件。值得注意的是，提出的充分条件是用非线性矩阵不等式表示的，这些不等式可以通过给定的迭代线性矩阵不等式方法来处理。最后，通过一个数值模拟验证了提出的故障检测滤波算法的有效性。

8.1　问 题 简 述

考虑如下定义在 $k \in [0,N]$ 上具有时变时滞和非线性的状态饱和系统：

$$\begin{aligned} x_{k+1} &= \sigma(Ax_k + A_\tau x_{k-\tau_k} + g(x_k) + D_1 v_k + G_1 f_k) \\ y_k &= Cx_k + D_2 v_k + G_2 f_k \\ x_k &= \varphi_k, \forall k \in [-\tau_M, 0] \end{aligned} \tag{8-1}$$

式中，$x_k \in \mathbb{R}^n$ 表示系统状态；$y_k \in \mathbb{R}^m$ 为测量输出；$g(x_k) \in \mathbb{R}^n$ 为已知的非线性函数；$v_k \in \mathbb{R}^s$ 是属于 $l_2[0,N]$ 的外部扰动；$f_k \in \mathbb{R}^l$ 为待检测的故障；τ_k 为满足 $\tau_m \leqslant \tau_k \leqslant \tau_M$ 的时滞，τ_M 和 τ_m 分别表示时滞 τ_k 的上下界；φ_k 为给定的初始序列，A，A_τ，D_1，G_1，C，D_2 和 G_2 为具有适当维数的已知矩阵。

非线性函数满足 $g(0)=0$ 和

$$[g(x)-g(y)-\Gamma_1(x-y)]^{\mathrm{T}}[g(x)-g(y)-\Gamma_2(x-y)] \leqslant 0, \forall x,y \in \mathbb{R}^n$$

式中，$\Gamma_1 > \Gamma_2$，Γ_1 和 Γ_2 为已知的实值矩阵。则有

$$\begin{bmatrix} x_k \\ g(x_k) \end{bmatrix}^{\mathrm{T}} \begin{bmatrix} \mathcal{T}_1 & \mathcal{T}_2 \\ * & I \end{bmatrix} \begin{bmatrix} x_k \\ g(x_k) \end{bmatrix} \leqslant 0 \tag{8-2}$$

其中

$$\mathcal{T}_1 = \frac{\Gamma_1^{\mathrm{T}}\Gamma_2 + \Gamma_2^{\mathrm{T}}\Gamma_1}{2}, \quad \mathcal{T}_2 = -\frac{\Gamma_1^{\mathrm{T}} + \Gamma_2^{\mathrm{T}}}{2}$$

饱和函数$\sigma:\mathbb{R}^n \mapsto \mathbb{R}^n$描述为

$$\sigma(\alpha) = [\sigma_1(\alpha_1) \quad \sigma_2(\alpha_2) \quad \cdots \quad \sigma_n(\alpha_n)]^{\mathrm{T}} \tag{8-3}$$

式中，$\sigma_i(\alpha_i) = \mathrm{sign}(\alpha_i)\min\{\varrho_i, |\alpha_i|\}, i \in [1,n]$；sign 表示符号函数；$\varrho_i > 0$为饱和水平；$\alpha_i$代表向量$\alpha$的第$i$个元素。为了便于后续分析，定义$\Upsilon = \{\varrho_1, \varrho_2, \cdots, \varrho_n\}$。

为了避免网络拥堵现象，节约网络资源，本节引入环事件触发机制来决定当前时刻是否更新测量数据。也就是说，如果满足条件

$$\epsilon^- < \psi_k^{\mathrm{T}}\psi_k < \epsilon^+ \tag{8-4}$$

则更新测量值。式中，$\psi_k = y_{k_i} - y_k$；y_k表示当前时刻的测量信号；y_{k_i}表示最新传输时刻k_i的测量信号。令触发序列为$0 \leqslant k_0 < k_1 < k_2 < \cdots < k_i < \cdots$，那么，下一个触发时刻可以按照如下方式确定：

$$k_{i+1} = \inf\{k \in [0,N] \mid k > k_i, \epsilon^- < \psi_k^{\mathrm{T}}\psi_k < \epsilon^+\} \tag{8-5}$$

根据上面的描述，实际的传输数据$\overline{y}_k$可以表示为

$$\overline{y}_k = y_{k_i}, \quad k \in [k_i, k_{i+1}) \tag{8-6}$$

与传统的时间触发通信方案相比，事件触发机制从系统结构的角度引入了一个事件检测器，其主要功能是判断当前时刻的测量输出是否需要发送到滤波器。研究发现，事件触发机制在节约网络资源方面起着重要的作用。本节引入环事件触发机制(8-4)，希望达到节约网络资源的目的。

为了检测环事件触发机制下非线性时滞状态饱和系统(8-1)的故障，构造如下故障检测滤波器：

$$\begin{aligned} \hat{x}_{k+1} &= A_F\hat{x}_k + B_F\overline{y}_k \\ r_k &= C_F\hat{x}_k + D_F\overline{y}_k \end{aligned} \tag{8-7}$$

式中，$\hat{x}_k \in \mathbb{R}^n$为故障检测滤波器的状态；$r_k \in \mathbb{R}^l$为残差；$A_F$，$B_F$，$C_F$和$D_F$为适当维数的待设计滤波器参数矩阵。

令$\eta_k = [x_k^{\mathrm{T}} \quad \hat{x}_k^{\mathrm{T}}]^{\mathrm{T}}$，$\overline{r}_k = r_k - f_k$和$\vartheta_k = [v_k^{\mathrm{T}} \quad f_k^{\mathrm{T}}]^{\mathrm{T}}$，通过式(8-1)和式(8-7)，得到如下增广系统：

$$\begin{aligned} \eta_{k+1} &= \mathcal{A}\eta_k + \mathcal{A}_\tau\psi_k + \mathcal{G}_1\vartheta_k + \mathcal{H}_k \\ \overline{r}_k &= \mathcal{C}\eta_k + D_F\psi_k + \mathcal{G}_2\vartheta_k \end{aligned} \tag{8-8}$$

式中

$$\mathcal{A} = \begin{bmatrix} 0 & 0 \\ B_F C & A_F \end{bmatrix}, \quad \mathcal{A}_\tau = \begin{bmatrix} 0 \\ B_F \end{bmatrix}, \quad \mathcal{G}_1 = \begin{bmatrix} 0 & 0 \\ B_F D_2 & B_F G_2 \end{bmatrix}, \quad \mathcal{C} = [D_F C \quad C_F]$$

$$\mathcal{H}_k = \begin{bmatrix} \sigma(Ax_k + A_\tau x_{k-\tau_k} + g(x_k) + D_1 v_k + G_1 f_k) \\ 0 \end{bmatrix}, \quad \mathcal{G}_2 = [D_F D_2 \quad D_F G_2 - I]$$

为了后续分析，本节给出如下假设和定义。

假设 8.1　系统(8-8)的初始条件满足

$$\eta_{s_1}^{\mathrm{T}} L \eta_{s_1} \leqslant c_1 \tag{8-9}$$

式中，$s_1 \in \{-\tau_M, -\tau_M + 1, \cdots, 0\}$；$L$ 为已知的正定矩阵；c_1 为给定的非负标量。

定义 8.1[179]　如果对于 $\forall s_1 \in \{-\tau_M, -\tau_M + 1, \cdots, 0\}$ 和 $\forall s_2 \in \{1, 2, \cdots, N\}$，有

$$\eta_{s_1}^{\mathrm{T}} L \eta_{s_1} \leqslant c_1 \Rightarrow \eta_{s_2}^{\mathrm{T}} L \eta_{s_2} < c_2 \tag{8-10}$$

式中，$c_2 > c_1 \geqslant 0$，则当 $\vartheta_k = 0$ 时，称增广系统(8-8)相对于 (c_1, c_2, L, N) 是有限时稳定的。

进一步给出残差评价函数 J_k 和阈值 J_{th} 的定义

$$J_k = \left\{ \sum_{s=0}^{k} r_s^{\mathrm{T}} r_s \right\}^{1/2}, \quad J_{\mathrm{th}} = \sup_{v_k \in l_2, f_k = 0} J_k \tag{8-11}$$

根据式(8-11)，按照以下规则，通过比较 J_k 和 J_{th} 的大小确定系统是否发生故障，即

$$J_k > J_{\mathrm{th}} \Rightarrow \text{检测出故障} \Rightarrow \text{警报}$$

$$J_k \leqslant J_{\mathrm{th}} \Rightarrow \text{无故障} \Rightarrow \text{不警报}$$

本节的目的是构造一个形如式(8-7)的滤波器，使增广系统(8-8)有限时稳定且满足 H_∞ 性能。即设计滤波器参数矩阵 A_F，B_F，C_F 和 D_F 使得

(1) 当 $\vartheta_k = 0$ 时，增广系统(8-8)相对于 (c_1, c_2, L, N) 是有限时稳定的；

(2) 当 $\vartheta_k \neq 0$ 时，在零初始条件下，误差 $\overline{r}_k$ 满足

$$\sum_{k=0}^{N} \|\overline{r}_k\|^2 < \gamma^2 \sum_{k=0}^{N} \|\vartheta_k\|^2 \tag{8-12}$$

式中，γ 为正标量。

当上述两个条件同时满足时，增广系统(8-8)相对于 (c_1, c_2, L, N, γ) 有限时稳定且满足 H_∞ 性能。

为了便于讨论，本节介绍如下引理。

引理 8.1[180]　设 $\mathcal{X}_n$ 为 $n \times n$ 维对角元素为 1 或 0 的对角矩阵的集合，易知 $\mathcal{X}_n$ 中共有 2^n 个元素，记第 i 个元素为 $X_i (i \in [1, 2^n])$。定义 $X_i^- = I - X_i$，容易发现 $X_i^- \in \mathcal{X}_n$。假设矩阵 $M \in \mathbb{R}^{n \times n}$ 满足 $\|M\|_\infty \leqslant 1$，则对任意向量 $\omega \in \mathbb{R}^n$，有

$$\Upsilon^{-1} \sigma(Ax_k + \omega) \in \mathrm{co}\{X_i \Upsilon^{-1}(Ax_k + \omega) + X_i^- M \Upsilon^{-1} x_k, i \in [1, 2^n]\}$$

引理 8.2[180]　对任意矩阵 $P > 0$，$x \mapsto x^{\mathrm{T}} P x$ 是凸映射。

8.2　系统性能分析

本节给出保证增广系统(8-8)有限时稳定且满足 H_∞ 性能的充分条件。

定理 8.1　对于给定的滤波器参数矩阵 A_F，B_F，C_F 和 D_F，以及正标量 τ_m，τ_M，γ 和 $\chi>1$，如果存在对称正定矩阵 $P=\mathrm{diag}\{P_1,P_2\}$ 和 R，任意适当维数的矩阵 M，正标量 κ_1，κ_2，λ_0，λ_1 和 λ_2，使得矩阵不等式

$$\|M\|_\infty \leqslant 1 \tag{8-13}$$

$$\Psi_i=\begin{bmatrix} \Psi_i^{11} & 0 & 0 & 0 & 0 & 0 \\ * & \Psi_i^{22} & \Psi_i^{23} & \Psi_i^{24} & \Psi_i^{25} & \Psi_i^{26} \\ * & * & \Psi_i^{33} & \Psi_i^{34} & 0 & \Psi_i^{36} \\ * & * & * & \Psi_i^{44} & 0 & \Psi_i^{46} \\ * & * & * & * & \Psi_i^{55} & \Psi_i^{56} \\ * & * & * & * & * & \Psi_i^{66} \end{bmatrix}<0,\quad i\in[1,2^n] \tag{8-14}$$

$$\lambda_0 L<P<\lambda_1 L,\quad 0<R<\lambda_2 I \tag{8-15}$$

$$\bar{\lambda}_1 c_1<\chi^{-N}\lambda_0 c_2 \tag{8-16}$$

同时成立，式中

$$\begin{aligned}
\Psi_i^{22}&=-\chi P+\bar{I}^{\mathrm T}(X_i\Upsilon^{-1}A+X_i^- M\Upsilon^{-1})^{\mathrm T}\Upsilon P_1\Upsilon(X_i\Upsilon^{-1}A+X_i^- M\Upsilon^{-1})\bar{I}\\
&\quad+\mathcal{A}^{\mathrm T}P\mathcal{A}+(\tau_M-\tau_m+1)R-\bar{I}^{\mathrm T}\mathcal{T}_1\bar{I}+\mathcal{C}^{\mathrm T}\mathcal{C}\\
\Psi_i^{23}&=\bar{I}^{\mathrm T}(X_i\Upsilon^{-1}A+X_i^- M\Upsilon^{-1})^{\mathrm T}\Upsilon P_1 X_i A_\tau \bar{I}\\
\Psi_i^{24}&=\bar{I}^{\mathrm T}(X_i\Upsilon^{-1}A+X_i^- M\Upsilon^{-1})^{\mathrm T}\Upsilon P_1 X_i-\bar{I}^{\mathrm T}\mathcal{T}_2,\quad \Psi_i^{25}=\mathcal{A}^{\mathrm T}P\mathcal{A}_\tau+\mathcal{C}^{\mathrm T}D_F\\
\Psi_i^{26}&=\bar{I}^{\mathrm T}(X_i\Upsilon^{-1}A+X_i^- M\Upsilon^{-1})^{\mathrm T}\Upsilon P_1 X_i\mathcal{G}_3+\mathcal{A}^{\mathrm T}P\mathcal{G}_1+\mathcal{C}^{\mathrm T}\mathcal{G}_2\\
\Psi_i^{33}&=-\chi^{\tau_m}R+\bar{I}^{\mathrm T}A_\tau^{\mathrm T}X_i^{\mathrm T}P_1X_iA_\tau\bar{I},\quad \Psi_i^{34}=\bar{I}^{\mathrm T}A_\tau^{\mathrm T}X_i^{\mathrm T}P_1X_i,\quad \Psi_i^{36}=\bar{I}^{\mathrm T}A_\tau^{\mathrm T}X_i^{\mathrm T}P_1X_i\mathcal{G}_3\\
\Psi_i^{44}&=-I+X_i^{\mathrm T}P_1X_i,\quad \Psi_i^{46}=X_i^{\mathrm T}P_1X_i\mathcal{G}_3,\quad \Psi_i^{55}=-\kappa_1 I+\kappa_2 I+\mathcal{A}_\tau^{\mathrm T}P\mathcal{A}_\tau+D_F^{\mathrm T}D_F\\
\Psi_i^{56}&=\mathcal{A}_\tau^{\mathrm T}P\mathcal{G}_1+D_F^{\mathrm T}\mathcal{G}_2,\quad \Psi_i^{66}=-\chi^{-N}\gamma^2 I+\mathcal{G}_1^{\mathrm T}P\mathcal{G}_1+\mathcal{G}_3^{\mathrm T}X_i^{\mathrm T}P_1X_i\mathcal{G}_3+\mathcal{G}_2^{\mathrm T}\mathcal{G}_2\\
\bar{\lambda}_1&=\lambda_1+\chi^{\tau_M-1}\tau_M\lambda_2+0.5\chi^{\tau_M-2}(\tau_M-\tau_m-1)(\tau_M-\tau_m)\lambda_2\\
\Psi_i^{11}&=-\kappa_2\epsilon^{+}+\kappa_1\epsilon^{-},\quad \bar{I}=[I\quad 0],\quad \mathcal{G}_3=[D_1\quad G_1]
\end{aligned} \tag{8-17}$$

则增广系统(8-8)相对于 (c_1,c_2,L,N,γ) 有限时稳定且满足 H_∞ 性能。

证　针对增广系统(8-8)，构造如下 Lyapunov 泛函：

$$V_k = V_{1,k} + V_{2,k} \tag{8-18}$$

式中

$$V_{1,k} = \eta_k^{\mathrm{T}} P \eta_k$$

$$V_{2,k} = \sum_{i=k-\tau_k}^{k-1} \chi^{k-i-1} \eta_i^{\mathrm{T}} R \eta_i + \sum_{j=-\tau_M+1}^{-\tau_m} \sum_{i=k+j}^{k-1} \chi^{k-i-1} \eta_i^{\mathrm{T}} R \eta_i$$

定义 $\Delta V_{i,k} = V_{i,k+1} - \chi V_{i,k} (i=1,2)$，沿着增广系统(8-8)的轨迹求 V_k 的差分，有

$$\Delta V_k = \Delta V_{1,k} + \Delta V_{2,k}$$

式中

$$\begin{aligned}
\Delta V_{1,k} &= V_{1,k+1} - \chi V_{1,k} \\
&= [\mathcal{A}\eta_k + \mathcal{A}_\tau \psi_k + \mathcal{G}_1 \vartheta_k + \mathcal{H}_k]^{\mathrm{T}} P [\mathcal{A}\eta_k + \mathcal{A}_\tau \psi_k + \mathcal{G}_1 \vartheta_k + \mathcal{H}_k] - \chi \eta_k^{\mathrm{T}} P \eta_k \\
&= \eta_k^{\mathrm{T}} \mathcal{A}^{\mathrm{T}} P \mathcal{A} \eta_k + 2\eta_k^{\mathrm{T}} \mathcal{A}^{\mathrm{T}} P \mathcal{A}_\tau \psi_k + 2\eta_k^{\mathrm{T}} \mathcal{A}^{\mathrm{T}} P \mathcal{G}_1 \vartheta_k + \psi_k^{\mathrm{T}} \mathcal{A}_\tau^{\mathrm{T}} P \mathcal{A}_\tau \psi_k \\
&\quad + 2\psi_k^{\mathrm{T}} \mathcal{A}_\tau^{\mathrm{T}} P \mathcal{G}_1 \vartheta_k + \vartheta_k^{\mathrm{T}} \mathcal{G}_1^{\mathrm{T}} P \mathcal{G}_1 \vartheta_k + \mathcal{H}_k^{\mathrm{T}} P \mathcal{H}_k - \chi \eta_k^{\mathrm{T}} P \eta_k \\
&= \eta_k^{\mathrm{T}} \mathcal{A}^{\mathrm{T}} P \mathcal{A} \eta_k + 2\eta_k^{\mathrm{T}} \mathcal{A}^{\mathrm{T}} P \mathcal{A}_\tau \psi_k + 2\eta_k^{\mathrm{T}} \mathcal{A}^{\mathrm{T}} P \mathcal{G}_1 \vartheta_k + \psi_k^{\mathrm{T}} \mathcal{A}_\tau^{\mathrm{T}} P \mathcal{A}_\tau \psi_k \\
&\quad + 2\psi_k^{\mathrm{T}} \mathcal{A}_\tau^{\mathrm{T}} P \mathcal{G}_1 \vartheta_k + \vartheta_k^{\mathrm{T}} \mathcal{G}_1^{\mathrm{T}} P \mathcal{G}_1 \vartheta_k - \chi \eta_k^{\mathrm{T}} P \eta_k \\
&\quad + \sigma^{\mathrm{T}} (A x_k + B x_{k-\tau_k} + g(x_k) + G_1 w_k + H_1 f_k) P_1 \\
&\quad \times \sigma (A x_k + B x_{k-\tau_k} + g(x_k) + G_1 w_k + H_1 f_k)
\end{aligned} \tag{8-19}$$

$$\begin{aligned}
\Delta V_{2,k} &= V_{2,k+1} - \chi V_{2,k} \\
&\leqslant (\tau_M - \tau_m + 1) \eta_k^{\mathrm{T}} R \eta_k - \chi^{\tau_m} \eta_{k-\tau_k}^{\mathrm{T}} R \eta_{k-\tau_k}
\end{aligned} \tag{8-20}$$

利用引理 8.1 和引理 8.2，容易得到

$$\begin{aligned}
\Delta V_{1,k} &= \eta_k^{\mathrm{T}} \mathcal{A}^{\mathrm{T}} P \mathcal{A} \eta_k + 2\eta_k^{\mathrm{T}} \mathcal{A}^{\mathrm{T}} P \mathcal{A}_\tau \psi_k + 2\eta_k^{\mathrm{T}} \mathcal{A}^{\mathrm{T}} P \mathcal{G}_1 \vartheta_k + \psi_k^{\mathrm{T}} \mathcal{A}_\tau^{\mathrm{T}} P \mathcal{A}_\tau \psi_k \\
&\quad + 2\psi_k^{\mathrm{T}} \mathcal{A}_\tau^{\mathrm{T}} P \mathcal{G}_1 \vartheta_k + \vartheta_k^{\mathrm{T}} \mathcal{G}_1^{\mathrm{T}} P \mathcal{G}_1 \vartheta_k - \chi \eta_k^{\mathrm{T}} P \eta_k \\
&\quad + \left\{ \sum_{i=1}^{2^n} \alpha_i [X_i \Upsilon^{-1} (A \overline{I} \eta_k + A_\tau \overline{I} \eta_{k-\tau_k} + g(x_k) + \mathcal{G}_3 \vartheta_k) + X_i^- M \Upsilon^{-1} \overline{I} \eta_k]^{\mathrm{T}} \right\} \\
&\quad \times \Upsilon P_1 \Upsilon \left\{ \sum_{i=1}^{2^n} \alpha_i [X_i \Upsilon^{-1} (A \overline{I} \eta_k + A_\tau \overline{I} \eta_{k-\tau_k} + g(x_k) + \mathcal{G}_3 \vartheta_k) + X_i^- M \Upsilon^{-1} \overline{I} \eta_k] \right\} \\
&\leqslant \max_{i \in [1,2^n]} \{ \eta_k^{\mathrm{T}} \mathcal{A}^{\mathrm{T}} P \mathcal{A} \eta_k + 2\eta_k^{\mathrm{T}} \mathcal{A}^{\mathrm{T}} P \mathcal{A}_\tau \psi_k + 2\eta_k^{\mathrm{T}} \mathcal{A}^{\mathrm{T}} P \mathcal{G}_1 \vartheta_k \\
&\quad + \psi_k^{\mathrm{T}} \mathcal{A}_\tau^{\mathrm{T}} P \mathcal{A}_\tau \psi_k + 2\psi_k^{\mathrm{T}} \mathcal{A}_\tau^{\mathrm{T}} P \mathcal{G}_1 \vartheta_k + \vartheta_k^{\mathrm{T}} \mathcal{G}_1^{\mathrm{T}} P \mathcal{G}_1 \vartheta_k - \chi \eta_k^{\mathrm{T}} P \eta_k \\
&\quad + [X_i \Upsilon^{-1} (A \overline{I} \eta_k + A_\tau \overline{I} \eta_{k-\tau_k} + g(x_k) + \mathcal{G}_3 \vartheta_k) + X_i^- M \Upsilon^{-1} \overline{I} \eta_k]^{\mathrm{T}}
\end{aligned}$$

$$
\begin{aligned}
&\times \Upsilon P_1 \Upsilon[X_i \Upsilon^{-1}(A\bar{I}\eta_k + A_\tau \bar{I}\eta_{k-\tau_k} + g(x_k) + \mathcal{G}_3\vartheta_k) + X_i^- M\Upsilon^{-1}\bar{I}\eta_k]\} \\
&= \max\nolimits_{i\in[1,2^n]}\{\eta_k^{\mathrm{T}}\mathcal{A}^{\mathrm{T}}P\mathcal{A}\eta_k + 2\eta_k^{\mathrm{T}}\mathcal{A}^{\mathrm{T}}P\mathcal{A}_\tau\psi_k + 2\eta_k^{\mathrm{T}}\mathcal{A}^{\mathrm{T}}P\mathcal{G}_1\vartheta_k \\
&\quad + \psi_k^{\mathrm{T}}\mathcal{A}_\tau^{\mathrm{T}}P\mathcal{A}_\tau\psi_k + 2\psi_k^{\mathrm{T}}\mathcal{A}_\tau^{\mathrm{T}}P\mathcal{G}_1\vartheta_k + \vartheta_k^{\mathrm{T}}\mathcal{G}_1^{\mathrm{T}}P\mathcal{G}_1\vartheta_k - \chi\eta_k^{\mathrm{T}}P\eta_k \\
&\quad + \eta_k^{\mathrm{T}}\bar{I}^{\mathrm{T}}(X_i\Upsilon^{-1}A + X_i^- M\Upsilon^{-1})^{\mathrm{T}}\Upsilon P_1\Upsilon(X_i\Upsilon^{-1}A + X_i^- M\Upsilon^{-1})\bar{I}\eta_k \\
&\quad + 2\eta_k^{\mathrm{T}}\bar{I}^{\mathrm{T}}(X_i\Upsilon^{-1}A + X_i^- M\Upsilon^{-1})^{\mathrm{T}}\Upsilon P_1 X_i A_\tau\bar{I}\eta_{k-\tau_k} \\
&\quad + 2\eta_k^{\mathrm{T}}\bar{I}^{\mathrm{T}}(X_i\Upsilon^{-1}A + X_i^- M\Upsilon^{-1})^{\mathrm{T}}\Upsilon P_1 X_i g(x_k) \\
&\quad + 2\eta_k^{\mathrm{T}}\bar{I}^{\mathrm{T}}(X_i\Upsilon^{-1}A + X_i^- M\Upsilon^{-1})^{\mathrm{T}}\Upsilon P_1 X_i \mathcal{G}_3\vartheta_k \\
&\quad + \eta_{k-\tau_k}^{\mathrm{T}}\bar{I}^{\mathrm{T}}A_\tau^{\mathrm{T}}X_i^{\mathrm{T}}P_1X_iA_\tau\bar{I}\eta_{k-\tau_k} + 2\eta_{k-\tau_k}^{\mathrm{T}}\bar{I}^{\mathrm{T}}A_\tau^{\mathrm{T}}X_i^{\mathrm{T}}P_1X_ig(x_k) \\
&\quad + 2\eta_{k-\tau_k}^{\mathrm{T}}\bar{I}^{\mathrm{T}}A_\tau^{\mathrm{T}}X_i^{\mathrm{T}}P_1X_i\mathcal{G}_3\vartheta_k + g^{\mathrm{T}}(x_k)X_i^{\mathrm{T}}P_1X_ig(x_k) \\
&\quad + 2g^{\mathrm{T}}(x_k)X_i^{\mathrm{T}}P_1X_i\mathcal{G}_3\vartheta_k + \vartheta_k^{\mathrm{T}}\mathcal{G}_3^{\mathrm{T}}X_i^{\mathrm{T}}P_1X_i\mathcal{G}_3\vartheta_k\}
\end{aligned}
\tag{8-21}
$$

式中，$\alpha_i \geqslant 0$，$\sum_{i=1}^{2^n}\alpha_i = 1$。

注意到 $x_k = \bar{I}\eta_k$，则由式(8-2)可知

$$
\begin{bmatrix} \eta_k \\ g(x_k) \end{bmatrix}^{\mathrm{T}} \begin{bmatrix} -\bar{I}^{\mathrm{T}}\mathcal{T}_1\bar{I} & -\bar{I}^{\mathrm{T}}\mathcal{T}_2 \\ * & -I \end{bmatrix} \begin{bmatrix} \eta_k \\ g(x_k) \end{bmatrix} \geqslant 0 \tag{8-22}
$$

另一方面，根据环事件触发机制(8-4)，可知存在正标量 κ_1 和 κ_2 使得

$$
\kappa_1(\epsilon^- - \psi_k^{\mathrm{T}}\psi_k) \geqslant 0 \tag{8-23}
$$

$$
\kappa_2(\psi_k^{\mathrm{T}}\psi_k - \epsilon^+) \geqslant 0 \tag{8-24}
$$

下面，本节旨在证明 $\vartheta_k = 0$ 时系统(8-8)的有限时稳定性。结合式(8-18)～式(8-24)有

$$
\Delta V_k \leqslant \max\nolimits_{i\in[1,2^n]} \bar{\xi}_k^{\mathrm{T}}\bar{\Psi}_i\bar{\xi}_k \tag{8-25}
$$

式中

$$
\bar{\xi}_k = [1 \quad \eta_k^{\mathrm{T}} \quad \eta_{k-\tau_k}^{\mathrm{T}} \quad g^{\mathrm{T}}(x_k) \quad \psi_k^{\mathrm{T}}]^{\mathrm{T}}
$$

$$
\bar{\Psi}_i = \begin{bmatrix}
\Psi_i^{11} & 0 & 0 & 0 & 0 \\
* & \Psi_i^{22} - \mathcal{C}^{\mathrm{T}}\mathcal{C} & \Psi_i^{23} & \Psi_i^{24} & \Psi_i^{25} - \mathcal{C}^{\mathrm{T}}D_F \\
* & * & \Psi_i^{33} & \Psi_i^{34} & 0 \\
* & * & * & \Psi_i^{44} & 0 \\
* & * & * & * & \Psi_i^{55} - D_F^{\mathrm{T}}D_F
\end{bmatrix}
$$

当式(8-14)成立时，易知 $\Delta V_k < 0$。因此，根据 ΔV_k 的定义，有如下不等式成立：

$$
V_{k+1} < \chi V_k \tag{8-26}
$$

注意到 $\chi>1$，对式(8-26)进行迭代，有下式成立：

$$V_k<\chi^k V_0\leqslant\chi^N V_0 \tag{8-27}$$

根据式(8-15)和式(8-18)，可以得到

$$\begin{aligned}V_0&\leqslant[\lambda_1+\chi^{\tau_M-1}\tau_M\lambda_2+0.5\chi^{\tau_M-2}(\tau_M+\tau_m-1)(\tau_M-\tau_m)\lambda_2]c_1\\&\triangleq\bar{\lambda}_1c_1\end{aligned} \tag{8-28}$$

此外，根据 V_k 的定义，能够看出

$$V_k\geqslant\eta_k^{\mathrm{T}}P\eta_k\geqslant\lambda_0\eta_k^{\mathrm{T}}L\eta_k \tag{8-29}$$

因此，根据式(8-16)和式(8-27)～式(8-29)，有

$$\eta_k^{\mathrm{T}}L\eta_k\leqslant\frac{1}{\lambda_0}V_k<\frac{\chi^N}{\lambda_0}\bar{\lambda}_1c_1<c_2 \tag{8-30}$$

这意味着当 $\vartheta_k=0$ 时，系统(8-8)相对于 (c_1,c_2,L,N) 是有限时稳定的。

接下来，在零初始条件下分析 $\vartheta_k\neq0$ 时系统(8-8)的 H_∞ 性能。根据式(8-8)，有

$$\begin{aligned}\bar{r}_k^{\mathrm{T}}\bar{r}_k&=[\mathcal{C}\eta_k+D_F\psi_k+\mathcal{G}_2\vartheta_k]^{\mathrm{T}}[\mathcal{C}\eta_k+D_F\psi_k+\mathcal{G}_2\vartheta_k]\\&=\eta_k^{\mathrm{T}}\mathcal{C}^{\mathrm{T}}\mathcal{C}\eta_k+2\eta_k^{\mathrm{T}}\mathcal{C}^{\mathrm{T}}D_F\psi_k+2\eta_k^{\mathrm{T}}\mathcal{C}^{\mathrm{T}}\mathcal{G}_2\vartheta_k+\psi_k^{\mathrm{T}}D_F^{\mathrm{T}}D_F\psi_k\\&\quad+2\psi_k^{\mathrm{T}}D_F^{\mathrm{T}}\mathcal{G}_2\vartheta_k+\vartheta_k^{\mathrm{T}}\mathcal{G}_2^{\mathrm{T}}\mathcal{G}_2\vartheta_k\end{aligned} \tag{8-31}$$

那么，根据前面的推导过程进一步得到

$$V_{k+1}-\chi V_k+\bar{r}_k^{\mathrm{T}}\bar{r}_k-\chi^{-N}\gamma^2\vartheta_k^{\mathrm{T}}\vartheta_k\leqslant\xi_k^{\mathrm{T}}\Psi_i\xi_k \tag{8-32}$$

式中，$\xi_k=[\bar{\xi}_k^{\mathrm{T}}\quad\vartheta_k^{\mathrm{T}}]^{\mathrm{T}}$。当式(8-14)成立时，有

$$V_{k+1}-\chi V_k+\bar{r}_k^{\mathrm{T}}\bar{r}_k-\chi^{-N}\gamma^2\vartheta_k^{\mathrm{T}}\vartheta_k<0$$

因此，在零初始条件下，有

$$\begin{aligned}V_{k+1}&<\chi V_k-\bar{r}_k^{\mathrm{T}}\bar{r}_k+\chi^{-N}\gamma^2\vartheta_k^{\mathrm{T}}\vartheta_k\\&<\cdots\\&<\chi^{k+1}V_0-\sum_{i=0}^{k}\chi^{k-i}\bar{r}_i^{\mathrm{T}}\bar{r}_i+\chi^{-N}\gamma^2\sum_{i=0}^{k}\chi^{k-i}\vartheta_i^{\mathrm{T}}\vartheta_i\\&=-\sum_{i=0}^{k}\chi^{k-i}\bar{r}_i^{\mathrm{T}}\bar{r}_i+\chi^{-N}\gamma^2\sum_{i=0}^{k}\chi^{k-i}\vartheta_i^{\mathrm{T}}\vartheta_i\end{aligned} \tag{8-33}$$

根据 $V_{N+1}\geqslant0$ 和 $\chi>1$，不难发现

$$\sum_{k=0}^{N}\bar{r}_k^{\mathrm{T}}\bar{r}_k<\gamma^2\sum_{k=0}^{N}\vartheta_k^{\mathrm{T}}\vartheta_k \tag{8-34}$$

式(8-34)等价于式(8-12)。证毕。

8.3　有限时故障检测滤波器设计

本节解决有限时故障检测滤波器的设计问题，给出滤波器参数矩阵。

定理 8.2　对于给定的正标量τ_m，τ_M，γ和$\chi>1$，如果存在对称正定矩阵$P=\mathrm{diag}\{P_1,P_2\}$和$R$，任意适当维数的矩阵$\mathcal{L}$，$\mathcal{K}_2$和$M$，正标量$\kappa_1$，$\kappa_2$，$\lambda_0$，$\lambda_1$和$\lambda_2$，使得式(8-13)、式(8-15)、式(8-16)和矩阵不等式

$$\Sigma_i=\begin{bmatrix}\Sigma_i^{11} & \Sigma_i^{12} & \Sigma_i^{13} & \Sigma_i^{14}\\ * & -P & 0 & 0\\ * & * & -P_1 & 0\\ * & * & * & -I\end{bmatrix}<0,\quad i\in[1,2^n] \tag{8-35}$$

同时成立，式中

$$\Sigma_i^{11}=\begin{bmatrix}\Psi_i^{11} & 0 & 0 & 0 & 0 & 0\\ * & \overline{\Sigma}_i^{22} & 0 & \overline{\Sigma}_i^{24} & 0 & 0\\ * & * & \overline{\Sigma}_i^{33} & 0 & 0 & 0\\ * & * & * & -I & 0 & 0\\ * & * & * & * & \overline{\Sigma}_i^{55} & 0\\ * & * & * & * & * & \overline{\Sigma}_i^{66}\end{bmatrix},\quad \Sigma_i^{12}=\begin{bmatrix}0\\ \mathcal{U}_1\\ 0\\ 0\\ \mathcal{U}_2\\ \mathcal{U}_3\end{bmatrix},\quad \Sigma_i^{13}=\begin{bmatrix}0\\ \mathcal{U}_4\\ \mathcal{U}_5\\ \mathcal{U}_6\\ 0\\ \mathcal{U}_7\end{bmatrix},\quad \Sigma_i^{14}=\begin{bmatrix}0\\ \mathcal{U}_8\\ 0\\ 0\\ \mathcal{U}_9\\ \mathcal{U}_{10}\end{bmatrix}$$

$$\overline{\Sigma}_i^{22}=-\chi P+(\tau_M-\tau_m+1)R-\overline{I}^{\mathrm{T}}\mathcal{T}_1\overline{I},\quad \overline{\Sigma}_i^{24}=-\overline{I}^{\mathrm{T}}\mathcal{T}_2,\quad \overline{\Sigma}_i^{33}=-\chi^{\tau_m}R$$

$$\overline{\Sigma}_i^{55}=-\kappa_1 I+\kappa_2 I,\quad \overline{\Sigma}_i^{66}=-\chi^{-N}\gamma^2 I,\quad \mathcal{U}_1=\hat{\mathcal{C}}^{\mathrm{T}}\mathcal{L}^{\mathrm{T}},\quad \mathcal{U}_2=\mathcal{E}^{\mathrm{T}}\mathcal{L}^{\mathrm{T}}$$

$$\mathcal{U}_3=\hat{\mathcal{G}}^{\mathrm{T}}\mathcal{L}^{\mathrm{T}},\quad \mathcal{U}_4=\overline{I}^{\mathrm{T}}A^{\mathrm{T}}X_i^{\mathrm{T}}P_1+\overline{I}^{\mathrm{T}}\Upsilon^{-1}M^{\mathrm{T}}(X_i^-)^{\mathrm{T}}\Upsilon P_1,\quad \mathcal{U}_5=\overline{I}^{\mathrm{T}}A_\tau^{\mathrm{T}}X_i^{\mathrm{T}}P_1$$

$$\mathcal{U}_6=X_i^{\mathrm{T}}P_1,\quad \mathcal{U}_7=\mathcal{G}_3X_i^{\mathrm{T}}P_1,\quad \mathcal{U}_8=\hat{\mathcal{C}}^{\mathrm{T}}\mathcal{K}_2^{\mathrm{T}},\quad \mathcal{U}_9=\mathcal{E}^{\mathrm{T}}\mathcal{K}_2^{\mathrm{T}},\quad \mathcal{U}_{10}=\hat{\mathcal{G}}^{\mathrm{T}}\mathcal{K}_2^{\mathrm{T}}-\mathcal{E}$$

$$\hat{\mathcal{C}}=\begin{bmatrix}0 & I\\ C & 0\end{bmatrix},\quad \mathcal{E}=\begin{bmatrix}0\\ I\end{bmatrix},\quad \hat{\mathcal{G}}=\begin{bmatrix}0 & 0\\ D_2 & G_2\end{bmatrix},\quad K_1=[A_F\quad B_F] \tag{8-36}$$

则增广系统(8-8)相对于(c_1,c_2,L,N,γ)有限时稳定且满足H_∞性能。此外，滤波器参数矩阵可通过

$$[A_F\quad B_F]=(\mathcal{E}^{\mathrm{T}}P\mathcal{E})^{-1}\mathcal{E}^{\mathrm{T}}\mathcal{L},\quad [C_F\quad D_F]=\mathcal{K}_2 \tag{8-37}$$

给出。

证　首先，将定理 8.1 中的部分参数写成如下形式：

$$\mathcal{A}=\mathcal{E}\mathcal{K}_1\hat{\mathcal{C}},\quad \mathcal{A}_\tau=\mathcal{E}\mathcal{K}_1\mathcal{E},\quad \mathcal{G}_1=\mathcal{E}\mathcal{K}_1\hat{\mathcal{G}},\quad \mathcal{C}=\mathcal{K}_2\hat{\mathcal{C}}$$

$$\mathcal{G}_2 = \mathcal{K}_2\hat{\mathcal{G}} - \mathcal{E}^{\mathrm{T}}, \quad D_F = \mathcal{K}_2\mathcal{E} \tag{8-38}$$

利用引理 2.1 和式(8-38)，式(8-14)可重写为

$$\begin{bmatrix} \Sigma_i^{11} & \tilde{\Sigma}_i^{12} & \tilde{\Sigma}_i^{13} & \tilde{\Sigma}_i^{14} \\ * & -P^{-1} & 0 & 0 \\ * & * & -P_1^{-1} & 0 \\ * & * & * & -I \end{bmatrix} < 0 \tag{8-39}$$

式中

$$\tilde{\Sigma}_i^{12} = \begin{bmatrix} 0 \\ \mathcal{A}^{\mathrm{T}} \\ 0 \\ 0 \\ \mathcal{A}_\tau^{\mathrm{T}} \\ \mathcal{G}_1^{\mathrm{T}} \end{bmatrix}, \quad \tilde{\Sigma}_i^{13} = \begin{bmatrix} 0 \\ \overline{I}^{\mathrm{T}}(X_i\Upsilon^{-1}A + X_i^{-}M\Upsilon^{-1})^{\mathrm{T}}\Upsilon \\ \overline{I}^{\mathrm{T}}A_\tau^{\mathrm{T}}X_i^{\mathrm{T}} \\ X_i^{\mathrm{T}} \\ 0 \\ \mathcal{G}_3^{\mathrm{T}}X_i^{\mathrm{T}} \end{bmatrix}, \quad \tilde{\Sigma}_i^{14} = \begin{bmatrix} 0 \\ \mathcal{C}^{\mathrm{T}} \\ 0 \\ 0 \\ D_F^{\mathrm{T}} \\ \mathcal{G}_2^{\mathrm{T}} \end{bmatrix}$$

利用矩阵 $\mathrm{diag}\{I, P, P_1, I\}$ 对式(8-39)进行合同变换，则有

$$\begin{bmatrix} \Sigma_i^{11} & \hat{\Sigma}_i^{12} & \Sigma_i^{13} & \tilde{\Sigma}_i^{14} \\ * & -P & 0 & 0 \\ * & * & -P_1 & 0 \\ * & * & * & -I \end{bmatrix} < 0 \tag{8-40}$$

式中，$\hat{\Sigma}_i^{12} = [0 \quad P\mathcal{A} \quad 0 \quad 0 \quad P\mathcal{B} \quad P\mathcal{G}_1]^{\mathrm{T}}$。根据式(8-38)并定义 $\mathcal{L} = P\mathcal{E}\mathcal{K}_1$，得到式(8-35)，证毕。

本节解决了具有时变时滞和非线性的状态饱和系统在环事件触发机制下的有限时故障检测问题。状态饱和现象反映了系统自身性能及外部环境对系统的影响。基于这种现象，定理 8.2 给出了滤波器增益矩阵的设计方案。值得注意的是，由于未知矩阵 M 和 P_1 的同时存在，定理 8.2 的矩阵不等式(8-35)是非线性的，无法直接使用 Matlab 线性矩阵不等式工具箱进行求解。解决这个问题的一种简单实用的方法是预先指定矩阵 M 的值，例如，设置 $M = I$。此时，非线性矩阵不等式(8-35)可以简化为线性矩阵不等式。但是，这种方法可能会带来较大的保守性。为了解决这个问题，本节引入迭代线性矩阵不等式方法，下面对其进行详细介绍。

令 Π 表示只有一个非零元素 1 的 n 维行向量的集合，Π 的第 l 个元素为 θ_l，即 θ_l 的第 l 个元素为 1。设 Ω_l 表示第 l 个元素为 1，其他元素为 1 或–1 的 n 维列向量的集合，容易得到 Ω_l 中共有 2^{n-1} 个元素，令 ϑ_{lj} 表示 Ω_l 的第 j 个元素。那么，根据上述描述，$\theta_l M \vartheta_{lj} \leqslant 1, l \in [1,n], j \in [1, 2^{n-1}]$ 能够保证 $\|M\|_\infty \leqslant 1$。与文献[180]类似，利用迭代线性矩阵不等式方法求解矩阵不等式(8-13)和式(8-35)能够得到滤波器设计算法。具体如算法 8.1 所示。

算法 8.1

步骤 1	给定 H_∞ 性能参数 $\gamma>0$。
步骤 2	令 $X_i=I,\forall i\in\left[1,2^n\right]$，对 P_1，P_2，R，$\mathcal{L}$，$\mathcal{K}_2$，κ_1 和 κ_2 解线性矩阵不等式(8-35)。如果成功找到可行解，则令 $t=0$ 并进行下一步骤。否则，令 $\delta=1$ 并进行步骤 5。
步骤 3	利用上一步得到的矩阵 P_1，对 $\Theta=\{M,P_2,R,\mathcal{L},\mathcal{K}_2,\kappa_1,\kappa_2,\delta\}$ 解如下优化问题： $$\inf_{\Theta}\delta$$ $$\text{s.t.}\begin{cases}\Sigma_i<\delta I,i\in[1,2^n]\\ \theta_l M\vartheta_{lj}\leqslant 1,l\in[1,n],j\in[1,2^{n-1}]\end{cases}$$ 情况 1：如果 $\delta<0$，则进行步骤 5。 情况 2：如果 $t=0$ 且 $\delta>0$，则令 $t=t+1$ 和 $\delta_t=\delta$，并进行下一步。 情况 3：如果 $t>0$ 且 $\delta_t>\delta>0$，则令 $t=t+1$ 和 $\delta_t=\delta$，并进行下一步。 情况 4：如果 $t>0$ 且 $\delta>\delta_t>0$，则进行步骤 5。
步骤 4	利用上一步得到的矩阵 M，对 $\Theta^*=\{P_1,P_2,R,\mathcal{L},\mathcal{K}_2,\kappa_1,\kappa_2,\delta\}$ 解如下优化问题： $$\inf_{\Theta^*}\delta$$ $$\text{s.t. }\Sigma_i<\delta I,i\in[1,2^n]$$ 情况 1：如果 $\delta<0$，则进行步骤 5。 情况 2：如果 $\delta_t>\delta>0$，则令 $t=t+1$ 和 $\delta_t=\delta$，并进行步骤 2。 情况 3：否则进行下一步。
步骤 5	如果 $\delta<0$，滤波器增益矩阵可表示为 $[A_F\quad B_F]=(\mathcal{E}^{\mathrm{T}}P\mathcal{E})^{-1}\mathcal{E}^{\mathrm{T}}\mathcal{L}$ 和 $\left[C_F\quad D_F\right]=\mathcal{K}_2$，之后进行下一步。否则，不能得到任何解，进行下一步。
步骤 6	停止。

8.4 算　　例

本节给出一个数值算例验证提出的有限时故障检测方法的可行性和有效性。

考虑非线性时滞状态饱和系统(8-1)，系统参数如下：

$$A=\begin{bmatrix}0.07 & -0.02\\ 0.03 & 0.05\end{bmatrix},\quad A_\tau=\begin{bmatrix}0.03 & 0\\ 0.02 & 0.03\end{bmatrix},\quad D_1=\begin{bmatrix}0.9\\ 0.6\end{bmatrix}$$

$$G_1=\begin{bmatrix}-0.2\\ 0.3\end{bmatrix},\quad C=\begin{bmatrix}0.3 & -0.1\\ 0.5 & -0.3\end{bmatrix},\quad D_2=\begin{bmatrix}0.7\\ 0.8\end{bmatrix},\quad G_2=\begin{bmatrix}-0.5\\ 0.2\end{bmatrix}$$

令非线性函数 $g(x_k)=0.5[(\Gamma_1+\Gamma_2)x_k+(\Gamma_2-\Gamma_1)\sin(k)x_k]$，且 $\Gamma_1=\begin{bmatrix}-0.3 & 0.3\\ 0 & 0.6\end{bmatrix}$ 和 $\Gamma_2=\begin{bmatrix}-0.6 & 0.3\\ 0 & 0.4\end{bmatrix}$，时滞 $0\leqslant\tau_k\leqslant 2$。选取 $N=20$ 和 $\chi=1.01$。触发环的上下界分别设置为 $\epsilon^+=0.0205$ 和 $\epsilon^-=0.0015$。为了验证增广系统(8-8)的有限时稳定性，令 $c_1=0.5$，$c_2=465$ 和 $L=I$。此外，饱和水平 $\Upsilon=\mathrm{diag}\{1.6,1.4\}$ 且 H_∞ 性能指标 $\gamma=1.3$。

利用上述参数，通过 Matlab 软件对算法 8.1 进行求解，得到如下可行解：

$$A_F = \begin{bmatrix} 0.1672 & 0.0003 \\ 0.0003 & 0.1693 \end{bmatrix}, \quad B_F = \begin{bmatrix} 0.0239 & -0.0083 \\ -0.0085 & 0.0149 \end{bmatrix}$$

$$C_F = [-0.1317 \quad 0.0890], \quad D_F = [-0.5901 \quad 0.4173]$$

$$M = \begin{bmatrix} -0.4603 & -0.1051 \\ -0.1051 & 0.1028 \end{bmatrix}$$

饱和系统(8-1)和故障检测滤波器(8-7)的初始条件分别为 $x_l = [0.3 \quad -0.5]^{\mathrm{T}}$，$l \in \{-2,-1,0\}$ 和 $\hat{x}_0 = 0$，这意味着假设 8.1 成立。选取故障信号 f_k 为

$$f_k = \begin{cases} 0.5, & 6 \leqslant k \leqslant 13 \\ 0, & \text{其他} \end{cases}$$

一方面，当外部扰动 $v_k = 0$ 时，图 8.1 和图 8.2 分别表示残差信号 r_k 和残差评价函数 J_k 的轨迹。图 8.1 和图 8.2 说明设计的有限时故障检测方法能有效地检测故障的发生。

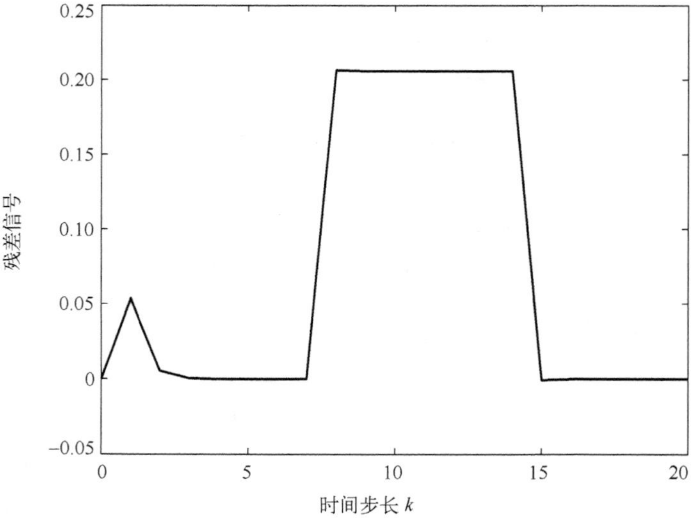

图 8.1　$v_k = 0$ 时的残差信号 r_k

另一方面，当外部扰动 $v_k \neq 0$ 时，令外部扰动为 $v_k = 0.1\cos(0.5k)$，此时残差信号 r_k 和残差评价函数 J_k 的轨迹分别如图 8.3 和图 8.4 所示。根据阈值 J_{th} 的定义，计算得到 J_{th} 的值为 0.0713。由图 8.4 可知，$0.0477 = J_7 < J_{\text{th}} < J_8 = 0.2210$，说明故障在发生 2 步后可以被检测出来。此外，触发时刻和间隔如图 8.5 所示。从图 8.5 可

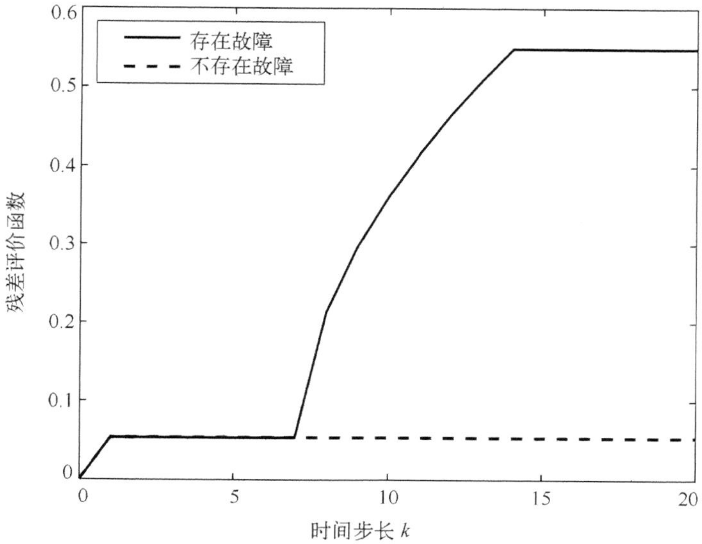

图 8.2　$v_k=0$ 时的残差评价函数 J_k

以看出，环事件触发机制的数据传输量为 10，这意味着该触发策略可以有效减少带宽占用，节约网络资源。$\eta_k^{\mathrm{T}}L\eta_k$ 的轨迹如图 8.6 所示。由图 8.6 可知，系统(8-8)是有限时稳定的。

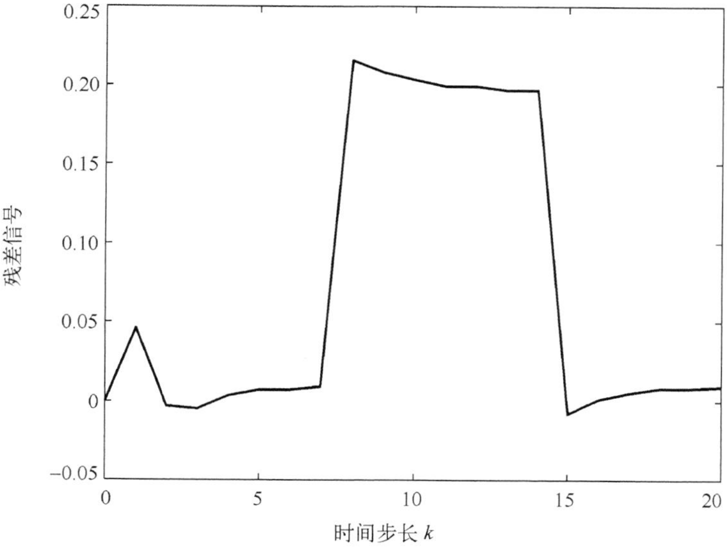

图 8.3　$v_k\neq0$ 时的残差信号 r_k

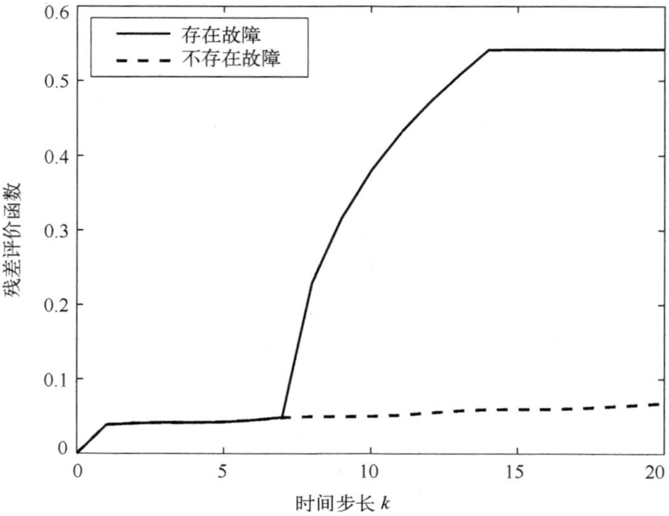

图 8.4　$v_k \neq 0$ 时的残差评价函数 J_k

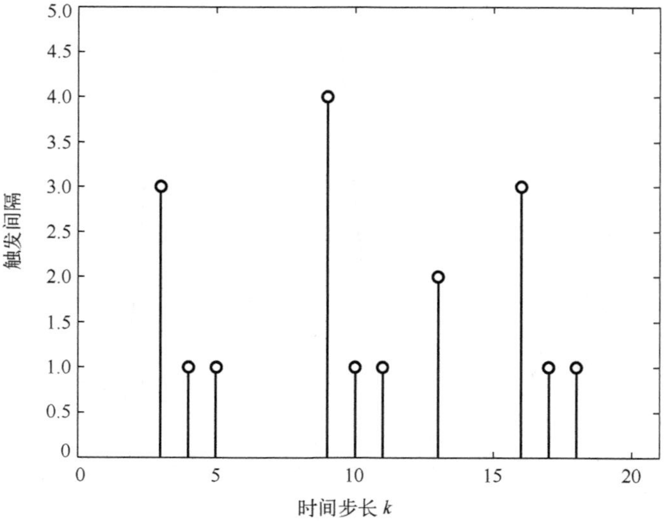

图 8.5　环事件触发机制下的触发时刻和间隔

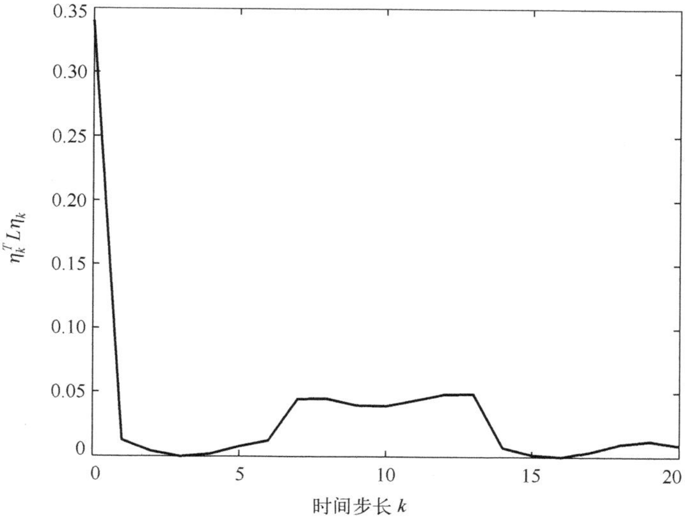

图 8.6　$\eta_k^{\mathrm{T}} L\eta_k$ 的轨迹

8.5　本 章 小 结

本章研究了具有时变时滞和非线性的状态饱和系统在环事件触发机制下的有限时故障检测问题。首先，引入了状态饱和现象描述实际设备存在的物理约束。为了降低能量消耗，采用了基于环事件的传输方案控制测量信息的传输。特别地，本章通过引入无穷范数小于等于 1 的自由矩阵，使系统状态限制在一个凸包中。随后，利用 Lyapunov 方法，推导出了增广系统的稳定性判据，提出了适用于本章的迭代线性矩阵不等式算法。最后，通过数值仿真验证了故障检测策略的适用性和有效性。

第 9 章　动态事件触发机制下非线性马尔可夫跳跃系统非脆弱故障检测

本章研究动态事件触发机制下非线性不确定马尔可夫跳跃系统的故障检测问题。首先，利用动态事件触发条件决定当前时刻的测量输出是否发送到远程的故障检测滤波器。其次，针对非线性不确定马尔可夫跳跃系统的故障检测问题，设计非脆弱故障检测滤波器，得到能反应故障是否发生的残差信号，给出增广系统随机稳定且满足 H_∞ 性能的充分条件，得到相应的故障检测滤波算法。最后，通过数值算例验证所提方法的有效性。

9.1　问题简述

考虑如下一类具有时变时滞和非线性的不确定马尔可夫系统：

$$\begin{aligned}x_{k+1} &= (A_{\theta_k} + \Delta A_{\theta_k})x_k + (A_{\tau,\theta_k} + \Delta A_{\tau,\theta_k})x_{k-\tau_k} \\ &\quad + E_{\theta_k} g_{\theta_k}(x_k) + B_{f,\theta_k} f_k + B_{\theta_k}\omega_k \\ y_k &= C_{\theta_k} x_k + H_{\theta_k} f_k + D_{\theta_k}\omega_k \\ x_s &= \varphi_s, \quad s \in [-\tau_M, 0]\end{aligned} \tag{9-1}$$

式中，$x_k \in \mathbb{R}^n$ 表示状态向量；$y_k \in \mathbb{R}^m$ 表示输出；τ_k 是满足 $\tau_m \leqslant \tau_k \leqslant \tau_M$ 的时滞；τ_M 和 τ_m 分别表示时滞 τ_k 的上下界；$\omega_k \in \mathbb{R}^s$ 是属于 $l_2[0,\infty)$ 的未知输入；$f_k \in \mathbb{R}^l$ 是待检测的故障信号；$g_{\theta_k}(x_k)$ 是非线性函数；$\{\theta_k\}$ 是取值于有限状态空间 $\mathbb{S} = \{1,2,\cdots,N\}$ 的离散马尔可夫链，它的状态转移矩阵是 $\Pi = [\lambda_{ij}]_{i,j\in\mathbb{S}}$，其中，$\lambda_{ij} = \text{Prob}\{\theta_{k+1} = j \mid \theta_k = i\}$，$\sum_{i=1}^{m}\lambda_{ij} = 1$。另外，对于任意 $i \in \mathbb{S}$，令 $\mathbb{S} = \mathbb{S}_k^i + \mathbb{S}_{uk}^i$，式中

$$\begin{cases}\mathbb{S}_k^i = \{j \mid \lambda_{ij}\ \text{是已知的}\} \\ \mathbb{S}_{uk}^i = \{j \mid \lambda_{ij}\ \text{是未知的}\}\end{cases} \tag{9-2}$$

定义 $\lambda_k^i := \sum_{j\in\mathbb{S}_k^i}\lambda_{ij}$。$A_{\theta_k}$，$A_{\tau,\theta_k}$，$E_{\theta_k}$，$B_{f,\theta_k}$，$B_{\theta_k}$，$C_{\theta_k}$，$H_{\theta_k}$ 和 D_{θ_k} 是已知矩阵，ΔA_{θ_k}

和 $\Delta A_{\tau,\theta_k}$ 是时变的参数不确定性且满足

$$[\Delta A_{\theta_k} \quad \Delta A_{\tau,\theta_k}] = MF_{\theta_k}[R_1 \quad R_2] \tag{9-3}$$

这里 M 和 R_1 是适当维数的已知矩阵， F_{θ_k} 是未知矩阵且满足

$$F_{\theta_k}^{\mathrm{T}} F_{\theta_k} \leqslant I，\quad \forall \theta_k \in \mathbb{S}$$

为了表示方便，记 $\theta_k = i \in \mathbb{S}$，则上述矩阵可表示为 $A_{\theta_k} = A_i$， $\Delta A_{\theta_k} = \Delta A_i$， $A_{\tau,\theta_k} = A_{\tau,i}$， $\Delta A_{\tau,\theta_k} = \Delta A_{\tau,i}$， $E_{\theta_k} = E_i$， $B_{f,\theta_k} = B_{f,i}$， $B_{\theta_k} = B_i$， $C_{\theta_k} = C_i$， $H_{\theta_k} = H_i$， $D_{\theta_k} = D_i$ 及 $F_{\theta_k} = F_i$。

假设 9.1　非线性函数 $g_i(\cdot)$ 满足如下 Lipchitz 条件：

$$|g_i(\mu_1) - g_i(\mu_2)| \leqslant |\tilde{G}_i(\mu_1 - \mu_2)|$$

为了减少数据传输，可以在传感器和远程故障检测滤波器之间采用事件触发机制。然而，传统的静态事件触发传输可能会导致一些包含系统无用信息的数据包被触发。因此，本章采用动态事件触发机制调节测量数据的传输，即假设只有当满足如下条件时才将信息传输到故障检测滤波器端：

$$\mu\varrho(\psi_k, y_k) - \delta_k > 0 \tag{9-4}$$

式中， $\varrho(\psi_k, y_k) = \epsilon_1 \psi_k^{\mathrm{T}} \psi_k - \epsilon_2 y_k^{\mathrm{T}} y_k$； $\psi_k = y_{k_i} - y_k$； y_{k_i} 是最新传输时刻 k_i 的测量输出； y_k 是当前时刻的输出， $\epsilon_1 > 0$， $\epsilon_2 > 0$ 表示提供触发频率的参数。δ_k 表示满足如下动态方程的辅助变量：

$$\delta_{k+1} = \xi\delta_k - \varrho(\psi_k, y_k),\ \delta_0 = \phi_0$$

式中， $\phi_0 \geqslant 0$ 表示动态方程的初始值。在上述两个式子中， μ 和 ξ 满足

$$0 < \xi < 1, \quad \mu \geqslant \frac{1}{\xi}$$

令触发序列为 $0 \leqslant k_0 < k_1 < k_2 < \cdots < k_i < \cdots$，那么，下一个触发时刻可以按照如下方式确定：

$$k_{i+1} = \inf\{k \in \mathbb{N}^+ \mid k > k_i, \mu\varrho(\psi_k, y_k) > \delta_k\}$$

则故障检测滤波器的实际输入可以描述为以下形式：

$$\overline{y}_k = y_{k_i},\ k \in [k_i, k_{i+1})$$

考虑具有如下结构的故障检测滤波器：

$$\begin{aligned} \hat{x}_{k+1} &= A_i\hat{x}_k + A_{\tau,i}\hat{x}_{k-\tau_k} + E_i g_i(\hat{x}_k) + (K_i + \Delta K_i)(\overline{y}_k - C_i\hat{x}_k) \\ r_k &= (M_i + \Delta M_i)(\overline{y}_k - C_i\hat{x}_k) \end{aligned} \tag{9-5}$$

式中， $\hat{x}_k \in \mathbb{R}^n$ 表示滤波器的状态； $r_k \in \mathbb{R}^l$ 表示残差信号； K_i 和 M_i 是待设计的滤波器参数矩阵； ΔK_i 和 ΔM_i 是满足下列形式的滤波器增益变量：

$$\begin{aligned}\Delta K_i &= MF_iR_3\\ \Delta M_i &= NF_iR_3\end{aligned} \tag{9-6}$$

式中，M，N和R_3是具有适当维数的已知矩阵。

接下来，令

$$e_k = x_k - \hat{x}_k,\quad \tilde{g}_i(x_k) = g_i(x_k) - g_i(\hat{x}_k),\quad \eta_k = [x_k^{\mathrm{T}} \quad e_k^{\mathrm{T}}]^{\mathrm{T}}$$

$$\bar{g}_i(x_k) = [g_i^{\mathrm{T}}(x_k) \quad \tilde{g}_i^{\mathrm{T}}(x_k)]^{\mathrm{T}},\quad v_k = [f_k^{\mathrm{T}} \quad \omega_k^{\mathrm{T}}]^{\mathrm{T}}$$

结合式(9-1)和式(9-5)，可以得到如下增广系统：

$$\begin{aligned}\eta_{k+1} &= \tilde{A}_i\eta_k + \tilde{A}_{\tau,i}\eta_{k-\tau_k} + \tilde{B}_iv_k + \tilde{E}_i\bar{g}_i(x_k) + \tilde{F}_i\psi_k\\ r_k &= \tilde{C}_i\eta_k + \tilde{D}_iv_k + (M_i + \Delta M_i)\psi_k\end{aligned} \tag{9-7}$$

式中

$$\tilde{A}_i = \begin{bmatrix} A_i + \Delta A_i & 0 \\ \Delta A_i & A_i - (K_i + \Delta K_i)C_i \end{bmatrix},\quad \tilde{A}_{\tau,i} = \begin{bmatrix} A_{\tau,i} + \Delta A_{\tau,i} & 0 \\ \Delta A_{\tau,i} & A_{\tau,i} \end{bmatrix}$$

$$\tilde{B}_i = \begin{bmatrix} B_{f,i} & B_i \\ B_{f,i} - (K_i + \Delta K_i)H_i & B_i - (K_i + \Delta K_i)D_i \end{bmatrix}$$

$$\tilde{E}_i = \begin{bmatrix} E_i & 0 \\ 0 & E_i \end{bmatrix},\quad \tilde{F}_i = \begin{bmatrix} 0 \\ -(K_i + \Delta K_i) \end{bmatrix}$$

$$\tilde{C}_i = [0 \quad (M_i + \Delta M_i)C_i],\quad \tilde{D}_i = [(M_i + \Delta M_i)H_i \quad (M_i + \Delta M_i)D_i]$$

定义 9.1[178] 给定一个正标量γ，如果对于$v_k \neq 0$有

$$\sum_{k=0}^{\infty} \mathbb{E}\{\| r_k \|^2\} < \gamma^2 \sum_{k=0}^{\infty} \| v_k \|^2$$

则增广系统(9-7)满足H_∞性能指标。

在设计滤波器之后，下一步是定义阈值和残差评价函数，即系统中发生的故障f_k可以由下列步骤检测出。

步骤 1 选择一个残差评估函数

$$J_k = \left(\mathbb{E}\left\{\sum_{s=0}^{k} r_s^{\mathrm{T}} r_s\right\}\right)^{1/2}$$

步骤 2 选择一个阈值$J_{\mathrm{th}} = \sup\limits_{\omega_k \in l_2, f_k = 0} J_k$。

步骤 3 在此基础上，故障可由如下逻辑关系检测出：

$$J_k > J_{\text{th}} \Rightarrow \text{检测出故障} \Rightarrow \text{警报}$$

$$J_k \leqslant J_{\text{th}} \Rightarrow \text{无故障} \Rightarrow \text{不警报}$$

引理 9.1[101]　对于满足条件的标量 μ 和 ξ，辅助变量 δ_k 满足

$$\delta_k \geqslant 0,\ \forall k \in \mathbb{N}^+$$

9.2　系统性能分析

本节利用 Lyapunov 稳定性理论和随机分析技术，给出保证增广系统(9-7)随机稳定并在零初始条件下满足 H_∞ 性能指标的充分条件。

定理 9.1　考虑具有部分未知状态转移概率的系统(9-7)，给定标量 γ，ϵ_1，ϵ_2，ξ，μ，τ_m 和 τ_M，假设存在正定矩阵 $P_i\ (i \in \mathbb{S})$，Q 及正标量 β 满足

$$\Theta_i = \begin{bmatrix} \tilde{\Phi}_i^{11} & 0 & 0 & 0 & 0 & \tilde{\Phi}_i^{16} & \tilde{A}_i^{\mathrm{T}}\mathcal{P}_{\mathcal{K}}^i & \lambda_k^i\tilde{C}_i^{\mathrm{T}} \\ * & -\lambda_k^i Q & 0 & 0 & 0 & 0 & \tilde{A}_{\tau,i}^{\mathrm{T}}\mathcal{P}_{\mathcal{K}}^i & 0 \\ * & * & -\lambda_k^i I & 0 & 0 & 0 & \tilde{E}_i^{\mathrm{T}}\mathcal{P}_{\mathcal{K}}^i & 0 \\ * & * & * & \tilde{\Phi}_i^{44} & 0 & 0 & \tilde{F}_i^{\mathrm{T}}\mathcal{P}_{\mathcal{K}}^i & \tilde{\Phi}_i^{48} \\ * & * & * & * & \tilde{\Phi}_i^{55} & 0 & 0 & 0 \\ * & * & * & * & * & \tilde{\Phi}_i^{66} & \tilde{B}_i^{\mathrm{T}}\mathcal{P}_{\mathcal{K}}^i & \lambda_k^i\tilde{D}_i^{\mathrm{T}} \\ * & * & * & * & * & * & -\mathcal{P}_{\mathcal{K}}^i & 0 \\ * & * & * & * & * & * & * & -\lambda_k^i I \end{bmatrix} < 0,\ j \in \mathbb{S}_k^i \tag{9-8}$$

$$\Theta_{i,j} = \begin{bmatrix} \bar{\Phi}_i^{11} & 0 & 0 & 0 & 0 & \bar{\Phi}_i^{16} & \tilde{A}_i^{\mathrm{T}}P_j & \tilde{C}_i^{\mathrm{T}} \\ * & -Q & 0 & 0 & 0 & 0 & \tilde{A}_{\tau,i}^{\mathrm{T}}P_j & 0 \\ * & * & -I & 0 & 0 & 0 & \tilde{E}_i^{\mathrm{T}}P_j & 0 \\ * & * & * & \bar{\Phi}_i^{44} & 0 & 0 & \tilde{F}_i^{\mathrm{T}}P_j & \bar{\Phi}_i^{48} \\ * & * & * & * & \bar{\Phi}_i^{55} & 0 & 0 & 0 \\ * & * & * & * & * & \bar{\Phi}_i^{66} & \tilde{B}_i^{\mathrm{T}}P_j & \tilde{D}_i^{\mathrm{T}} \\ * & * & * & * & * & * & -P_j & 0 \\ * & * & * & * & * & * & * & -I \end{bmatrix} < 0,\ j \in \mathbb{S}_{uk}^i \tag{9-9}$$

式中

$$\mathcal{P}_{\mathcal{K}}^i = \sum_{j\in\mathbb{S}_k^i}\lambda_{ij}P_j,\quad \lambda_k^i = \sum_{j\in\mathbb{S}_k^i}\lambda_{ij},\quad \overline{\mathcal{P}}_i \triangleq \mathcal{P}_{\mathcal{K}}^i + \sum_{j\in\mathbb{S}_{uk}^i}\lambda_{ij}P_j$$

$$\tilde{\Phi}_i^{11} = -\lambda_k^i P_i + (\tau_M - \tau_m + 1)\lambda_k^i Q + \lambda_k^i L^{\mathrm{T}}\tilde{G}_i^{\mathrm{T}}\tilde{G}_i L + \lambda_k^i \overline{G}_i^{\mathrm{T}}\overline{G}_i + \lambda_k^i(\epsilon_2 + \beta\mu\epsilon_2)L^{\mathrm{T}}C_i^{\mathrm{T}}C_i L$$

$$\tilde{\Phi}_i^{16} = \lambda_k^i(\epsilon_2 + \beta\mu\epsilon_2)L^{\mathrm{T}}C_i^{\mathrm{T}}\tilde{H}_i,\quad \tilde{\Phi}_i^{44} = -\lambda_k^i(\epsilon_1 + \beta\mu\epsilon_1)I,\quad \tilde{\Phi}_i^{48} = \lambda_k^i(M_i + \Delta M_i)^{\mathrm{T}}$$

$$\tilde{\Phi}_i^{55} = \lambda_k^i(\xi - 1 + \beta)I,\quad \tilde{\Phi}_i^{66} = -\lambda_k^i\gamma^2 I + \lambda_k^i(\epsilon_2 + \beta\mu\epsilon_2)\tilde{H}_i^{\mathrm{T}}\tilde{H}_i$$

$$\bar{\Phi}_i^{11} = -P_i + (\tau_M - \tau_m + 1)Q + L^{\mathrm{T}}\tilde{G}_i^{\mathrm{T}}\tilde{G}_i L + \bar{G}_i^{\mathrm{T}}\bar{G}_i + (\epsilon_2 + \beta\mu\epsilon_2)L^{\mathrm{T}}C_i^{\mathrm{T}}C_i L$$

$$\bar{\Phi}_i^{16} = (\epsilon_2 + \beta\mu\epsilon_2)L^{\mathrm{T}}C_i^{\mathrm{T}}\tilde{H}_i\text{，}\quad \bar{\Phi}_i^{44} = -(\epsilon_1 + \beta\mu\epsilon_1)I\text{，}\quad \bar{\Phi}_i^{48} = (M_i + \Delta M_i)^{\mathrm{T}}$$

$$\bar{\Phi}_i^{55} = (\xi - 1 + \beta)I\text{，}\quad \bar{\Phi}_i^{66} = -\gamma^2 I + (\epsilon_2 + \beta\mu\epsilon_2)\tilde{H}_i^{\mathrm{T}}\tilde{H}_i$$

$$L = [I \quad 0]\text{，}\quad \tilde{H}_i = [H_i \quad D_i]\text{，}\quad \bar{G}_i = [0 \quad \tilde{G}_i]$$

则增广系统(9-7)是随机稳定的并且满足 H_∞ 性能指标。

证 对于系统(9-7)，构造如下 Lyapunov 泛函：

$$V(\eta_k,\theta_k) = \eta_k^{\mathrm{T}} P_{\theta_k}\eta_k + \sum_{j=k-\tau_k}^{k-1}\eta_j^{\mathrm{T}} Q\eta_j + \sum_{i=-\tau_M+1}^{-\tau_m}\sum_{j=k+i}^{k-1}\eta_j^{\mathrm{T}} Q\eta_j + \delta_k$$

对于任意 $\theta_k = i \in \mathbb{S}$，可以得到

$$\begin{aligned}
\Delta V_k &= \mathbb{E}\{V(\eta_{k+1},\theta_{k+1}) \mid \eta_k,\theta_k\} - V(\eta_k,\theta_k) \\
&\leqslant \eta_{k+1}^{\mathrm{T}}\sum_{j\in\mathbb{S}}\lambda_{ij}P_j\eta_{k+1} - \eta_k^{\mathrm{T}}\left[\sum_{j\in\mathbb{S}_k^i}\lambda_{ij} + \sum_{j\in\mathbb{S}_{uk}^i}\lambda_{ij}\right]P_j\eta_k - \eta_{k-\tau_k}Q\eta_{k-\tau_k} \\
&\quad + (\tau_M - \tau_m + 1)\eta_k^{\mathrm{T}} Q\eta_k + (\xi - 1)\delta_k - \epsilon_1\psi_k^{\mathrm{T}}\psi_k + \epsilon_2 y_k^{\mathrm{T}} y_k \\
&= \eta_{k+1}^{\mathrm{T}}\left[\mathcal{P}_{\mathcal{K}}^i + \sum_{j\in\mathbb{S}_{uk}^i}\lambda_{ij}P_j\right]\eta_{k+1} - \eta_k^{\mathrm{T}}\left[\lambda_k^i P_i + \sum_{j\in\mathbb{S}_{uk}^i}\lambda_{ij}P_i\right]\eta_k \\
&\quad + (\tau_M - \tau_m + 1)\eta_k^{\mathrm{T}} Q\eta_k + (\xi - 1)\delta_k - \epsilon_1\psi_k^{\mathrm{T}}\psi_k \\
&\quad + \epsilon_2(\eta_k^{\mathrm{T}} L^{\mathrm{T}} C_i^{\mathrm{T}} C_i L\eta_k + 2\eta_k^{\mathrm{T}} L^{\mathrm{T}} C_i^{\mathrm{T}}\tilde{H}_i v_k + v_k^{\mathrm{T}}\tilde{H}_i^{\mathrm{T}}\tilde{H}_i v_k)
\end{aligned} \tag{9-10}$$

由假设 9.1 有

$$\eta_k^{\mathrm{T}} L^{\mathrm{T}}\tilde{G}_i^{\mathrm{T}}\tilde{G}_i L\eta_k + \eta_k^{\mathrm{T}}\bar{G}_i^{\mathrm{T}}\bar{G}_i\eta_k - \bar{g}_i^{\mathrm{T}}(x_k)\bar{g}_i(x_k) \geqslant 0 \tag{9-11}$$

考虑到事件触发机制(9-4)，易知存在正标量 β 使得

$$\beta\delta_k - \beta\mu\epsilon_1\psi_k^{\mathrm{T}}\psi_k + \beta\mu\epsilon_2(\eta_k^{\mathrm{T}} L^{\mathrm{T}} C_i^{\mathrm{T}} C_i L\eta_k + 2\eta_k^{\mathrm{T}} L^{\mathrm{T}} C_i^{\mathrm{T}}\tilde{H}_i v_k + v_k^{\mathrm{T}}\tilde{H}_i^{\mathrm{T}}\tilde{H}_i v_k) \geqslant 0 \tag{9-12}$$

下面旨在证明当 $v_k = 0$ 时增广系统(9-7)的稳定性。借助于式(9-10)～式(9-12)可知

$$\begin{aligned}
\Delta V_k &\leqslant \eta_{k+1}^{\mathrm{T}}\mathcal{P}_{\mathcal{K}}^i\eta_{k+1} - \lambda_k^i\eta_k^{\mathrm{T}} P_i\eta_k + \sum_{j\in\mathbb{S}_{uk}^i}\lambda_{ij}[\eta_{k+1}^{\mathrm{T}} P_j\eta_{k+1} - \eta_k^{\mathrm{T}} P_i\eta_k] \\
&\quad - \eta_{k-\tau_k}Q\eta_{k-\tau_k} + (\tau_M - \tau_m + 1)\eta_k^{\mathrm{T}} Q\eta_k \\
&\quad + (\xi - 1 + \beta)\delta_k - (\epsilon_1 + \beta\mu\epsilon_1)\psi_k^{\mathrm{T}}\psi_k \\
&\quad + (\epsilon_2 + \beta\mu\epsilon_2)(\eta_k^{\mathrm{T}} L^{\mathrm{T}} C_i^{\mathrm{T}} C_i L\eta_k + 2\eta_k^{\mathrm{T}} L^{\mathrm{T}} C_i^{\mathrm{T}}\tilde{H}_i v_k + v_k^{\mathrm{T}}\tilde{H}_i^{\mathrm{T}}\tilde{H}_i v_k) \\
&\quad - \bar{g}_i^{\mathrm{T}}(x_k)\bar{g}_i(x_k) + \eta_k^{\mathrm{T}} L^{\mathrm{T}}\tilde{G}_i^{\mathrm{T}}\tilde{G}_i L\eta_k + \eta_k^{\mathrm{T}}\bar{G}_i^{\mathrm{T}}\bar{G}_i\eta_k \\
&= \xi_k^{\mathrm{T}}\Pi_i^1\xi_k + \sum_{j\in\mathbb{S}_{uk}^i}\lambda_{ij}\xi_k^{\mathrm{T}}\Pi_i^2\xi_k
\end{aligned}$$

式中

$$\xi_k = [\eta_k^{\mathrm{T}} \quad \eta_{k-\tau_k}^{\mathrm{T}} \quad \bar{g}_i^{\mathrm{T}}(x_k) \quad \psi_k^{\mathrm{T}} \quad (\delta_k^{1/2})^{\mathrm{T}}]^{\mathrm{T}}$$

$$\Pi_i^1 = \begin{bmatrix} \Pi_i^{11} & \tilde{A}_i^{\mathrm{T}}\mathcal{P}_{\mathcal{K}}^i\tilde{A}_{\tau,i} & \tilde{A}_i^{\mathrm{T}}\mathcal{P}_{\mathcal{K}}^i\tilde{E}_i & \tilde{A}_i^{\mathrm{T}}\mathcal{P}_{\mathcal{K}}^i\tilde{F}_i & 0 \\ * & \tilde{A}_{\tau,i}^{\mathrm{T}}\mathcal{P}_{\mathcal{K}}^i\tilde{A}_{\tau,i} - \lambda_k^i Q & \tilde{A}_{\tau,i}^{\mathrm{T}}\mathcal{P}_{\mathcal{K}}^i\tilde{E}_i & \tilde{A}_{\tau,i}^{\mathrm{T}}\mathcal{P}_{\mathcal{K}}^i\tilde{F}_i & 0 \\ * & * & \tilde{E}_i^{\mathrm{T}}\mathcal{P}_{\mathcal{K}}^i\tilde{E}_i - \lambda_k^i I & \tilde{E}_i^{\mathrm{T}}\mathcal{P}_{\mathcal{K}}^i\tilde{F}_i & 0 \\ * & * & * & \tilde{F}_i^{\mathrm{T}}\mathcal{P}_{\mathcal{K}}^i\tilde{F}_i + \tilde{\Phi}_i^{44} & 0 \\ * & * & * & * & \tilde{\Phi}_i^{55} \end{bmatrix}$$

$$\Pi_i^2 = \begin{bmatrix} \bar{\Pi}_i^{11} & \tilde{A}_i^{\mathrm{T}}P_j\tilde{A}_{\tau,i} & \tilde{A}_i^{\mathrm{T}}P_j\tilde{E}_i & \tilde{A}_i^{\mathrm{T}}P_j\tilde{F}_i & 0 \\ * & \tilde{A}_{\tau,i}^{\mathrm{T}}P_j\tilde{A}_{\tau,i} - Q & \tilde{A}_{\tau,i}^{\mathrm{T}}P_j\tilde{E}_i & \tilde{A}_{\tau,i}^{\mathrm{T}}P_j\tilde{F}_i & 0 \\ * & * & \tilde{E}_i^{\mathrm{T}}P_j\tilde{E}_i - I & \tilde{E}_i^{\mathrm{T}}P_j\tilde{F}_i & 0 \\ * & * & * & \tilde{F}_i^{\mathrm{T}}P_j\tilde{F}_i + \bar{\Phi}_i^{44} & 0 \\ * & * & * & * & \bar{\Phi}_i^{55} \end{bmatrix}$$

$$\begin{aligned}\Pi_i^{11} = & -\lambda_k^i P_i + \tilde{A}_i^{\mathrm{T}}\mathcal{P}_{\mathcal{K}}^i\tilde{A}_i + \lambda_k^i(\tau_M - \tau_m + 1)Q + \lambda_k^i L^{\mathrm{T}}\tilde{G}_i^{\mathrm{T}}\tilde{G}_i L + \lambda_k^i\bar{G}_i^{\mathrm{T}}\bar{G}_i \\ & + \lambda_k^i(\epsilon_2 + \beta\mu\epsilon_2)L^{\mathrm{T}}C_i^{\mathrm{T}}C_i L\end{aligned}$$

$$\bar{\Pi}_i^{11} = -P_i + \tilde{A}_i^{\mathrm{T}}P_j\tilde{A}_i + (\tau_M - \tau_m + 1)Q + L^{\mathrm{T}}\tilde{G}_i^{\mathrm{T}}\tilde{G}_i L + \bar{G}_i^{\mathrm{T}}\bar{G}_i + (\epsilon_2 + \beta\mu\epsilon_2)L^{\mathrm{T}}C_i^{\mathrm{T}}C_i L$$

从式(9-8)和式(9-9)中可以得到$\Pi_i^1 < 0$且$\Pi_i^2 < 0$，则

$$\Delta V_k \leqslant -\chi\mathbb{E}\{\|\xi_k\|^2\} \tag{9-13}$$

式中，$\chi = \min_{i\in\mathbb{S}}\{\lambda_{\min}(-\bar{\Pi}_i^1) + \lambda_{\min}(-\bar{\Pi}_i^2)\}$。对式(9-13)两边关于$k$求和，且令$k\to\infty$，有

$$\begin{aligned}\mathbb{E}\{V(\eta_\infty,\theta_\infty)\} - V(\eta_0,\theta_0) & \leqslant -\chi\sum_{k=0}^{\infty}\mathbb{E}\{\|\xi_k\|^2\} \\ & \leqslant -\chi\sum_{k=0}^{\infty}\mathbb{E}\{\|\eta_k\|^2\}\end{aligned}$$

也就是说

$$\sum_{k=0}^{\infty}\mathbb{E}\{\|\eta_k\|^2\} \leqslant \frac{1}{\chi}V(\eta_0,\theta_0) < \infty \tag{9-14}$$

因此，可以推断出增广系统(9-7)是随机稳定的。

接下来将证明当$v_k \neq 0$时系统(9-7)满足H_∞性能指标γ。引入下列形式的性能指标J：

$$J = \sum_{k=0}^{N}\mathbb{E}\{r_k^{\mathrm{T}}r_k - \gamma^2 v_k^{\mathrm{T}}v_k\} \tag{9-15}$$

式中，$N>0$ 是一个任意的整数。对于任意非零的 v_k 且 $\eta_0=0$，有

$$
\begin{aligned}
J &= \sum_{k=0}^{N}\mathbb{E}\{r_k^{\mathrm{T}}r_k-\gamma^2 v_k^{\mathrm{T}}v_k+\Delta V_k\}-\mathbb{E}\{V(\eta_{k+1},\theta_{k+1})\} \\
&\leqslant \sum_{k=0}^{N}\mathbb{E}\{r_k^{\mathrm{T}}r_k-\gamma^2 v_k^{\mathrm{T}}v_k+\Delta V_k\} \\
&= \sum_{k=0}^{N}\bar{\xi}_k^{\mathrm{T}}\varPhi_i\bar{\xi}_k
\end{aligned}
$$

式中

$$
\bar{\xi}_k=\begin{bmatrix}\eta_k^{\mathrm{T}} & \eta_{k-\tau_k}^{\mathrm{T}} & g_i^{\mathrm{T}}(x_k) & \psi_k^{\mathrm{T}} & \left(\delta_k^{1/2}\right)^{\mathrm{T}} & v_k^{\mathrm{T}}\end{bmatrix}^{\mathrm{T}}
$$

$$
\varPhi_i=\begin{bmatrix}
\varPhi_i^{11} & \tilde{A}_i^{\mathrm{T}}\overline{\mathcal{P}}_i\tilde{A}_{\tau,i} & \tilde{A}_i^{\mathrm{T}}\overline{\mathcal{P}}_i\tilde{E}_i & \varPhi_i^{14} & 0 & \varPhi_i^{16} \\
* & \tilde{A}_{\tau,i}^{\mathrm{T}}\overline{\mathcal{P}}_i\tilde{A}_{\tau,i}-Q & \tilde{A}_{\tau,i}^{\mathrm{T}}\overline{\mathcal{P}}_i\tilde{E}_i & \tilde{A}_{\tau,i}^{\mathrm{T}}\overline{\mathcal{P}}_i\tilde{F}_i & 0 & \tilde{A}_{\tau,i}^{\mathrm{T}}\overline{\mathcal{P}}_i\tilde{B}_i \\
* & * & \tilde{E}_i^{\mathrm{T}}\overline{\mathcal{P}}_i\tilde{E}_i-I & \tilde{E}_i^{\mathrm{T}}\overline{\mathcal{P}}_i\tilde{F}_i & 0 & \tilde{E}_i^{\mathrm{T}}\overline{\mathcal{P}}_i\tilde{B}_i \\
* & * & * & \varPhi_i^{44} & 0 & \varPhi_i^{46} \\
* & * & * & * & \bar{\varPhi}_i^{55} & 0 \\
* & * & * & * & * & \varPhi_i^{66}
\end{bmatrix}
$$

$$
\begin{aligned}
\varPhi_i^{11} &= -P_i+\tilde{A}_i^{\mathrm{T}}\overline{\mathcal{P}}_i\tilde{A}_i+(\tau_M-\tau_m+1)Q+L^{\mathrm{T}}\tilde{G}_i^{\mathrm{T}}\tilde{G}_iL+\bar{G}_i^{\mathrm{T}}\bar{G}_i \\
&\quad +(\epsilon_2+\beta\mu\epsilon_2)L^{\mathrm{T}}C_i^{\mathrm{T}}C_iL+\tilde{C}_i^{\mathrm{T}}\tilde{C}_i \\
\varPhi_i^{14} &= \tilde{A}_i^{\mathrm{T}}\overline{\mathcal{P}}_i\tilde{F}_i+\tilde{C}_i^{\mathrm{T}}(M_i+\Delta M_i) \\
\Phi_i^{16} &= \tilde{A}_i^{\mathrm{T}}\overline{\mathcal{P}}_i\tilde{B}_i+(\epsilon_2+\beta\mu\epsilon_2)L^{\mathrm{T}}C_i^{\mathrm{T}}\tilde{H}_i+\tilde{C}_i^{\mathrm{T}}\tilde{D}_i \\
\varPhi_i^{44} &= \tilde{F}_i^{\mathrm{T}}\overline{\mathcal{P}}_i\tilde{F}_i-(\epsilon_1+\beta\mu\epsilon_1)I+(M_i+\Delta M_i)^{\mathrm{T}}(M_i+\Delta M_i) \\
\varPhi_i^{46} &= \tilde{F}_i^{\mathrm{T}}\overline{\mathcal{P}}_i\tilde{B}_i+(M_i+\Delta M_i)^{\mathrm{T}}\tilde{D}_i \\
\varPhi_i^{66} &= \tilde{B}_i^{\mathrm{T}}\overline{\mathcal{P}}_i\tilde{B}_i+\tilde{D}_i^{\mathrm{T}}\tilde{D}_i-\gamma^2 I+(\epsilon_2+\beta\mu\epsilon_2)\tilde{H}_i^{\mathrm{T}}\tilde{H}_i
\end{aligned}
$$

应用引理 2.1，$\varPhi_i$ 等价于

$$
\bar{\varPhi}_i=\begin{bmatrix}
\bar{\Phi}_i^{11} & 0 & 0 & 0 & 0 & \bar{\varPhi}_i^{16} & \tilde{A}_i^{\mathrm{T}}\overline{\mathcal{P}}_i & \tilde{C}_i^{\mathrm{T}} \\
* & -Q & 0 & 0 & 0 & 0 & \tilde{A}_{\tau,i}^{\mathrm{T}}\overline{\mathcal{P}}_i & 0 \\
* & * & -I & 0 & 0 & 0 & \tilde{E}_i^{\mathrm{T}}\overline{\mathcal{P}}_i & 0 \\
* & * & * & \bar{\varPhi}_i^{44} & 0 & 0 & \tilde{F}_i^{\mathrm{T}}\overline{\mathcal{P}}_i & \bar{\varPhi}_i^{48} \\
* & * & * & * & \bar{\varPhi}_i^{55} & 0 & 0 & 0 \\
* & * & * & * & * & \bar{\varPhi}_i^{66} & \tilde{B}_i^{\mathrm{T}}\overline{\mathcal{P}}_i & \tilde{D}_i^{\mathrm{T}} \\
* & * & * & * & * & * & -\overline{\mathcal{P}}_i & 0 \\
* & * & * & * & * & * & * & -I
\end{bmatrix} \tag{9-16}
$$

注意到(9-16)可以被重新写为

$$\bar{\Phi}_i = \Theta_i + \sum_{j\in\mathbb{S}_{uk}^i} \lambda_{ij}\Theta_{i,j}$$

因此，不等式(9-8)和不等式(9-9)保证了 $\bar{\Phi}_i<0$，由此可得 $\Phi_i<0$，这意味着 $J<0$。令 $N\to\infty$，则有

$$\sum_{k=0}^{\infty}\mathbb{E}\{r_k^{\mathrm{T}}r_k\}-\gamma^2\sum_{k=0}^{\infty}v_k^{\mathrm{T}}v_k<0$$

则由定义 9.1 可知增广系统(9-7)满足 H_∞ 性能。证毕。

定理 9.2　考虑具有部分未知状态转移概率的系统(9-7)，给定标量 γ，ϵ_1，ϵ_2，ξ，μ，τ_m 和 τ_M，假设存在正定矩阵 $P_i\ (i\in\mathbb{S})$，Q 及正标量 β 和 $\varepsilon_j\ (j=1,2,3)$ 满足

$$\bar{\Omega}_i=\begin{bmatrix}\bar{\Omega}_i^{11} & \bar{\Omega}_i^{12}\\ * & \bar{\Omega}_i^{22}\end{bmatrix}<0 \tag{9-17}$$

式中

$$\bar{\Omega}_i^{11}=\begin{bmatrix}\vec{\Omega}_i^{11} & \varepsilon_1A_c^{\mathrm{T}}A_e & 0 & \vec{\Omega}_i^{14} & 0 & \vec{\Omega}_i^{16} & \vec{A}_i^{\mathrm{T}}\Upsilon_j\\ * & -Q+\varepsilon_2A_e^{\mathrm{T}}A_e & 0 & 0 & 0 & 0 & \vec{A}_{\tau,i}^{\mathrm{T}}\Upsilon_j\\ * & * & -I & 0 & 0 & 0 & \tilde{E}_i^{\mathrm{T}}\Upsilon_j\\ * & * & * & \vec{\Omega}_i^{44} & 0 & -\varepsilon_3R_3^{\mathrm{T}}A_g+\varepsilon_1R_3^{\mathrm{T}}A_b & \vec{F}_i^{\mathrm{T}}\Upsilon_j\\ * & * & * & * & \bar{\Phi}_i^{55} & 0 & 0\\ * & * & * & * & * & \vec{\Omega}_i^{66} & \vec{B}_i^{\mathrm{T}}\Upsilon_j\\ * & * & * & * & * & * & -\Upsilon_j\end{bmatrix}$$

$$\bar{\Omega}_i^{12}=\begin{bmatrix}\vec{C}_i^{\mathrm{T}} & 0 & 0 & 0\\ 0 & 0 & 0 & 0\\ 0 & 0 & 0 & 0\\ M_i^{\mathrm{T}} & 0 & 0 & 0\\ 0 & 0 & 0 & 0\\ \vec{D}_i^{\mathrm{T}} & 0 & 0 & 0\\ 0 & 0 & \Upsilon_jM_a & \Upsilon_jM_b\end{bmatrix},\quad \bar{\Omega}_i^{22}=\begin{bmatrix}-I & N & 0 & 0\\ 0 & -\varepsilon_1I & 0 & 0\\ 0 & 0 & -\varepsilon_2I & 0\\ 0 & 0 & 0 & -\varepsilon_3I\end{bmatrix}$$

$$\begin{aligned}\vec{\Omega}_i^{11}&=-P_i+(\tau_M-\tau_m+1)Q+L^{\mathrm{T}}\tilde{G}_i^{\mathrm{T}}\tilde{G}_iL+\bar{G}_i^{\mathrm{T}}\bar{G}_i+(\epsilon_2+\beta\mu\epsilon_2)L^{\mathrm{T}}C_i^{\mathrm{T}}C_iL\\&\quad+\varepsilon_1A_a^{\mathrm{T}}A_a+\varepsilon_2A_c^{\mathrm{T}}A_c+\varepsilon_3A_d^{\mathrm{T}}A_d\end{aligned}$$

$$\vec{\Omega}_i^{16}=\varepsilon_1A_a^{\mathrm{T}}A_b+\varepsilon_3A_d^{\mathrm{T}}A_g+(\epsilon_2+\beta\mu\epsilon_2)L^{\mathrm{T}}C_i^{\mathrm{T}}\tilde{H}_i$$

$$\vec{\Omega}_i^{14}=\varepsilon_1A_a^{\mathrm{T}}R_3-\varepsilon_3A_d^{\mathrm{T}}R_3,\quad \vec{\Omega}_i^{44}=-(\epsilon_1+\beta\mu\epsilon_1)I+\varepsilon_1R_3^{\mathrm{T}}R_3+\varepsilon_3R_3^{\mathrm{T}}R_3$$

$$\vec{\Omega}_i^{66}=-\gamma^2I+\varepsilon_1A_b^{\mathrm{T}}A_b+\varepsilon_3A_g^{\mathrm{T}}A_g+(\epsilon_2+\beta\mu\epsilon_2)\tilde{H}_i^{\mathrm{T}}\tilde{H}_i$$

$$A_a=[0\quad R_3C_i],\quad A_b=[R_3H_i\quad R_3D_i],\quad A_c=[R_1\quad 0],\quad A_d=[0\quad -R_3C_i]$$

$$A_e=[R_2\quad 0],\quad A_g=[-R_3H_i\quad -R_3D_i],\quad M_a=\begin{bmatrix}M\\M\end{bmatrix},\quad M_b=\begin{bmatrix}0\\M\end{bmatrix}$$

$$\vec{A}_i=\begin{bmatrix}A_i & 0\\0 & A_i-K_iC_i\end{bmatrix},\quad \vec{A}_{\tau,i}=\begin{bmatrix}A_{\tau,i} & 0\\0 & A_{\tau,i}\end{bmatrix},\quad \vec{F}_i=\begin{bmatrix}0\\-K_i\end{bmatrix}$$

$$\vec{B}_i=\begin{bmatrix}B_{f,i} & B_i\\B_{f,i}-K_iH_i & B_i-K_iD_i\end{bmatrix},\quad \vec{C}_i=[0\quad M_iC_i]$$

$$\vec{D}_i=[M_iH_i\quad M_iD_i],\quad \begin{cases}\Upsilon_j=\dfrac{1}{\lambda_k^i}\mathcal{P}_{\mathcal{K}}^i, & j\in\mathbb{S}_k^i\\ \Upsilon_j=P_j, & j\in\mathbb{S}_{uk}^i\end{cases} \tag{9-18}$$

则增广系统(9-7)是随机稳定的且满足 H_∞ 性能指标。

证　注意到式(9-8)等价于

$$\begin{bmatrix}
\bar{\Phi}_i^{11} & 0 & 0 & 0 & 0 & \bar{\Phi}_i^{16} & \frac{1}{\lambda_k^i}\tilde{A}_i^{\mathrm{T}}\mathcal{P}_{\mathcal{K}}^i & \tilde{C}_i^{\mathrm{T}}\\
* & -Q & 0 & 0 & 0 & 0 & \frac{1}{\lambda_k^i}\tilde{A}_{\tau,i}^{\mathrm{T}}\mathcal{P}_{\mathcal{K}}^i & 0\\
* & * & -I & 0 & 0 & 0 & \frac{1}{\lambda_k^i}\tilde{E}_i^{\mathrm{T}}\mathcal{P}_{\mathcal{K}}^i & 0\\
* & * & * & \bar{\Phi}_i^{44} & 0 & 0 & \frac{1}{\lambda_k^i}\tilde{F}_i^{\mathrm{T}}\mathcal{P}_{\mathcal{K}}^i & \bar{\Phi}_i^{48}\\
* & * & * & * & \bar{\Phi}_i^{55} & 0 & 0 & 0\\
* & * & * & * & * & \bar{\Phi}_i^{66} & \frac{1}{\lambda_k^i}\tilde{B}_i^{\mathrm{T}}\mathcal{P}_{\mathcal{K}}^i & \tilde{D}_i^{\mathrm{T}}\\
* & * & * & * & * & * & -\frac{1}{\lambda_k^i}\mathcal{P}_{\mathcal{K}}^i & 0\\
* & * & * & * & * & * & * & -I
\end{bmatrix}$$

$$=\begin{bmatrix}
\bar{\Phi}_i^{11} & 0 & 0 & 0 & 0 & \bar{\Phi}_i^{16} & \tilde{A}_i^{\mathrm{T}}\Upsilon_j & \tilde{C}_i^{\mathrm{T}}\\
* & -Q & 0 & 0 & 0 & 0 & \tilde{A}_{\tau,i}^{\mathrm{T}}\Upsilon_j & 0\\
* & * & -I & 0 & 0 & 0 & \tilde{E}_i^{\mathrm{T}}\Upsilon_j & 0\\
* & * & * & \bar{\Phi}_i^{44} & 0 & 0 & \tilde{F}_i^{\mathrm{T}}\Upsilon_j & \bar{\Phi}_i^{48}\\
* & * & * & * & \bar{\Phi}_i^{55} & 0 & 0 & 0\\
* & * & * & * & * & \bar{\Phi}_i^{66} & \tilde{B}_i^{\mathrm{T}}\Upsilon_j & \tilde{D}_i^{\mathrm{T}}\\
* & * & * & * & * & * & -\Upsilon_j & 0\\
* & * & * & * & * & * & * & -I
\end{bmatrix}<0,\quad j\in\mathbb{S}_k^i \tag{9-19}$$

式(9-9)可重新描述为

$$\begin{bmatrix} \bar{\Phi}_i^{11} & 0 & 0 & 0 & 0 & \bar{\Phi}_i^{16} & \tilde{A}_i^{\mathrm{T}}\Upsilon_j & \tilde{C}_i^{\mathrm{T}} \\ * & -Q & 0 & 0 & 0 & 0 & \tilde{A}_{\tau,i}^{\mathrm{T}}\Upsilon_j & 0 \\ * & * & -I & 0 & 0 & 0 & \tilde{E}_i^{\mathrm{T}}P_j & 0 \\ * & * & * & \bar{\Phi}_i^{44} & 0 & 0 & \tilde{F}_i^{\mathrm{T}}\Upsilon_j & \bar{\Phi}_i^{48} \\ * & * & * & * & \bar{\Phi}_i^{55} & 0 & 0 & 0 \\ * & * & * & * & * & \bar{\Phi}_i^{66} & \tilde{B}_i^{\mathrm{T}}\Upsilon_j & \tilde{D}_i^{\mathrm{T}} \\ * & * & * & * & * & * & -\Upsilon_j & 0 \\ * & * & * & * & * & * & * & -I \end{bmatrix} < 0, \quad j \in \mathbb{S}_{uk}^i \tag{9-20}$$

因此，式(9-19)和式(9-20)均可整理为

$$\varOmega_i + \sum_{s=1}^{3}\{\mathcal{L}_i^s F_i \mathcal{M}_s + (\mathcal{L}_i^s F_i \mathcal{M}_s)^{\mathrm{T}}\} < 0 \tag{9-21}$$

式中

$$\varOmega_i = \begin{bmatrix} \bar{\Phi}_i^{11} & 0 & 0 & 0 & 0 & \bar{\Phi}_i^{16} & \vec{A}_i^{\mathrm{T}}\Upsilon_j & \vec{C}_i^{\mathrm{T}} \\ * & -Q & 0 & 0 & 0 & 0 & \vec{A}_{\tau,i}^{\mathrm{T}}\Upsilon_j & 0 \\ * & * & -I & 0 & 0 & 0 & \tilde{E}_i^{\mathrm{T}}\Upsilon_j & 0 \\ * & * & * & \bar{\Phi}_i^{55} & 0 & 0 & \vec{F}_i^{\mathrm{T}}\Upsilon_j & M_i^{\mathrm{T}} \\ * & * & * & * & \bar{\Phi}_i^{55} & 0 & 0 & 0 \\ * & * & * & * & * & \bar{\Phi}_i^{66} & \vec{B}_i^{\mathrm{T}}\Upsilon_j & \vec{D}_i^{\mathrm{T}} \\ * & * & * & * & * & * & -\Upsilon_j & 0 \\ * & * & * & * & * & * & * & -I \end{bmatrix}$$

$\mathcal{L}_i^1 = [0\ \ 0\ \ 0\ \ 0\ \ 0\ \ 0\ \ 0\ \ N^{\mathrm{T}}]^{\mathrm{T}}$，$\mathcal{L}_i^2 = [0\ \ 0\ \ 0\ \ 0\ \ 0\ \ 0\ \ M_a^{\mathrm{T}}\Upsilon_j\ \ 0]^{\mathrm{T}}$

$\mathcal{L}_i^3 = [0\ \ 0\ \ 0\ \ 0\ \ 0\ \ 0\ \ M_b^{\mathrm{T}}\Upsilon_j\ \ 0]^{\mathrm{T}}$，$\mathcal{M}_1 = [A_a\ \ 0\ \ 0\ \ R_3\ \ 0\ \ A_b\ \ 0\ \ 0]$

$\mathcal{M}_2 = [A_c\ \ A_e\ \ 0\ \ 0\ \ 0\ \ 0\ \ 0\ \ 0]$，$\mathcal{M}_3 = [A_d\ \ 0\ \ 0\ \ -R_3\ \ 0\ \ A_g\ \ 0\ \ 0]$

根据引理 2.2 可知，若存在正标量 $\varepsilon_j (j=1,2,3)$ 使得

$$\varOmega_i + \sum_{s=1}^{3}\{\varepsilon_s \mathcal{M}_s^{\mathrm{T}} \mathcal{M}_s + \varepsilon_s^{-1} \mathcal{L}_i^s (\mathcal{L}_i^s)^{\mathrm{T}}\} < 0 \tag{9-22}$$

则式(9-21)成立。再利用引理 2.1，式(9-22)等价于式(9-17)，证毕。

9.3　非脆弱故障检测滤波器设计

下述定理研究故障检测滤波器参数矩阵的设计问题，给出参数矩阵的具体表达形式。

定理 9.3 考虑具有部分未知状态转移概率的系统(9-7)，给定标量γ，ϵ_1，ϵ_2，ξ，μ，τ_m和τ_M，假设存在正定矩阵$P_i\ (i\in\mathbb{S})$，Q，适当维数的矩阵N_i，M_i及正标量β和$\varepsilon_j(j=1,2,3)$满足

$$\bar{\Psi}_i=\begin{bmatrix}\bar{\Psi}_i^{11} & \bar{\Omega}_i^{12}\\ * & \bar{\Omega}_i^{22}\end{bmatrix}<0 \tag{9-23}$$

式中

$$\bar{\Psi}_i^{11}=\begin{bmatrix}\vec{\Omega}_i^{11} & \varepsilon_1 A_c^{\mathrm{T}}A_e & 0 & \vec{\Omega}_i^{14} & 0 & \vec{\Omega}_i^{16} & A_{0,i}^{\mathrm{T}}\Upsilon_j+\hat{C}_i^{\mathrm{T}}N_i^{\mathrm{T}}\\ * & -Q+\varepsilon_2A_e^{\mathrm{T}}A_e & 0 & 0 & 0 & 0 & \vec{A}_{\tau,i}^{\mathrm{T}}\Upsilon_j\\ * & * & -I & 0 & 0 & 0 & \tilde{E}_i^{\mathrm{T}}\Upsilon_j\\ * & * & * & \vec{\Omega}_i^{44} & 0 & -\varepsilon_3R_3^{\mathrm{T}}A_g+\varepsilon_1R_3^{\mathrm{T}}A_b & N_i^{\mathrm{T}}\\ * & * & * & * & \bar{\Phi}_i^{55} & 0 & 0\\ * & * & * & * & * & \vec{\Omega}_i^{66} & B_{0,i}^{\mathrm{T}}\Upsilon_j+\hat{D}_i^{\mathrm{T}}N_i^{\mathrm{T}}\\ * & * & * & * & * & * & -\Upsilon_j\end{bmatrix}$$

$$A_{0,i}=\begin{bmatrix}A_i & 0\\ 0 & A_i\end{bmatrix},\quad \hat{C}_i=\begin{bmatrix}0 & C_i\end{bmatrix},\quad B_{0,i}=\begin{bmatrix}B_{f,i} & B_i\\ B_{f,i} & B_i\end{bmatrix},\quad \hat{D}_i=[H_i\quad D_i]$$

$$\vec{I}=[0\quad -I],\quad \begin{cases}\Upsilon_j=\dfrac{1}{\lambda_k^i}\mathcal{P}_{\mathcal{K}}^i, & j\in\mathbb{S}_k^i\\ \Upsilon_j=P_j, & j\in\mathbb{S}_{uk}^i\end{cases} \tag{9-24}$$

则增广系统(9-7)是随机稳定的且满足H_∞性能指标。此外，滤波器参数矩阵可表示为

$$K_i=(\vec{I}^{\mathrm{T}}\Upsilon_j\vec{I})^{-1}\vec{I}^{\mathrm{T}}N_i,\quad M_i=M_i \tag{9-25}$$

证 将定理 9.2 中的部分参数写成如下形式：

$$\vec{A}_i=A_{0,i}+\vec{F}_i\hat{C}_i,\quad \tilde{B}_i=B_{0,i}+\vec{F}_i\hat{D}_i \tag{9-26}$$

定义$N_i=\Upsilon_j\vec{F}_i$并将式(9-26)代入式(9-17)可推导出式(9-23)。因此，增广系统(9-7)是随机稳定的并且满足H_∞性能指标，滤波器参数矩阵由式(9-25)给出。证毕。

9.4 算　　例

本节给出一个数值算例来验证提出的故障检测方法的有效性和可行性。

考虑具有参数不确定性的时滞非线性马尔可夫跳跃系统(9-1)，相关参数如

下给出：

$$A_1=\begin{bmatrix}0.6 & 0.2\\ 0 & 0.7\end{bmatrix},\quad A_2=\begin{bmatrix}0.3 & 0.5\\ 0.4 & 0.5\end{bmatrix},\quad A_{\tau,1}=A_{\tau,2}=\begin{bmatrix}0.1 & 0\\ -0.2 & 0.1\end{bmatrix}$$

$$B_1=\begin{bmatrix}0.8\\ 0.3\end{bmatrix},\quad B_2=\begin{bmatrix}0\\ 0.1\end{bmatrix},\quad E_1=E_2=\begin{bmatrix}0.1 & 0\\ 0 & 0.1\end{bmatrix},\quad B_{f,1}=\begin{bmatrix}-1\\ 0.6\end{bmatrix}$$

$$B_{f,2}=\begin{bmatrix}0\\ 1\end{bmatrix},\quad C_1=[0.3\quad -0.2],\quad C_2=[0.2\quad 0.2],\quad D_1=0.4$$

$$D_2=0.9,\quad H_1=2,\quad H_2=0.7,\quad g_i(x_k)=0.05x_k-\tan(0.05x_k)$$

$$M=\begin{bmatrix}0.1 & 0\\ 0 & 0.1\end{bmatrix},\quad R_1=R_2=\begin{bmatrix}0.02 & 0.01\\ 0.02 & 0.01\end{bmatrix}$$

令时滞满足$1\leqslant\tau_k\leqslant 3$，$\rho=0.5$。下面考虑两种情况：情况一考虑完全已知的状态转移概率矩阵，即$\Pi_1=\begin{bmatrix}0.3 & 0.7\\ 0.4 & 0.6\end{bmatrix}$；情况二考虑不完全已知的状态转移概率矩阵，即$\Pi_2=\begin{bmatrix}? & ?\\ 0.4 & 0.6\end{bmatrix}$。

利用上述参数和定理 9.3，故障检测滤波器参数矩阵可以由 Matlab 软件求出。

情况一的参数矩阵如下给出：

$$K_1=\begin{bmatrix}0.1970\\ -0.0714\end{bmatrix},\quad K_2=\begin{bmatrix}0.1969\\ 0.2319\end{bmatrix},\quad M_1=0.7812,\quad M_2=-0.8456$$

情况二的参数矩阵如下给出：

$$K_1=\begin{bmatrix}0.7100\\ -0.3385\end{bmatrix},\quad K_2=\begin{bmatrix}0.5205\\ 0.5778\end{bmatrix},\quad M_1=2.1257,\quad M_2=-1.9602$$

选取系统(9-1)和故障检测滤波器的初始条件分别为$x_0=[0.2\quad -0.5]^{\mathrm{T}}$和$\hat{x}_0=0$。外部扰动$\omega_k=\exp(-k/20)\upsilon_k$，其中，$\upsilon_k$是在$[-0.5,0.5]$上均匀分布的噪声。设置故障信号为

$$f_k=\begin{cases}2, & 100\leqslant k\leqslant 150\\ 0, & \text{其他}\end{cases}$$

仿真结果如图 9.1～图 9.6 所示。在情况一中，马尔可夫链θ_k的仿真结果如图 9.1 所示；图 9.2 表示残差信号r_k；图 9.3 描述残差评价函数J_k的轨迹，其中实线表示

有故障出现的情况，点画线表示没有故障的情况。根据阈值定义计算得到 $J_{\mathrm{th}} = 0.0033$，从图 9.3 中可以得到，$0.0023 = J_{102} < J_{\mathrm{th}} < J_{103} = 0.0035$，这说明故障在发生 3 步后能够被检测出来。

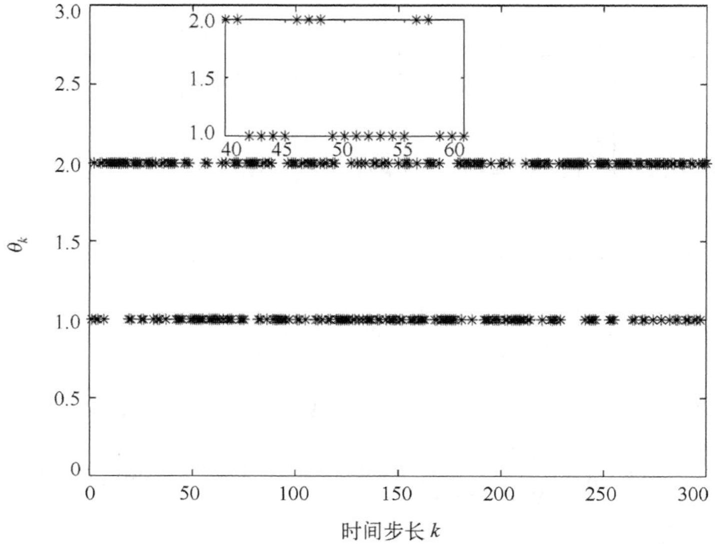

图 9.1　马尔可夫链 θ_k 的演变

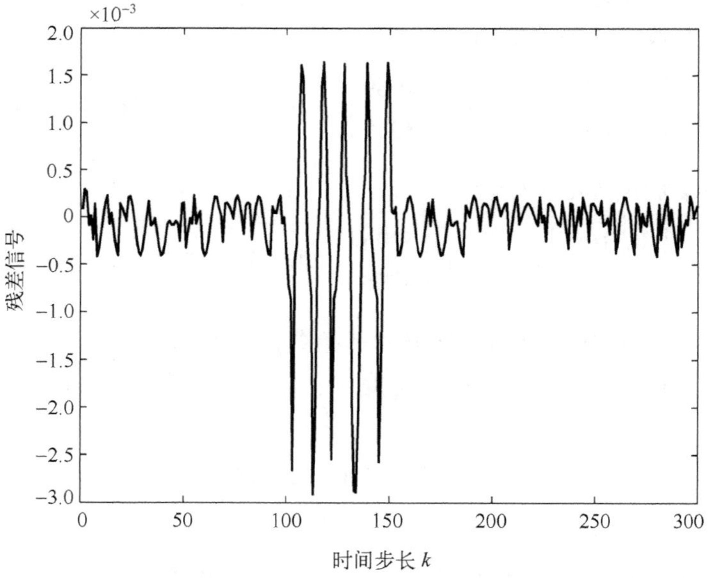

图 9.2　残差信号 r_k

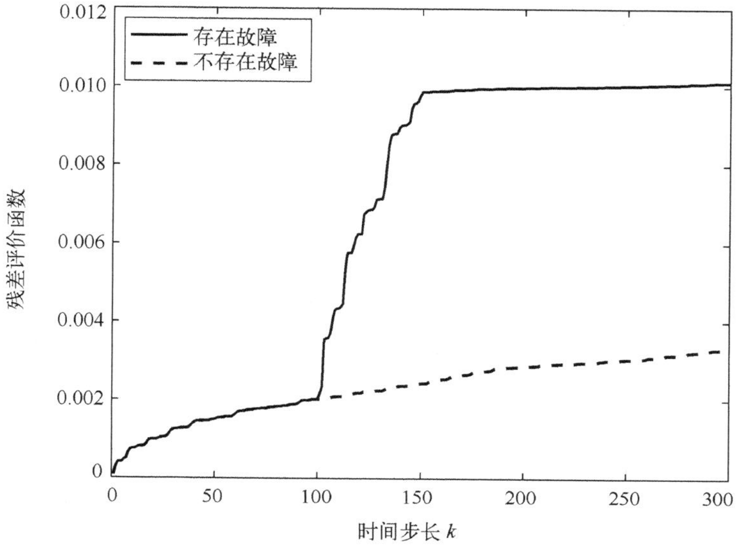

图 9.3 残差评价函数 J_k

在情况二中，马尔可夫链 θ_k 的仿真结果如图 9.4 所示；残差信号的轨迹呈现在图 9.5 中；图 9.6 表示残差评价函数 J_k 的轨迹，其中实线表示有故障出现的情况，点画线表示没有故障的情况。根据阈值定义计算得到 $J_{\text{th}} = 0.0030$，从图 9.6 中可以得到，$0.0019 = J_{101} < J_{\text{th}} < J_{102} = 0.0036$，这说明故障在发生 2 步后能够被检测出来。

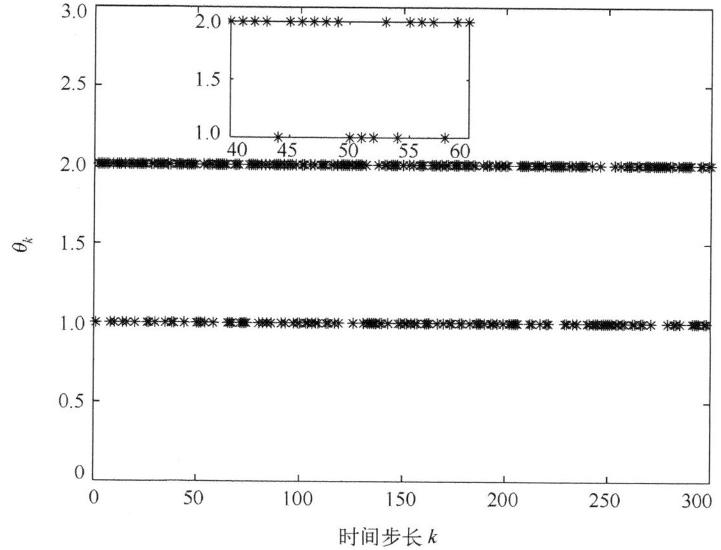

图 9.4 马尔可夫链 θ_k 的演变

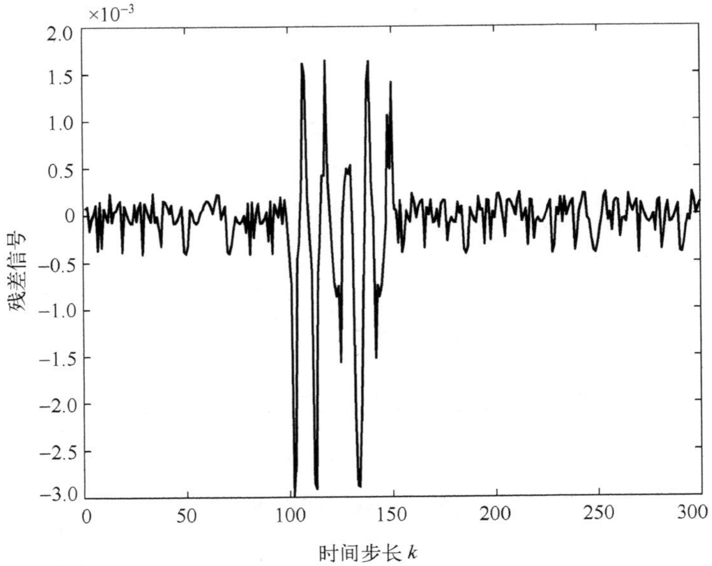

图 9.5　残差信号 r_k

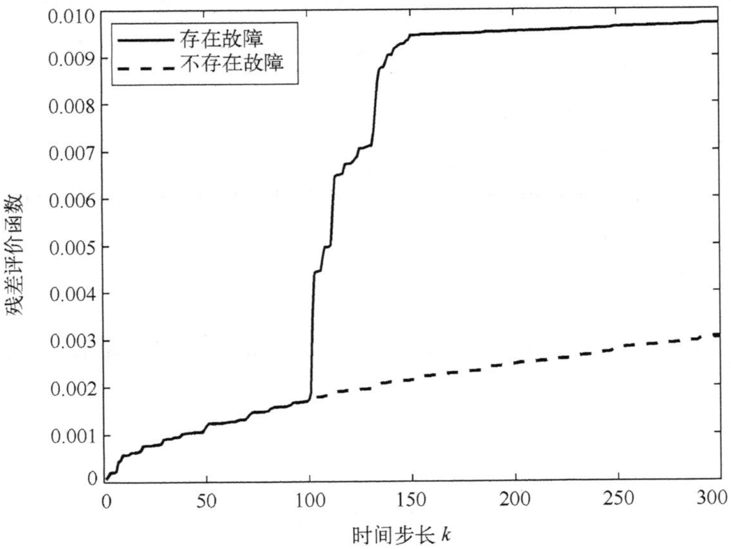

图 9.6　残差评价函数 J_k

9.5 本章小结

本章研究了非线性马尔可夫跳跃系统在动态事件触发机制下的故障检测问题。其中，考虑了马尔可夫过程状态转移概率矩阵完全已知和部分未知的情况。同时，引入了一个辅助系统刻画事件触发机制的动态特性。接着，利用随机分析方法，得到了保证增广系统随机稳定且满足 H_∞ 性能的充分条件，根据矩阵不等式的解得到了滤波器参数矩阵的显示表达形式。最后，算例仿真验证了提出的故障检测滤波算法的可行性。

第 10 章 动态事件触发机制下非线性系统有限时故障检测

与传统的 Lyapunov 渐近稳定性要求系统状态在无限时间区间内收敛为零相比，有限时稳定性研究的是系统在固定的有限时间区间内的动态行为，它能保证系统拥有更快的收敛速度，在系统受外界扰动影响时具有更好的抗干扰能力和更强的鲁棒性。本章针对两类非线性网络化系统，研究其在通信协议下的有限时故障检测问题。引入动态事件触发机制决定传感器测量数据的更新序列，设计适当的故障检测滤波器，借助于 Lyapunov 方法得到系统的有限时故障检测滤波算法。

10.1 动态事件触发机制下时滞非线性系统有限时故障检测

10.1.1 问题简述

考虑如下定义在 $k\in[0,N]$ 上的时滞非线性系统：

$$\begin{aligned} x_{k+1} &= Ax_k + A_\tau x_{k-\tau_k} + g(x_k) + D_1 v_k + G_1 f_k \\ y_k &= Cx_k + D_2 v_k + G_2 f_k \\ x_k &= \varphi_k, \quad \forall k\in[-\tau_M, 0] \end{aligned} \tag{10-1}$$

式中，$x_k\in\mathbb{R}^n$ 表示系统状态；$y_k\in\mathbb{R}^m$ 为测量输出；$g(x_k)\in\mathbb{R}^n$ 为非线性函数；$v_k\in\mathbb{R}^s$ 代表属于 $l_2[0,N]$ 的外部扰动；φ_k 为给定的初始序列；$f_k\in\mathbb{R}^l$ 为待检测的故障；τ_k 是满足 $\tau_m\leqslant\tau_k\leqslant\tau_M$ 的时滞；τ_M 和 τ_m 分别表示时滞 τ_k 的上下界；A，A_τ，D_1，G_1，C 和 D_2 为具有适当维数的已知矩阵。

非线性函数满足 $g(0)=0$ 和

$$[g(x)-g(y)-\varGamma_1(x-y)]^{\mathrm{T}}[g(x)-g(y)-\varGamma_2(x-y)]\leqslant 0, \quad \forall x,y\in\mathbb{R}^n$$

式中，$\varGamma_1>\varGamma_2$，$\varGamma_1$ 和 $\varGamma_2$ 为已知矩阵。则有

$$\begin{bmatrix} x_k \\ g(x_k) \end{bmatrix}^{\mathrm{T}} \begin{bmatrix} \mathcal{T}_1 & \mathcal{T}_2 \\ * & I \end{bmatrix} \begin{bmatrix} x_k \\ g(x_k) \end{bmatrix} \leqslant 0 \tag{10-2}$$

式中

$$\mathcal{T}_1 = \frac{\Gamma_1^{\mathrm{T}}\Gamma_2 + \Gamma_2^{\mathrm{T}}\Gamma_1}{2}, \quad \mathcal{T}_2 = -\frac{\Gamma_1^{\mathrm{T}} + \Gamma_2^{\mathrm{T}}}{2}$$

为了节约网络资源，本章采用动态事件触发机制确定当前时刻是否更新测量数据。定义事件触发函数：

$$U(\psi_k,\sigma) = \psi_k^{\mathrm{T}} W \psi_k - \sigma y_{k_i}^{\mathrm{T}} W y_{k_i} \tag{10-3}$$

式中，y_{k_i} 表示最新传输时刻 k_i 的测量信号；$\psi_k = y_k - y_{k_i}$；$\sigma \in [0,1)$ 为给定的标量，$W = W^{\mathrm{T}} > 0$ 表示事件权重矩阵。如果满足条件

$$\delta U(\psi_k,\sigma) > \theta_k \tag{10-4}$$

则更新测量值。式中，δ 为给定的标量；θ_k 表示满足如下动态方程的辅助变量：

$$\theta_{k+1} = \varrho\theta_k - U(\psi_k,\sigma), \quad \theta_0 = \phi_0 \tag{10-5}$$

这里 ϕ_0 表示辅助系统的初始条件，ϱ 为给定的标量。需要注意的是，在实际工程环境中，如果 ϕ_0 过大，那么动态事件触发机制的触发条件将很难满足。因此，假设 $\phi_0 \leqslant \varpi$。此外，δ 和 ϱ 满足

$$0 < \varrho < 1, \ \delta \geqslant \frac{1}{\varrho} \tag{10-6}$$

在通信协议的控制下，实际的传输信号 $\bar{y}_k$ 可以表示为

$$\bar{y}_k = y_{k_i}, \quad k \in [k_i, k_{i+1}) \tag{10-7}$$

令触发序列为 $0 \leqslant k_0 < k_1 < k_2 < \cdots < k_i < \cdots$，那么，下一个触发时刻可以按照如下方式确定：

$$k_{i+1} = \inf\{k \in [0,N] \,|\, k > k_i, \delta U(\psi_k,\sigma) > \theta_k\} \tag{10-8}$$

为了检测动态事件触发机制下网络化系统中的故障，构造如下故障检测滤波器：

$$\begin{aligned} \hat{x}_{k+1} &= A_F \hat{x}_k + B_F \bar{y}_k \\ r_k &= C_F \hat{x}_k + D_F \bar{y}_k \end{aligned} \tag{10-9}$$

式中，$\hat{x}_k \in \mathbb{R}^n$ 表示故障检测滤波器的状态；$r_k \in \mathbb{R}^l$ 为残差；A_F，B_F，C_F 和 D_F 为适当维数的待设计滤波器参数矩阵。

基于式(10-7)，根据 ψ_k 的定义，故障检测滤波器(10-9)可重写为

$$\begin{aligned} \hat{x}_{k+1} &= A_F \hat{x}_k + B_F (y_k - \psi_k) \\ r_k &= C_F \hat{x}_k + D_F (y_k - \psi_k) \end{aligned} \tag{10-10}$$

令 $\eta_k = [x_k^{\mathrm{T}} \quad \hat{x}_k^{\mathrm{T}}]^{\mathrm{T}}$，$\bar{r}_k = r_k - f_k$ 和 $\vartheta_k = [v_k^{\mathrm{T}} \quad f_k^{\mathrm{T}}]^{\mathrm{T}}$，通过式(10-1)和式(10-10)，得到如下增广系统：

$$\begin{aligned} \eta_{k+1} &= \bar{A}\eta_k + \bar{A}_\tau \eta_{k-\tau_k} + I_1 g(x_k) - \bar{B}\psi_k + \bar{D}\vartheta_k \\ \bar{r}_k &= \bar{C}\eta_k - D_F \psi_k + \bar{G}\vartheta_k \end{aligned} \tag{10-11}$$

式中

$$\overline{A}=\begin{bmatrix} A & 0 \\ B_F C & A_F \end{bmatrix},\quad \overline{A}_\tau=\begin{bmatrix} A_\tau & 0 \\ 0 & 0 \end{bmatrix},\quad I_1=\begin{bmatrix} I \\ 0 \end{bmatrix},\quad \overline{B}=\begin{bmatrix} 0 \\ B_F \end{bmatrix}$$

$$\overline{D}=\begin{bmatrix} D_1 & G_1 \\ B_F D_2 & B_F G_2 \end{bmatrix},\quad \overline{C}=[D_F C \quad C_F],\quad \overline{G}=[D_F D_2 \quad D_F G_2 - I]$$

为了完成后续推导，本节给出如下假设和定义。

假设 10.1　系统(10-1)及系统(10-11)的初始条件分别满足

$$\begin{aligned}(x_{s_2+1}-x_{s_2})^{\mathrm{T}}(x_{s_2+1}-x_{s_2}) &\leqslant \epsilon \\ \eta_{s_1}^{\mathrm{T}} L \eta_{s_1} &\leqslant c_1\end{aligned} \tag{10-12}$$

式中，$s_1\in\{-\tau_M,-\tau_M+1,\cdots,0\}$；$s_2\in\{-\tau_M,-\tau_M+1,\cdots,-1\}$，$L$ 为已知的正定矩阵，ϵ 和 c_1 为给定的非负标量。

定义 10.1[179]　若对 $\forall s_1\in\{-\tau_M,-\tau_M+1,\cdots,0\}$ 和 $\forall s_3\in\{1,2,\cdots,N\}$，有

$$\eta_{s_1}^{\mathrm{T}} L \eta_{s_1} \leqslant c_1 \Rightarrow \eta_{s_3}^{\mathrm{T}} L \eta_{s_3} < c_2 \tag{10-13}$$

式中，$c_2 > c_1 \geqslant 0$，则当 $\vartheta_k=0$ 时，称增广系统(10-11)相对于 (c_1,c_2,L,N) 是有限时稳定的。

给出残差评价函数 J_k 和阈值 J_{th} 的定义：

$$J_k=\left\{\sum_{s=0}^{k} r_s^{\mathrm{T}} r_s\right\}^{1/2},\quad J_{\mathrm{th}}=\sup_{v_k\in l_2,\, f_k=0} J_k \tag{10-14}$$

根据式(10-14)，按照以下规则，通过比较 J_k 和 J_{th} 的大小判断系统是否发生故障，即

$$J_k > J_{\mathrm{th}} \Rightarrow \text{检测出故障} \Rightarrow \text{警报}$$
$$J_k \leqslant J_{\mathrm{th}} \Rightarrow \text{无故障} \Rightarrow \text{不警报}$$

本章引入动态事件触发机制控制测量信息的传输，旨在提出时滞非线性系统在通信受限时的有限时故障检测滤波算法，即设计滤波器参数矩阵 A_F，B_F，C_F 和 D_F 使得

(1) 当 $\vartheta_k=0$ 时，系统(10-11)相对于 (c_1,c_2,L,N) 是有限时稳定的；

(2) 当 $\vartheta_k\neq 0$ 时，误差 $\overline{r}_k$ 在零初始条件下满足

$$\sum_{k=0}^{N}\|\overline{r}_k\|^2 < \gamma^2 \sum_{k=0}^{N}\|\vartheta_k\|^2 \tag{10-15}$$

式中，γ 为正标量。

当上述两个条件同时满足时，则称增广系统(10-11)相对于 (c_1,c_2,L,N,γ) 有限时稳定且满足 H_∞ 性能。

为了便于讨论与分析，本节介绍如下引理。

引理 10.1[101] 对于满足条件(10-6)的标量 ϱ 和 θ，辅助变量 θ_k 满足

$$\theta_k \geqslant 0,\ \forall k \in [0, N]$$

引理 10.2[181] 对任意的正定矩阵 $S \in \mathbb{R}^{n \times n}$，向量 $x_i \in \mathbb{R}^n (i = a_0, \cdots, a)$，满足 $a \geqslant a_0 \geqslant 1$ 的正整数 a 和 a_0，如下不等式成立：

$$\left(\sum_{i=a_0}^{a} x_i\right)^{\mathrm{T}} S \left(\sum_{i=a_0}^{a} x_i\right) \leqslant \tilde{a} \sum_{i=a_0}^{a} x_i^{\mathrm{T}} S x_i$$

式中，$\tilde{a} = a - a_0 + 1$ 。

引理 10.3[182] 令 Ω_1，Ω_2 和 Ξ 为适当维数的矩阵，d_k 满足 $d_m \leqslant d_k \leqslant d_M$，则

$$[(d_k - d_m)\Omega_1 + (d_M - d_k)\Omega_2] + \Xi < 0$$

成立当且仅当

$$(d_M - d_m)\Omega_1 + \Xi < 0$$

$$(d_M - d_m)\Omega_2 + \Xi < 0$$

同时成立。

10.1.2 系统性能分析

本节旨在分析与讨论系统(10-11)的稳定性及 H_∞ 性能。

定理 10.1 对于给定的滤波器参数矩阵 A_F，B_F，C_F 和 D_F，正整数 $\tau_M > \tau_m$ 及标量 $\chi > 1$，$\gamma > 0$ 和 $\sigma \in [0,1)$，假设 ϱ 和 δ 满足条件(10-6)，如果存在对称正定矩阵 P，Q_1，Q_2，Q_3，R_1 和 R_2，任意适当维数的矩阵 S_2，S_3，T_3 和 T_4，正标量 β，λ_0，λ_1，$\lambda_{qi}(i = 1,2,3)$ 和 $\lambda_{rl}(l = 1,2)$，使得矩阵不等式

$$\Sigma(s) = \begin{bmatrix} \Xi & \Sigma_{12}(s) \\ * & -R_2 \end{bmatrix} < 0 \ (s = 1,2) \tag{10-16}$$

$$\lambda_0 L < P < \lambda_1 L,\quad 0 < Q_i < \lambda_{qi} L (i = 1,2,3),\quad 0 < R_l < \lambda_{rl} I (l = 1,2) \tag{10-17}$$

$$\bar{\lambda}_1 c_1 + \bar{\lambda}_2 < \chi^{-N} \lambda_0 c_2 \tag{10-18}$$

同时成立，式中

$$\Xi = \begin{bmatrix} \Pi_1 & \Pi_2 \\ * & \Pi_3 \end{bmatrix},\quad \Sigma_{12}(1) = \begin{bmatrix} 0 \\ \sqrt{(\tau_M - \tau_m)\chi^{\tau_m}} S_2 \\ \sqrt{(\tau_M - \tau_m)\chi^{\tau_m}} S_3 \\ 0_{5\times 1} \end{bmatrix}$$

$$\Sigma_{12}(2)=\begin{bmatrix}0_{2\times 1}\\ \sqrt{(\tau_M-\tau_m)\chi^{\tau_m}}T_3\\ \sqrt{(\tau_M-\tau_m)\chi^{\tau_m}}T_4\\ 0_{4\times 1}\end{bmatrix},\quad \Pi_1=\begin{bmatrix}\Pi_{11} & \Pi_{12} & \Pi_{13} & 0\\ * & \Pi_{22} & \Pi_{23} & 0\\ * & * & \Pi_{33} & \Pi_{34}\\ * & * & * & \Pi_{44}\end{bmatrix}$$

$$\Pi_2=\begin{bmatrix}\bar{\Pi}_{11} & \bar{\Pi}_{12} & \bar{\Pi}_{13} & 0\\ 0 & 0 & 0 & 0\\ \bar{\Pi}_{31} & \bar{\Pi}_{32} & \bar{\Pi}_{33} & 0\\ 0 & 0 & 0 & 0\end{bmatrix},\quad \Pi_3=\begin{bmatrix}\tilde{\Pi}_{11} & \tilde{\Pi}_{12} & \tilde{\Pi}_{13} & 0\\ * & \tilde{\Pi}_{22} & \tilde{\Pi}_{23} & 0\\ * & * & \tilde{\Pi}_{33} & 0\\ * & * & * & \tilde{\Pi}_{44}\end{bmatrix}$$

$$\Pi_{11}=\bar{A}^{\mathrm{T}}P\bar{A}+\Xi_{11}+\bar{C}^{\mathrm{T}}\bar{C},\quad \Pi_{12}=\chi I_1R_1I_1^{\mathrm{T}},\quad \Pi_{13}=\bar{A}^{\mathrm{T}}P\bar{A}_\tau+\Xi_{13}$$

$$\Pi_{22}=-\chi^{\tau_m}Q_1+\chi^{\tau_m}(S_2I_1^{\mathrm{T}}+I_1S_2^{\mathrm{T}})-\chi I_1R_1I_1^{\mathrm{T}},\quad \Pi_{23}=-\chi^{\tau_m}(S_2I_1^{\mathrm{T}}-I_1S_3^{\mathrm{T}})$$

$$\Pi_{33}=\bar{A}_\tau^{\mathrm{T}}P\bar{A}_\tau+\Xi_{33},\quad \Pi_{34}=-\chi^{\tau_m}(T_3I_1^{\mathrm{T}}-I_1T_4^{\mathrm{T}})$$

$$\Pi_{44}=-\chi^{\tau_M}Q_3-\chi^{\tau_m}(T_4I_1^{\mathrm{T}}+I_1T_4^{\mathrm{T}}),\quad \bar{\Pi}_{11}=\bar{A}^{\mathrm{T}}PI_1+\Xi_{15}$$

$$\bar{\Pi}_{12}=\bar{A}^{\mathrm{T}}P\bar{D}+\Xi_{16}+\bar{C}^{\mathrm{T}}\bar{G},\quad \bar{\Pi}_{13}=-\bar{A}^{\mathrm{T}}P\bar{B}+\Xi_{17}-\bar{C}^{\mathrm{T}}D_F$$

$$\bar{\Pi}_{31}=\bar{A}_\tau^{\mathrm{T}}PI_1+\Xi_{35},\quad \bar{\Pi}_{32}=\bar{A}_\tau^{\mathrm{T}}P\bar{D}+\Xi_{36},\quad \bar{\Pi}_{33}=-\bar{A}_\tau^{\mathrm{T}}P\bar{B}$$

$$\tilde{\Pi}_{11}=I_1^{\mathrm{T}}PI_1+\Xi_{55},\quad \tilde{\Pi}_{12}=I_1^{\mathrm{T}}P\bar{D}+\Xi_{56},\quad \tilde{\Pi}_{13}=-I_1^{\mathrm{T}}P\bar{B}$$

$$\tilde{\Pi}_{22}=\bar{D}^{\mathrm{T}}P\bar{D}+\bar{G}^{\mathrm{T}}\bar{G}+\Xi_{66},\quad \tilde{\Pi}_{23}=-\bar{D}^{\mathrm{T}}P\bar{B}-\bar{G}^{\mathrm{T}}D_F+\Xi_{67}$$

$$\tilde{\Pi}_{33}=\bar{B}^{\mathrm{T}}P\bar{B}+D_F^{\mathrm{T}}D_F+\Xi_{77},\quad \tilde{\Pi}_{44}=\left(\frac{\varrho-\chi}{\delta}+\beta\right)I$$

$$\begin{aligned}\Xi_{11}=&-\chi P+\left[Q_1+(\tau_M-\tau_m+1)Q_2+Q_3\right]+I_1(A-I)^{\mathrm{T}}\mathcal{R}(A-I)I_1^{\mathrm{T}}\\&-\chi I_1R_1I_1^{\mathrm{T}}-I_1\mathcal{T}_1I_1^{\mathrm{T}}+\left(\frac{\sigma}{\delta}+\beta\delta\sigma\right)I_1C^{\mathrm{T}}WCI_1^{\mathrm{T}}\end{aligned}$$

$$\Xi_{13}=I_1(A-I)^{\mathrm{T}}\mathcal{R}A_\tau I_1^{\mathrm{T}},\quad \Xi_{15}=I_1(A-I)^{\mathrm{T}}\mathcal{R}-I_1\mathcal{T}_2$$

$$\Xi_{16}=I_1(A-I)^{\mathrm{T}}\mathcal{R}\bar{D}_1+\left(\frac{\sigma}{\delta}+\beta\delta\sigma\right)I_1C^{\mathrm{T}}W\bar{D}_2$$

$$\Xi_{17}=-\left(\frac{\sigma}{\delta}+\beta\delta\sigma\right)I_1C^{\mathrm{T}}W$$

$$\Xi_{33}=-\chi^{\tau_m}Q_2+I_1A_\tau^{\mathrm{T}}\mathcal{R}A_\tau I_1^{\mathrm{T}}+\chi^{\tau_m}(-S_3I_1^{\mathrm{T}}-I_1S_3^{\mathrm{T}}+T_3I_1^{\mathrm{T}}+I_1T_3^{\mathrm{T}})$$

$$\Xi_{35}=I_1A_\tau^{\mathrm{T}}\mathcal{R},\quad \Xi_{36}=I_1A_\tau^{\mathrm{T}}\mathcal{R}\bar{D}_1,\quad \Xi_{55}=-I+\mathcal{R},\quad \Xi_{56}=\mathcal{R}\bar{D}_1$$

$$\Xi_{66}=\bar{D}_1^{\mathrm{T}}\mathcal{R}\bar{D}_1+\left(\frac{\sigma}{\delta}+\beta\delta\sigma\right)\bar{D}_2^{\mathrm{T}}W\bar{D}_2-\chi^{-N}\gamma^2I$$

$$\Xi_{67}=-\left(\frac{\sigma}{\delta}+\beta\delta\sigma\right)\bar{D}_2^{\mathrm{T}}W,\quad \Xi_{77}=\left(-\frac{1}{\delta}-\beta\delta+\frac{\sigma}{\delta}+\beta\delta\sigma\right)W$$

$$\bar{D}_1=[D_1\quad G_1],\quad \bar{D}_2=[D_2\quad G_2],\quad \mathcal{R}=\tau_m^2R_1+(\tau_M-\tau_m)R_2 \tag{10-19}$$

则系统(10-11)相对于(c_1,c_2,L,N,γ)有限时稳定且满足H_∞性能。

证　构造下列 Lyapunov 泛函：

$$V_k=\sum_{i=1}^{4}V_{i,k} \tag{10-20}$$

式中

$$\begin{aligned}
V_{1,k}&=\eta_k^{\mathrm{T}}P\eta_k\\
V_{2,k}&=\sum_{i=k-\tau_m}^{k-1}\chi^{k-i-1}\eta_i^{\mathrm{T}}Q_1\eta_i+\sum_{i=k-\tau_k}^{k-1}\chi^{k-i-1}\eta_i^{\mathrm{T}}Q_2\eta_i\\
&\quad+\sum_{i=k-\tau_M}^{k-1}\chi^{k-i-1}\eta_i^{\mathrm{T}}Q_3\eta_i+\sum_{j=-\tau_M+1}^{-\tau_m}\sum_{i=k+j}^{k-1}\chi^{k-i-1}\eta_i^{\mathrm{T}}Q_2\eta_i\\
V_{3,k}&=\tau_m\sum_{j=-\tau_m}^{-1}\sum_{i=k+j}^{k-1}\chi^{k-i-1}\varsigma_i^{\mathrm{T}}R_1\varsigma_i+\sum_{j=-\tau_M}^{-\tau_m-1}\sum_{i=k+j}^{k-1}\chi^{k-i-1}\varsigma_i^{\mathrm{T}}R_2\varsigma_i\\
V_{4,k}&=\frac{1}{\delta}\theta_k
\end{aligned}$$

且$\varsigma_i=x_{i+1}-x_i$。

通过前面的分析，易知y_k可重写为$y_k=CI_1^{\mathrm{T}}\eta_k+\bar{D}_2\vartheta_k$，其中$\bar{D}_2$在式(10-19)给出。定义$\Delta V_{i,k}=V_{i,k+1}-\chi V_{i,k}(i=1,2,3,4)$，沿着系统(10-11)的轨迹求$V_k$的差分，有

$$\Delta V_k=\sum_{i=1}^{4}\Delta V_{i,k}$$

式中

$$\begin{aligned}
\Delta V_{1,k}&=V_{1,k+1}-\chi V_{1,k}\\
&=\eta_{k+1}^{\mathrm{T}}P\eta_{k+1}-\chi\eta_k^{\mathrm{T}}P\eta_k\\
&=[\bar{A}\eta_k+\bar{A}_\tau\eta_{k-\tau_k}+I_1g(x_k)-\bar{B}\psi_k+\bar{D}\vartheta_k]^{\mathrm{T}}P\\
&\quad\times[\bar{A}\eta_k+\bar{A}_\tau\eta_{k-\tau_k}+I_1g(x_k)-\bar{B}\psi_k+\bar{D}\vartheta_k]-\chi\eta_k^{\mathrm{T}}P\eta_k\\
&=\eta_k^{\mathrm{T}}\bar{A}^{\mathrm{T}}P\bar{A}\eta_k+2\eta_k^{\mathrm{T}}\bar{A}^{\mathrm{T}}P\bar{A}_\tau\eta_{k-\tau_k}+2\eta_k^{\mathrm{T}}\bar{A}^{\mathrm{T}}PI_1g(x_k)\\
&\quad-2\eta_k^{\mathrm{T}}\bar{A}^{\mathrm{T}}P\bar{B}\psi_k+2\eta_k^{\mathrm{T}}\bar{A}^{\mathrm{T}}P\bar{D}\vartheta_k+\eta_{k-\tau_k}^{\mathrm{T}}\bar{A}_\tau^{\mathrm{T}}P\bar{A}_\tau\eta_{k-\tau_k}\\
&\quad+2\eta_{k-\tau_k}^{\mathrm{T}}\bar{A}_\tau^{\mathrm{T}}PI_1g(x_k)-2\eta_{k-\tau_k}^{\mathrm{T}}\bar{A}_\tau^{\mathrm{T}}P\bar{B}\psi_k+2\eta_{k-\tau_k}^{\mathrm{T}}\bar{A}_\tau^{\mathrm{T}}P\bar{D}\vartheta_k\\
&\quad+g^{\mathrm{T}}(x_k)I_1^{\mathrm{T}}PI_1g(x_k)-2g^{\mathrm{T}}(x_k)I_1^{\mathrm{T}}P\bar{B}\psi_k+2g^{\mathrm{T}}(x_k)I_1^{\mathrm{T}}P\bar{D}\vartheta_k\\
&\quad+\psi_k^{\mathrm{T}}\bar{B}^{\mathrm{T}}P\bar{B}\psi_k-2\psi_k^{\mathrm{T}}\bar{B}^{\mathrm{T}}P\bar{D}\vartheta_k+\vartheta_k^{\mathrm{T}}\bar{D}^{\mathrm{T}}P\bar{D}\vartheta_k-\chi\eta_k^{\mathrm{T}}P\eta_k
\end{aligned} \tag{10-21}$$

$$\begin{aligned}\Delta V_{2,k} &= V_{2,k+1} - \chi V_{2,k} \\ &\leqslant \eta_k^{\mathrm{T}}[Q_1 + (\tau_M - \tau_m + 1)Q_2 + Q_3]\eta_k - \chi^{\tau_m}\eta_{k-\tau_m}^{\mathrm{T}} Q_1 \eta_{k-\tau_m} \\ &\quad - \chi^{\tau_m}\eta_{k-\tau_k}^{\mathrm{T}} Q_2 \eta_{k-\tau_k} - \chi^{\tau_M}\eta_{k-\tau_M}^{\mathrm{T}} Q_3 \eta_{k-\tau_M}\end{aligned} \tag{10-22}$$

$$\begin{aligned}\Delta V_{3,k} &= V_{3,k+1} - \chi V_{3,k} \\ &\leqslant \tau_m^2 \varsigma_k^{\mathrm{T}} R_1 \varsigma_k - \tau_m \chi \sum_{i=k-\tau_m}^{k-1} \varsigma_i^{\mathrm{T}} R_1 \varsigma_i + (\tau_M - \tau_m)\varsigma_k^{\mathrm{T}} R_2 \varsigma_k - \chi^{\tau_m} \sum_{i=k-\tau_M}^{k-\tau_m-1} \varsigma_i^{\mathrm{T}} R_1 \varsigma_i\end{aligned} \tag{10-23}$$

$$\begin{aligned}\Delta V_{4,k} &= V_{4,k+1} - \chi V_{4,k} \\ &= \frac{1}{\delta}[(\varrho - \chi)\theta_k - \psi_k^{\mathrm{T}} W \psi_k + \sigma(y_k - \psi_k)^{\mathrm{T}} W (y_k - \psi_k)] \\ &= \frac{\varrho - \chi}{\delta}\theta_k - \frac{1}{\delta}\psi_k^{\mathrm{T}} W \psi_k + \frac{\sigma}{\delta}\eta_k^{\mathrm{T}} I_1 C^{\mathrm{T}} W C I_1^{\mathrm{T}} \eta_k + \frac{2\sigma}{\delta}\eta_k^{\mathrm{T}} I_1 C^{\mathrm{T}} W \bar{D}_2 \vartheta_k \\ &\quad - \frac{2\sigma}{\delta}\eta_k^{\mathrm{T}} I_1 C^{\mathrm{T}} W \psi_k + \frac{\sigma}{\delta}\vartheta_k^{\mathrm{T}} \bar{D}_2^{\mathrm{T}} W \bar{D}_2 \vartheta_k - \frac{2\sigma}{\delta}\vartheta_k^{\mathrm{T}} \bar{D}_2^{\mathrm{T}} W \psi_k + \frac{\sigma}{\delta}\psi_k^{\mathrm{T}} W \psi_k\end{aligned} \tag{10-24}$$

根据 ϑ_k 的定义，将 x_{k+1} 重写为 $x_{k+1} = AI_1^{\mathrm{T}}\eta_k + A_\tau I_1^{\mathrm{T}}\eta_{k-\tau_k} + g(x_k) + \bar{D}_1\vartheta_k$，其中 $\bar{D}_1$ 定义在式(10-19)中。那么，由 ς_k 的定义易知

$$\begin{aligned}\tau_m^2\varsigma_k^{\mathrm{T}} R_1 \varsigma_k + (\tau_M - \tau_m)\varsigma_k^{\mathrm{T}} R_2 \varsigma_k &= \varsigma_k^{\mathrm{T}}[\tau_m^2 R_1 + (\tau_M - \tau_m)R_2]\varsigma_k \\ &= \eta_k^{\mathrm{T}} I_1 (A-I)^{\mathrm{T}} \mathcal{R} (A-I) I_1^{\mathrm{T}} \eta_k + 2\eta_k^{\mathrm{T}} I_1 (A-I)^{\mathrm{T}} \mathcal{R} A_\tau I_1^{\mathrm{T}} \eta_{k-\tau_k} \\ &\quad + 2\eta_k^{\mathrm{T}} I_1 (A-I)^{\mathrm{T}} \mathcal{R} g(x_k) + 2\eta_k^{\mathrm{T}} I_1 (A-I)^{\mathrm{T}} \mathcal{R} \bar{D}_1 \vartheta_k \\ &\quad + \eta_{k-\tau_k}^{\mathrm{T}} I_1 A_\tau^{\mathrm{T}} \mathcal{R} A_\tau I_1^{\mathrm{T}} \eta_{k-\tau_k} + 2\eta_{k-\tau_k}^{\mathrm{T}} I_1 A_\tau^{\mathrm{T}} \mathcal{R} g(x_k) \\ &\quad + 2\eta_{k-\tau_k}^{\mathrm{T}} I_1 A_\tau^{\mathrm{T}} \mathcal{R} \bar{D}_1 \vartheta_k + g^{\mathrm{T}}(x_k) \mathcal{R} g(x_k) \\ &\quad + 2g^{\mathrm{T}}(x_k) \mathcal{R} \bar{D}_1 \vartheta_k + \vartheta_k^{\mathrm{T}} \bar{D}_1^{\mathrm{T}} \mathcal{R} \bar{D}_1 \vartheta_k\end{aligned} \tag{10-25}$$

由引理 10.2 得到

$$\begin{aligned}-\tau_m \chi \sum_{i=k-\tau_m}^{k-1} \varsigma_i^{\mathrm{T}} R_1 \varsigma_i &\leqslant -\chi \left[\sum_{i=k-\tau_m}^{k-1} \varsigma_i\right]^{\mathrm{T}} R_1 \left[\sum_{i=k-\tau_m}^{k-1} \varsigma_i\right] \\ &= -\chi [x_k - x_{k-\tau_m}]^{\mathrm{T}} R_1 [x_k - x_{k-\tau_m}] \\ &= \chi \begin{bmatrix} \eta_k \\ \eta_{k-\tau_m} \end{bmatrix}^{\mathrm{T}} \begin{bmatrix} -I_1 R_1 I_1^{\mathrm{T}} & I_1 R_1 I_1^{\mathrm{T}} \\ * & -I_1 R_1 I_1^{\mathrm{T}} \end{bmatrix} \begin{bmatrix} \eta_k \\ \eta_{k-\tau_m} \end{bmatrix}\end{aligned} \tag{10-26}$$

此外，如下方程成立：

$$2\chi^{\tau_m} \xi_k^{\mathrm{T}} S \left[x_{k-\tau_m} - x_{k-\tau_k} - \sum_{i=k-\tau_k}^{k-\tau_m-1} \varsigma_i \right] = 0 \tag{10-27}$$

$$2\chi^{\tau_m}\xi_k^{\mathrm{T}}T\left[x_{k-\tau_k}-x_{k-\tau_M}-\sum_{i=k-\tau_M}^{k-\tau_k-1}\varsigma_i\right]=0 \tag{10-28}$$

式中

$$\xi_k=[\eta_k^{\mathrm{T}}\quad \eta_{k-\tau_m}^{\mathrm{T}}\quad \eta_{k-\tau_k}^{\mathrm{T}}\quad \eta_{k-\tau_M}^{\mathrm{T}}\quad g^{\mathrm{T}}(x_k)\quad \vartheta_k^{\mathrm{T}}\quad \psi_k^{\mathrm{T}}\quad (\theta_k^{1/2})^{\mathrm{T}}]^{\mathrm{T}}$$

$$S=[0\quad S_2^{\mathrm{T}}\quad S_3^{\mathrm{T}}\quad 0\quad 0\quad 0\quad 0\quad 0]^{\mathrm{T}}$$

$$T=[0\quad 0\quad T_3^{\mathrm{T}}\quad T_4^{\mathrm{T}}\quad 0\quad 0\quad 0\quad 0]^{\mathrm{T}}$$

根据引理 4.2 可知，存在 R_2 使得

$$-2\chi^{\tau_m}\xi_k^{\mathrm{T}}S\sum_{i=k-\tau_k}^{k-\tau_m-1}\varsigma_i\leqslant\chi^{\tau_m}(\tau_k-\tau_m)\xi_k^{\mathrm{T}}SR_2^{-1}S^{\mathrm{T}}\xi_k+\chi^{\tau_m}\sum_{i=k-\tau_k}^{k-\tau_m-1}\varsigma_i^{\mathrm{T}}R_2\varsigma_i \tag{10-29}$$

$$-2\chi^{\tau_m}\xi_k^{\mathrm{T}}T\sum_{i=k-\tau_M}^{k-\tau_k-1}\varsigma_i\leqslant\chi^{\tau_m}(\tau_M-\tau_k)\xi_k^{\mathrm{T}}TR_2^{-1}T^{\mathrm{T}}\xi_k+\chi^{\tau_m}\sum_{i=k-\tau_M}^{k-\tau_k-1}\varsigma_i^{\mathrm{T}}R_2\varsigma_i \tag{10-30}$$

注意到 $x_k=I_1^{\mathrm{T}}\eta_k$，由式(10-2)可知

$$\begin{bmatrix}\eta_k\\ g(x_k)\end{bmatrix}^{\mathrm{T}}\begin{bmatrix}-I_1\mathcal{T}_1I_1^{\mathrm{T}} & -I_1\mathcal{T}_2\\ * & -I\end{bmatrix}\begin{bmatrix}\eta_k\\ g(x_k)\end{bmatrix}\geqslant 0 \tag{10-31}$$

另一方面，考虑到动态事件触发机制(10-4)，则存在一个正标量 β 使得

$$\begin{aligned}&\beta\{\theta_k-\delta[\psi_k^{\mathrm{T}}W\psi_k-\sigma(y_k-\psi_k)^{\mathrm{T}}W(y_k-\psi_k)]\}\\&=\beta\theta_k-\beta\delta\psi_k^{\mathrm{T}}W\psi_k+\beta\delta\sigma\eta_k^{\mathrm{T}}I_1C^{\mathrm{T}}WCI_1^{\mathrm{T}}\eta_k\\&\quad+2\beta\delta\sigma\eta_k^{\mathrm{T}}I_1C^{\mathrm{T}}W\bar{D}_2\vartheta_k-2\beta\delta\sigma\eta_k^{\mathrm{T}}I_1C^{\mathrm{T}}W\psi_k\\&\quad+\beta\delta\sigma\vartheta_k^{\mathrm{T}}\bar{D}_2^{\mathrm{T}}W\bar{D}_2\vartheta_k-2\beta\delta\sigma\vartheta_k^{\mathrm{T}}\bar{D}_2^{\mathrm{T}}W\psi_k+\beta\delta\sigma\psi_k^{\mathrm{T}}W\psi_k\\&\geqslant 0\end{aligned} \tag{10-32}$$

本节旨在证明当 $\vartheta_k=0$ 时系统(10-11)的有限时稳定性。结合式(10-20)～式(10-32)易知

$$\Delta V_k\leqslant\zeta_k^{\mathrm{T}}\bar{\Sigma}\zeta_k \tag{10-33}$$

式中

$$\zeta_k=[\eta_k^{\mathrm{T}}\quad \eta_{k-\tau_m}^{\mathrm{T}}\quad \eta_{k-\tau_k}^{\mathrm{T}}\quad \eta_{k-\tau_M}^{\mathrm{T}}\quad g^{\mathrm{T}}(x_k)\quad \psi_k^{\mathrm{T}}\quad (\theta_k^{1/2})^{\mathrm{T}}]^{\mathrm{T}}$$

$$\bar{\Sigma}=\bar{\Xi}+\chi^{\tau_m}(\tau_k-\tau_m)\bar{S}R_2^{-1}\bar{S}^{\mathrm{T}}+\chi^{\tau_m}(\tau_M-\tau_k)\bar{T}R_2^{-1}\bar{T}^{\mathrm{T}}$$

$$\bar{\Xi}=\begin{bmatrix}\bar{\Pi}_1 & \bar{\Pi}_2\\ * & \bar{\Pi}_3\end{bmatrix},\quad \bar{\Pi}_1=\Pi_1+\mathrm{diag}\{-\bar{C}^{\mathrm{T}}\bar{C},0,0,0\}$$

$$\bar{\Pi}_2=\begin{bmatrix}\bar{\Pi}_{11} & \bar{\Pi}_{13}+\bar{C}^{\mathrm{T}}D_F & 0\\ 0 & 0 & 0\\ \bar{\Pi}_{31} & \bar{\Pi}_{33} & 0\\ 0 & 0 & 0\end{bmatrix},\quad \bar{\Pi}_3=\begin{bmatrix}\tilde{\Pi}_{11} & \tilde{\Pi}_{13} & 0\\ * & \tilde{\Pi}_{33}-D_F^{\mathrm{T}}D_F & 0\\ * & * & \tilde{\Pi}_{44}\end{bmatrix}$$

$$\bar{S}=[0\quad S_2^{\mathrm{T}}\quad S_3^{\mathrm{T}}\quad 0\quad 0\quad 0\quad 0]^{\mathrm{T}},\quad \bar{T}=[0\quad 0\quad T_3^{\mathrm{T}}\quad T_4^{\mathrm{T}}\quad 0\quad 0\quad 0]^{\mathrm{T}}$$

当式(10-16)成立时，利用引理 2.1 和引理 10.3，易知 $\Delta V_k<0$。故有

$$V_{k+1}<\chi V_k \tag{10-34}$$

注意到 $\chi>1$，对式(10-34)进行迭代，则有

$$V_k<\chi^k V_0\leqslant\chi^N V_0 \tag{10-35}$$

借助于式(10-17)和 Lyapunov 泛函的定义，可以得到

$$\begin{aligned}V_0\leqslant&[\lambda_1+\chi^{\tau_m-1}\tau_m\lambda_{q1}+\chi^{\tau_M-1}\tau_M\lambda_{q2}+\chi^{\tau_M-1}\tau_M\lambda_{q3}\\&+0.5\chi^{\tau_M-2}(\tau_M+\tau_m-1)(\tau_M-\tau_m)\lambda_{q2}]c_1\\&+\left[0.5\chi^{\tau_m-1}(1+\tau_m)\tau_m^2\lambda_{r1}\epsilon+0.5\chi^{\tau_M-1}(\tau_M+\tau_m+1)(\tau_M-\tau_m)\lambda_{r2}\epsilon+\frac{1}{\delta}\varpi\right]\\\triangleq&\bar{\lambda}_1c_1+\bar{\lambda}_2\end{aligned} \tag{10-36}$$

此外，根据 V_k 的定义有

$$V_k\geqslant\eta_k^{\mathrm{T}}P\eta_k>\lambda_0\eta_k^{\mathrm{T}}L\eta_k \tag{10-37}$$

因此，根据式(10-18)和式(10-35)～式(10-37)得到

$$\eta_k^{\mathrm{T}}L\eta_k<\frac{1}{\lambda_0}V_k<\frac{\chi^N}{\lambda_0}\left(\bar{\lambda}_1c_1+\bar{\lambda}_2\right)<c_2 \tag{10-38}$$

这意味着当 $\vartheta_k=0$ 时，系统(10-11)相对于 (c_1,c_2,L,N) 是有限时稳定的。

下面分析 $\vartheta_k\neq0$ 时系统(10-11)的 H_∞ 性能。根据式(10-11)，则有

$$\begin{aligned}\bar{r}_k^{\mathrm{T}}\bar{r}_k&=[\bar{C}\eta_k-D_F\psi_k+\bar{G}\vartheta_k]^{\mathrm{T}}[\bar{C}\eta_k-D_F\psi_k+\bar{G}\vartheta_k]\\&=\eta_k^{\mathrm{T}}\bar{C}^{\mathrm{T}}\bar{C}\eta_k-2\eta_k^{\mathrm{T}}\bar{C}^{\mathrm{T}}D_F\psi_k+2\eta_k^{\mathrm{T}}\bar{C}^{\mathrm{T}}\bar{G}\vartheta_k\\&\quad+\psi_k^{\mathrm{T}}D_F^{\mathrm{T}}D_F\psi_k-2\psi_k^{\mathrm{T}}D_F^{\mathrm{T}}\bar{G}\vartheta_k+\vartheta_k^{\mathrm{T}}\bar{G}^{\mathrm{T}}\bar{G}\vartheta_k\end{aligned} \tag{10-39}$$

那么，根据前面的推导过程，进一步得到

$$V_{k+1}-\chi V_k+\bar{r}_k^{\mathrm{T}}\bar{r}_k-\chi^{-N}\gamma^2\vartheta_k^{\mathrm{T}}\vartheta_k\leqslant\xi_k^{\mathrm{T}}\tilde{\Sigma}\xi_k \tag{10-40}$$

式中

$$\tilde{\Sigma}=\Xi+\chi^{\tau_m}(\tau_k-\tau_m)SR_2^{-1}S^{\mathrm{T}}+\chi^{\tau_m}(\tau_M-\tau_k)TR_2^{-1}T^{\mathrm{T}}$$

通过引理 2.1 和引理 10.3 易知，当式(10-16)成立时，有

$$V_{k+1}-\chi V_k+\overline{r}_k^{\mathrm{T}}\overline{r}_k-\chi^{-N}\gamma^2\vartheta_k^{\mathrm{T}}\vartheta_k<0$$

则零初始条件下得到

$$\begin{aligned}V_{k+1}&<\chi V_k-\overline{r}_k^{\mathrm{T}}\overline{r}_k+\chi^{-N}\gamma^2\vartheta_k^{\mathrm{T}}\vartheta_k\\&<\cdots\\&<\chi^{k+1}V_0-\sum_{i=0}^{k}\chi^{k-i}\overline{r}_i^{\mathrm{T}}\overline{r}_i+\chi^{-N}\gamma^2\sum_{i=0}^{k}\chi^{k-i}\vartheta_i^{\mathrm{T}}\vartheta_i\\&=-\sum_{i=0}^{k}\chi^{k-i}\overline{r}_i^{\mathrm{T}}\overline{r}_i+\chi^{-N}\gamma^2\sum_{i=0}^{k}\chi^{k-i}\vartheta_i^{\mathrm{T}}\vartheta_i\end{aligned}\tag{10-41}$$

根据 $V_{N+1}\geqslant 0$ 和 $\chi>1$，不难发现

$$\sum_{k=0}^{N}\overline{r}_k^{\mathrm{T}}\overline{r}_k<\gamma^2\sum_{k=0}^{N}\vartheta_k^{\mathrm{T}}\vartheta_k\tag{10-42}$$

满足条件(10-15)。证毕。

10.1.3　有限时故障检测滤波器设计

本节给出 A_F，B_F，C_F 和 D_F 的设计方法，解决有限时故障检测滤波器的设计问题。

定理 10.2　对于给定的正整数 $\tau_M>\tau_m$，标量 $\chi>1$，$\gamma>0$ 和 $\sigma\in[0,1)$，假设 ϱ 和 δ 满足条件(10-6)，如果存在对称正定矩阵 P，Q_1，Q_2，Q_3，R_1 和 R_2，任意适当维数的矩阵 S_2，S_3，T_3，T_4，X 和 K_2，正标量 β，λ_0，λ_1，$\lambda_{qi}(i=1,2,3)$ 和 $\lambda_{rl}(l=1,2)$，使得式(10-17)、式(10-18)和矩阵不等式

$$\Theta(s)=\begin{bmatrix}\overline{\Theta}&\Sigma_{12}(s)&\Theta_{13}&\Theta_{14}\\ *&-R_2&0&0\\ *&*&-P&0\\ *&*&*&-I\end{bmatrix}<0(s=1,2)\tag{10-43}$$

同时成立，式中

$$\overline{\Theta}=\begin{bmatrix}\overline{\Theta}_{11}&\overline{\Theta}_{12}\\ *&\overline{\Theta}_{22}\end{bmatrix},\quad \overline{\Theta}_{11}=\begin{bmatrix}\Xi_{11}&\Pi_{12}&\Xi_{13}&0\\ *&\Pi_{22}&\Pi_{23}&0\\ *&*&\Xi_{33}&\Pi_{34}\\ *&*&*&\Pi_{44}\end{bmatrix}$$

$$\overline{\Theta}_{12}=\begin{bmatrix}\Xi_{15}&\Xi_{16}&\Xi_{17}&0\\ 0&0&0&0\\ \Xi_{35}&\Xi_{36}&0&0\\ 0&0&0&0\end{bmatrix},\quad \overline{\Theta}_{22}=\begin{bmatrix}\Xi_{55}&\Xi_{56}&0&0\\ *&\Xi_{66}&\Xi_{67}&0\\ *&*&\Xi_{77}&0\\ *&*&*&\tilde{\Pi}_{44}\end{bmatrix}$$

$$\Theta_{13}=[P\hat{A}+X\hat{C}\quad 0\quad P\overline{A}_\tau\quad 0\quad PI_1\quad P\hat{D}_1+X\hat{D}_2\quad -X\hat{E}\quad 0]^{\mathrm{T}}$$

$$\Theta_{14}=[K_2\hat{C}\quad 0\quad 0\quad 0\quad 0\quad K_2\hat{D}_2-\hat{E}^{\mathrm{T}}\quad -K_2\hat{E}\quad 0]^{\mathrm{T}}$$

$$\hat{A}=\begin{bmatrix}A&0\\0&0\end{bmatrix},\quad \hat{E}=\begin{bmatrix}0\\I\end{bmatrix},\quad \hat{C}=\begin{bmatrix}0&I\\C&0\end{bmatrix},\quad \hat{D}_1=\begin{bmatrix}D_1&G_1\\0&0\end{bmatrix}$$

$$\hat{D}_2=\begin{bmatrix}0&0\\D_2&G_2\end{bmatrix},\quad K_1=[A_F\quad B_F] \tag{10-44}$$

则系统(10-11)相对于(c_1,c_2,L,N,γ)有限时稳定且满足H_∞性能。此外，滤波器参数矩阵通过

$$[A_F\quad B_F]=(\hat{E}^{\mathrm{T}}P\hat{E})^{-1}\hat{E}^{\mathrm{T}}X,\quad [C_F\quad D_F]=K_2 \tag{10-45}$$

给出。

证　首先，将定理 10.1 中的部分参数写成如下形式：

$$\bar{A}=\hat{A}+\hat{E}K_1\hat{C},\quad \bar{B}=\hat{E}K_1\hat{E},\quad \bar{D}=\hat{D}_1+\hat{E}K_1\hat{D}_2$$

$$\bar{C}=K_2\hat{C},\quad D_F=K_2\hat{E},\quad \bar{G}=K_2\hat{D}_2-\hat{E}^{\mathrm{T}} \tag{10-46}$$

已知式(10-16)等价于

$$\begin{bmatrix}\bar{\Theta}&\Sigma_{12}(s)&\Sigma_{13}&\Sigma_{14}\\ *&-R_2&0&0\\ *&*&-P^{-1}&0\\ *&*&*&-I\end{bmatrix}<0 \tag{10-47}$$

式中，$\Sigma_{12}(s)$和$\bar{\Theta}$分别在式(10-19)和式(10-44)中给出，且

$$\Sigma_{13}=[\bar{A}\quad 0\quad \bar{A}_\tau\quad 0\quad I_1\quad \bar{D}\quad -\bar{B}\quad 0]^{\mathrm{T}}$$

$$\Sigma_{14}=[\bar{C}\quad 0\quad 0\quad 0\quad 0\quad \bar{G}\quad -D_F\quad 0]^{\mathrm{T}}$$

利用矩阵$\mathrm{diag}\{I,I,P,I\}$对式(10-47)进行合同变换，则有

$$\begin{bmatrix}\bar{\Theta}&\Sigma_{12}(s)&\bar{\Sigma}_{13}&\Sigma_{14}\\ *&-R_2&0&0\\ *&*&-P&0\\ *&*&*&-I\end{bmatrix}<0 \tag{10-48}$$

式中，$\bar{\Sigma}_{13}=[P\bar{A}\quad 0\quad P\bar{A}_\tau\quad 0\quad PI_1\quad P\bar{D}\quad -P\bar{B}\quad 0]^{\mathrm{T}}$。

最后，借助于式(10-46)并定义$X=P\hat{E}K_1$，得到式(10-43)，证毕。

10.1.4　算例

本节通过 Matlab 软件进行仿真实验，旨在验证提出的有限时故障检测方法的可行性和有效性。考虑系统(10-1)，参数如下：

$$A=\begin{bmatrix}0.3&-0.3\\0&-0.2\end{bmatrix},\quad A_\tau=\begin{bmatrix}0.03&0\\0.02&0.03\end{bmatrix},\quad D_1=\begin{bmatrix}1\\0.6\end{bmatrix},\quad G_1=\begin{bmatrix}-0.2\\0.3\end{bmatrix}$$

$$C=\begin{bmatrix}0.2 & -0.1\\0.3 & -0.2\end{bmatrix},\quad D_2=\begin{bmatrix}0.7\\0.8\end{bmatrix},\quad G_2=\begin{bmatrix}-0.5\\0.2\end{bmatrix}$$

选取 $g(x_k)=0.5[(\Gamma_1+\Gamma_2)x_k+(\Gamma_2-\Gamma_1)\sin(k)x_k]$，且 $\Gamma_1=\mathrm{diag}\{-0.225,0.45\}$ 和 $\Gamma_2=\mathrm{diag}\{-0.45,0.3\}$。令 $N=20$，$\chi=1.01$，时滞 τ_k 满足 $1\leqslant\tau_k\leqslant 3$。与动态事件触发机制相关的参数为 $\varrho=0.12$，$\phi_0=\varpi=0.35$，$\sigma=0.1$ 和 $\delta=10$。为了验证系统(10-11)的有限时稳定性，令 $\epsilon=0.2$，$c_1=0.2$，$c_2=450$ 和 $L=I$。此外，条件(10-15)中给出的性能指标 $\gamma=2.7$。

利用 Matlab 软件对定理 10.2 中的矩阵不等式进行求解，解得如下有限时故障检测滤波器参数矩阵：

$$A_F=\begin{bmatrix}0.0069 & -0.0089\\0.0009 & 0.0007\end{bmatrix},\quad B_F=\begin{bmatrix}-0.0005 & -0.0005\\-0.0010 & -0.0021\end{bmatrix}$$

$$C_F=[-0.0063\quad 0.0007],\quad D_F=[-0.0409\quad 0.0348]$$

系统(10-1)和故障检测滤波器(10-9)的初始条件分别为 $x_k=[0.2\quad -0.3]^{\mathrm{T}}$，$k\in\{-3,-2,-1,0\}$ 和 $\hat{x}_0=0$，这意味着假设 10.1 成立。选取故障信号 f_k 为

$$f_k=\begin{cases}0.1, & 6\leqslant k\leqslant 12\\0, & \text{其他}\end{cases}$$

一方面，当外部扰动 $v_k=0$ 时，图 10.1 和图 10.2 分别表示残差信号 r_k 和残差评价函数 J_k 的轨迹。图 10.1 说明残差信号 r_k 对故障 f_k 具有良好的敏感度，图 10.2 表明设计的有限时故障检测滤波算法能有效地检测到故障的发生。

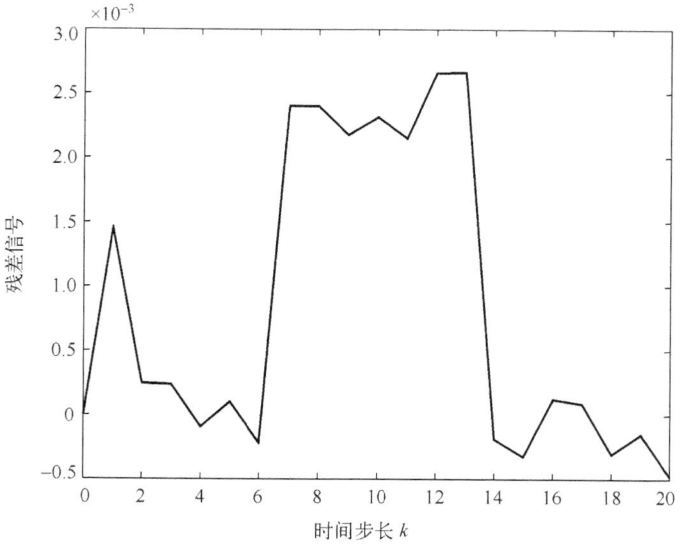

图 10.1　$v_k=0$ 时的 r_k

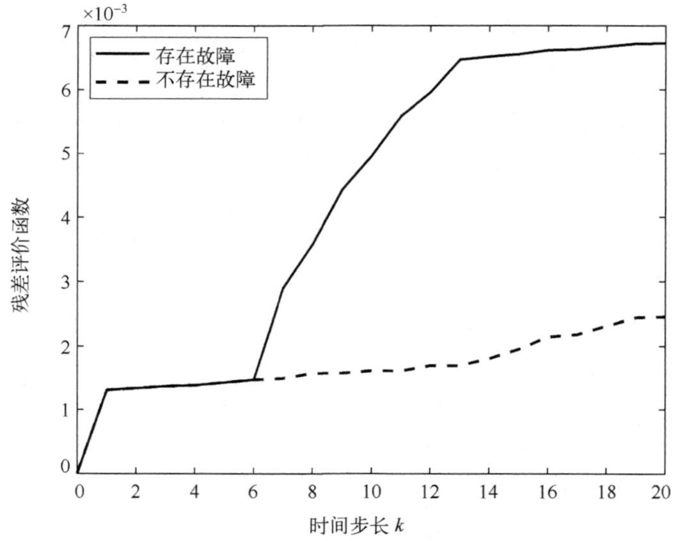

图 10.2　$v_k = 0$ 时的 J_k

另一方面，当外部扰动 $v_k \neq 0$ 时，设置外部扰动为 $v_k = \sin(0.1k)w_k$，其中 w_k 表示 $[-0.6, 0.6]$ 上均匀分布的噪声。图 10.3 和图 10.4 分别描绘了残差信号 r_k 和残差评价函数 J_k 的轨迹。由 J_{th} 的定义得到 $J_{\text{th}} = 0.0023$。故由图 10.4 可知，$0.0022 = J_7 < J_{\text{th}} < J_8 = 0.0032$，说明故障在发生 2 步后被检测出来。

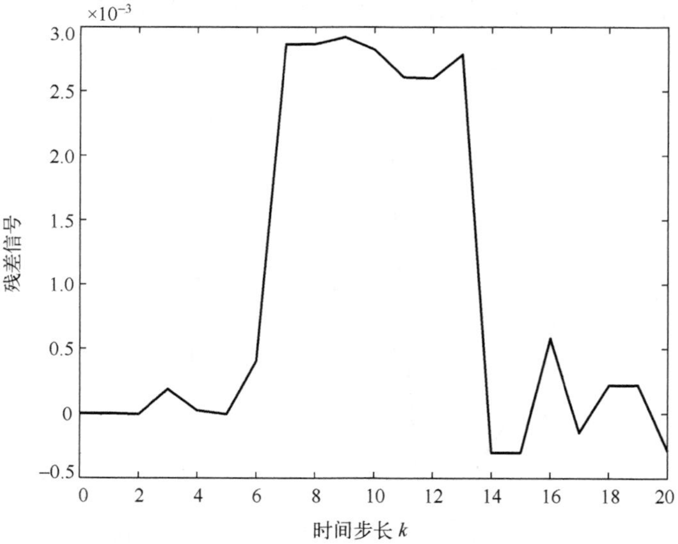

图 10.3　$v_k \neq 0$ 时的 r_k

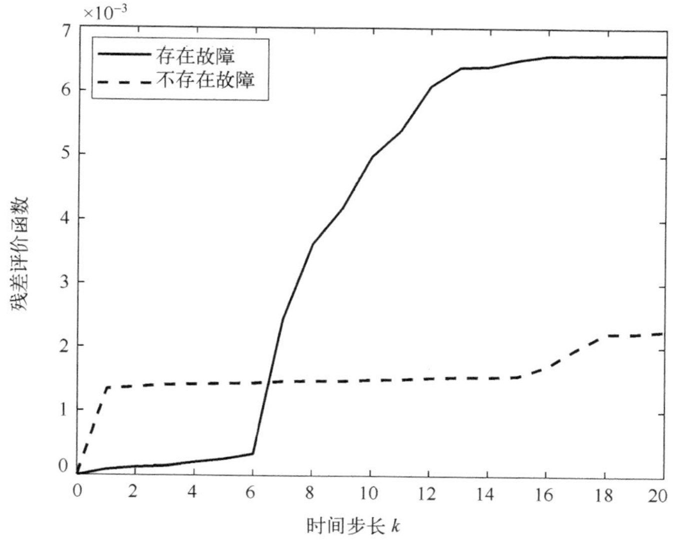

图 10.4　$v_k \neq 0$ 时的 J_k

为了说明动态事件触发机制具有更好地节约网络资源的能力，图 10.5 呈现了动态和静态触发机制的触发时刻和间隔。从图 10.5 能够看出，动态和静态事件触发通信方案的传输量分别为 13 和 17，这说明动态事件触发机制能够进一步降低数据传输量，该结果体现了动态事件触发机制在节约网络资源上的重要作用。此外，$\eta_k^{\mathrm{T}} L \eta_k$

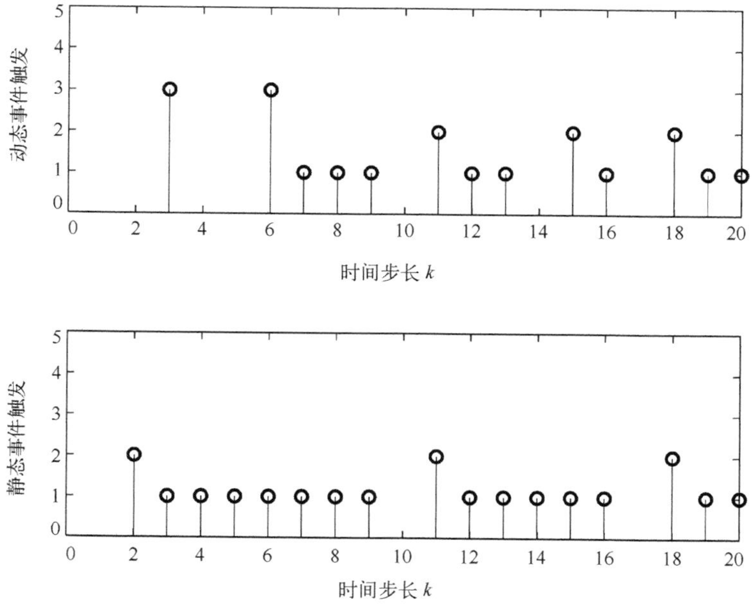

图 10.5　动态和静态触发机制下触发时刻和间隔

的轨迹如图 10.6 所示。由图 10.6 不难发现 $\eta_k^{\mathrm{T}} L\eta_k < c_2$ 在区间 $[1,N]$ 上始终成立，说明系统(10-11)相对于 (c_1,c_2,L,N,γ) 是有限时稳定的。

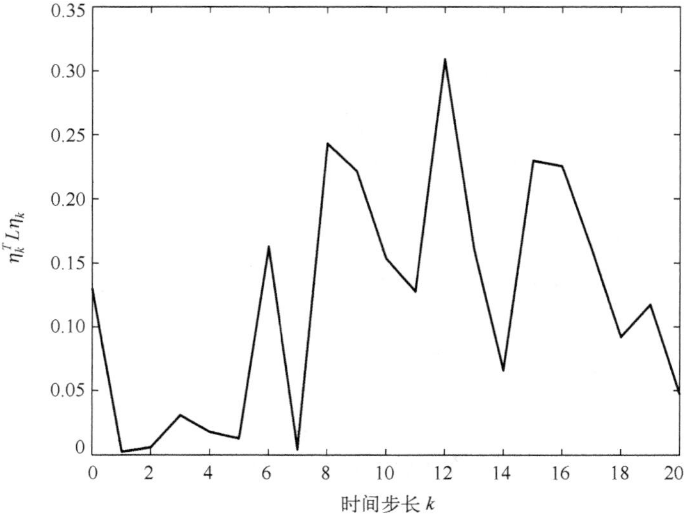

图 10.6　$\eta_k^{\mathrm{T}} L\eta_k$ 的轨迹

10.2　动态事件触发机制下具有欺骗攻击的锥形非线性系统有限时故障检测

10.2.1　问题简述

考虑如下定义在 $k\in[0,N]$ 上的非线性系统：

$$\begin{aligned} x_{k+1} &= f(x_k, x_{k-\tau_k}, \omega_k, f_k) \\ y_k &= Cx_k \\ x_k &= \phi_k\,,\quad \forall k\in[-\tau_M,0] \end{aligned} \tag{10-49}$$

其中，$x_k\in\mathbb{R}^n$ 是状态向量；$y_k\in\mathbb{R}^m$ 是测量输出；$\omega_k\in\mathbb{R}^p$ 是属于 $l_2[0,N]$ 的外部扰动；τ_k 是满足 $0<\tau_m\leqslant\tau_k\leqslant\tau_M$ 的时变时滞；τ_M 和 τ_m 分别为时变时滞的上下界；f_k 为故障信号；C 是适当维数的已知矩阵；ϕ_k 为初值且满足如下条件：

$$(\phi_{k+1}-\phi_k)^{\mathrm{T}}(\phi_{k+1}-\phi_k)\leqslant\beta\ \ (k\in[-\tau_M,-1]) \tag{10-50}$$

其中，$\beta>0$ 是已知标量。

$f(x_k, x_{k-\tau_k}, \omega_k, f_k)$ 是一个未知的锥形非线性函数，满足

$$\begin{aligned}&\left\|f(x_k,x_{k-\tau_k},\omega_k,f_k)-(\tilde{A}x_k+A_1x_{k-\tau_k}+E\omega_k+Ff_k)\right\|\\ \leqslant&\left\|Dx_k+A_2x_{k-\tau_k}+G\omega_k+Hf_k\right\|\end{aligned}\tag{10-51}$$

其中，$\tilde{A}=A+\Delta A$；A，A_1，E，F，D，A_2，G 和 H 是已知适维矩阵；ΔA 表示满足范数有界条件的参数不确定性，即

$$\Delta A=N_1\varGamma E_1$$

其中，N_1 和 E_1 为已知矩阵；$\varGamma$ 为未知矩阵，满足 $\varGamma^{\mathrm{T}}\varGamma\leqslant I$。

令 $\delta_k=f(x_k,x_{k-\tau_k},\omega_k,f_k)-(\tilde{A}x_k+A_1x_{k-\tau_k}+E\omega_k+Ff_k)$，根据式(10-51)可知 δ_k 满足

$$\delta_k^{\mathrm{T}}\delta_k\leqslant(Dx_k+A_2x_{k-\tau_k}+G\omega_k+Hf_k)^{\mathrm{T}}(Dx_k+A_2x_{k-\tau_k}+G\omega_k+Hf_k)\tag{10-52}$$

注释 10.1　到目前为止，锥形非线性已经引起了广泛关注。事实上，工程实践中多种非线性都可以转化为锥型非线性，例如死区非线性和 Lipschitz 非线性。值得注意的是，在锥型非线性的建模过程中，只需要给出系统非线性的一个动态上界，并不需要知道非线性的内部精确特征，这使得锥形非线性模型更具一般性。因此，本章考虑了如式(10-51)所示的锥形非线性。根据式(10-51)可知，锥形非线性函数 $f(x_k,x_{k-\tau_k},\omega_k,f_k)$ 位于一个 n 维的超球体中，其球心由 $\tilde{A}x_k+A_1x_{k-\tau_k}+E\omega_k+Ff_k$ 表示。当 $\omega_k=0$ 和 $f_k=0$ 时，可将超球面的中心设为 n 维空间的原点，同时式(10-51)表示为 $\|\delta_k\|\leqslant\left\|Dx_k+A_2x_{k-\tau_k}\right\|$。在这种情况下，锥型非线性函数退化为满足 Lipschitz 条件的非线性函数。

根据以上分析，系统(10-49)可以重新表示为

$$\begin{aligned}x_{k+1}&=\tilde{A}x_k+A_1x_{k-\tau_k}+E\omega_k+Ff_k+\delta_k\\ y_k&=Cx_k\end{aligned}\tag{10-53}$$

为了减少数据传输过程中的资源消耗，本章采用动态事件触发机制来决定是否发送当前数据。假设触发时刻 k_t 满足 $0\leqslant k_0<k_1<\cdots<k_t<\cdots$，定义

$$\varepsilon_k\triangleq y_{k_t}-y_k$$

其中，y_{k_t} 是最新触发时刻 k_t 的测量输出；y_k 是当前时刻的测量输出；触发时刻序列可以如下描述：

$$k_{t+1}=\min\left\{k\in[0,N]\,|\,k>k_t,\frac{\varphi_k}{\sigma}+\vartheta y_k^{\mathrm{T}}y_k-\varepsilon_k^{\mathrm{T}}\varepsilon_k\leqslant 0\right\}\tag{10-54}$$

其中，σ 和 ϑ 是正标量；动态变量 φ_k 满足：

$$\varphi_{k+1}=\hbar\varphi_k+\vartheta y_k^{\mathrm{T}}y_k-\varepsilon_k^{\mathrm{T}}\varepsilon_k\tag{10-55}$$

其中，$\varphi_0\geqslant 0$ 是初始条件；$0<\hbar<1$。

事件触发机制下的实际测量输出为

$$\tilde{y}_k = y_{k_t}, \quad k \in [k_t, k_{t+1})$$

众所周知，当使用网络进行数据传输时，系统容易受到外部攻击。如图 10.7 所示，在非理想的网络环境下，被触发的数据在通信网络传输过程中容易受到恶意攻击和篡改。

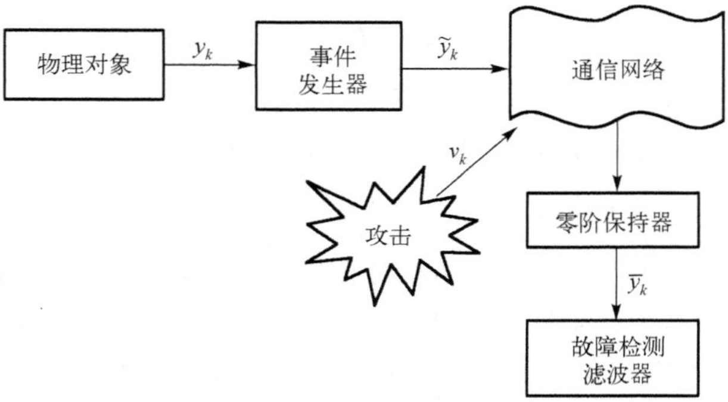

图 10.7　故障检测系统的结构图

当传输数据受到敌方攻击时，信息可能被扭曲甚至中断。值得注意的是，通信防御设备的存在使得对手的攻击并不总是成功的。因此，本章考虑了随机发生的欺骗攻击对输出信号的影响。故滤波器的实际输入描述为

$$\bar{y}_k = \tilde{y}_k + \gamma_k \rho_k \tag{10-56}$$

其中，$\rho_k = -\tilde{y}_k + \upsilon_k$ 是攻击发送的信号；$\upsilon_k \in l_2[0, N]$ 为有界噪声；γ_k 是伯努利随机变量，具有以下性质：

$$\mathrm{Prob}\{\gamma_k = 1\} = \mathbb{E}\{\gamma_k\} = \bar{\gamma}$$
$$\mathrm{Prob}\{\gamma_k = 0\} = 1 - \mathbb{E}\{\gamma_k\} = 1 - \bar{\gamma}$$

其中，$\bar{\gamma} \in [0,1]$ 是已知标量。

基于实际接收的测量输出 $\bar{y}_k$，构造如下形式的故障检测滤波器：

$$\begin{aligned} \hat{x}_{k+1} &= A_f \hat{x}_k + B_f \bar{y}_k \\ r_k &= C_f \hat{x}_k + D_f \bar{y}_k \end{aligned} \tag{10-57}$$

其中，$\hat{x}_k \in \mathbb{R}^n$ 是滤波器状态；$r_k \in \mathbb{R}^r$ 是残差信号；A_f，B_f，C_f 和 D_f 是待设计的滤波器参数矩阵。

令 $\eta_k = [x_k^{\mathrm{T}} \quad \hat{x}_k^{\mathrm{T}}]^{\mathrm{T}}$，$\tilde{r}_k = r_k - f_k$ 及 $\varpi_k = [\omega_k^{\mathrm{T}} \quad f_k^{\mathrm{T}} \quad \upsilon_k^{\mathrm{T}}]^{\mathrm{T}}$，结合式(10-53)与式(10-57)可以得到如下增广系统：

$$\begin{aligned} \eta_{k+1} &= (\bar{A}_1 - \tilde{\gamma}_k \bar{A}_2)\eta_k + \bar{A}_3 \eta_{k-\tau_k} + (\bar{B}_1 - \tilde{\gamma}_k \bar{B}_2)\varpi_k + \bar{I}\delta_k + (\bar{B}_3 - \tilde{\gamma}_k \bar{B}_4)\varepsilon_k \\ \tilde{r}_k &= (\bar{C}_1 - \tilde{\gamma}_k \bar{C}_2)\eta_k + (\bar{D}_1 - \tilde{\gamma}_k \bar{D}_2)\varpi_k + (1-\bar{\gamma})D_f \varepsilon_k - \tilde{\gamma}_k D_f \varepsilon_k \end{aligned} \tag{10-58}$$

其中

$$\bar{A}_1=\begin{bmatrix}\tilde{A} & 0\\(1-\bar{\gamma})B_fC & A_f\end{bmatrix},\quad \bar{A}_2=\begin{bmatrix}0 & 0\\B_fC & 0\end{bmatrix},\quad \bar{B}_1=\begin{bmatrix}E & F & 0\\0 & 0 & \bar{\gamma}B_f\end{bmatrix}$$

$$\bar{B}_2=\begin{bmatrix}0 & 0 & 0\\0 & 0 & -B_f\end{bmatrix},\quad \bar{A}_3=\begin{bmatrix}A_1 & 0\\0 & 0\end{bmatrix},\quad \bar{C}_1=[(1-\bar{\gamma})D_fC \quad C_f]$$

$$\bar{D}_1=[0 \quad -I \quad \bar{\gamma}D_f],\quad \bar{C}_2=[D_fC \quad 0],\quad \bar{D}_2=[0 \quad 0 \quad -D_f]$$

$$\bar{B}_3=[0 \quad (1-\bar{\gamma})B_f^{\mathrm{T}}]^{\mathrm{T}},\quad \bar{B}_4=[0 \quad B_f^{\mathrm{T}}]^{\mathrm{T}},\quad \bar{I}=[I \quad 0]^{\mathrm{T}},\quad \tilde{\gamma}_k=\gamma_k-\bar{\gamma}$$

为了便于后续分析，本节介绍如下引理和定义。

引理 10.4[99]　对于动态事件触发条件中的式(10-54)和式(10-55)中给定的初值 $\varphi_0\geqslant 0$，如果参数 $\hbar$ $(0<\hbar<1)$ 和 σ $(\sigma>0)$ 满足 $\hbar\sigma\geqslant 1$，则对于任意的 $k\geqslant 0$ 有 $\varphi_k\geqslant 0$。

定义 10.2[179]　当 $\varpi_k=0$ 时，如果增广系统(10-58)满足：

$$\eta_i^{\mathrm{T}}R\eta_i\leqslant a_1\Rightarrow\mathbb{E}\{\eta_k^{\mathrm{T}}R\eta_k\}<a_2,\ \forall i\in\{-\tau_M,\cdots,-1,0\},\forall k\in\{1,2,\cdots,N\}$$

其中，$R>0$；$0\leqslant a_1<a_2$；$N\in\mathbb{Z}^+$，则称增广系统(10-58)相对于 (a_1,a_2,N,R) 是有限时随机稳定的。

进一步，采用如下形式的残差评价函数 J_k 及阈值 J_{th} 进行故障判别：

$$J_k=\left(\mathbb{E}\left\{\sum_{s=0}^{k}r_s^{\mathrm{T}}r_s\right\}\right)^{1/2},\quad J_{\mathrm{th}}=\sup_{\omega_k\in l_2,f_k=0}J_k$$

根据 J_k 及 J_{th} 的定义，可以通过以下规则判断故障是否发生：

$$J_k>J_{\mathrm{th}}\Rightarrow\text{检测出故障}\Rightarrow\text{警报}$$
$$J_k\leqslant J_{\mathrm{th}}\Rightarrow\text{无故障}\Rightarrow\text{不警报}$$

本章的主要目的是设计形如式(10-57)的故障检测滤波器，使得下面两个条件同时满足。

(1) 当 $\varpi_k=0$ 时，增广系统(10-58)是有限时随机稳定的。

(2) 当 $\varpi_k\neq 0$ 时，在零初始条件下，对于给定的参数 $\gamma>0$，误差 $\tilde{r}_k$ 满足下面的 H_∞ 性能约束：

$$\sum_{k=0}^{N}\mathbb{E}\left\{\|\tilde{r}_k\|^2\right\}<\gamma^2\sum_{k=0}^{N}\|\varpi_k\|^2 \tag{10-59}$$

为了进行后续研究，介绍如下引理。

引理 10.5[183]　给定 $x\in\mathbb{R}^n$，正定矩阵 $N\in\mathbb{R}^{n\times n}$ 及正整数 s_1，s_2 和 k $(s_1\leqslant s_2\leqslant k)$，给出如下定义：

$$\aleph_x(k,\delta_1,\delta_2)=\begin{cases}\dfrac{1}{\delta_2-\delta_1}\left[\left(2\sum_{j=k-\delta_2}^{k-\delta_1-1}x_j\right)+x_{k-\delta_1}-x_{k-\delta_2}\right], & \delta_1<\delta_2,\\ 2x_{k-\delta_1}, & \delta_1=\delta_2,\end{cases}$$

等价于

$$-(s_2-s_1)\sum_{k-s_2}^{k-s_1-1}(x_{j+1}-x_j)^{\mathrm T}N(x_{j+1}-x_j)\leqslant-\begin{bmatrix}\Xi_1\\ \Xi_2\end{bmatrix}^{\mathrm T}\begin{bmatrix}N & 0\\ 0 & 3N\end{bmatrix}\begin{bmatrix}\Xi_1\\ \Xi_2\end{bmatrix}$$

其中

$$\Xi_1=x_{k-s_1}-x_{k-s_2}$$
$$\Xi_2=x_{k-s_1}+x_{k-s_2}-\aleph_x(k,s_1,s_2)$$

引理 10.6[184]　已知整数 $n>0$，$m>0$ 和 $\varpi\in(0,1)$，矩阵 $\Im_1\in\mathbb{R}^{n\times m}$，$\Im_2\in\mathbb{R}^{n\times m}$ 及矩阵 $\Re>0$，给出如下定义：

$$\wp(\varpi,\Re)=\frac{1}{\varpi}\psi^{\mathrm T}\Im_1^{\mathrm T}\Re\Im_1\psi+\frac{1}{1-\varpi}\psi^{\mathrm T}\Im_2^{\mathrm T}\Re\Im_2\psi$$

如果对于任意向量 $\psi\in\mathbb{R}^m$，存在矩阵 $Y\in\mathbb{R}^{n\times n}$ 满足

$$\begin{bmatrix}\Re & Y\\ * & \Re\end{bmatrix}>0$$

则以下不等式成立：

$$\min_{\varpi\in(0,1)}\wp(\varpi,\Re)\geqslant\begin{bmatrix}\Im_1\psi\\ \Im_2\psi\end{bmatrix}^{\mathrm T}\begin{bmatrix}\Re & Y\\ * & \Re\end{bmatrix}\begin{bmatrix}\Im_1\psi\\ \Im_2\psi\end{bmatrix}$$

10.2.2　系统性能分析

定理 10.3　考虑增广系统(10-58)，参数 $\hbar\ (0<\hbar<1)$ 和 $\sigma(\sigma>0)$ 满足限制条件 $\hbar\sigma\geqslant1$，对于给定的滤波器参数矩阵 A_f，B_f，C_f 和 D_f，矩阵 $R>0$，整数 $\tau_M>\tau_m>0$，标量 $\vartheta>0$，$\chi>1$，$0<a_1<a_2$，$N\in\mathbb{Z}^+$ 及扰动水平 $\gamma>0$，如果存在对称正定矩阵 P，Q_1，Q_2，Q_3，S_1 和 S_2，适当维数的矩阵 Y 及正标量 θ，ρ 和 $\lambda_l\ (l=0,1,\cdots,6)$ 使得下列不等式同时成立：

$$\varOmega=\begin{bmatrix}\tilde S_1 & \mathrm{Y}\\ * & \tilde S_1\end{bmatrix}>0 \tag{10-60}$$

$$\bar\Pi_1=\begin{bmatrix}\bar\Pi & \bar\Upsilon_{12} & \bar\Upsilon_{13} & \bar\Upsilon_{14} & \bar\Upsilon_{15} & \Upsilon_{16}\\ * & -\tilde P_1 & 0 & 0 & 0 & 0\\ * & * & -\tilde P_2 & 0 & 0 & 0\\ * & * & * & -\mathcal{P}^{-1} & 0 & 0\\ * & * & * & * & -\bar{\mathcal{P}} & 0\\ * & * & * & * & * & -I\end{bmatrix}<0 \tag{10-61}$$

$$\lambda_0 R < P < \lambda_1 R\,,\quad 0 < Q_1 < \lambda_2 R$$
$$0 < S_1 < \lambda_5 I\,,\quad 0 < Q_2 < \lambda_3 R$$
$$0 < S_2 < \lambda_6 I\,,\quad 0 < Q_3 < \lambda_4 R \tag{10-62}$$

$$\kappa_1 a_1 + \kappa_2 \beta + \frac{1}{\sigma}\varphi_0 < \chi^{-N}\lambda_0 a_2 \tag{10-63}$$

$$\bar{I}^{\mathrm{T}} P \bar{I} \leqslant \rho I \tag{10-64}$$

式中

$$\bar{\Pi} = \begin{bmatrix} \Pi_{11} & 0 & 0 & \Pi_{14} \\ * & \Omega_{77} & 0 & 0 \\ * & * & \Omega_{88} & 0 \\ * & * & * & \Omega_{99} \end{bmatrix},\quad \bar{\Upsilon}_{13} = \begin{bmatrix} \bar{A}_1 & 0 & 0 & \Theta_1 & 0 & 0 & 0 \\ 0 & 0 & \bar{A}_3 & \Theta_1 & 0 & 0 & 0 \\ 0 & 0 & 0 & \Theta_1 & \bar{B}_3 & 0 & 0 \\ 0 & 0 & 0 & \Theta_1 & 0 & 0 & \bar{B}_1 \end{bmatrix}^{\mathrm{T}}$$

$$\bar{\Upsilon}_{12} = \begin{bmatrix} \bar{A}_1 & 0 & \bar{A}_3 & \Theta_1 & \bar{B}_3 & 0 & \bar{B}_1 \\ \sqrt{\bar{\gamma}(1-\bar{\gamma})}\bar{A}_2 & 0 & 0 & \Theta_1 & \sqrt{\bar{\gamma}(1-\bar{\gamma})}\bar{B}_4 & 0 & \sqrt{\bar{\gamma}(1-\bar{\gamma})}\bar{B}_2 \end{bmatrix}^{\mathrm{T}}$$

$$\bar{\Upsilon}_{14} = [(\tilde{A}-I)I_1 \quad 0 \quad A_1 I_1 \quad \Theta_2 \quad EI_2 + FI_3]^{\mathrm{T}}$$

$$\Upsilon_{16} = \begin{bmatrix} \bar{C}_1 & \Theta_2 & D_f & 0 & \bar{D}_1 \\ \sqrt{\bar{\gamma}(1-\bar{\gamma})}\bar{C}_2 & \Theta_2 & 0 & 0 & \sqrt{\bar{\gamma}(1-\bar{\gamma})}\bar{D}_2 \end{bmatrix}^{\mathrm{T}}$$

$$\bar{\Upsilon}_{15} = \begin{bmatrix} (\tilde{A}-I)I_1 & 0 & 0 & \Theta_2 & 0 \\ 0 & 0 & A_1 I_1 & \Theta_2 & 0 \\ 0 & 0 & 0 & \Theta_2 & EI_2 + FI_3 \end{bmatrix}^{\mathrm{T}}$$

$$\tilde{P}_1 = \mathrm{diag}\{P^{-1}, P^{-1}\}\,,\quad \tilde{P}_2 = \mathrm{diag}\{\tilde{P}_1, \tilde{P}_1\}$$

$$\Pi_{11} = \tilde{\Lambda}_1 \Omega_{11} \tilde{\Lambda}_1^{\mathrm{T}} + \tilde{\Lambda}_1 \Omega_{12} \tilde{\Lambda}_2^{\mathrm{T}} + \tilde{\Lambda}_1 \Omega_{13} \tilde{\Lambda}_3^{\mathrm{T}} + \tilde{\Lambda}_2 \Omega_{22} \tilde{\Lambda}_2^{\mathrm{T}} + \tilde{\Lambda}_3 \Omega_{33} \tilde{\Lambda}_3^{\mathrm{T}} + \tilde{\Lambda}_4 \Omega_{44} \tilde{\Lambda}_4^{\mathrm{T}} - \chi^{\tau_m} \tilde{\pi}\, \Omega \tilde{\pi}^{\mathrm{T}}$$

$$\Pi_{14} = \tilde{\Lambda}_1 \Omega_{19} + \tilde{\Lambda}_3 \Omega_{39}\,,\quad \Omega_{12} = \chi I_1^{\mathrm{T}} S_2 I_1\,,\quad \Omega_{13} = (5\rho + 4\kappa)\tilde{D}^{\mathrm{T}} \tilde{A}_2$$

$$\Omega_{22} = -\chi^{\tau_m} Q_1 - \chi I_1^{\mathrm{T}} S_2 I_1\,,\quad \Omega_{33} = (5\rho + 4\kappa)\tilde{A}_2^{\mathrm{T}} \tilde{A}_2 - \chi^{\tau_m} Q_3$$

$$\Omega_{44} = -\chi^{\tau_M} Q_2\,,\quad \Omega_{77} = -\left(\frac{1}{\sigma} + \theta\right) I\,,\quad \Omega_{88} = \frac{1}{\sigma}(\hbar - \chi + \theta)$$

$$\Omega_{19} = (5\rho + 4\kappa)\tilde{D}^{\mathrm{T}} \tilde{G}\,,\quad \Omega_{99} = (5\rho + 4\kappa)\tilde{G}^{\mathrm{T}} \tilde{G} - \chi^{-N} \gamma^2 I$$

$$\Omega_{11} = (5\rho + 4\kappa)\tilde{D}^{\mathrm{T}} \tilde{D} + \left(\theta\vartheta + \frac{\vartheta}{\sigma}\right) I_1^{\mathrm{T}} C^{\mathrm{T}} C I_1 - \chi P + [Q_1 + Q_2 + (\tau_M - \tau_m + 1) Q_3] - \chi I_1^{\mathrm{T}} S_2 I_1$$

$$
\begin{aligned}
&\Omega_{39}=(5\rho+4\kappa)\tilde{A}_2^{\mathrm{T}}\tilde{G}\,,\quad \mathcal{P}=(\tau_M-\tau_m)^2S_1+\tau_m^2S_2\\
&\kappa_1=\lambda_1+\tau_m\chi^{\tau_m-1}\lambda_2+\tau_M\chi^{\tau_M-1}\lambda_3+\tau_M\chi^{\tau_M-1}\lambda_4\\
&\qquad+\frac{1}{2}(\tau_M-\tau_m)(\tau_M+\tau_m-1)\chi^{\tau_M-2}\lambda_4\\
&\kappa_2=\frac{1}{2}(\tau_M-\tau_m)^2(\tau_M+\tau_m+1)\chi^{\tau_M-1}\lambda_5+\frac{1}{2}\tau_m^2(\tau_m+1)\chi^{\tau_m-1}\lambda_6\\
&\Theta_1=[0\quad 0\quad 0]\,,\quad \Theta_2=[0\quad 0\quad 0\quad 0\quad 0]\,,\quad \tilde{\pi}=[\pi_1\quad \pi_2]\\
&\tilde{S}_1=\mathrm{diag}\{S_1,3S_1\}\,,\quad \bar{\mathcal{P}}=\mathrm{diag}\{\mathcal{P}^{-1},\mathcal{P}^{-1},\mathcal{P}^{-1}\}\,,\quad \tilde{\Lambda}_1=[\Lambda_1\quad \Lambda_2]\\
&\Lambda_i=[0_{n\times(s-1)n}\quad I_{n\times n}\quad 0_{n\times(10-s)n}]^{\mathrm{T}}(s=1,\cdots,10)\,,\quad \tilde{\Lambda}_2=[\Lambda_3\quad \Lambda_4]\\
&\pi_1=[\Lambda_5-\Lambda_7\quad \Lambda_5+\Lambda_7-\Lambda_{10}]\,,\quad \tilde{\Lambda}_3=[\Lambda_5\quad \Lambda_6]\\
&\pi_2=[\Lambda_3-\Lambda_5\quad \Lambda_3+\Lambda_5-\Lambda_9]\,,\quad \tilde{\Lambda}_4=[\Lambda_7\quad \Lambda_8]\\
&\kappa=\lambda_5(\tau_M-\tau_m)^2+\lambda_6\tau_m^2
\end{aligned}
\tag{10-65}
$$

则增广系统(10-58)关于(a_1,a_2,R,N)是有限时随机稳定的并且满足式(10-59)。

证　令

$$
\xi_k=[\eta_k^{\mathrm{T}}\quad \eta_{k-\tau_m}^{\mathrm{T}}\quad \eta_{k-\tau_k}^{\mathrm{T}}\quad \eta_{k-\tau_M}^{\mathrm{T}}\quad \aleph_{k,\tau_m,\tau_k}^{\mathrm{T}}\quad \aleph_{k,\tau_k,\tau_M}^{\mathrm{T}}]^{\mathrm{T}}
$$

$$
\tilde{\xi}_k=[\xi_k^{\mathrm{T}}\quad \varepsilon_k^{\mathrm{T}}\quad (\varphi_k^{1/2})^{\mathrm{T}}]^{\mathrm{T}}\,,\quad \bar{\xi}_k=[\xi_k^{\mathrm{T}}\quad \varepsilon_k^{\mathrm{T}}\quad (\varphi_k^{1/2})^{\mathrm{T}}\quad \varpi_k^{\mathrm{T}}]^{\mathrm{T}}
$$

构造如下形式的 Lyapunov 泛函:

$$
V_k=\sum_{l=1}^{4}V_{l,k}
\tag{10-66}
$$

式中

$$
V_{1,k}=\eta_k^{\mathrm{T}}P\eta_k
$$

$$
\begin{aligned}
V_{2,k}=&\sum_{i=k-\tau_m}^{k-1}\chi^{k-i-1}\eta_i^{\mathrm{T}}Q_1\eta_i+\sum_{j=k-\tau_M+1}^{k-\tau_m}\sum_{i=j}^{k-1}\chi^{k-i-1}\eta_i^{\mathrm{T}}Q_3\eta_i\\
&+\sum_{i=k-\tau_M}^{k-1}\chi^{k-i-1}\eta_i^{\mathrm{T}}Q_2\eta_i+\sum_{i=k-\tau_k}^{k-1}\chi^{k-i-1}\eta_i^{\mathrm{T}}Q_3\eta_i
\end{aligned}
$$

$$
\begin{aligned}
V_{3,k}=&(\tau_M-\tau_m)\sum_{j=-\tau_M}^{-\tau_m-1}\sum_{i=k+j}^{k-1}\chi^{k-i-1}\bar{\eta}_i^{\mathrm{T}}S_1\bar{\eta}_i\\
&+\tau_m\sum_{j=-\tau_m}^{-1}\sum_{i=k+j}^{k-1}\chi^{k-i-1}\bar{\eta}_i^{\mathrm{T}}S_2\bar{\eta}_i
\end{aligned}
$$

$$
V_{4,k}=\frac{1}{\sigma}\varphi_k
$$

且 $\bar{\eta}_i = x_{i+1} - x_i$ 。

定义 $\Delta V_k = \mathbb{E}\{V_{k+1}\} - \chi V_k$ ，可以得到

$$\Delta V_k = \sum_{l=1}^{4} \Delta V_{l,k} \tag{10-67}$$

式中

$$\begin{aligned}
\Delta V_{1,k} &= \mathbb{E}\{V_{1,k+1}\} - \chi V_{1,k} \\
&= \mathbb{E}\{\eta_{k+1}^{\mathrm{T}} P \eta_{k+1}\} - \chi \eta_k^{\mathrm{T}} P \eta_k \\
&= \mathbb{E}\{[(\bar{A}_1 - \tilde{\gamma}_k \bar{A}_2)\eta_k + \bar{A}_3 \eta_{k-\tau_k} + (\bar{B}_1 - \tilde{\gamma}_k \bar{B}_2)\varpi_k + \bar{I}\delta_k \\
&\quad + (\bar{B}_3 - \tilde{\gamma}_k \bar{B}_4)\varepsilon_k]^{\mathrm{T}} P[(\bar{A}_1 - \tilde{\gamma}_k \bar{A}_2)\eta_k + \bar{A}_3 \eta_{k-\tau_k} + (\bar{B}_1 \\
&\quad - \tilde{\gamma}_k \bar{B}_2)\varpi_k + \bar{I}\delta_k + (\bar{B}_3 - \tilde{\gamma}_k \bar{B}_4)\varepsilon_k]\} - \chi \eta_k^{\mathrm{T}} P \eta_k \\
&= \eta_k^{\mathrm{T}}[\bar{A}_1^{\mathrm{T}} P \bar{A}_1 + \bar{\gamma}(1-\bar{\gamma})\bar{A}_2^{\mathrm{T}} P \bar{A}_2]\eta_k + 2\eta_k^{\mathrm{T}} \bar{A}_1^{\mathrm{T}} P \bar{A}_3 \eta_{k-\tau_k} \\
&\quad + 2\eta_k^{\mathrm{T}}[\bar{A}_1^{\mathrm{T}} P \bar{B}_1 + \bar{\gamma}(1-\bar{\gamma})\bar{A}_2^{\mathrm{T}} P \bar{B}_2]\varpi_k + 2\eta_k^{\mathrm{T}} \bar{A}_1^{\mathrm{T}} P \bar{I}\delta_k \\
&\quad + 2\eta_k^{\mathrm{T}}[\bar{A}_1^{\mathrm{T}} P \bar{B}_3 + \bar{\gamma}(1-\bar{\gamma})\bar{A}_2^{\mathrm{T}} P \bar{B}_4]\varepsilon_k + \eta_{k-\tau_k}^{\mathrm{T}} \bar{A}_3^{\mathrm{T}} P \bar{A}_3 \eta_{k-\tau_k} \\
&\quad + 2\eta_{k-\tau_k}^{\mathrm{T}} \bar{A}_3^{\mathrm{T}} P \bar{B}_1 \varpi_k + 2\eta_{k-\tau_k}^{\mathrm{T}} \bar{A}_3^{\mathrm{T}} P \bar{I}\delta_k + 2\eta_{k-\tau_k}^{\mathrm{T}} \bar{A}_3^{\mathrm{T}} P \bar{B}_3 \varepsilon_k \\
&\quad + \delta_k^{\mathrm{T}} \bar{I}^{\mathrm{T}} P \bar{I}\delta_k + 2\delta_k^{\mathrm{T}} \bar{I}^{\mathrm{T}} P \bar{B}_3 \varepsilon_k + 2\delta_k^{\mathrm{T}} \bar{I}^{\mathrm{T}} P \bar{B}_1 \varpi_k + \varepsilon_k^{\mathrm{T}}[\bar{B}_3^{\mathrm{T}} \\
&\quad \times P \bar{B}_3 + \bar{\gamma}(1-\bar{\gamma})\bar{B}_4^{\mathrm{T}} P \bar{B}_4]\varepsilon_k + 2\varepsilon_k^{\mathrm{T}}[\bar{B}_3^{\mathrm{T}} P \bar{B}_1 + \bar{\gamma}(1-\bar{\gamma}) \\
&\quad \times \bar{B}_4^{\mathrm{T}} P \bar{B}_2]\varpi_k + \varpi_k^{\mathrm{T}}[\bar{B}_1^{T} P \bar{B}_1 + \bar{\gamma}(1-\bar{\gamma})\bar{B}_2^{\mathrm{T}} P \bar{B}_2]\varpi_k \\
&\quad - \chi \eta_k^{\mathrm{T}} P \eta_k
\end{aligned} \tag{10-68}$$

$$\begin{aligned}
\Delta V_{2,k} &= \mathbb{E}\{V_{2,k+1}\} - \chi V_{2,k} \\
&= \sum_{i=k-\tau_m+1}^{k} \chi^{k-i} \eta_i^{\mathrm{T}} Q_1 \eta_i - \chi \sum_{i=k-\tau_m}^{k-1} \chi^{k-i-1} \eta_i^{\mathrm{T}} Q_1 \eta_i \\
&\quad + \sum_{i=k-\tau_M+1}^{k} \chi^{k-i} \eta_i^{\mathrm{T}} Q_2 \eta_i - \chi \sum_{i=k-\tau_M}^{k-1} \chi^{k-i-1} \eta_i^{\mathrm{T}} Q_2 \eta_i \\
&\quad + \sum_{i=k-\tau_{k+1}+1}^{k} \chi^{k-i} \eta_i^{\mathrm{T}} Q_3 \eta_i - \chi \sum_{i=k-\tau_k}^{k-1} \chi^{k-i-1} \eta_i^{\mathrm{T}} Q_3 \eta_i \\
&\quad + \sum_{j=k-\tau_M+2}^{k-\tau_m+1} \sum_{i=j}^{k} \chi^{k-i} \eta_i^{\mathrm{T}} Q_3 \eta_i - \chi \sum_{j=k-\tau_M+1}^{k-\tau_m} \sum_{i=j}^{k-1} \chi^{k-i-1} \eta_i^{\mathrm{T}} Q_3 \eta_i \\
&\leqslant \eta_k^{\mathrm{T}}[Q_1 + Q_2 + (\tau_M - \tau_m + 1)Q_3]\eta_k - \chi^{\tau_m} \eta_{k-\tau_m}^{\mathrm{T}} Q_1 \eta_{k-\tau_m} \\
&\quad - \chi^{\tau_M} \eta_{k-\tau_M}^{\mathrm{T}} Q_2 \eta_{k-\tau_M} - \chi^{\tau_m} \eta_{k-\tau_k}^{\mathrm{T}} Q_3 \eta_{k-\tau_k}
\end{aligned} \tag{10-69}$$

$$
\begin{aligned}
\Delta V_{3,k} &= \mathbb{E}\{V_{3,k+1}\} - \chi V_{3,k} \\
&= (\tau_M - \tau_m)\sum_{j=-\tau_M}^{-\tau_m-1}\sum_{i=k+j+1}^{k}\chi^{k-i}\bar{\eta}_i^{\mathrm{T}} S_1 \bar{\eta}_i - \chi(\tau_M - \tau_m) \\
&\quad \times \sum_{j=-\tau_M}^{-\tau_m-1}\sum_{i=k+j}^{k-1}\chi^{k-i-1}\bar{\eta}_i^{\mathrm{T}} S_1 \bar{\eta}_i + \tau_m \sum_{j=-\tau_m}^{-1}\sum_{i=k+j+1}^{k}\chi^{k-i}\bar{\eta}_i^{\mathrm{T}} S_2 \bar{\eta}_i \\
&\quad - \tau_m \chi \sum_{j=-\tau_m}^{-1}\sum_{i=k+j}^{k-1}\chi^{k-i-1}\bar{\eta}_i^{\mathrm{T}} S_2 \bar{\eta}_i \\
&\leqslant \bar{\eta}_k^{\mathrm{T}}[(\tau_M - \tau_m)^2 S_1 + \tau_m^2 S_2]\bar{\eta}_k - \tau_m \chi \sum_{i=k-\tau_m}^{k-1}\bar{\eta}_i^{\mathrm{T}} S_2 \bar{\eta}_i \\
&\quad - \chi^{\tau_m}(\tau_M - \tau_m)\sum_{i=k-\tau_M}^{k-\tau_m-1}\bar{\eta}_i^{\mathrm{T}} S_1 \bar{\eta}_i
\end{aligned} \tag{10-70}
$$

$$
\begin{aligned}
\Delta V_{4,k} &= \mathbb{E}\{V_{4,k+1}\} - \chi V_{4,k} \\
&= \frac{1}{\sigma}[\hbar\varphi_k + \vartheta y_k^{\mathrm{T}} y_k - \varepsilon_k^{\mathrm{T}}\varepsilon_k - \chi\varphi_k] \\
&= \frac{1}{\sigma}[(\hbar - \chi)\varphi_k - \varepsilon_k^{\mathrm{T}}\varepsilon_k] + \frac{\vartheta}{\sigma}\eta_k^{\mathrm{T}} I_1^{\mathrm{T}} C^{\mathrm{T}} C I_1 \eta_k
\end{aligned} \tag{10-71}
$$

根据引理 4.2 可知

$$
\begin{aligned}
2\eta_k^{\mathrm{T}}\bar{A}_1^{\mathrm{T}} P\bar{I}\delta_k &\leqslant \eta_k^{\mathrm{T}}\bar{A}_1^{\mathrm{T}} P\bar{A}_1\eta_k + \delta_k^{\mathrm{T}}\bar{I}^{\mathrm{T}} P\bar{I}\delta_k \\
2\eta_{k-\tau_k}^{\mathrm{T}}\bar{A}_3^{\mathrm{T}} P\bar{I}\delta_k &\leqslant \eta_{k-\tau_k}^{\mathrm{T}}\bar{A}_3^{\mathrm{T}} P\bar{A}_3\eta_{k-\tau_k} + \delta_k^{\mathrm{T}}\bar{I}^{\mathrm{T}} P\bar{I}\delta_k \\
2\delta_k^{\mathrm{T}}\bar{I}^{\mathrm{T}} P\bar{B}_3\varepsilon_k &\leqslant \varepsilon_k^{\mathrm{T}}\bar{B}_3^{\mathrm{T}} P\bar{B}_3\varepsilon_k + \delta_k^{\mathrm{T}}\bar{I}^{\mathrm{T}} P\bar{I}\delta_k \\
2\delta_k^{\mathrm{T}}\bar{I}^{\mathrm{T}} P\bar{B}_1\varpi_k &\leqslant \varpi_k^{\mathrm{T}}\bar{B}_1^{\mathrm{T}} P\bar{B}_1\varpi_k + \delta_k^{\mathrm{T}}\bar{I}^{\mathrm{T}} P\bar{I}\delta_k
\end{aligned} \tag{10-72}
$$

根据 $\bar{\eta}_k = x_{k+1} - x_k$ 有

$$
\begin{aligned}
&\bar{\eta}_k^{\mathrm{T}}[(\tau_M - \tau_m)^2 S_1 + \tau_m^2 S_2]\bar{\eta}_k \\
&= \eta_k^{\mathrm{T}} I_1^{\mathrm{T}}(\tilde{A} - I)^{\mathrm{T}}\mathcal{P}(\tilde{A} - I)I_1\eta_k + 2\eta_k^{\mathrm{T}} I_1^{\mathrm{T}}(\tilde{A} - I)^{\mathrm{T}}\mathcal{P}A_1 I_1\eta_{k-\tau_k} \\
&\quad + 2\eta_k^{\mathrm{T}} I_1^{\mathrm{T}}(\tilde{A} - I)^{\mathrm{T}}\mathcal{P}(EI_2 + FI_3)\varpi_k + 2\eta_k^{\mathrm{T}} I_1^{\mathrm{T}}(\tilde{A} - I)^{\mathrm{T}}\mathcal{P}\delta_k \\
&\quad + \eta_{k-\tau_k}^{\mathrm{T}} I_1^{\mathrm{T}} A_1^{\mathrm{T}}\mathcal{P}A_1 I_1\eta_{k-\tau_k} + 2\eta_{k-\tau_k}^{\mathrm{T}} I_1^{\mathrm{T}} A_1^{\mathrm{T}}\mathcal{P}(EI_2 + FI_3)\varpi_k \\
&\quad + 2\eta_{k-\tau_k}^{\mathrm{T}} I_1^{\mathrm{T}} A_1^{\mathrm{T}}\mathcal{P}\delta_k + \varpi_k^{\mathrm{T}}(EI_2 + FI_3)^{\mathrm{T}}\mathcal{P}(EI_2 + FI_3)\varpi_k \\
&\quad + 2\varpi_k^{\mathrm{T}}(EI_2 + FI_3)^{\mathrm{T}}\mathcal{P}\delta_k + \delta_k^{\mathrm{T}}\mathcal{P}\delta_k
\end{aligned} \tag{10-73}
$$

其中，$I_1 = [I \quad 0]$；$I_2 = [I \quad 0 \quad 0]$；$I_3 = [0 \quad I \quad 0]$。

同理，根据引理 4.2 可知

$$2\eta_k^{\mathrm{T}} I_1^{\mathrm{T}} (\tilde{A}-I)^{\mathrm{T}} \mathcal{P}\delta_k \leqslant \eta_k^{\mathrm{T}} I_1^{\mathrm{T}} (\tilde{A}-I)^{\mathrm{T}} \mathcal{P}(\tilde{A}-I) I_1 \eta_k + \delta_k^{\mathrm{T}} \mathcal{P}\delta_k$$

$$2\eta_{k-\tau_k}^{\mathrm{T}} I_1^{\mathrm{T}} A_1^{\mathrm{T}} \mathcal{P}\delta_k \leqslant \eta_{k-\tau_k}^{\mathrm{T}} I_1^{\mathrm{T}} A_1^{\mathrm{T}} \mathcal{P} A_1 I_1 \eta_{k-\tau_k} + \delta_k^{\mathrm{T}} \mathcal{P}\delta_k$$

$$2\varpi_k^{\mathrm{T}} (EI_2 + FI_3)^{\mathrm{T}} \mathcal{P}\delta_k \leqslant \varpi_k^{\mathrm{T}} (EI_2 + FI_3)^{\mathrm{T}} \mathcal{P}(EI_2 + FI_3)\varpi_k + \delta_k^{\mathrm{T}} \mathcal{P}\delta_k \tag{10-74}$$

由式(10-62)易知

$$\mathcal{P} < [\lambda_5(\tau_M - \tau_m)^2 + \lambda_6 \tau_m^2] I \triangleq \kappa I$$

进一步，通过引理 10.2 有

$$\begin{aligned}
&-\tau_m \chi \sum_{i=k-\tau_m}^{k-1} \overline{\eta}_i^{\mathrm{T}} S_2 \overline{\eta}_i \\
&\leqslant -\chi \left[\sum_{i=k-\tau_m}^{k-1} \overline{\eta}_i \right]^{\mathrm{T}} S_2 \left[\sum_{i=k-\tau_m}^{k-1} \overline{\eta}_i \right] \\
&= -\chi [x_k - x_{k-\tau_m}]^{\mathrm{T}} S_2 [x_k - x_{k-\tau_m}] \\
&= \chi \begin{bmatrix} \eta_k \\ \eta_{k-\tau_m} \end{bmatrix}^{\mathrm{T}} \begin{bmatrix} -I_1^{\mathrm{T}} S_2 I_1 & I_1^{\mathrm{T}} S_2 I_1 \\ * & -I_1^{\mathrm{T}} S_2 I_1 \end{bmatrix} \begin{bmatrix} \eta_k \\ \eta_{k-\tau_m} \end{bmatrix}
\end{aligned} \tag{10-75}$$

基于引理 10.5 可知如下不等式成立：

$$\begin{aligned}
&-\chi^{\tau_m} (\tau_M - \tau_m) \sum_{i=k-\tau_M}^{k-\tau_m-1} \overline{\eta}_i^{\mathrm{T}} S_1 \overline{\eta}_i \\
&= -\chi^{\tau_m} (\tau_M - \tau_m) \sum_{i=k-\tau_M}^{k-\tau_k-1} \overline{\eta}_i^{\mathrm{T}} S_1 \overline{\eta}_i - \chi^{\tau_m} (\tau_M - \tau_m) \sum_{i=k-\tau_k}^{k-\tau_m-1} \overline{\eta}_i^{\mathrm{T}} S_1 \overline{\eta}_i \\
&\leqslant -\chi^{\tau_m} \frac{\tau_M - \tau_m}{\tau_M - \tau_k} \begin{bmatrix} \Upsilon_1 \\ \Upsilon_2 \end{bmatrix}^{\mathrm{T}} \begin{bmatrix} S_1 & 0 \\ 0 & 3S_1 \end{bmatrix} \begin{bmatrix} \Upsilon_1 \\ \Upsilon_2 \end{bmatrix} \\
&\quad -\chi^{\tau_m} \frac{\tau_M - \tau_m}{\tau_k - \tau_m} \begin{bmatrix} \Upsilon_3 \\ \Upsilon_4 \end{bmatrix}^{\mathrm{T}} \begin{bmatrix} S_1 & 0 \\ 0 & 3S_1 \end{bmatrix} \begin{bmatrix} \Upsilon_3 \\ \Upsilon_4 \end{bmatrix} \\
&= -\chi^{\tau_m} \frac{\tau_M - \tau_m}{\tau_M - \tau_k} \xi_k^{\mathrm{T}} \pi_1 \tilde{S}_1 \pi_1^{\mathrm{T}} \xi_k - \chi^{\tau_m} \frac{\tau_M - \tau_m}{\tau_k - \tau_m} \xi_k^{\mathrm{T}} \pi_2 \tilde{S}_1 \pi_2^{\mathrm{T}} \xi_k
\end{aligned} \tag{10-76}$$

其中，π_1，π_2 和 $\tilde{S}_1$ 在式(10-65)中给出，且

$$\Upsilon_1 = x_{k-\tau_k} - x_{k-\tau_M}, \quad \Upsilon_2 = x_{k-\tau_k} + x_{k-\tau_M} - \aleph_{k,\tau_k,\tau_M}$$

$$\Upsilon_3 = x_{k-\tau_m} - x_{k-\tau_k}, \quad \Upsilon_4 = x_{k-\tau_m} + x_{k-\tau_k} - \aleph_{k,\tau_m,\tau_k}$$

基于式(10-76)，利用引理 10.6 可以得到

$$-\chi^{\tau_m}\frac{\tau_M-\tau_m}{\tau_M-\tau_k}\xi_k^{\mathrm{T}}\pi_1\tilde{S}_1\pi_1^{\mathrm{T}}\xi_k-\chi^{\tau_m}\frac{\tau_M-\tau_m}{\tau_k-\tau_m}\xi_k^{\mathrm{T}}\pi_2\tilde{S}_1\pi_2^{\mathrm{T}}\xi_k\leqslant-\chi^{\tau_m}\xi_k^{\mathrm{T}}\tilde{\pi}\Omega\tilde{\pi}^{\mathrm{T}}\xi_k \tag{10-77}$$

式中，$\tilde{\pi}$ 在式(10-65)中给出。

另一方面，考虑到动态事件触发机制(10-54)，故存在标量 $\theta>0$ 使得

$$\theta\left(\frac{\varphi_k}{\sigma}+\vartheta y_k^{\mathrm{T}}y_k-\varepsilon_k^{\mathrm{T}}\varepsilon_k\right)>0$$

进一步处理式(10-52)有

$$\delta_k^{\mathrm{T}}\delta_k\leqslant(\tilde{D}\eta_k+\tilde{A}_2\eta_{k-\tau_k}+\tilde{G}\varpi_k)^{\mathrm{T}}(\tilde{D}\eta_k+\tilde{A}_2\eta_{k-\tau_k}+\tilde{G}\varpi_k) \tag{10-78}$$

式中，$\tilde{D}=[D\quad 0]$；$\tilde{A}_2=[A_2\quad 0]$；$\tilde{G}=[G\quad H\quad 0]$。

结合式(10-64)和式(10-67)～式(10-78)，通过计算可以得到

$$\begin{aligned}
\Delta V_k&=\Delta V_{1,k}+\Delta V_{2,k}+\Delta V_{3,k}+\Delta V_{4,k}\\
&\leqslant\eta_k^{\mathrm{T}}[2\overline{A}_1^{\mathrm{T}}P\overline{A}_1+\overline{\gamma}(1-\overline{\gamma})\overline{A}_2^{\mathrm{T}}P\overline{A}_2-\chi P+Q_1+Q_2+(\tau_M-\tau_m+1)Q_3\\
&\quad-\chi I_1^{\mathrm{T}}S_2I_1+2I_1^{\mathrm{T}}(\tilde{A}-I)^{\mathrm{T}}\mathcal{P}(\tilde{A}-I)I_1+\left(\vartheta\theta+\frac{\vartheta}{\sigma}\right)I_1^{\mathrm{T}}C^{\mathrm{T}}CI_1+(5\rho+4\kappa)\\
&\quad\times\tilde{D}^{\mathrm{T}}\tilde{D}]\eta_k+2\eta_k^{\mathrm{T}}[\overline{A}_1^{\mathrm{T}}P\overline{A}_3+I_1^{\mathrm{T}}(\tilde{A}-I)^{\mathrm{T}}\mathcal{P}A_1I_1+(5\rho+4\kappa)\tilde{D}^{\mathrm{T}}\tilde{A}_2]\eta_{k-\tau_k}\\
&\quad+2\eta_k^{\mathrm{T}}[\overline{A}_1^{\mathrm{T}}P\overline{B}_1+\overline{\gamma}(1-\overline{\gamma})\overline{A}_2^{\mathrm{T}}P\overline{B}_2+I_1^{\mathrm{T}}(\tilde{A}-I)^{\mathrm{T}}\mathcal{P}(EI_2+FI_3)\\
&\quad+(5\rho+4\kappa)\tilde{D}^{\mathrm{T}}\tilde{G}]\varpi_k+2\eta_k^{\mathrm{T}}[\overline{A}_1^{\mathrm{T}}P\overline{B}_3+\overline{\gamma}(1-\overline{\gamma})\overline{A}_2^{\mathrm{T}}P\overline{B}_4]\varepsilon_k+2\chi\\
&\quad\times\eta_k^{\mathrm{T}}I_1^{\mathrm{T}}S_2I_1\eta_{k-\tau_m}-\eta_{k-\tau_m}^{\mathrm{T}}[\chi^{\tau_m}Q_1+\chi I_1^{\mathrm{T}}S_2I_1]\eta_{k-\tau_m}-\chi^{\tau_M}\eta_{k-\tau_M}^{\mathrm{T}}Q_2\eta_{k-\tau_M}\\
&\quad+\eta_{k-\tau_k}^{\mathrm{T}}[2\overline{A}_3^{\mathrm{T}}P\overline{A}_3-\chi^{\tau_m}Q_3+2I_1^{\mathrm{T}}A_1^{\mathrm{T}}\mathcal{P}A_1I_1+(5\rho+4\kappa)\tilde{A}_2^{\mathrm{T}}\tilde{A}_2]\eta_{k-\tau_k}\\
&\quad+2\eta_{k-\tau_k}^{\mathrm{T}}[\overline{A}_3^{\mathrm{T}}P\overline{B}_1+I_1^{\mathrm{T}}A_1^{\mathrm{T}}\mathcal{P}(EI_2+FI_3)+(5\rho+4\kappa)\tilde{A}_2^{\mathrm{T}}\tilde{G}]\varpi_k\\
&\quad+2\eta_{k-\tau_k}^{\mathrm{T}}\overline{A}_3^{\mathrm{T}}P\overline{B}_3\varepsilon_k+\varepsilon_k^{\mathrm{T}}[2\overline{B}_3^{\mathrm{T}}P\overline{B}_3+\overline{\gamma}(1-\overline{\gamma})\overline{B}_4^{\mathrm{T}}P\overline{B}_4\\
&\quad-\left(\theta+\frac{1}{\sigma}\right)I\Bigg]\varepsilon_k+2\varepsilon_k^{\mathrm{T}}[\overline{B}_3^{\mathrm{T}}P\overline{B}_1+\overline{\gamma}(1-\overline{\gamma})\overline{B}_4^{\mathrm{T}}P\overline{B}_2]\varpi_k\\
&\quad+\varpi_k^{\mathrm{T}}[2\overline{B}_1^{\mathrm{T}}P\overline{B}_1+\overline{\gamma}(1-\overline{\gamma})\overline{B}_2^{\mathrm{T}}P\overline{B}_2+2(EI_2+FI_3)^{\mathrm{T}}\\
&\quad\times\mathcal{P}(EI_2+FI_3)+(5\rho+4\kappa)\tilde{G}^{\mathrm{T}}\tilde{G}]\varpi_k\\
&\quad+\frac{\theta+\hbar-\chi}{\sigma}\varphi_k-\chi^{\tau_m}\xi_k^{\mathrm{T}}\tilde{\pi}\Omega\tilde{\pi}^{\mathrm{T}}\xi_k
\end{aligned} \tag{10-79}$$

现在证明当 $\varpi_k=0$ 时，增广系统(10-58)是有限时随机稳定的。利用式(10-79)能够得到如下不等式：

$$\Delta V_k\leqslant\tilde{\xi}_k^{\mathrm{T}}\Xi\tilde{\xi}_k \tag{10-80}$$

式中

$$\Xi=\begin{bmatrix}\Xi_{11} & \tilde{\Omega}_{17} & 0\\ * & \tilde{\Omega}_{77} & 0\\ * & * & \tilde{\Omega}_{88}\end{bmatrix},\quad \begin{aligned}\Xi_{11}=&\tilde{\Lambda}_1\tilde{\Omega}_{11}\tilde{\Lambda}_1^{\mathrm{T}}+\tilde{\Lambda}_1\Omega_{12}\tilde{\Lambda}_2^{\mathrm{T}}+\tilde{\Lambda}_1\tilde{\Omega}_{13}\tilde{\Lambda}_3^{\mathrm{T}}+\tilde{\Lambda}_2\Omega_{22}\tilde{\Lambda}_2^{\mathrm{T}}\\ &+\tilde{\Lambda}_3\tilde{\Omega}_{33}\tilde{\Lambda}_3^{\mathrm{T}}+\tilde{\Lambda}_4\Omega_{44}\tilde{\Lambda}_4^{\mathrm{T}}-\chi^{\tau_m}\tilde{\pi}\,\Omega\tilde{\pi}^{\mathrm{T}}\end{aligned}$$

$$\tilde{\Omega}_{11}=\Omega_{11}+2\bar{A}_1^{\mathrm{T}}P\bar{A}_1+\bar{\gamma}(1-\bar{\gamma})\bar{A}_2^{\mathrm{T}}P\bar{A}_2+2I_1^{\mathrm{T}}(\tilde{A}-I)^{\mathrm{T}}\mathcal{P}(\tilde{A}-I)I_1$$

$$\tilde{\Omega}_{13}=\Omega_{13}+\bar{A}_1^{\mathrm{T}}P\bar{A}_3+I_1^{\mathrm{T}}(\tilde{A}-I)^{\mathrm{T}}\mathcal{P}A_1I_1,\quad \tilde{\Omega}_{33}=\Omega_{33}+2\bar{A}_3^{\mathrm{T}}P\bar{A}_3+2I_1^{\mathrm{T}}A_1^{\mathrm{T}}\mathcal{P}A_1I_1$$

$$\tilde{\Omega}_{17}=\tilde{\Lambda}_1(\bar{A}_1^{\mathrm{T}}P\bar{B}_3+\bar{\gamma}(1-\bar{\gamma})\bar{A}_2^{\mathrm{T}}P\bar{B}_4)+\tilde{\Lambda}_3\bar{A}_3^{\mathrm{T}}P\bar{B}_3$$

$$\tilde{\Omega}_{77}=\Omega_{77}+2\bar{B}_3^{\mathrm{T}}P\bar{B}_3+\bar{\gamma}(1-\bar{\gamma})\bar{B}_4^{\mathrm{T}}P\bar{B}_4$$

由式(10-60)可推导出

$$\Pi_1=\begin{bmatrix}\Pi & \Upsilon_{12} & \Upsilon_{13} & \Upsilon_{14} & \Upsilon_{15}\\ * & -\tilde{P}_1 & 0 & 0 & 0\\ * & * & -\breve{P}_2 & 0 & 0\\ * & * & * & -\mathcal{P}^{-1} & 0\\ * & * & * & * & -\tilde{\mathcal{P}}\end{bmatrix}<0$$

式中

$$\Pi=\begin{bmatrix}\Pi_{11} & 0 & 0\\ * & \Omega_{77} & 0\\ * & * & \Omega_{88}\end{bmatrix},\quad \tilde{\mathcal{P}}=\mathrm{diag}\{\mathcal{P}^{-1},\mathcal{P}^{-1}\}$$

$$\Upsilon_{12}=\begin{bmatrix}\bar{A}_1 & 0 & \bar{A}_3 & \Theta_1 & \bar{B}_3 & 0\\ \sqrt{\bar{\gamma}(1-\bar{\gamma})}\bar{A}_2 & 0 & 0 & \Theta_1 & \sqrt{\bar{\gamma}(1-\bar{\gamma})}\bar{B}_4 & 0\end{bmatrix}^{\mathrm{T}}$$

$$\Upsilon_{14}=[(\tilde{A}-I)I_1\quad 0\quad A_1I_1\quad \Theta_2]^{\mathrm{T}},\quad \breve{P}_2=\mathrm{diag}\{P^{-1},P^{-1},P^{-1}\}$$

$$\Upsilon_{13}=\begin{bmatrix}\bar{A}_1 & 0 & 0 & \Theta_1 & 0 & 0\\ 0 & 0 & \bar{A}_3 & \Theta_1 & 0 & 0\\ 0 & 0 & 0 & \Theta_1 & \bar{B}_3 & 0\end{bmatrix}^{\mathrm{T}},\quad \Upsilon_{15}=\begin{bmatrix}(\tilde{A}-I)I_1 & 0 & 0 & \Theta_2\\ 0 & 0 & A_1I_1 & \Theta_2\end{bmatrix}^{\mathrm{T}}$$

根据引理 2.1，$\Pi_1<0$ 等价于 $\Xi<0$，故有 $\Delta V_k<0$ 成立。进一步得到

$$\mathbb{E}\{V_{k+1}\}<\chi V_k \tag{10-81}$$

通过迭代可知

$$\mathbb{E}\{V_k\}<\chi^k V_0\leqslant\chi^N V_0 \tag{10-82}$$

根据式(10-50)、式(10-62)和式(10-66)有

$$
\begin{aligned}
V_0 &\leqslant \frac{1}{\sigma}\varphi_0 + [\lambda_1 + \tau_m \chi^{\tau_m - 1}\lambda_2 + \tau_M \chi^{\tau_M - 1}\lambda_3 + \tau_M \chi^{\tau_M - 1}\lambda_4 \\
&\quad \left. + \frac{1}{2}(\tau_M - \tau_m)(\tau_M + \tau_m - 1)\chi^{\tau_M - 2}\lambda_4 \right] a_1 \\
&\quad + \left[\frac{1}{2}(\tau_M - \tau_m)^2(\tau_M + \tau_m + 1)\chi^{\tau_M - 1}\lambda_5 + \frac{1}{2}\tau_m^2(\tau_m + 1)\chi^{\tau_m - 1}\lambda_6\right]\beta \\
&= \kappa_1 a_1 + \kappa_2 \beta + \frac{1}{\sigma}\varphi_0
\end{aligned} \tag{10-83}
$$

$$
\mathbb{E}\{V_k\} \geqslant \mathbb{E}\{\eta_k^{\mathrm{T}} P \eta_k\} \geqslant \lambda_0 \mathbb{E}\{\eta_k^{\mathrm{T}} R \eta_k\} \tag{10-84}
$$

利用式(10-63)，并结合式(10-82)～式(10-84)，最后可得

$$
\mathbb{E}\{\eta_k^{\mathrm{T}} R \eta_k\} \leqslant \frac{1}{\lambda_0}\mathbb{E}\{V_k\} < \frac{\chi^N}{\lambda_0}\left(\kappa_1 a_1 + \kappa_2 \beta + \frac{1}{\sigma}\varphi_0\right) < a_2 \tag{10-85}
$$

根据定义 10.2 可知，增广系统(10-58)相对于(a_1, a_2, N, R)是有限时随机稳定的。

下面分析在零初始条件下$\varpi_k \neq 0$时增广系统(10-58)的H_∞性能。根据式(10-58)有

$$
\begin{aligned}
\mathbb{E}\{\tilde{r}_k^{\mathrm{T}} \tilde{r}_k\} &= \mathbb{E}\{[(\bar{C}_1 - \tilde{\gamma}_k \bar{C}_2)\eta_k + (\bar{D}_1 - \tilde{\gamma}_k \bar{D}_2)\varpi_k + (1 - \bar{\gamma})D_f \varepsilon_k - \tilde{\gamma}_k D_f \varepsilon_k]^{\mathrm{T}} \\
&\quad \times [(\bar{C}_1 - \tilde{\gamma}_k \bar{C}_2)\eta_k + (\bar{D}_1 - \tilde{\gamma}_k \bar{D}_2)\varpi_k + (1 - \bar{\gamma})D_f \varepsilon_k - \tilde{\gamma}_k D_f \varepsilon_k]\} \\
&= \eta_k^{\mathrm{T}}[\bar{C}_1^{\mathrm{T}} \bar{C}_1 + \bar{\gamma}(1 - \bar{\gamma})\bar{C}_2^{\mathrm{T}} \bar{C}_2]\eta_k + 2\eta_k^{\mathrm{T}}[\bar{C}_1^{\mathrm{T}} \bar{D}_1 + \bar{\gamma}(1 - \bar{\gamma})\bar{C}_2^{\mathrm{T}} \bar{D}_2]\varpi_k \\
&\quad + 2\eta_k^{\mathrm{T}}[(1 - \bar{\gamma})\bar{C}_1^{\mathrm{T}} D_f + \bar{\gamma}(1 - \bar{\gamma})\bar{C}_2^{\mathrm{T}} D_f]\varepsilon_k \\
&\quad + \varpi_k^{\mathrm{T}}[\bar{D}_1^{\mathrm{T}} \bar{D}_1 + \bar{\gamma}(1 - \bar{\gamma})\bar{D}_2^{\mathrm{T}} \bar{D}_2]\varpi_k + 2\varpi_k^{\mathrm{T}}[(1 - \bar{\gamma})\bar{D}_1^{\mathrm{T}} \\
&\quad \times D_f + \bar{\gamma}(1 - \bar{\gamma})\bar{D}_2^{\mathrm{T}} D_f]\varepsilon_k + (1 - \bar{\gamma})\varepsilon_k^{\mathrm{T}} D_f^{\mathrm{T}} D_f \varepsilon_k
\end{aligned} \tag{10-86}
$$

根据上述分析可知

$$
\mathbb{E}\{V_{k+1}\} - \chi V_k + \mathbb{E}\{\tilde{r}_k^{\mathrm{T}} \tilde{r}_k\} - \chi^{-N}\gamma^2 \varpi_k^{\mathrm{T}} \varpi_k \leqslant \bar{\xi}_k^{\mathrm{T}} \bar{\Pi}_1 \bar{\xi}_k \tag{10-87}
$$

由式(10-60)可知，$\mathbb{E}\{V_{k+1}\} - \chi V_k + \mathbb{E}\{\tilde{r}_k^{\mathrm{T}} \tilde{r}_k\} - \chi^{-N}\gamma^2 \varpi_k^{\mathrm{T}} \varpi_k < 0$。接下来，由$V_0 = 0$可以直接得到

$$
\begin{aligned}
\mathbb{E}\{V_{k+1}\} &< \chi V_k - \mathbb{E}\{\tilde{r}_k^{\mathrm{T}} \tilde{r}_k\} + \chi^{-N}\gamma^2 \varpi_k^{\mathrm{T}} \varpi_k \\
&< \cdots \\
&< \chi^{k+1} V_0 - \mathbb{E}\left\{\sum_{i=0}^{k} \chi^{k-i} \tilde{r}_i^{\mathrm{T}} \tilde{r}_i\right\} + \chi^{-N}\gamma^2 \sum_{i=0}^{k} \chi^{k-i} \varpi_i^{\mathrm{T}} \varpi_i \\
&= -\mathbb{E}\left\{\sum_{i=0}^{k} \chi^{k-i} \tilde{r}_i^{\mathrm{T}} \tilde{r}_i\right\} + \chi^{-N}\gamma^2 \sum_{i=0}^{k} \chi^{k-i} \varpi_i^{\mathrm{T}} \varpi_i
\end{aligned}
$$

结合$\mathbb{E}\{V_{N+1}\} \geqslant 0$和$\chi > 1$，可得

$$\sum_{k=0}^{N}\mathbb{E}\{\tilde{r}_k^{\mathrm{T}}\tilde{r}_k\}<\gamma^2\sum_{k=0}^{N}\varpi_k^{\mathrm{T}}\varpi_k \tag{10-88}$$

证毕。

10.2.3 有限时故障检测滤波器设计

定理 10.4 考虑增广系统(10-58)，参数 $\hbar\ (0<\hbar<1)$ 和 $\sigma\ (\sigma>0)$ 满足限制条件 $\hbar\sigma\geqslant 1$，对于给定的矩阵 $R>0$，整数 $\tau_M>\tau_m>0$，标量 $\vartheta>0$，$\chi>1$，$0<a_1<a_2$，$N\in\mathbb{Z}^+$ 及扰动水平 $\gamma>0$，若存在对称正定矩阵 P，Q_1，Q_2，Q_3，S_1 和 S_2，适当维数的矩阵 Y，X，K_2，以及正标量 θ，ρ 和 $\lambda_l\ (l=0,2,\cdots,6)$ 满足式(10-60)和式(10-62)～式(10-64)及如下不等式：

$$\hat{\Pi}_1=\begin{bmatrix}\bar{\Pi} & \hat{\Upsilon}_{12} & \hat{\Upsilon}_{13} & \hat{\Upsilon}_{14} & \hat{\Upsilon}_{15} & \bar{\Upsilon}_{16} & 0 & \Upsilon_{18}\\ * & -P_1 & 0 & 0 & 0 & 0 & \Upsilon_{27} & 0\\ * & * & -P_2 & 0 & 0 & 0 & \Upsilon_{37} & 0\\ * & * & * & -\mathcal{P} & 0 & 0 & \mathcal{P}H_1 & 0\\ * & * & * & * & -\hat{\mathcal{P}} & 0 & \Upsilon_{57} & 0\\ * & * & * & * & * & -I & 0 & 0\\ * & * & * & * & * & * & -\alpha I & 0\\ * & * & * & * & * & * & * & -\alpha I\end{bmatrix}<0 \tag{10-89}$$

式中

$$\hat{\Upsilon}_{13}=\begin{bmatrix}\breve{A}_1^{\mathrm{T}}P^{\mathrm{T}}+\breve{C}_1^{\mathrm{T}}X^{\mathrm{T}} & 0 & 0 & 0\\ 0 & 0 & 0 & 0\\ 0 & \breve{A}_3^{\mathrm{T}}P^{\mathrm{T}} & 0 & 0\\ \Theta_1^{\mathrm{T}} & \Theta_1^{\mathrm{T}} & \Theta_1^{\mathrm{T}} & \Theta_1^{\mathrm{T}}\\ 0 & 0 & \breve{H}_3^{\mathrm{T}}X^{\mathrm{T}} & 0\\ 0 & 0 & 0 & 0\\ 0 & 0 & 0 & \breve{D}_1^{\mathrm{T}}P^{\mathrm{T}}+\breve{H}_1^{\mathrm{T}}X^{\mathrm{T}}\end{bmatrix},\quad \hat{\Upsilon}_{14}=\begin{bmatrix}I_1^{\mathrm{T}}(A-I)^{\mathrm{T}}\mathcal{P}\\ 0\\ I_1^{\mathrm{T}}A_1^{\mathrm{T}}\mathcal{P}\\ \Theta_2^{\mathrm{T}}\\ (EI_2+FI_3)^{\mathrm{T}}\mathcal{P}\end{bmatrix}$$

$$\hat{\Upsilon}_{15}=\begin{bmatrix}I_1^{\mathrm{T}}(A-I)^{\mathrm{T}}\mathcal{P} & 0 & 0\\ 0 & 0 & 0\\ 0 & I_1^{\mathrm{T}}A_1^{\mathrm{T}}\mathcal{P} & 0\\ \Theta_2^{\mathrm{T}} & \Theta_2^{\mathrm{T}} & \Theta_2^{\mathrm{T}}\\ 0 & 0 & (EI_2+FI_3)^{\mathrm{T}}\mathcal{P}\end{bmatrix},\quad \Upsilon_{18}=\begin{bmatrix}\alpha\tilde{E}_1^{\mathrm{T}}\\ \Theta_1^{\mathrm{T}}\\ \Theta_2^{\mathrm{T}}\end{bmatrix},\quad \Upsilon_{57}=\begin{bmatrix}\mathcal{P}H_1\\ 0\\ 0\end{bmatrix}$$

$$\hat{\Upsilon}_{12}=\begin{bmatrix}\breve{A}_1^{\mathrm{T}}P^{\mathrm{T}}+\breve{C}_1^{\mathrm{T}}X^{\mathrm{T}} & \sqrt{\bar{\gamma}(1-\bar{\gamma})}\breve{C}_2^{\mathrm{T}}X^{\mathrm{T}}\\ 0 & 0\\ \bar{A}_3^{\mathrm{T}}P^{\mathrm{T}} & 0\\ \Theta_1^{\mathrm{T}} & \Theta_1^{\mathrm{T}}\\ \breve{H}_3^{\mathrm{T}}X^{\mathrm{T}} & \sqrt{\bar{\gamma}(1-\bar{\gamma})}\hat{I}^{\mathrm{T}}X^{\mathrm{T}}\\ 0 & 0\\ \breve{D}_1^{\mathrm{T}}U^{\mathrm{T}}+\breve{H}_1^{\mathrm{T}}X^{\mathrm{T}} & \sqrt{\bar{\gamma}(1-\bar{\gamma})}\breve{H}_2^{\mathrm{T}}X^{\mathrm{T}}\end{bmatrix},\quad \bar{\Upsilon}_{16}=\begin{bmatrix}\breve{C}_1^{\mathrm{T}}K_2^{\mathrm{T}} & \sqrt{\bar{\gamma}(1-\bar{\gamma})}\breve{C}_2^{\mathrm{T}}K_2^{\mathrm{T}}\\ \Theta_2^{\mathrm{T}} & \Theta_2^{\mathrm{T}}\\ \hat{I}^{\mathrm{T}}K_2^{\mathrm{T}} & 0\\ 0 & 0\\ \breve{H}_1^{\mathrm{T}}K_2^{\mathrm{T}}-I_3^{\mathrm{T}} & \sqrt{\bar{\gamma}(1-\bar{\gamma})}\breve{H}_2^{\mathrm{T}}K_2^{\mathrm{T}}\end{bmatrix}$$

$$\Upsilon_{37}=\begin{bmatrix}P\tilde{H}_1\\ \Theta_1^{\mathrm{T}}\end{bmatrix},\quad \Upsilon_{27}=\begin{bmatrix}P\tilde{H}_1\\ 0\end{bmatrix},\quad \breve{C}_1=\begin{bmatrix}0 & I\\ (1-\bar{\gamma})C & 0\end{bmatrix},\quad \breve{D}_1=\begin{bmatrix}E & F & 0\\ 0 & 0 & 0\end{bmatrix}$$

$$\breve{C}_2=\begin{bmatrix}0 & 0\\ C & 0\end{bmatrix},\quad \hat{I}=\begin{bmatrix}0\\ I\end{bmatrix},\quad \breve{H}_1=\begin{bmatrix}0 & 0 & 0\\ 0 & 0 & \bar{\gamma}I\end{bmatrix},\quad \breve{H}_2=\begin{bmatrix}0 & 0 & 0\\ 0 & 0 & -I\end{bmatrix},\quad \breve{A}_1=\begin{bmatrix}A & 0\\ 0 & 0\end{bmatrix}$$

$$\tilde{H}_1=[N_1^{\mathrm{T}}\quad 0]^{\mathrm{T}},\quad \tilde{E}_1=[E_1\quad 0],\quad \breve{H}_3=[0\quad (1-\bar{\gamma})I]^{\mathrm{T}},\quad \hat{\mathcal{P}}=\mathrm{diag}\{\mathcal{P},\mathcal{P},\mathcal{P}\}$$

则增广系统(10-58)相对于(a_1,a_2,R,N)是有限时随机稳定的且满足式(10-59)。此外，故障检测滤波器参数矩阵可如下给出：

$$[A_f\quad B_f]=[\hat{I}^{\mathrm{T}}P\hat{I}]^{-1}\hat{I}^{\mathrm{T}}X,\quad [C_f\quad D_f]=K_2 \tag{10-90}$$

证　将定理 10.3 中的如下参数矩阵重新描述为

$$\bar{A}_1=\breve{A}_1+\hat{I}K_1\breve{C}_1+\tilde{H}_1\Gamma\tilde{E}_1,\quad \bar{B}_1=\breve{D}_1+\hat{I}K_1\breve{H}_1,\quad \bar{A}_2=\hat{I}K_1\breve{C}_2$$

$$\bar{B}_2=\hat{I}K_1\breve{H}_2,\quad \bar{C}_1=K_2\breve{C}_1,\quad \bar{C}_2=K_2\breve{C}_2,\quad \bar{D}_1=K_2\breve{H}_1-I_3$$

$$\bar{D}_2=K_2\breve{H}_2,\quad \bar{B}_3=\hat{I}K_1\breve{H}_3,\quad \bar{B}_4=\hat{I}K_1\hat{I},\quad D_f=K_2\hat{I},\quad K_1=[A_f\quad B_f]$$

利用$\mathrm{diag}\{I,P_1,P_2,\mathcal{P},\hat{\mathcal{P}},I\}$对不等式(10-61)进行合同变换，定义$X=P\hat{I}K_1$，可以得到如下不等式：

$$\tilde{\Pi}_1=\begin{bmatrix}\bar{\Pi} & \tilde{\Upsilon}_{12} & \tilde{\Upsilon}_{13} & \tilde{\Upsilon}_{14} & \tilde{\Upsilon}_{15} & \bar{\Upsilon}_{16}\\ * & -P_1 & 0 & 0 & 0 & 0\\ * & * & -P_2 & 0 & 0 & 0\\ * & * & * & -\mathcal{P} & 0 & 0\\ * & * & * & * & -\hat{\mathcal{P}} & 0\\ * & * & * & * & * & -I\end{bmatrix}<0 \tag{10-91}$$

式中

$$\tilde{\Upsilon}_{12}=\begin{bmatrix} \breve{A}_1^{\mathrm{T}}P^{\mathrm{T}}+\breve{C}_1^{\mathrm{T}}X^{\mathrm{T}}+(\tilde{H}_1\Gamma\tilde{E}_1)^{\mathrm{T}}P^{\mathrm{T}} & \sqrt{\bar{\gamma}(1-\bar{\gamma})}\breve{C}_2^{\mathrm{T}}X^{\mathrm{T}} \\ 0 & 0 \\ \bar{A}_3^{\mathrm{T}}P^{\mathrm{T}} & 0 \\ \Theta_1^{\mathrm{T}} & \Theta_1^{\mathrm{T}} \\ \breve{H}_3^{\mathrm{T}}X^{\mathrm{T}} & \sqrt{\bar{\gamma}(1-\bar{\gamma})}\hat{I}^{\mathrm{T}}X^{\mathrm{T}} \\ 0 & 0 \\ \breve{D}_1^{\mathrm{T}}P^{\mathrm{T}}+\breve{H}_1^{\mathrm{T}}X^{\mathrm{T}} & \breve{H}_2^{\mathrm{T}}X^{\mathrm{T}} \end{bmatrix}$$

$$\tilde{\Upsilon}_{14}=\begin{bmatrix} I_1^{\mathrm{T}}(A-I)^{\mathrm{T}}\mathcal{P}+\tilde{E}_1^{\mathrm{T}}\Gamma^{\mathrm{T}}H_1^{\mathrm{T}}\mathcal{P} \\ 0 \\ I_1^{\mathrm{T}}A_1^{\mathrm{T}}\mathcal{P} \\ \Theta_2^{\mathrm{T}} \\ (EI_2+FI_3)^{\mathrm{T}}\mathcal{P} \end{bmatrix},\quad P_1=\mathrm{diag}\{P,P\},\quad P_2=\mathrm{diag}\{P_1,P_1\}$$

$$\tilde{\Upsilon}_{13}=\begin{bmatrix} \breve{A}_1^{\mathrm{T}}P^{\mathrm{T}}+\breve{C}_1^{\mathrm{T}}X^{\mathrm{T}}+(\tilde{H}_1\Gamma\tilde{E}_1)^{\mathrm{T}}P^{\mathrm{T}} & 0 & 0 & 0 \\ 0 & 0 & 0 & 0 \\ 0 & \bar{A}_3^{\mathrm{T}}P^{\mathrm{T}} & 0 & 0 \\ \Theta_1^{\mathrm{T}} & \Theta_1^{\mathrm{T}} & \Theta_1^{\mathrm{T}} & \Theta_1^{\mathrm{T}} \\ 0 & 0 & \breve{H}_3^{\mathrm{T}}X^{\mathrm{T}} & 0 \\ 0 & 0 & 0 & 0 \\ 0 & 0 & 0 & \breve{D}_1^{\mathrm{T}}P^{\mathrm{T}}+\breve{H}_1^{\mathrm{T}}X^{\mathrm{T}} \end{bmatrix}$$

$$\tilde{\Upsilon}_{15}=\begin{bmatrix} I_1^{\mathrm{T}}(A-I)^{\mathrm{T}}\mathcal{P}+\tilde{E}_1^{\mathrm{T}}\Gamma^{\mathrm{T}}H_1^{\mathrm{T}}\mathcal{P} & 0 & 0 \\ 0 & 0 & 0 \\ 0 & I_1^{\mathrm{T}}A_1^{\mathrm{T}}\mathcal{P} & 0 \\ \Theta_2^{\mathrm{T}} & \Theta_2^{\mathrm{T}} & \Theta_2^{\mathrm{T}} \\ 0 & 0 & (EI_2+FI_3)^{\mathrm{T}}\mathcal{P} \end{bmatrix}$$

最后根据引理 2.1 和引理 2.2，通过式(10-91)可以得到式(10-89)，证毕。

10.2.4　算例

本节给出一个数值仿真验证故障检测方法的有效性和可行性。考虑具有时滞的非线性系统(10-53)，相关参数矩阵如下给出：

$$A=\begin{bmatrix} 0.3 & 0.4 \\ 0.6 & 0.5 \end{bmatrix},\quad A_1=\begin{bmatrix} -0.2110 & -0.1230 \\ -0.1300 & -0.1343 \end{bmatrix},\quad E=\begin{bmatrix} -0.1 \\ 0.2 \end{bmatrix},\quad H=\begin{bmatrix} 0 \\ 0.2 \end{bmatrix}$$

$$D=\begin{bmatrix} -0.23 & -0.12 \\ -0.12 & -0.11 \end{bmatrix},\quad A_2=\begin{bmatrix} -0.003 & -0.001 \\ -0.002 & -0.001 \end{bmatrix},\quad G=\begin{bmatrix} 0.001 \\ 0.001 \end{bmatrix}$$

$$F=\begin{bmatrix}-0.0839\\0.0961\end{bmatrix},\quad C=\begin{bmatrix}-1&0.6\\0.5&0.9\end{bmatrix},\quad N_1=\begin{bmatrix}0.1\\0.2\end{bmatrix},\quad E_1=\begin{bmatrix}0.2\\-0.3\end{bmatrix}$$

$$\delta_k=\begin{bmatrix}-0.00065(|x_{1,k}+1|-|x_{1,k}-1|)\\0\end{bmatrix},\quad \Pi=\begin{bmatrix}0.2&0.8\\0.3&0.7\end{bmatrix}$$

令时滞满足 $\tau_m=1$，$\tau_M=2$，动态变量的初值为 $\varphi_0=0$，事件触发阈值为 $\vartheta=1.1$，欺骗攻击参数为 $\bar{\gamma}=0.05$。其他参数分别取为 $R=I$，$\sigma=2$，$\hbar=0.8$，$N=20$，$a_1=0.05$，$a_2=2.5$，$\chi=1.1$。此外，H_∞ 性能指标为 $\gamma=5.5$。

用Matlab软件对不等式(10-89)进行求解，得到如下故障检测滤波器参数矩阵：

$$A_f=\begin{bmatrix}0.0200&0.0374\\-0.1354&-0.1185\end{bmatrix},\quad B_f=\begin{bmatrix}0.6960&-0.0023\\-0.0023&0.7070\end{bmatrix}$$

$$C_f=[-0.4641\quad 0.5025],\quad D_f=[-0.0294\quad -0.0063]$$

选取系统(10-53)和故障检测滤波器(10-57)的初始条件分别为 $x_0=[0.2\quad -0.1]^{\mathrm{T}}$ 和 $\hat{x}_0=0$。故障信号为

$$f_k=\begin{cases}0.5\sin(k), & 5\leqslant k\leqslant 15\\0, & \text{其他}\end{cases}$$

仿真结果如图 10.8～图 10.13 所示。

当 $\omega_k=0$ 和 $\upsilon_k=0$ 时，图 10.8 和图 10.9 分别表示了残差信号 r_k 和残差评价函数 J_k 的轨迹。

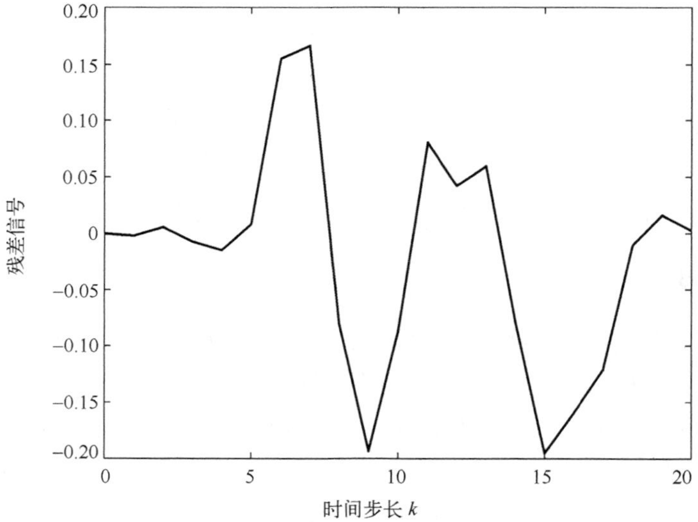

图 10.8 ω_k=0 和 υ_k=0 时残差信号 r_k

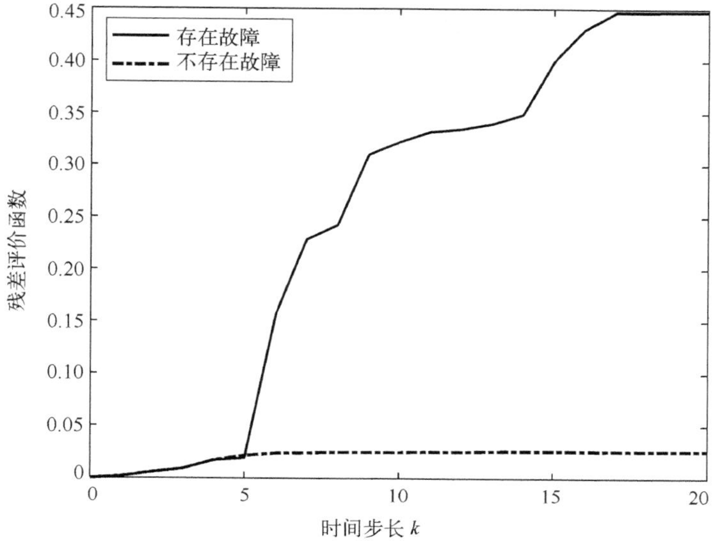

图 10.9　$\omega_k=0$ 和 $\upsilon_k=0$ 时残差评价函数 J_k

当 $\omega_k \neq 0$ 和 $\upsilon_k \neq 0$ 时，令 ω_k 和 υ_k 是在区间 $[-1,1]$ 上均匀分布的噪声，图 10.10 和图 10.11 分别描绘了残差信号 r_k 和残差评价函数 J_k 的轨迹。根据阈值 J_{th} 的定义，计算得到系统阈值为 $J_{\mathrm{th}} = 0.1661$，从图 10.11 中可以得到，$0.1218 = J_6 < J_{\mathrm{th}} < J_7 = 0.1836$，意味着故障在发生 2 步后能够被检测出来。

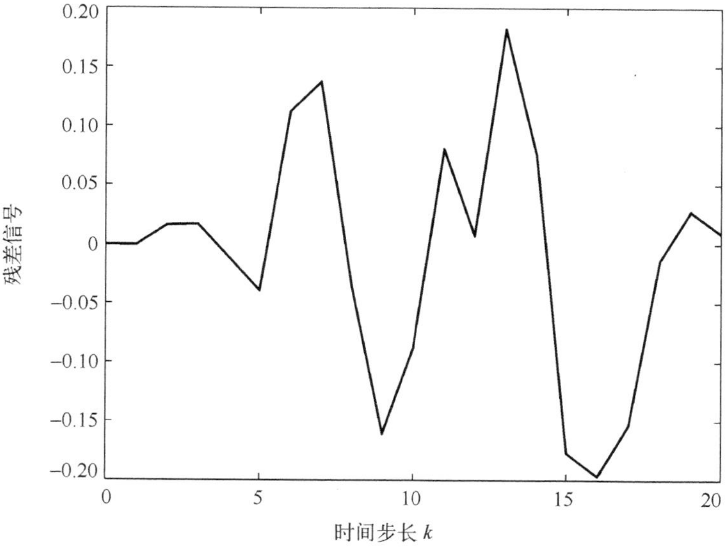

图 10.10　$\omega_k \neq 0$ 和 $\upsilon_k \neq 0$ 时残差信号 r_k

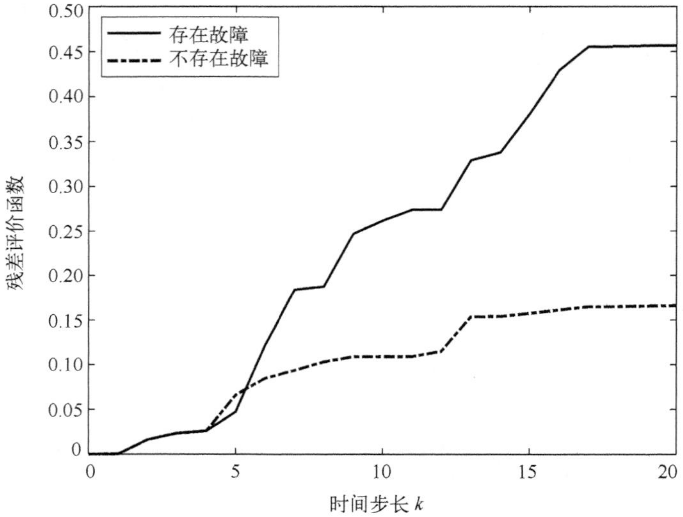

图 10.11　$\omega_k \neq 0$ 和 $\upsilon_k \neq 0$ 时残差评价函数 J_k

图 10.12 显示了动态事件触发机制下的触发时刻和间隔。从图 10.12 可以看出，在动态事件触发机制的调控下，触发次数为 13，说明引入动态事件触发机制可以减少数据传输的数量，该结果体现了通信协议在节约网络资源上的重要作用。此外，图 10.13 描述了 $\mathbb{E}\{\eta_k^{\mathrm{T}} R\eta_k\}$ 和 a_2 的轨迹，其中，实线表示 $\mathbb{E}\{\eta_k^{\mathrm{T}} R\eta_k\}$ 的轨迹，点画线表示 a_2 的轨迹。根据图 10.13 可知，增广系统关于 (a_1, a_2, R, N) 是有限时随机稳定的。

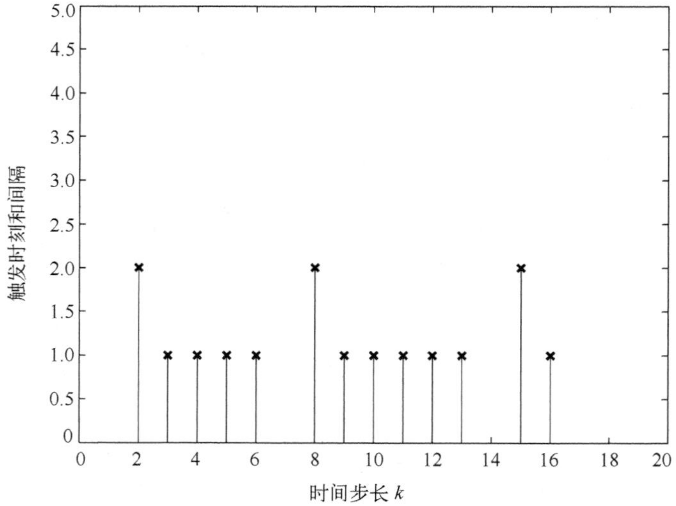

图 10.12　事件触发时刻和间隔

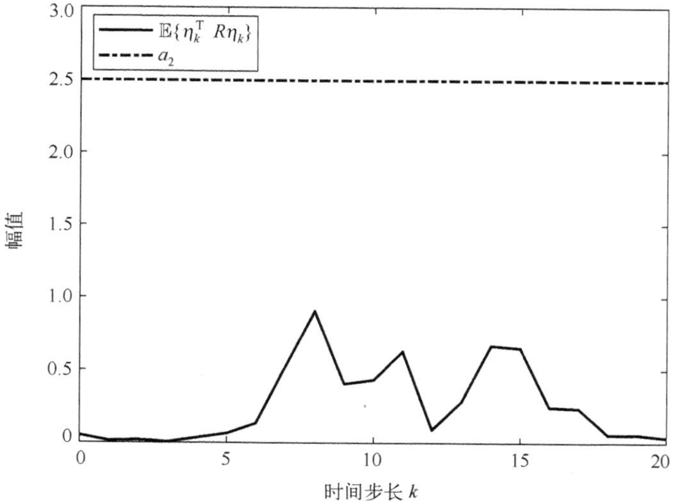

图 10.13　$\mathbb{E}\{\eta_k^{\mathrm{T}} R\eta_k\}$ 和 a_2 的轨迹

10.3　本 章 小 结

本章研究了两类非线性网络化系统在通信协议下的有限时故障检测问题。首先，为了避免冗余数据的传输，引入了动态事件触发机制，并将其应用于有限时故障检测滤波器的设计中。其次，通过构造适当的 Lyapunov 泛函，借助于 Lyapunov 方法和矩阵不等式技术，得到了保证增广系统有限时稳定且满足 H_∞ 性能指标的判别准则，推导出了滤波器参数矩阵的显式表达式。最后，通过数值算例说明了设计的有限时故障检测滤波算法的可行性和有效性。

第 11 章 动态事件触发机制下网络化直流电机有限时故障检测

直流电机作为工业动力驱动源之一，被广泛应用于多种机械和工业设备。为了保证直流电机的正常运行，避免不必要的损失，对其进行故障检测是有必要的。在实际工业环境中，直流电机和其他系统组件常常安装在不同位置，因此，直流电机运行的测量参数需要通过网络传送给检测仪器，大量数据传输容易造成数据碰撞甚至网络拥堵，给检测网络化直流电机的故障带来了极大挑战。本章在动态事件触发机制调控下研究具有参数不确定性的网络化直流电机有限时故障检测问题。针对上述问题分别设计传统的故障检测滤波器和记忆调度故障检测滤波器，根据 Lyapunov 方法和线性矩阵不等式方法，在理论上证明设计的故障检测滤波器能够及时捕捉到网络化直流电机发生的故障，同时给出故障检测滤波器参数矩阵的表达式。最后，通过两个实例验证故障检测滤波算法的可行性及记忆调度故障检测方法的优越性。

11.1 问题简述

直流电机系统电路的回路方程和机械转矩平衡方程分别为[185]

$$
\begin{aligned}
e_a(t) &= \bar{L}\frac{\mathrm{d}i_a(t)}{\mathrm{d}t} + \bar{R}i_a(t) + K_b\omega(t) \\
Ki_a(t) &= \bar{J}\frac{\mathrm{d}\omega(t)}{\mathrm{d}t} + \bar{M}\omega(t) + T_l(t)
\end{aligned}
\tag{11-1}
$$

式中，$i_a(t)$ 为电枢绕组电流；$\omega(t)$ 为转子角速度；$e_a(t)$ 表示电枢绕组输入电压；$T_l(t)$ 为负载转矩；$\bar{R}$ 为电枢绕组电阻；$\bar{L}$ 为电枢绕组电感；K_b 表示反电动势常数；$\bar{M}$ 为系统阻尼系数；J 表示系统惯性矩；K 代表力矩常数。

令 $x_1(t)=i_a(t)$，$x_2(t)=\omega(t)$，$u_1(t)=e_a(t)$，$u_2(t)=T_l(t)$，直流电机的机电动力学(11-1)可以用如下状态空间描述：

$$
\begin{aligned}
\frac{\mathrm{d}x_1(t)}{\mathrm{d}t} &= -\frac{\bar{R}}{\bar{L}}x_1(t) - \frac{K_b}{\bar{L}}x_2(t) + \frac{1}{\bar{L}}u_1(t) \\
\frac{\mathrm{d}x_2(t)}{\mathrm{d}t} &= \frac{K}{\bar{J}}x_1(t) - \frac{\bar{M}}{\bar{J}}x_2(t) - \frac{1}{\bar{J}}u_2(t)
\end{aligned}
\tag{11-2}
$$

取 $x(t)=[x_1^{\mathrm{T}}(t)\quad x_2^{\mathrm{T}}(t)]^{\mathrm{T}}$，$u(t)=[u_1^{\mathrm{T}}(t)\quad u_2^{\mathrm{T}}(t)]^{\mathrm{T}}$，$y(t)=[i_a^{\mathrm{T}}(t)\quad \omega^{\mathrm{T}}(t)]^{\mathrm{T}}$，得到增广系统：

$$\begin{aligned}\frac{\mathrm{d}x(t)}{\mathrm{d}t}&=E_1x(t)+E_2u(t)\\ y(t)&=E_3x(t)\end{aligned}\tag{11-3}$$

式中

$$E_1=\begin{bmatrix}-\dfrac{\bar{R}}{\bar{L}} & -\dfrac{K_b}{\bar{L}}\\ \dfrac{K}{\bar{J}} & -\dfrac{\bar{M}}{\bar{J}}\end{bmatrix},\quad E_2=\begin{bmatrix}\dfrac{1}{\bar{L}} & 0\\ 0 & -\dfrac{1}{\bar{J}}\end{bmatrix},\quad E_3=\begin{bmatrix}1 & 0\\ 0 & 1\end{bmatrix}$$

根据 Euler 离散化方法，系统(11-3)可离散化为

$$\begin{aligned}x_{k+1}&=Ax_k+Bu_k\\ y_k&=Cx_k\end{aligned}\tag{11-4}$$

式中

$$A=I+E_1T,\quad B=E_2T,\quad C=E_3$$

这里 T 表示采样周期。

在工程应用中，直流电机系统实际上是一个非常复杂的装置，它包含各种非线性，如饱和非线性、电枢电阻非线性等。因此，从实际应用的角度出发，考虑网络环境下非线性直流电机系统具有重要的理论与现实意义。此外，直流电机在长时间的运转过程中，容易发生包括机械零部件断裂、轴承磨损、绕组短路或断路及控制器损坏等故障，又考虑到实际系统与建立的数学模型存在一定误差，直流电机的系统模型可以描述为

$$\begin{aligned}x_{k+1}&=(A+\Delta A)x_k+Bu_k+g(x_k)+D_1v_k+Gf_k\\ y_k&=Cx_k+D_2v_k\end{aligned}\tag{11-5}$$

式中，$v_k\in\mathbb{R}^s$ 是属于 $l_2[0,N]$ 的外部扰动；$f_k\in\mathbb{R}^l$ 为待检测的故障；ΔA 满足 $\Delta A=E_aFH_a$，E_a 和 H_a 为已知矩阵，未知矩阵 F 满足 $F^{\mathrm{T}}F\leqslant I$。

非线性函数满足 $g(0)=0$ 和

$$[g(x)-g(y)-\varGamma_1(x-y)]^{\mathrm{T}}[g(x)-g(y)-\varGamma_2(x-y)]\leqslant 0,\quad \forall x,y\in\mathbb{R}^n$$

式中，$\varGamma_1>\varGamma_2$，$\varGamma_1$ 和 $\varGamma_2$ 为已知矩阵。则有

$$\begin{bmatrix}x_k\\ g(x_k)\end{bmatrix}^{\mathrm{T}}\begin{bmatrix}\mathcal{T}_1 & \mathcal{T}_2\\ * & I\end{bmatrix}\begin{bmatrix}x_k\\ g(x_k)\end{bmatrix}\leqslant 0\tag{11-6}$$

式中

$$\mathcal{T}_1 = \frac{\Gamma_1^{\mathrm{T}}\Gamma_2 + \Gamma_2^{\mathrm{T}}\Gamma_1}{2}, \quad \mathcal{T}_2 = -\frac{\Gamma_1^{\mathrm{T}} + \Gamma_2^{\mathrm{T}}}{2}$$

为了避免冗余数据的传输，节约网络资源，本章采用动态事件触发机制决定当前时刻是否更新测量数据。定义事件触发函数：

$$U(\psi_k,\sigma) = \psi_k^{\mathrm{T}} W \psi_k - \sigma y_{k_i}^{\mathrm{T}} W y_{k_i} \tag{11-7}$$

式中，y_{k_i} 表示最新传输时刻 k_i 的测量信号；$\psi_k = y_k - y_{k_i}$；$\sigma \in [0,1)$ 为给定的标量，$W = W^{\mathrm{T}} > 0$ 表示事件权重矩阵。如果满足条件

$$\delta U(\psi_k,\sigma) > \theta_k \tag{11-8}$$

则更新测量值。式中，δ 为给定的标量；θ_k 表示满足如下动态方程的辅助变量：

$$\theta_{k+1} = \varrho\theta_k - U(\psi_k,\sigma),\ \theta_0 = \phi_0 \tag{11-9}$$

这里 ϕ_0 表示辅助系统的初始条件，ϱ 为给定的标量。需要注意的是，在实际工程环境中，如果 ϕ_0 过大，那么动态事件触发机制的触发条件将很难满足。因此，假设 $\phi_0 \leqslant \varpi$。此外，δ 和 ϱ 满足

$$0 < \varrho < 1,\ \delta \geqslant \frac{1}{\varrho} \tag{11-10}$$

根据以上描述，实际的传输信号 $\overline{y}_k$ 可以表示为

$$\overline{y}_k = y_{k_i}, \quad k \in [k_i, k_{i+1}) \tag{11-11}$$

令触发序列为 $0 \leqslant k_0 < k_1 < k_2 < \cdots < k_i < \cdots$，那么，下一个触发时刻可以按照如下方式确定：

$$k_{i+1} = \inf\{k \in [0,N] \,|\, k > k_i, \delta U(\psi_k,\sigma) > \theta_k\} \tag{11-12}$$

与传统的时间触发通信方案相比，事件触发机制从系统结构的角度引入了一个事件检测器，其主要功能是判断当前时刻的测量输出是否需要发送到滤波器，以此节约网络资源。因此，本章在研究网络化直流电机的故障检测问题时采用了动态事件触发机制(11-8)。

11.2 传统故障检测方案

本章利用网络作为通信媒介，从直流电机向故障检测器传递数据，构建残差信号，进而检测动态事件触发机制下网络化直流电机的故障。首先，构造如下故障检测滤波器：

$$\begin{aligned} \hat{x}_{k+1} &= A_F \hat{x}_k + B_F \overline{y}_k \\ r_k &= C_F \hat{x}_k + D_F \overline{y}_k \end{aligned} \tag{11-13}$$

式中，$\hat{x}_k \in \mathbb{R}^n$ 表示故障检测滤波器的状态；$r_k \in \mathbb{R}^l$ 为残差；A_F，B_F，C_F 和 D_F 为适当维数的待设计滤波器参数矩阵。

令 $\eta_k = [x_k^{\mathrm{T}} \quad \hat{x}_k^{\mathrm{T}}]^{\mathrm{T}}$，$\overline{r}_k = r_k - f_k$ 和 $\vartheta_k = [u_k^{\mathrm{T}} \quad v_k^{\mathrm{T}} \quad f_k^{\mathrm{T}}]^{\mathrm{T}}$，通过式(11-5)和式(11-13)，得到增广系统：

$$\begin{aligned} \eta_{k+1} &= (\overline{A} + \Delta\overline{A})\eta_k + I_1 g(x_k) - \overline{B}\psi_k + \overline{D}\vartheta_k \\ \overline{r}_k &= \overline{C}\eta_k - D_F\psi_k + \overline{G}\vartheta_k \end{aligned} \tag{11-14}$$

式中

$$\overline{A} = \begin{bmatrix} A & 0 \\ B_F C & A_F \end{bmatrix}, \quad \Delta\overline{A} = \begin{bmatrix} \Delta A & 0 \\ 0 & 0 \end{bmatrix}, \quad I_1 = \begin{bmatrix} I \\ 0 \end{bmatrix}, \quad \overline{B} = \begin{bmatrix} 0 \\ B_F \end{bmatrix}$$

$$\overline{D} = \begin{bmatrix} B & D_1 & G \\ 0 & B_F D_2 & 0 \end{bmatrix}, \quad \overline{C} = \begin{bmatrix} D_F C & C_F \end{bmatrix}, \quad \overline{G} = \begin{bmatrix} 0 & D_F D_2 & -I \end{bmatrix}$$

为了便于后续分析，介绍如下假设和定义。

假设 11.1　系统(11-14)的初始条件满足

$$\eta_0^{\mathrm{T}} R \eta_0 \leqslant c_1 \tag{11-15}$$

式中，R 为已知的正定矩阵；c_1 为给定的非负标量。

定义 11.1[179]　如果对于 $\forall k \in \{1,2,\cdots,N\}$，有

$$\eta_0^{\mathrm{T}} R \eta_0 \leqslant c_1 \Rightarrow \eta_k^{\mathrm{T}} R \eta_k < c_2 \tag{11-16}$$

式中，$c_2 > c_1 \geqslant 0$，则当 $\vartheta_k = 0$ 时，称系统(11-14)相对于 (c_1, c_2, R, N) 是有限时稳定的。

给出残差评价函数 J_k 和阈值 J_{th} 的定义：

$$J_k = \left\{ \sum_{s=0}^{k} r_s^{\mathrm{T}} r_s \right\}^{1/2}, \quad J_{\mathrm{th}} = \sup_{v_k \in l_2, f_k = 0} J_k \tag{11-17}$$

根据式(11-17)，按照以下规则，通过比较 J_k 和 J_{th} 的大小判断系统是否发生故障，即

$$J_k > J_{\mathrm{th}} \Rightarrow \text{检测出故障} \Rightarrow \text{警报}$$
$$J_k \leqslant J_{\mathrm{th}} \Rightarrow \text{无故障} \Rightarrow \text{不警报}$$

本节旨在提出动态事件触发机制控制下适用于网络化直流电机系统的故障检测方法，给出保证增广系统(11-14)有限时稳定并且满足 H_∞ 性能的判据，即设计 A_F，B_F，C_F 和 D_F 使得

(1) 当 $\vartheta_k = 0$ 时，系统(11-14)相对于 (c_1, c_2, R, N) 是有限时稳定的；

(2) 当 $\vartheta_k \neq 0$ 时，误差 $\overline{r}_k$ 在零初始条件下满足

$$\sum_{k=0}^{N} \|\overline{r}_k\|^2 < \gamma^2 \sum_{k=0}^{N} \|\vartheta_k\|^2 \tag{11-18}$$

式中，γ 为正标量。

当上述两个条件同时满足时，则称增广系统(11-14)相对于 (c_1, c_2, R, N, γ) 有限时稳定且满足 H_∞ 性能。

11.2.1 系统性能分析

本节分析系统(11-14)的稳定性与 H_∞ 性能，给出相应的判别条件。

定理 11.1 对于给定的滤波器参数矩阵 A_F，B_F，C_F 和 D_F，标量 $\chi > 1$，$\gamma > 0$ 和 $\sigma \in [0,1)$，假设 ϱ 和 δ 满足条件(11-10)，如果存在对称正定矩阵 P 和正标量 β，使得矩阵不等式

$$\Xi = \begin{bmatrix} \Xi_{11} & \Xi_{12} & \Xi_{13} & 0 & \Xi_{15} \\ * & \Xi_{22} & \Xi_{23} & 0 & \Xi_{25} \\ * & * & \Xi_{33} & 0 & \Xi_{35} \\ * & * & * & \Xi_{44} & 0 \\ * & * & * & * & \Xi_{55} \end{bmatrix} < 0 \tag{11-19}$$

$$\chi^N \frac{\tilde{\lambda}_1}{\lambda_2} < c_2 \tag{11-20}$$

同时成立，式中

$$\begin{aligned}
&\Xi_{11} = -\chi P + (\bar{A} + \Delta\bar{A})^{\mathrm{T}} P (\bar{A} + \Delta\bar{A}) + \left(\frac{\sigma}{\delta} + \beta\delta\sigma\right) I_1 C^{\mathrm{T}} W C I_1^{\mathrm{T}} - I_1 \mathcal{T}_1 I_1^{\mathrm{T}} + \bar{C}^{\mathrm{T}} \bar{C} \\
&\Xi_{12} = (\bar{A} + \Delta\bar{A})^{\mathrm{T}} P I_1 - I_1 \mathcal{T}_2\text{，}\quad \Xi_{22} = -I + I_1^{\mathrm{T}} P I_1 \\
&\Xi_{13} = -(\bar{A} + \Delta\bar{A})^{\mathrm{T}} P \bar{B} - \left(\frac{\sigma}{\delta} + \beta\delta\sigma\right) I_1 C^{\mathrm{T}} W - \bar{C}^{\mathrm{T}} D_F \\
&\Xi_{15} = (\bar{A} + \Delta\bar{A})^{\mathrm{T}} P \bar{D} + \left(\frac{\sigma}{\delta} + \beta\delta\sigma\right) I_1 C^{\mathrm{T}} W \tilde{D} + \bar{C}^{\mathrm{T}} \bar{G}\text{，}\quad \Xi_{23} = -I_1^{\mathrm{T}} P \bar{B} \\
&\Xi_{25} = I_1^{\mathrm{T}} P \bar{D}\text{，}\quad \Xi_{33} = \left(-\frac{1}{\delta} - \beta\delta + \frac{\sigma}{\delta} + \beta\delta\sigma\right) W + \bar{B}^{\mathrm{T}} P \bar{B} + D_F^{\mathrm{T}} D_F \\
&\Xi_{35} = -\bar{B}^{\mathrm{T}} P \bar{D} - \left(\frac{\sigma}{\delta} + \beta\delta\sigma\right) W \tilde{D} - D_F^{\mathrm{T}} \bar{G}\text{，}\quad \Xi_{44} = \left(\frac{\varrho - \chi}{\delta} + \beta\right) I \\
&\Xi_{55} = -\chi^{-N} \gamma^2 I + \bar{D}^{\mathrm{T}} P \bar{D} + \left(\frac{\sigma}{\delta} + \beta\delta\sigma\right) \tilde{D}^{\mathrm{T}} W \tilde{D} + \bar{G}^{\mathrm{T}} \bar{G}\text{，}\quad \hat{P} = R^{-1/2} P R^{-1/2} \\
&\lambda_1 = \lambda_{\max}(\hat{P})\text{，}\quad \lambda_2 = \lambda_{\min}(\hat{P})\text{，}\quad \tilde{\lambda}_1 = \lambda_1 c_1 + \frac{1}{\delta}\varpi\text{，}\quad \tilde{D} = [0 \quad D_2 \quad 0]
\end{aligned} \tag{11-21}$$

则当 $\vartheta_k=0$ 时，系统(11-14)相对于 (c_1,c_2,R,N) 是有限时稳定的；当 $\vartheta_k\neq 0$ 时，系统在零初始条件下满足式(11-18)。

证　首先，建立下列 Lyapunov 函数：

$$V_k=V_{1,k}+V_{2,k} \tag{11-22}$$

式中

$$V_{1,k}=\eta_k^{\mathrm T}P\eta_k$$

$$V_{2,k}=\frac{1}{\delta}\theta_k$$

根据前面的分析，易知 y_k 可重写为 $y_k=CI_1^{\mathrm T}\eta_k+\tilde D\vartheta_k$，其中 $\tilde D$ 在式(11-21)给出。定义 $\Delta V_{i,k}=V_{i,k+1}-\chi V_{i,k}(i=1,2)$，沿着系统(11-14)的轨迹求 V_k 的差分，有

$$\begin{aligned}\Delta V_{1,k}&=\eta_{k+1}^{\mathrm T}P\eta_{k+1}-\chi\eta_k^{\mathrm T}P\eta_k\\&=[(\bar A+\Delta\bar A)\eta_k+I_1g(x_k)-\bar B\psi_k+\bar D\vartheta_k]^{\mathrm T}P\\&\quad\times[(\bar A+\Delta\bar A)\eta_k+I_1g(x_k)-\bar B\psi_k+\bar D\vartheta_k]-\chi\eta_k^{\mathrm T}P\eta_k\\&=\eta_k^{\mathrm T}(\bar A+\Delta\bar A)^{\mathrm T}P(\bar A+\Delta\bar A)\eta_k+2\eta_k^{\mathrm T}(\bar A+\Delta\bar A)^{\mathrm T}PI_1g(x_k)\\&\quad-2\eta_k^{\mathrm T}(\bar A+\Delta\bar A)^{\mathrm T}P\bar B\psi_k+2\eta_k^{\mathrm T}(\bar A+\Delta\bar A)^{\mathrm T}P\bar D\vartheta_k\\&\quad+g^{\mathrm T}(x_k)I_1^{\mathrm T}PI_1g(x_k)-2g^{\mathrm T}(x_k)I_1^{\mathrm T}P\bar B\psi_k+2g^{\mathrm T}(x_k)I_1^{\mathrm T}P\bar D\vartheta_k\\&\quad+\psi_k^{\mathrm T}\bar B^{\mathrm T}P\bar B\psi_k-2\psi_k^{\mathrm T}\bar B^{\mathrm T}P\bar D\vartheta_k+\vartheta_k^{\mathrm T}\bar D^{\mathrm T}P\bar D\vartheta_k-\chi\eta_k^{\mathrm T}P\eta_k\end{aligned} \tag{11-23}$$

$$\begin{aligned}\Delta V_{2,k}&=\frac{1}{\delta}[(\varrho-\chi)\theta_k-\psi_k^{\mathrm T}W\psi_k+\sigma(y_k-\psi_k)^{\mathrm T}W(y_k-\psi_k)]\\&=\frac{1}{\delta}[(\varrho-\chi)\theta_k-\psi_k^{\mathrm T}W\psi_k+\sigma(CI_1^{\mathrm T}\eta_k+\tilde D\vartheta_k-\psi_k)^{\mathrm T}\\&\quad\times W(CI_1^{\mathrm T}\eta_k+\tilde D\vartheta_k-\psi_k)]\\&=\frac{\varrho-\chi}{\delta}\theta_k-\frac{1}{\delta}\psi_k^{\mathrm T}W\psi_k+\frac{\sigma}{\delta}\eta_k^{\mathrm T}I_1C^{\mathrm T}WCI_1^{\mathrm T}\eta_k+\frac{2\sigma}{\delta}\eta_k^{\mathrm T}I_1C^{\mathrm T}W\tilde D\vartheta_k\\&\quad-\frac{2\sigma}{\delta}\eta_k^{\mathrm T}I_1C^{\mathrm T}W\psi_k+\frac{\sigma}{\delta}\vartheta_k^{\mathrm T}\tilde D^{\mathrm T}W\tilde D\vartheta_k-\frac{2\sigma}{\delta}\vartheta_k^{\mathrm T}\tilde D^{\mathrm T}W\psi_k+\frac{\sigma}{\delta}\psi_k^{\mathrm T}W\psi_k\end{aligned} \tag{11-24}$$

已知 $x_k=I_1^{\mathrm T}\eta_k$，由式(11-6)得

$$\begin{bmatrix}\eta_k\\g(x_k)\end{bmatrix}^{\mathrm T}\begin{bmatrix}-I_1\mathcal T_1I_1^{\mathrm T} & -I_1\mathcal T_2\\ * & -I\end{bmatrix}\begin{bmatrix}\eta_k\\g(x_k)\end{bmatrix}\geqslant 0 \tag{11-25}$$

另一方面，考虑到动态事件触发机制(11-8)，则存在一个正标量 β 使得

$$\begin{aligned}&\beta\{\theta_k-\delta[\psi_k^{\mathrm{T}}W\psi_k-\sigma(y_k-\psi_k)^{\mathrm{T}}W(y_k-\psi_k)]\}\\=&\beta\theta_k-\beta\delta\psi_k^{\mathrm{T}}W\psi_k+\beta\delta\sigma\eta_k^{\mathrm{T}}I_1C^{\mathrm{T}}WCI_1^{\mathrm{T}}\eta_k\\&+2\beta\delta\sigma\eta_k^{\mathrm{T}}I_1C^{\mathrm{T}}W\tilde{D}\vartheta_k-2\beta\delta\sigma\eta_k^{\mathrm{T}}I_1C^{\mathrm{T}}W\psi_k\\&+\beta\delta\sigma\vartheta_k^{\mathrm{T}}\tilde{D}^{\mathrm{T}}W\tilde{D}\vartheta_k-2\beta\delta\sigma\vartheta_k^{\mathrm{T}}\tilde{D}^{\mathrm{T}}W\psi_k+\beta\delta\sigma\psi_k^{\mathrm{T}}W\psi_k\\\geqslant&0\end{aligned}\tag{11-26}$$

接下来，本节旨在证明当 $\vartheta_k=0$ 时系统(11-14)的有限时稳定性。借助于以上分析得到

$$\Delta V_k\leqslant\zeta_k^{\mathrm{T}}\Xi\zeta_k\tag{11-27}$$

式中

$$\zeta_k=[\eta_k^{\mathrm{T}}\quad g^{\mathrm{T}}(x_k)\quad \psi_k^{\mathrm{T}}\quad (\theta_k^{1/2})^{\mathrm{T}}]^{\mathrm{T}}$$

$$\Xi=\begin{bmatrix}\Xi_{11}-\bar{C}^{\mathrm{T}}\bar{C} & \Xi_{12} & \Xi_{13}+\bar{C}^{\mathrm{T}}D_F & 0\\ * & \Xi_{22} & \Xi_{23} & 0\\ * & * & \Xi_{33}-D_F^{\mathrm{T}}D_F & 0\\ * & * & * & \Xi_{44}\end{bmatrix}$$

式(11-19)意味着 $\Xi<0$，故 $\Delta V_k<0$，则

$$V_{k+1}<\chi V_k\tag{11-28}$$

注意到 $\chi>1$，对式(11-28)进行迭代，有下式成立：

$$V_k<\chi^kV_0\leqslant\chi^NV_0\tag{11-29}$$

令 $\hat{P}=R^{-1/2}PR^{-1/2}$，可以得到

$$V_0=\eta_0^{\mathrm{T}}P\eta_0+\frac{1}{\delta}\theta_0\leqslant\lambda_1c_1+\frac{1}{\delta}\varpi\triangleq\tilde{\lambda}_1\tag{11-30}$$

式中，λ_1 定义在式(11-21)中。此外，根据 V_k 的定义，有

$$V_k\geqslant\eta_k^{\mathrm{T}}P\eta_k\geqslant\lambda_{\min}(\hat{P})\eta_k^{\mathrm{T}}R\eta_k=\lambda_2\eta_k^{\mathrm{T}}R\eta_k\tag{11-31}$$

故结合式(11-29)～式(11-31)有

$$\eta_k^{\mathrm{T}}R\eta_k\leqslant\frac{1}{\lambda_2}V_k<\frac{1}{\lambda_2}\chi^N\tilde{\lambda}_1<c_2\tag{11-32}$$

这意味着当 $\vartheta_k=0$ 时，系统(11-14)相对于 (c_1,c_2,R,N) 是有限时稳定的。

下面分析 $\vartheta_k\neq0$ 时系统(11-14)的 H_∞ 性能。根据式(11-14)，下式成立：

$$\begin{aligned}\bar{r}_k^{\mathrm{T}}\bar{r}_k&=[\bar{C}\eta_k-D_F\psi_k+\bar{G}\vartheta_k]^{\mathrm{T}}[\bar{C}\eta_k-D_F\psi_k+\bar{G}\vartheta_k]\\&=\eta_k^{\mathrm{T}}\bar{C}^{\mathrm{T}}\bar{C}\eta_k-2\eta_k^{\mathrm{T}}\bar{C}^{\mathrm{T}}D_F\psi_k+2\eta_k^{\mathrm{T}}\bar{C}^{\mathrm{T}}\bar{G}\vartheta_k\\&\quad+\psi_k^{\mathrm{T}}D_F^{\mathrm{T}}D_F\psi_k-2\psi_k^{\mathrm{T}}D_F^{\mathrm{T}}\bar{G}\vartheta_k+\vartheta_k^{\mathrm{T}}\bar{G}^{\mathrm{T}}\bar{G}\vartheta_k\end{aligned}\tag{11-33}$$

综合上述分析得到

$$V_{k+1}-\chi V_k+\overline{r}_k^{\mathrm{T}}\overline{r}_k-\chi^{-N}\gamma^2\vartheta_k^{\mathrm{T}}\vartheta_k\leqslant\xi_k^{\mathrm{T}}\Xi\xi_k \tag{11-34}$$

式中，$\xi_k=[\eta_k^{\mathrm{T}}\quad g^{\mathrm{T}}(x_k)\quad \psi_k^{\mathrm{T}}\quad (\theta_k^{1/2})^{\mathrm{T}}\quad \vartheta_k^{\mathrm{T}}]^{\mathrm{T}}$。则由式(11-19)知

$$V_{k+1}-\chi V_k+\overline{r}_k^{\mathrm{T}}\overline{r}_k-\chi^{-N}\gamma^2\vartheta_k^{\mathrm{T}}\vartheta_k<0$$

故零初始条件下有

$$\begin{aligned}V_{k+1}&<\chi V_k-\overline{r}_k^{\mathrm{T}}\overline{r}_k+\chi^{-N}\gamma^2\vartheta_k^{\mathrm{T}}\vartheta_k\\&<\cdots\\&<\chi^{k+1}V_0-\sum_{i=0}^{k}\chi^{k-i}\overline{r}_i^{\mathrm{T}}\overline{r}_i+\chi^{-N}\gamma^2\sum_{i=0}^{k}\chi^{k-i}\vartheta_i^{\mathrm{T}}\vartheta_i\\&=-\sum_{i=0}^{k}\chi^{k-i}\overline{r}_i^{\mathrm{T}}\overline{r}_i+\chi^{-N}\gamma^2\sum_{i=0}^{k}\chi^{k-i}\vartheta_i^{\mathrm{T}}\vartheta_i\end{aligned} \tag{11-35}$$

因为 $V_{N+1}\geqslant 0$ 且 $\chi>1$，不难发现

$$\sum_{k=0}^{N}\overline{r}_k^{\mathrm{T}}\overline{r}_k<\gamma^2\sum_{k=0}^{N}\vartheta_k^{\mathrm{T}}\vartheta_k$$

满足式(11-18)。以上推导验证了系统(11-14)相对于 (c_1,c_2,R,N,γ) 有限时稳定且满足 H_∞ 性能。证毕。

11.2.2　有限时故障检测滤波器设计

本节旨在给出 A_F，B_F，C_F 和 D_F 的设计方法，解决有限时故障检测滤波器的设计问题。

定理 11.2　对于给定的标量 $\chi>1$，$\gamma>0$ 和 $\sigma\in[0,1)$，假设 ϱ 和 δ 满足条件(11-10)，如果存在对称正定矩阵 P 和正标量 β 和 ε_1，任意适当维数的矩阵 Y 和 K_2，使得式(11-20)和矩阵不等式

$$\Theta=\begin{bmatrix}\Theta_{11} & -I_1\mathcal{T}_2 & \Theta_{13} & 0 & \Theta_{15} & \Theta_{16} & \hat{C}^{\mathrm{T}}K_2^{\mathrm{T}} & 0 & \varepsilon_1\overline{H}_a^{\mathrm{T}}\\ * & -I & 0 & 0 & 0 & \Theta_{26} & 0 & 0 & 0\\ * & * & \Theta_{33} & 0 & \Theta_{35} & \Theta_{36} & \hat{E}^{\mathrm{T}}K_2^{\mathrm{T}} & 0 & 0\\ * & * & * & \Theta_{44} & 0 & 0 & 0 & 0 & 0\\ * & * & * & * & \Theta_{55} & \Theta_{56} & \Theta_{57} & 0 & 0\\ * & * & * & * & * & -P & 0 & P\overline{E}_a & 0\\ * & * & * & * & * & * & -I & 0 & 0\\ * & * & * & * & * & * & * & -\varepsilon_1 I & 0\\ * & * & * & * & * & * & * & * & -\varepsilon_1 I\end{bmatrix}<0 \tag{11-36}$$

同时成立，式中

$$\Theta_{11}=-\chi P-I_1\mathcal{T}_1I_1^{\mathrm{T}}+\left(\frac{\sigma}{\delta}+\beta\delta\sigma\right)I_1C^{\mathrm{T}}WCI_1^{\mathrm{T}}\text{，}\quad\Theta_{13}=-\left(\frac{\sigma}{\delta}+\beta\delta\sigma\right)I_1C^{\mathrm{T}}W$$

$$\Theta_{15}=\left(\frac{\sigma}{\delta}+\beta\delta\sigma\right)I_1C^{\mathrm{T}}W\tilde{D}\text{，}\quad\Theta_{16}=\hat{A}^{\mathrm{T}}P+\hat{C}^{\mathrm{T}}Y^{\mathrm{T}}\text{，}\quad\Theta_{26}=I_1^{\mathrm{T}}P$$

$$\Theta_{33}=\left(-\frac{1}{\delta}-\beta\delta+\frac{\sigma}{\delta}+\beta\delta\sigma\right)W\text{，}\quad\Theta_{35}=-\left(\frac{\sigma}{\delta}+\beta\delta\sigma\right)W\tilde{D}\text{，}\quad\Theta_{36}=-\hat{E}^{\mathrm{T}}Y^{\mathrm{T}}$$

$$\Theta_{44}=\left(\frac{\varrho-\chi}{\delta}+\beta\right)I\text{，}\quad\Theta_{55}=-\chi^{-N}\gamma^2I+\left(\frac{\sigma}{\delta}+\beta\delta\sigma\right)\tilde{D}^{\mathrm{T}}W\tilde{D}\tag{11-37}$$

$$\Theta_{56}=\hat{D}_1^{\mathrm{T}}P+\hat{D}_2^{\mathrm{T}}Y^{\mathrm{T}}\text{，}\quad\Theta_{57}=\breve{E}^{\mathrm{T}}+\hat{D}_2^{\mathrm{T}}K_2^{\mathrm{T}}\text{，}\quad\hat{A}=\begin{bmatrix}A&0\\0&0\end{bmatrix}\text{，}\quad\hat{E}=\begin{bmatrix}0\\I\end{bmatrix}$$

$$\hat{C}=\begin{bmatrix}0&I\\C&0\end{bmatrix}\text{，}\quad\hat{D}_1=\begin{bmatrix}B&D_1&G\\0&0&0\end{bmatrix}\text{，}\quad\hat{D}_2=\begin{bmatrix}0&0&0\\0&D_2&0\end{bmatrix}\text{，}\quad\bar{E}_a=\begin{bmatrix}E_a\\0\end{bmatrix}$$

$$\breve{E}=[0\quad 0\quad -I]\text{，}\quad\bar{H}_a=[H_a\quad 0]\text{，}\quad K_1=[A_F\quad B_F]$$

则当 $\vartheta_k=0$ 时，系统(11-14)相对于 (c_1,c_2,R,N) 是有限时稳定的；当 $\vartheta_k\neq 0$ 时，系统在零初始条件下满足式(11-18)。此外，滤波器参数矩阵通过

$$[A_F\quad B_F]=(\hat{E}^{\mathrm{T}}P\hat{E})^{-1}\hat{E}^{\mathrm{T}}Y\text{，}\quad[C_F\quad D_F]=K_2\tag{11-38}$$

给出。

证　首先，将定理 11.1 中的部分参数重写为

$$\bar{A}=\hat{A}+\hat{E}K_1\hat{C}\text{，}\quad\bar{B}=\hat{E}K_1\hat{E}\text{，}\quad\bar{D}=\hat{D}_1+\hat{E}K_1\hat{D}_2$$

$$\bar{C}=K_2\hat{C}\text{，}\quad D_F=K_2\hat{E}\text{，}\quad\bar{G}=\breve{E}+K_2\hat{D}_2\tag{11-39}$$

已知式(11-19)等价于

$$\begin{bmatrix}\Theta_{11}&-I_1\mathcal{T}_2&\Theta_{13}&0&\Theta_{15}&(\bar{A}+\Delta\bar{A})^{\mathrm{T}}&\bar{C}^{\mathrm{T}}\\ *&-I&0&0&0&I_1^{\mathrm{T}}&0\\ *&*&\Theta_{33}&0&\Theta_{35}&-\bar{B}^{\mathrm{T}}&D_F^{\mathrm{T}}\\ *&*&*&\Theta_{44}&0&0&0\\ *&*&*&*&\Theta_{55}&\bar{D}^{\mathrm{T}}&\bar{G}^{\mathrm{T}}\\ *&*&*&*&*&-P^{-1}&0\\ *&*&*&*&*&*&-I\end{bmatrix}<0\tag{11-40}$$

利用矩阵 $\mathrm{diag}\{I,I,I,I,I,P,I\}$ 对式(11-40)进行合同变换，并定义 $Y=P\hat{E}K_1$，根据

式(11-39)，有下式成立：

$$\begin{bmatrix} \Theta_{11} & -I_1\mathcal{T}_2 & \Theta_{13} & 0 & \Theta_{15} & \Theta_{16}+\Delta\bar{A}^{\mathrm{T}}P & \hat{C}^{\mathrm{T}}K_2^{\mathrm{T}} \\ * & -I & 0 & 0 & 0 & \Theta_{26} & 0 \\ * & * & \Theta_{33} & 0 & \Theta_{35} & \Theta_{36} & \hat{E}^{\mathrm{T}}K_2^{\mathrm{T}} \\ * & * & * & \Theta_{44} & 0 & 0 & 0 \\ * & * & * & * & \Theta_{55} & \Theta_{56} & \Theta_{57} \\ * & * & * & * & * & -P & 0 \\ * & * & * & * & * & * & -I \end{bmatrix}<0 \tag{11-41}$$

接下来，处理式(11-41)中的参数不确定性。根据 $\Delta A=E_aFH_a$ 易知，式(11-41)可写为

$$\begin{bmatrix} \Theta_{11} & -I_1\mathcal{T}_2 & \Theta_{13} & 0 & \Theta_{15} & \Theta_{16} & \hat{C}^{\mathrm{T}}K_2^{\mathrm{T}} \\ * & -I & 0 & 0 & 0 & \Theta_{26} & 0 \\ * & * & \Theta_{33} & 0 & \Theta_{35} & \Theta_{36} & \hat{E}^{\mathrm{T}}K_2^{\mathrm{T}} \\ * & * & * & \Theta_{44} & 0 & 0 & 0 \\ * & * & * & * & \Theta_{55} & \Theta_{56} & \Theta_{57} \\ * & * & * & * & * & -P & 0 \\ * & * & * & * & * & * & -I \end{bmatrix}+\hat{E}_aF\hat{H}_a+(\hat{E}_aF\hat{H}_a)^{\mathrm{T}}<0 \tag{11-42}$$

式中，$\hat{E}_a=[0\ \ 0\ \ 0\ \ 0\ \ 0\ \ \bar{E}_a^{\mathrm{T}}P\ \ 0]^{\mathrm{T}}$，$\hat{H}_a=[\bar{H}_a\ \ 0\ \ 0\ \ 0\ \ 0\ \ 0\ \ 0]$。

利用引理 2.2，若存在正标量 ε_1 使得

$$\begin{bmatrix} \Theta_{11} & -I_1\mathcal{T}_2 & \Theta_{13} & 0 & \Theta_{15} & \Theta_{16} & \hat{C}^{\mathrm{T}}K_2^{\mathrm{T}} \\ * & -I & 0 & 0 & 0 & \Theta_{26} & 0 \\ * & * & \Theta_{33} & 0 & \Theta_{35} & \Theta_{36} & \hat{E}^{\mathrm{T}}K_2^{\mathrm{T}} \\ * & * & * & \Theta_{44} & 0 & 0 & 0 \\ * & * & * & * & \Theta_{55} & \Theta_{56} & \Theta_{57} \\ * & * & * & * & * & -P & 0 \\ * & * & * & * & * & * & -I \end{bmatrix}+\varepsilon_1^{-1}\hat{E}_a\hat{E}_a^{\mathrm{T}}+\varepsilon_1\hat{H}_a^{\mathrm{T}}\hat{H}_a<0$$

则式(11-42)成立。再利用引理 2.1，上式等价于式(11-36)，证毕。

11.3　记忆调度故障检测方案

为了提高故障检测滤波算法的检测性能，本节在设计故障检测滤波器时考虑滤波器有限的历史状态，构造记忆调度故障检测滤波器，旨在给出新的有限时记忆调

度故障检测方案。首先，设计如下记忆调度故障检测滤波器：

$$
\begin{aligned}
\tilde{x}_{k+1} &= \sum_{j=0}^{h-1} \bar{A}_F^j \tilde{x}_{k-j} + \bar{B}_F \bar{y}_k \\
\hat{r}_k &= \sum_{j=0}^{h-1} \bar{C}_F^j \tilde{x}_{k-j} + \bar{D}_F \bar{y}_k \\
\tilde{x}_k &= 0, \quad \forall k \in [-h+1, 0]
\end{aligned}
\tag{11-43}
$$

式中，$\tilde{x}_k \in \mathbb{R}^n$ 表示记忆调度故障检测滤波器的状态；$\hat{r}_k \in \mathbb{R}^l$ 为残差；h 表示记忆窗口的长度；$\bar{A}_F^j$，$\bar{B}_F$，$\bar{C}_F^j$ 和 $\bar{D}_F$ 为适当维数的待设计滤波器参数矩阵。

令 $\varsigma_k = [x_k^{\mathrm{T}} \quad \tilde{x}_k^{\mathrm{T}}]^{\mathrm{T}}$，$\tilde{r}_k = \hat{r}_k - f_k$ 和 $\vartheta_k = [u_k^{\mathrm{T}} \quad v_k^{\mathrm{T}} \quad f_k^{\mathrm{T}}]^{\mathrm{T}}$，根据式(11-5)和式(11-43)，得到增广系统：

$$
\begin{aligned}
\varsigma_{k+1} &= \sum_{j=0}^{h-1} \tilde{A}_j \varsigma_{k-j} + I_1 g(x_k) - \tilde{G}\psi_k + \tilde{B}_1 \vartheta_k \\
\tilde{r}_k &= \sum_{j=0}^{h-1} \tilde{C}_j \varsigma_{k-j} - \bar{D}_F \psi_k + \tilde{D}_1 \vartheta_k
\end{aligned}
\tag{11-44}
$$

式中

$$
I_1 = \begin{bmatrix} I \\ 0 \end{bmatrix}, \quad \tilde{G} = \begin{bmatrix} 0 \\ \bar{B}_F \end{bmatrix}, \quad \tilde{B}_1 = \begin{bmatrix} B & D_1 & G \\ 0 & \bar{B}_F D_2 & 0 \end{bmatrix}, \quad \tilde{D}_1 = [0 \quad \bar{D}_F D_2 \quad -I]
$$

当 $j = 0$ 时

$$
\tilde{A}_0 = \tilde{A}_0^1 + \tilde{A}_0^2 + \tilde{A}_0^3, \quad \tilde{A}_0^1 = \begin{bmatrix} A & 0 \\ \bar{B}_F C & 0 \end{bmatrix}, \quad \tilde{A}_0^2 = \begin{bmatrix} 0 & 0 \\ 0 & \bar{A}_F^0 \end{bmatrix}, \quad \tilde{A}_0^3 = \begin{bmatrix} \Delta A & 0 \\ 0 & 0 \end{bmatrix}
$$

$$
\tilde{C}_0 = \tilde{C}_0^1 + \tilde{C}_0^2, \quad \tilde{C}_0^1 = [\bar{D}_F C \quad 0], \quad \tilde{C}_0^2 = [0 \quad C_F^0]
$$

当 $j \in [1, h-1]$ 时

$$
\tilde{A}_j = \begin{bmatrix} 0 & 0 \\ 0 & \bar{A}_F^j \end{bmatrix}, \quad \tilde{C}_j = [0 \quad \bar{C}_F^j]
$$

为了实现记忆调度故障检测方案的设计，需要将增广系统(11-44)重写为无时滞形式。令 $\bar{\eta}_k = [\varsigma_{k-h+1}^{\mathrm{T}} \quad \cdots \quad \varsigma_{k-1}^{\mathrm{T}} \quad \varsigma_k^{\mathrm{T}}]^{\mathrm{T}}$，则系统(11-44)可表示为

$$
\begin{aligned}
\bar{\eta}_{k+1} &= (\hat{A}_1 + \hat{A}_2 + \hat{A}_3)\bar{\eta}_k + \hat{I} g(x_k) - \hat{G}\psi_k + \hat{B}_1 \vartheta_k \\
\tilde{r}_k &= (\hat{C}_1 + \hat{C}_2)\bar{\eta}_k - \bar{D}_F \psi_k + \hat{D}_1 \vartheta_k
\end{aligned}
\tag{11-45}
$$

式中

$$\hat{A}_1=\begin{bmatrix}0 & I & 0 & \cdots & 0 & 0\\ 0 & 0 & I & \cdots & 0 & 0\\ 0 & 0 & 0 & \cdots & 0 & 0\\ \vdots & \vdots & \vdots & \ddots & \vdots & \vdots\\ 0 & 0 & 0 & \cdots & 0 & I\\ 0 & 0 & 0 & \cdots & 0 & \tilde{A}_0^1\end{bmatrix},\quad \hat{A}_2=\begin{bmatrix}0 & 0 & 0 & \cdots & 0 & 0\\ 0 & 0 & 0 & \cdots & 0 & 0\\ 0 & 0 & 0 & \cdots & 0 & 0\\ \vdots & \vdots & \vdots & \ddots & \vdots & \vdots\\ 0 & 0 & 0 & \cdots & 0 & 0\\ \tilde{A}_{h-1} & \tilde{A}_{h-2} & \tilde{A}_{h-3} & \cdots & \tilde{A}_1 & \tilde{A}_0^2\end{bmatrix}$$

$$\hat{A}_3=\begin{bmatrix}0 & 0 & 0 & \cdots & 0 & 0\\ 0 & 0 & 0 & \cdots & 0 & 0\\ 0 & 0 & 0 & \cdots & 0 & 0\\ \vdots & \vdots & \vdots & \ddots & \vdots & \vdots\\ 0 & 0 & 0 & \cdots & 0 & 0\\ 0 & 0 & 0 & \cdots & 0 & \tilde{A}_0^3\end{bmatrix},\quad \hat{I}=\begin{bmatrix}0\\0\\0\\ \vdots\\0\\I_1\end{bmatrix},\quad \hat{G}=\begin{bmatrix}0\\0\\0\\ \vdots\\0\\ \tilde{G}\end{bmatrix},\quad \hat{B}_1=\begin{bmatrix}0\\0\\0\\ \vdots\\0\\ \tilde{B}_1\end{bmatrix},\quad \hat{D}_1=\tilde{D}_1$$

$$\hat{C}_1=[0\quad 0\quad 0\quad \cdots\quad 0\quad \tilde{C}_0^1],\quad \hat{C}_2=[\tilde{C}_{h-1}\quad \tilde{C}_{h-2}\quad \tilde{C}_{h-3}\quad \cdots\quad \tilde{C}_1\quad \tilde{C}_0^2]$$

为了完成后续推导，本节给出如下假设和定义。

假设 11.2　系统(11-45)的初始条件满足

$$\bar{\eta}_0^{\mathrm{T}}L\bar{\eta}_0\leqslant c_3\tag{11-46}$$

式中，L 为已知的正定矩阵，c_3 为给定的非负标量。

定义 11.2[179]　如果对于 $\forall k\in\{1,2,\cdots,N\}$，有

$$\bar{\eta}_0^{\mathrm{T}}L\bar{\eta}_0\leqslant c_3\Rightarrow\bar{\eta}_k^{\mathrm{T}}L\bar{\eta}_k<c_4\tag{11-47}$$

式中，$c_4>c_3\geqslant 0$。则当 $\vartheta_k=0$ 时，称系统(11-45)相对于 (c_3,c_4,L,N) 是有限时稳定的。

给出残差评价函数 $\bar{J}_k$ 和阈值 $\bar{J}_{\mathrm{th}}$ 的定义：

$$\bar{J}_k=\left\{\sum_{s=0}^{k}\hat{r}_s^{\mathrm{T}}\hat{r}_s\right\}^{1/2},\quad \bar{J}_{\mathrm{th}}=\sup_{v_k\in l_2,f_k=0}\bar{J}_k\tag{11-48}$$

根据式(11-48)，按照以下规则，通过比较 $\bar{J}_k$ 和 $\bar{J}_{\mathrm{th}}$ 的大小判断系统是否发生故障，即

$$\bar{J}_k>\bar{J}_{\mathrm{th}}\Rightarrow\text{检测出故障}\Rightarrow\text{警报}$$
$$\bar{J}_k\leqslant\bar{J}_{\mathrm{th}}\Rightarrow\text{无故障}\Rightarrow\text{不警报}$$

本节的目的是设计记忆调度故障检测滤波算法，以期提高故障检测速度。具体地，给出使得系统(11-45)有限时稳定且满足 H_∞ 性能的判别条件，即设计滤波器参数矩阵 $\bar{B}_F$，$\bar{D}_F$，$\bar{A}_F^j$ 和 $\bar{C}_F^j(j=0,1,\cdots,h-1)$ 使得

(1) 当 $\vartheta_k=0$ 时，系统(11-45)相对于 (c_3,c_4,L,N) 是有限时稳定的；

(2) 当 $\vartheta_k\neq 0$ 时，误差 $\tilde{r}_k$ 在零初始条件下满足

$$\sum_{k=0}^{N}\|\tilde{r}_k\|^2<\tilde{\gamma}^2\sum_{k=0}^{N}\|\vartheta_k\|^2 \tag{11-49}$$

式中，$\tilde{\gamma}$ 为正标量。

当上述两个条件同时满足时，则称增广系统(11-45)相对于$(c_3,c_4,L,N,\tilde{\gamma})$有限时稳定且满足 H_∞ 性能。

为了方便讨论，介绍如下引理。

引理 11.1[140] 令 $\psi\in\mathbb{R}^n$，矩阵 $\Upsilon=\Upsilon^{\mathrm{T}}\in\mathbb{R}^{n\times n}$，$\Xi\in\mathbb{R}^{n\times m}$ 和 $\Phi\in\mathbb{R}^{m\times n}$，下列条件等价：

(1) $\psi^{\mathrm{T}}\Upsilon\psi<0,\forall\psi\in\mathbb{R}^n;\Phi\psi=0,\psi\neq0$；

(2) $\Upsilon+\Xi\Phi+(\Xi\Phi)^{\mathrm{T}}<0$。

11.3.1　系统性能分析

本节分析与讨论系统(11-45)的稳定性，并且当 $\vartheta_k\neq0$ 时，给出有噪声抑制能力的 H_∞ 性能准则。

定理 11.3　对于给定的滤波器参数矩阵 $\bar{B}_F$，$\bar{D}_F$，$\bar{A}_F^j$ 和 $\bar{C}_F^j(j=0,1,\cdots,h-1)$ 以及标量 $h\geqslant1$，$\chi>1$，$\tilde{\gamma}>0$ 和 $\sigma\in[0,1)$，假设 ϱ 和 δ 满足条件(11-10)，如果存在对称正定矩阵 Q，正标量 μ，以及任意适当维数的矩阵 X，使得矩阵不等式

$$\Omega+XM+(XM)^{\mathrm{T}}<0 \tag{11-50}$$

$$\chi^N\frac{\tilde{\lambda}_3}{\lambda_4}<c_4 \tag{11-51}$$

同时成立，式中

$$\Omega=\begin{bmatrix}Q&0&0\\ *&I&0\\ *&*&\tilde{\Omega}\end{bmatrix},\quad \tilde{\Omega}=\begin{bmatrix}\tilde{\Omega}_{11}&-\hat{I}T_2&\tilde{\Omega}_{13}&0&\tilde{\Omega}_{15}\\ *&-I&0&0&0\\ *&*&\tilde{\Omega}_{33}&0&\tilde{\Omega}_{35}\\ *&*&*&\tilde{\Omega}_{44}&0\\ *&*&*&*&\tilde{\Omega}_{55}\end{bmatrix}$$

$$\tilde{\Omega}_{11}=-\chi Q+\left(\frac{\sigma}{\delta}+\mu\delta\sigma\right)\hat{C}_4^{\mathrm{T}}W\hat{C}_4-\hat{I}T_1\hat{I}^{\mathrm{T}},\quad \tilde{\Omega}_{13}=-\left(\frac{\sigma}{\delta}+\mu\delta\sigma\right)\hat{C}_4^{\mathrm{T}}W$$

$$\tilde{\Omega}_{15}=\left(\frac{\sigma}{\delta}+\mu\delta\sigma\right)\hat{C}_4^{\mathrm{T}}W\tilde{D},\quad \tilde{\Omega}_{33}=\left(-\frac{1}{\delta}-\mu\delta+\frac{\sigma}{\delta}+\mu\delta\sigma\right)W$$

$$\tilde{\Omega}_{35}=-\left(\frac{\sigma}{\delta}+\mu\delta\sigma\right)W\tilde{D},\quad \tilde{\Omega}_{44}=\left(\frac{\varrho-\chi}{\delta}+\mu\right)I$$

$$\tilde{\Omega}_{55}=-\chi^{-N}\tilde{\gamma}^2 I+\left(\frac{\sigma}{\delta}+\mu\delta\sigma\right)\tilde{D}^{\mathrm{T}}W\tilde{D},\quad M=\begin{bmatrix}-I & 0 & \Lambda\\ 0 & -I & \Pi\end{bmatrix}$$

$$\begin{aligned}&\Lambda=[\hat{A}_1+\hat{A}_2+\hat{A}_3\quad \hat{I}\quad -\hat{G}\quad 0\quad \hat{B}_1],\quad \Pi=[\hat{C}_1+\hat{C}_2\quad 0\quad -\bar{D}_F\quad 0\quad \hat{D}_1]\\ &\hat{C}_4=[0\quad 0\quad \cdots\quad 0\quad CI_1^{\mathrm{T}}],\quad \hat{Q}=L^{-1/2}QL^{-1/2},\quad \lambda_3=\lambda_{\max}(\hat{Q})\\ &\lambda_4=\lambda_{\min}(\hat{Q}),\quad \tilde{\lambda}_3=\lambda_3c_3+\frac{1}{\delta}\varpi,\quad \tilde{D}=[0\quad D_2\quad 0]\end{aligned}\tag{11-52}$$

则当 $\vartheta_k=0$ 时，系统(11-45)相对于(c_3,c_4,L,N)是有限时稳定的；当 $\vartheta_k\neq 0$ 时，系统在零初始条件下满足式(11-49)。

证 建立下列 Lyapunov 函数：

$$\bar{V}_k=\bar{V}_{1,k}+\bar{V}_{2,k}\tag{11-53}$$

式中

$$\bar{V}_{1,k}=\bar{\eta}_k^{\mathrm{T}}Q\bar{\eta}_k$$

$$\bar{V}_{2,k}=\frac{1}{\delta}\theta_k$$

根据引理 11.1，式(11-50)等价于

$$[(\varGamma_{k+1}^1)^{\mathrm{T}}\quad (\varGamma_k^2)^{\mathrm{T}}\quad \bar{\xi}_k^{\mathrm{T}}]\begin{bmatrix}Q & 0 & 0\\ * & I & 0\\ * & * & \tilde{\Omega}\end{bmatrix}\begin{bmatrix}\varGamma_{k+1}^1\\ \varGamma_k^2\\ \bar{\xi}_k\end{bmatrix}<0\tag{11-54}$$

且

$$M[(\varGamma_{k+1}^1)^{\mathrm{T}}\quad (\varGamma_k^2)^{\mathrm{T}}\quad \bar{\xi}_k^{\mathrm{T}}]^{\mathrm{T}}=0\tag{11-55}$$

式中

$$\bar{\xi}_k=[\bar{\eta}_k^{\mathrm{T}}\quad g^{\mathrm{T}}(x_k)\quad \psi_k^{\mathrm{T}}\quad (\theta_k^{1/2})^{\mathrm{T}}\quad \vartheta_k^{\mathrm{T}}]^{\mathrm{T}}$$

式(11-54)意味着

$$(\varGamma_{k+1}^1)^{\mathrm{T}}Q\varGamma_{k+1}^1+(\varGamma_k^2)^{\mathrm{T}}\varGamma_k^2+\bar{\xi}_k^{\mathrm{T}}\tilde{\Omega}\bar{\xi}_k<0\tag{11-56}$$

因此，借助于式(11-52)和式(11-55)有

$$\varGamma_{k+1}^1=[\hat{A}_1+\hat{A}_2+\hat{A}_3\quad \hat{I}\quad -\hat{G}\quad 0\quad \hat{B}_1]\bar{\xi}_k\tag{11-57}$$

$$\varGamma_k^2=[\hat{C}_1+\hat{C}_2\quad 0\quad -\bar{D}_F\quad 0\quad \hat{D}_1]\bar{\xi}_k\tag{11-58}$$

随后，根据式(11-45)、式(11-57)和式(11-58)，式(11-56)等价于

$$
\begin{aligned}
&\bar{\eta}_{k+1}^{\mathrm{T}} Q \bar{\eta}_{k+1} + \tilde{r}_k^{\mathrm{T}} \tilde{r}_k - \chi \bar{\eta}_k^{\mathrm{T}} Q \bar{\eta}_k - \chi^{-N} \tilde{\gamma}^2 \vartheta_k^{\mathrm{T}} \vartheta_k + \frac{\varrho - \chi}{\delta} \theta_k + \mu \theta_k \\
&+ \left(\frac{\sigma}{\delta} - \frac{1}{\delta} + \mu\delta\sigma - \mu\delta \right) \psi_k^{\mathrm{T}} W \psi_k + \left(\frac{\sigma}{\delta} + \mu\delta\sigma \right) \bar{\eta}_k^{\mathrm{T}} \hat{C}_4^{\mathrm{T}} W \hat{C}_4 \bar{\eta}_k \\
&-2 \left(\frac{\sigma}{\delta} + \mu\delta\sigma \right) \bar{\eta}_k^{\mathrm{T}} \hat{C}_4^{\mathrm{T}} W \psi_k + 2 \left(\frac{\sigma}{\delta} + \mu\delta\sigma \right) \bar{\eta}_k^{\mathrm{T}} \hat{C}_4^{\mathrm{T}} W \tilde{D} \vartheta_k \\
&-2 \left(\frac{\sigma}{\delta} + \mu\delta\sigma \right) \psi_k^{\mathrm{T}} W \tilde{D} \vartheta_k + \left(\frac{\sigma}{\delta} + \mu\delta\sigma \right) \vartheta_k^{\mathrm{T}} \tilde{D}^{\mathrm{T}} W \tilde{D} \vartheta_k \\
&- \bar{\eta}_k^{\mathrm{T}} \hat{I} \mathcal{T}_1 \hat{I}^{\mathrm{T}} \bar{\eta}_k - 2 \bar{\eta}_k^{\mathrm{T}} \hat{I} \mathcal{T}_2 g(x_k) - g^{\mathrm{T}}(x_k) g(x_k) < 0
\end{aligned}
$$

即

$$
\begin{aligned}
&\bar{\eta}_{k+1}^{\mathrm{T}} Q \bar{\eta}_{k+1} + \tilde{r}_k^{\mathrm{T}} \tilde{r}_k - \chi \bar{\eta}_k^{\mathrm{T}} Q \bar{\eta}_k - \chi^{-N} \tilde{\gamma}^2 \vartheta_k^{\mathrm{T}} \vartheta_k + \frac{\varrho - \chi}{\delta} \theta_k + \mu \theta_k \\
&+ \left(\frac{\sigma}{\delta} - \frac{1}{\delta} + \mu\delta\sigma - \mu\delta \right) \psi_k^{\mathrm{T}} W \psi_k + \left(\frac{\sigma}{\delta} + \mu\delta\sigma \right) \bar{\eta}_k^{\mathrm{T}} \hat{C}_4^{\mathrm{T}} W \hat{C}_4 \bar{\eta}_k \\
&-2 \left(\frac{\sigma}{\delta} + \mu\delta\sigma \right) \bar{\eta}_k^{\mathrm{T}} \hat{C}_4^{\mathrm{T}} W \psi_k + 2 \left(\frac{\sigma}{\delta} + \mu\delta\sigma \right) \bar{\eta}_k^{\mathrm{T}} \hat{C}_4^{\mathrm{T}} W \tilde{D} \vartheta_k \\
&-2 \left(\frac{\sigma}{\delta} + \mu\delta\sigma \right) \psi_k^{\mathrm{T}} W \tilde{D} \vartheta_k + \left(\frac{\sigma}{\delta} + \mu\delta\sigma \right) \vartheta_k^{\mathrm{T}} \tilde{D}^{\mathrm{T}} W \tilde{D} \vartheta_k \\
&+ \begin{bmatrix} \bar{\eta}_k \\ g(x_k) \end{bmatrix}^{\mathrm{T}} \begin{bmatrix} -\hat{I} \mathcal{T}_1 \hat{I}^{\mathrm{T}} & -\hat{I} \mathcal{T}_2 \\ * & -I \end{bmatrix} \begin{bmatrix} \bar{\eta}_k \\ g(x_k) \end{bmatrix} < 0
\end{aligned}
\tag{11-59}
$$

由式(11-6)有

$$
\begin{bmatrix} \bar{\eta}_k \\ g(x_k) \end{bmatrix}^{\mathrm{T}} \begin{bmatrix} -\hat{I} \mathcal{T}_1 \hat{I}^{\mathrm{T}} & -\hat{I} \mathcal{T}_2 \\ * & -I \end{bmatrix} \begin{bmatrix} \bar{\eta}_k \\ g(x_k) \end{bmatrix} \geqslant 0 \tag{11-60}
$$

故结合式(11-59)和式(11-60)知

$$
\begin{aligned}
&\bar{\eta}_{k+1}^{\mathrm{T}} Q \bar{\eta}_{k+1} + \tilde{r}_k^{\mathrm{T}} \tilde{r}_k - \chi \bar{\eta}_k^{\mathrm{T}} Q \bar{\eta}_k - \chi^{-N} \tilde{\gamma}^2 \vartheta_k^{\mathrm{T}} \vartheta_k + \frac{\varrho - \chi}{\delta} \theta_k + \mu \theta_k \\
&+ \left(\frac{\sigma}{\delta} - \frac{1}{\delta} + \mu\delta\sigma - \mu\delta \right) \psi_k^{\mathrm{T}} W \psi_k + \left(\frac{\sigma}{\delta} + \mu\delta\sigma \right) \bar{\eta}_k^{\mathrm{T}} \hat{C}_4^{\mathrm{T}} W \hat{C}_4 \bar{\eta}_k \\
&-2 \left(\frac{\sigma}{\delta} + \mu\delta\sigma \right) \bar{\eta}_k^{\mathrm{T}} \hat{C}_4^{\mathrm{T}} W \psi_k + 2 \left(\frac{\sigma}{\delta} + \mu\delta\sigma \right) \bar{\eta}_k^{\mathrm{T}} \hat{C}_4^{\mathrm{T}} W \tilde{D} \vartheta_k \\
&-2 \left(\frac{\sigma}{\delta} + \mu\delta\sigma \right) \psi_k^{\mathrm{T}} W \tilde{D} \vartheta_k + \left(\frac{\sigma}{\delta} + \mu\delta\sigma \right) \vartheta_k^{\mathrm{T}} \tilde{D}^{\mathrm{T}} W \tilde{D} \vartheta_k < 0
\end{aligned}
\tag{11-61}
$$

式(11-61)可重写为

$$
\begin{aligned}
&\bar{\eta}_{k+1}^{\mathrm{T}}Q\bar{\eta}_{k+1}-\chi\bar{\eta}_{k}^{\mathrm{T}}Q\bar{\eta}_{k}+\tilde{r}_{k}^{\mathrm{T}}\tilde{r}_{k}-\chi^{-N}\tilde{\gamma}^{2}\vartheta_{k}^{\mathrm{T}}\vartheta_{k}+\frac{1}{\delta}(\theta_{k+1}-\chi\theta_{k}) \\
&+\mu\{\theta_{k}-\delta[\psi_{k}^{\mathrm{T}}W\psi_{k}-\sigma(y_{k}-\psi_{k})^{\mathrm{T}}W(y_{k}-\psi_{k})]\}<0
\end{aligned}
\tag{11-62}
$$

考虑到动态事件触发机制(11-8)，下式成立：

$$
\mu\{\theta_{k}-\delta[\psi_{k}^{\mathrm{T}}W\psi_{k}-\sigma(y_{k}-\psi_{k})^{\mathrm{T}}W(y_{k}-\psi_{k})]\}\geqslant 0 \tag{11-63}
$$

因此，有

$$
\bar{\eta}_{k+1}^{\mathrm{T}}Q\bar{\eta}_{k+1}-\chi\bar{\eta}_{k}^{\mathrm{T}}Q\bar{\eta}_{k}+\tilde{r}_{k}^{\mathrm{T}}\tilde{r}_{k}-\chi^{-N}\tilde{\gamma}^{2}\vartheta_{k}^{\mathrm{T}}\vartheta_{k}+\frac{1}{\delta}(\theta_{k+1}-\chi\theta_{k})<0 \tag{11-64}
$$

接下来，本节旨在证明当 $\vartheta_k=0$ 时系统(11-45)的有限时稳定性。根据 $\bar{V}_k$ 的定义，式(11-64)意味着

$$
\bar{V}_{k+1}<\chi\bar{V}_{k} \tag{11-65}
$$

与定理 11.1 中验证系统(11-14)有限时稳定的过程相似，同样能够证明系统(11-45)相对于 (c_3,c_4,L,N) 是有限时稳定的。

另一方面，在零初始条件下分析 $\vartheta_k\neq 0$ 时系统(11-45)的 H_∞ 性能。根据 $\bar{V}_k$ 的定义和式(11-64)有

$$
\bar{V}_{k+1}-\chi\bar{V}_{k}+\tilde{r}_{k}^{\mathrm{T}}\tilde{r}_{k}-\chi^{-N}\tilde{\gamma}^{2}\vartheta_{k}^{\mathrm{T}}\vartheta_{k}<0 \tag{11-66}
$$

借助于定理 11.1 的证明过程容易得到

$$
\sum_{k=0}^{N}\|\tilde{r}_k\|^2<\tilde{\gamma}^2\sum_{k=0}^{N}\|\vartheta_k\|^2
$$

即满足条件(11-49)。基于以上推导，验证了系统(11-45)相对于 $(c_3,c_4,L,N,\tilde{\gamma})$ 有限时稳定且满足 H_∞ 性能。证毕。

11.3.2　有限时记忆调度故障检测滤波器设计

本节旨在给出 $\bar{B}_F$，$\bar{D}_F$，$\bar{A}_F^j$ 和 $\bar{C}_F^j(j=0,1,\cdots,h-1)$ 的设计方法。为了便于后续推导，将定理 11.3 中的下列参数重写为

$$
\hat{A}_1=\begin{bmatrix}\overline{OI}_{h-1}^{1}\otimes I\\ \breve{A}_1\end{bmatrix},\quad \breve{A}_1=[0\ \ \cdots\ \ 0\ \ \tilde{A}_0^1]=\begin{bmatrix}e_h^{\mathrm{T}}\otimes(A\cdot\overline{IO}_n^{n})\\ e_h^{\mathrm{T}}\otimes(\bar{B}_F C\cdot\overline{IO}_n^{n})\end{bmatrix}
$$

$$
\hat{A}_2=\begin{bmatrix}0\\ \breve{A}_2\end{bmatrix},\quad \breve{A}_2=[\tilde{A}_{h-1}\ \ \tilde{A}_{h-2}\ \ \cdots\ \ \tilde{A}_1\ \ \tilde{A}_0^2]=\begin{bmatrix}0\\ ([\bar{A}_F^{j}]_{j=0}^{h-1})\mathrm{diag}\{\overline{OI}_n^{n}\}_h\end{bmatrix}
$$

$$
\hat{A}_3=\begin{bmatrix}0\\ \breve{A}_3\end{bmatrix},\quad \breve{A}_3=\begin{bmatrix}0\ \ \cdots\ \ 0\ \ \tilde{A}_0^3\end{bmatrix}=\begin{bmatrix}e_h^{\mathrm{T}}\otimes(\Delta A\cdot\overline{IO}_n^{n})\\ 0\end{bmatrix}
$$

$$\hat{C}_1=[0 \quad \cdots \quad 0 \quad \tilde{C}_0^1]=e_h^{\mathrm{T}}\otimes(\bar{D}_F C\cdot\overline{\underline{IO}}_n^n)$$

$$\hat{C}_2=[\tilde{C}_{h-1} \quad \tilde{C}_{h-2} \quad \cdots \quad \tilde{C}_1 \quad \tilde{C}_0^2]=([\bar{C}_F^j]_{j=0}^{h-1})\mathrm{diag}\left\{\overline{\underline{OI}}_n^n\right\}_h$$

定理 11.4 对于给定的标量 $h\geqslant 1$，$\chi>1$，$\tilde{\gamma}>0$，$\sigma\in[0,1)$ 及辅助矩阵 $\mathcal{F}_i(i=1,2,3)$，假设 ϱ 和 δ 满足条件(11-10)，如果存在对称正定矩阵 $\mathcal{Q}$ 和 $\mathcal{Y}$，正标量 μ 和 ε_2，任意适当维数的矩阵 X_{11}，X_{21}，X_{311}，X_{321}，$\bar{X}_s\ (s=1,2,3,4)$，$[\mathcal{A}_F^j]_{j=0}^{h-1}$，$\mathcal{B}_F$，$[\mathcal{C}_F^j]_{j=0}^{h-1}$ 和 $\mathcal{D}_F$，使得式(11-51)和矩阵不等式

$$\begin{bmatrix} \mathcal{Q}-X_1-X_1^{\mathrm{T}} & -X_2^{\mathrm{T}} & -X_3^{\mathrm{T}}+\tilde{X}_1\tilde{\Lambda}_1 & \Psi_1 \\ * & -I & \tilde{\Pi}+\tilde{X}_2\tilde{\Lambda}_1 & \Psi_2 \\ * & * & \tilde{\Omega}+\tilde{X}_3\tilde{\Lambda}_1+(\tilde{X}_3\tilde{\Lambda}_1)^{\mathrm{T}} & \Psi_3 \\ * & * & * & \Psi_4 \end{bmatrix}<0 \tag{11-67}$$

同时成立，式中

$$X_1=[X_{11} \quad X_{12}],\ X_2=[X_{21} \quad X_{22}],\ X_3=\begin{bmatrix} X_{31} \\ X_{32} \end{bmatrix},\ X_{31}=[X_{311} \quad X_{312}]$$

$$X_{32}=[X_{321} \quad X_{322}],\ X_{12}=[\bar{X}_1 \quad \mathcal{F}_1\mathcal{Y}],\ X_{22}=[\bar{X}_2 \quad \mathcal{F}_2\mathcal{Y}]$$

$$X_{312}=[\bar{X}_3 \quad \mathcal{F}_1\mathcal{Y}],\ X_{322}=[\bar{X}_4 \quad \mathcal{F}_3\mathcal{Y}],\ \tilde{X}_1=[X_{11} \quad \tilde{X}_{12}]$$

$$\tilde{X}_2=[X_{21} \quad \tilde{X}_{22}],\ \tilde{X}_3=\begin{bmatrix} \tilde{X}_{31} \\ \tilde{X}_{32} \end{bmatrix},\ \tilde{X}_{31}=[X_{311} \quad \tilde{X}_{312}]$$

$$\tilde{X}_{32}=[X_{321} \quad \tilde{X}_{322}],\ \tilde{X}_{12}=[\bar{X}_1 \quad \mathcal{F}_1],\ \tilde{X}_{22}=[\bar{X}_2 \quad \mathcal{F}_2]$$

$$\tilde{X}_{312}=[\bar{X}_3 \quad \mathcal{F}_1],\ \tilde{X}_{322}=[\bar{X}_4 \quad \mathcal{F}_3],\ \tilde{\Lambda}_1=[\hat{\mathcal{A}}_1+\hat{\mathcal{A}}_2 \quad \hat{I} \quad -\hat{\mathcal{G}} \quad 0 \quad \hat{\mathcal{B}}_1]$$

$$\tilde{\Pi}=[\hat{\mathcal{C}}_1+\hat{\mathcal{C}}_2 \quad 0 \quad -\mathcal{D}_F \quad 0 \quad \hat{\mathcal{D}}_1],\ \hat{\mathcal{A}}_1=\begin{bmatrix} \overline{\underline{OI}}_{h-1}^1\otimes I \\ \breve{\mathcal{A}}_1 \end{bmatrix}$$

$$\breve{\mathcal{A}}_1=\begin{bmatrix} e_h^{\mathrm{T}}\otimes(A\cdot\overline{\underline{IO}}_n^n) \\ e_h^{\mathrm{T}}\otimes(\mathcal{B}_F C\cdot\overline{\underline{IO}}_n^n) \end{bmatrix},\ \hat{\mathcal{A}}_2=\begin{bmatrix} 0 \\ \breve{\mathcal{A}}_2 \end{bmatrix},\ \breve{\mathcal{A}}_2=\begin{bmatrix} 0 \\ ([\mathcal{A}_F^j]_{j=0}^{h-1})\mathrm{diag}\left\{\overline{\underline{OI}}_n^n\right\}_h \end{bmatrix}$$

$$\hat{\mathcal{A}}_3=\begin{bmatrix} 0 \\ \breve{\mathcal{A}}_3 \end{bmatrix},\ \breve{\mathcal{A}}_3=\begin{bmatrix} e_h^{\mathrm{T}}\otimes(\Delta A\cdot\overline{\underline{IO}}_n^n) \\ 0 \end{bmatrix},\ \hat{\mathcal{G}}=\begin{bmatrix} 0 \\ \mathcal{B}_F \end{bmatrix},\ \hat{\mathcal{B}}_1=\begin{bmatrix} B & D_1 & G \\ 0 & \mathcal{B}_F D_2 & 0 \end{bmatrix}$$

$$\hat{\mathcal{C}}_1=e_h^{\mathrm{T}}\otimes(\mathcal{D}_F C\cdot\overline{\underline{IO}}_n^n),\ \hat{\mathcal{C}}_2=([\mathcal{C}_F^j]_{j=0}^{h-1})\mathrm{diag}\{\overline{\underline{OI}}_n^n\}_h,\ \hat{\mathcal{D}}_1=[0 \quad \mathcal{D}_F D_2 \quad -I]$$

$$\Psi_1=[\bar{X}_1 E_a \quad 0],\ \Psi_2=[\bar{X}_2 E_a \quad 0],\ \Psi_3=\begin{bmatrix} \bar{X}_3 E_a & \varepsilon_2\mathcal{Z}^{\mathrm{T}} \\ \bar{X}_4 E_a & 0 \end{bmatrix}$$

$$\Psi_4 = \begin{bmatrix} -\varepsilon_2 I & 0 \\ * & -\varepsilon_2 I \end{bmatrix}，\ \hat{\mathcal{H}}_a = [0 \quad 0 \quad \mathcal{Z} \quad 0]，\ \mathcal{Z} = e_h^{\mathrm{T}} \otimes (H_a \cdot \overline{IO}_n^n) \tag{11-68}$$

$$\hat{\mathcal{E}}_a = [(\bar{X}_1 E_a)^{\mathrm{T}} \quad (\bar{X}_2 E_a)^{\mathrm{T}} \quad (\bar{X}_3 E_a)^{\mathrm{T}} \quad (\bar{X}_4 E_a)^{\mathrm{T}}]^{\mathrm{T}}$$

其余参数矩阵定义在式(11-52)中。则当 $\vartheta_k = 0$ 时，系统(11-45)相对于 (c_3, c_4, L, N) 是有限时稳定的；当 $\vartheta_k \neq 0$ 时，系统在零初始条件下满足式(11-49)。此外，滤波器参数矩阵通过

$$[\bar{A}_F^j]_{j=0}^{h-1} = \mathcal{Y}^{-1}[\mathcal{A}_F^j]_{j=0}^{h-1}，\ \bar{B}_F = \mathcal{Y}^{-1}\mathcal{B}_F$$

$$[\bar{C}_F^j]_{j=0}^{h-1} = [\mathcal{C}_F^j]_{j=0}^{h-1}，\ \bar{D}_F = \mathcal{D}_F \tag{11-69}$$

给出。

证　首先，令 $X = \begin{bmatrix} X_1 & 0 \\ X_2 & I \\ X_3 & 0 \end{bmatrix}$，将 X 的定义代入式(11-50)得到

$$\Omega + \begin{bmatrix} X_1 & 0 \\ X_2 & I \\ X_3 & 0 \end{bmatrix} \begin{bmatrix} -I & 0 & \Lambda \\ 0 & -I & \Pi \end{bmatrix} + \left\{ \begin{bmatrix} X_1 & 0 \\ X_2 & I \\ X_3 & 0 \end{bmatrix} \begin{bmatrix} -I & 0 & \Lambda \\ 0 & -I & \Pi \end{bmatrix} \right\}^{\mathrm{T}} < 0 \tag{11-70}$$

式(11-70)等价于

$$\Omega + \begin{bmatrix} -X_1 - X_1^{\mathrm{T}} & -X_2^{\mathrm{T}} & -X_3^{\mathrm{T}} \\ * & -2I & \Pi \\ * & * & 0 \end{bmatrix} + \begin{bmatrix} 0 & 0 & X_1\Lambda \\ * & 0 & X_2\Lambda \\ * & * & X_3\Lambda + (X_3\Lambda)^{\mathrm{T}} \end{bmatrix} < 0 \tag{11-71}$$

定义 $\mathcal{Y}[\bar{A}_F^j]_{j=0}^{h-1} = [\mathcal{A}_F^j]_{j=0}^{h-1}$，$\mathcal{Y}\bar{B}_F = \mathcal{B}_F$，$[\bar{C}_F^j]_{j=0}^{h-1} = [\mathcal{C}_F^j]_{j=0}^{h-1}$ 和 $\bar{D}_F = \mathcal{D}_F$，式(11-71)可以重新描述为

$$\Omega + \begin{bmatrix} -X_1 - X_1^{\mathrm{T}} & -X_2^{\mathrm{T}} & -X_3^{\mathrm{T}} \\ * & -2I & \tilde{\Pi} \\ * & * & 0 \end{bmatrix} + \begin{bmatrix} 0 & 0 & \tilde{X}_1\tilde{\Lambda} \\ * & 0 & \tilde{X}_2\tilde{\Lambda} \\ * & * & \tilde{X}_3\tilde{\Lambda} + (\tilde{X}_3\tilde{\Lambda})^{\mathrm{T}} \end{bmatrix} < 0 \tag{11-72}$$

式中，$\tilde{\Lambda} = [\hat{\mathcal{A}}_1 + \hat{\mathcal{A}}_2 + \hat{\mathcal{A}}_3 \quad \hat{I} \quad -\hat{\mathcal{G}} \quad 0 \quad \hat{\mathcal{B}}_1]$；$\tilde{\Pi}$ 定义在式(11-68)中。

接下来，处理式(11-72)中的参数不确定性。对 $\tilde{\Lambda}$ 进行分解，得到

$$\tilde{\Lambda} = [\hat{\mathcal{A}}_1 + \hat{\mathcal{A}}_2 \quad \hat{I} \quad -\hat{\mathcal{G}} \quad 0 \quad \hat{\mathcal{B}}_1] + [\hat{\mathcal{A}}_3 \quad 0 \quad 0 \quad 0 \quad 0] \triangleq \tilde{\Lambda}_1 + \tilde{\Lambda}_2$$

则式(11-72)可被重写为

$$\begin{bmatrix} Q-X_1-X_1^{\mathrm{T}} & -X_2^{\mathrm{T}} & -X_3^{\mathrm{T}}+\tilde{X}_1\tilde{\Lambda}_1 \\ * & -I & \tilde{\Pi}+\tilde{X}_2\tilde{\Lambda}_1 \\ * & * & \tilde{\Omega}+\tilde{X}_3\tilde{\Lambda}_1+(\tilde{X}_3\tilde{\Lambda}_1)^{\mathrm{T}} \end{bmatrix}+\hat{\mathcal{E}}_aF\hat{\mathcal{H}}_a+(\hat{\mathcal{E}}_aF\hat{\mathcal{H}}_a)^{\mathrm{T}}<0 \tag{11-73}$$

式中，$\hat{\mathcal{E}}_a$ 和 $\hat{\mathcal{H}}_a$ 在式(11-68)中给出。

由引理 2.2 知，若存在标量 $\varepsilon_2>0$ 使

$$\begin{bmatrix} Q-X_1-X_1^{\mathrm{T}} & -X_2^{\mathrm{T}} & -X_3^{\mathrm{T}}+\tilde{X}_1\tilde{\Lambda}_1 \\ * & -I & \tilde{\Pi}+\tilde{X}_2\tilde{\Lambda}_1 \\ * & * & \tilde{\Omega}+\tilde{X}_3\tilde{\Lambda}_1+(\tilde{X}_3\tilde{\Lambda}_1)^{\mathrm{T}} \end{bmatrix}+\varepsilon_2^{-1}\hat{\mathcal{E}}_a\hat{\mathcal{E}}_a^{\mathrm{T}}+\varepsilon_2\hat{\mathcal{H}}_a^{\mathrm{T}}\hat{\mathcal{H}}_a<0 \tag{11-74}$$

则式(11-73)成立。再根据引理 2.1 可知，式(11-74)等价于式(11-67)，证毕。

11.4 仿真实验

借助于 Matlab 软件，本节利用两个实例说明提出的两种故障检测方法的有效性。特别地，算例 11.2 的实验结果能够表明记忆调度故障检测方法的优越性。

算例 11.1　根据文献[186]，考虑具有如下参数的直流电机系统(11-1)：

$$\bar{R}=0.1\Omega,\quad \bar{L}=1.44\times10^{-3}\mathrm{H},\quad \bar{J}=0.0021\mathrm{kg\cdot m^2}$$

$$\bar{M}=0.0008\mathrm{N\cdot m\cdot s/rad},\quad K=0.006\mathrm{N\cdot m/A}$$

$$K_b=0.006\mathrm{V\cdot m/rad},\quad e_a=5\mathrm{V},\quad T_l=0.24\mathrm{N\cdot m}$$

根据计算，有

$$E_1=\begin{bmatrix} -69.4444 & -4.1667 \\ 2.8571 & -0.3810 \end{bmatrix},\quad E_2=\begin{bmatrix} 694.4444 & 0 \\ 0 & -476.1905 \end{bmatrix}$$

取采样周期 $T=0.01$，再由 Euler 离散法，计算得到离散系统(11-5)的参数为

$$A=\begin{bmatrix} 0.3056 & -0.0417 \\ 0.0286 & 0.9962 \end{bmatrix},\quad B=\begin{bmatrix} 6.9444 & 0 \\ 0 & -4.7619 \end{bmatrix},\quad C=\begin{bmatrix} 1 & 0 \\ 0 & 1 \end{bmatrix}$$

此外，设置

$$D_1=\begin{bmatrix} 0.3297 \\ -0.7368 \end{bmatrix},\quad D_2=\begin{bmatrix} -0.6175 \\ 0.9982 \end{bmatrix},\quad G=\begin{bmatrix} 11.9675 \\ -8.6993 \end{bmatrix}$$

$$E_a=\begin{bmatrix} 0.2 \\ 0.2 \end{bmatrix},\quad H_a=\begin{bmatrix} 0.2 & -0.4 \end{bmatrix}$$

选取 $g(x_k)=0.5[(\varGamma_1+\varGamma_2)x_k+(\varGamma_2-\varGamma_1)\sin(k)x_k]$，且 $\varGamma_1=\begin{bmatrix} 0.2 & 0.3 \\ 0.1 & 0.4 \end{bmatrix}$，$\varGamma_2=$

$\begin{bmatrix} -0.4 & 0 \\ -0.2 & -0.3 \end{bmatrix}$。令 $N=20$，$\chi=1.01$ 及 $\gamma=5.8726$。与动态事件触发机制相关的参数分别设置为 $\varrho=0.5$，$\phi_0=\varpi=0.35$，$\sigma=0.03$，$\delta=8$ 和 $W=I$。与稳定性有关的参数分别为 $c_1=0.5$，$c_2=6\times10^4$ 和 $R=I$。

根据定理 11.2，计算得到如下故障检测滤波器参数矩阵：

$$A_F=\begin{bmatrix} 0.0002 & -0.0016 \\ -0.0014 & -0.0004 \end{bmatrix},\quad B_F=10^{-5}\times\begin{bmatrix} -0.4680 & 0.1237 \\ 0.0828 & -0.8730 \end{bmatrix}$$

$$C_F=[-0.9397 \quad -1.0276],\quad D_F=10^{-4}\times[-0.1931 \quad -0.1212]$$

系统 (11-5) 和故障检测滤波器 (11-13) 的初始条件分别为 $x_0=[0.5 \quad -0.3]^{\mathrm{T}}$ 和 $\hat{x}_0=0$，这意味着假设 11.1 成立。根据以上分析和描述可知，直流电机在长时间的运转过程中可能会发生诸如轴承磨损、绕组短路或断路及控制器损坏等故障。因此，故障可以有不同的性质，也可以有不同的强度。选取故障信号 f_k 为

$$f_k=\begin{cases} 10\sin(k), & 6\leqslant k\leqslant 13 \\ 0, & \text{其他} \end{cases}$$

一方面，当外部扰动 $v_k=0$ 时，图 11.1 和图 11.2 分别表示残差信号 r_k 和残差评价函数 J_k 的轨迹。图 11.1 说明残差信号 r_k 对故障 f_k 具有良好的灵敏度。图 11.2 表明，本章提出的传统故障检测方法能及时捕捉到系统中故障的发生。

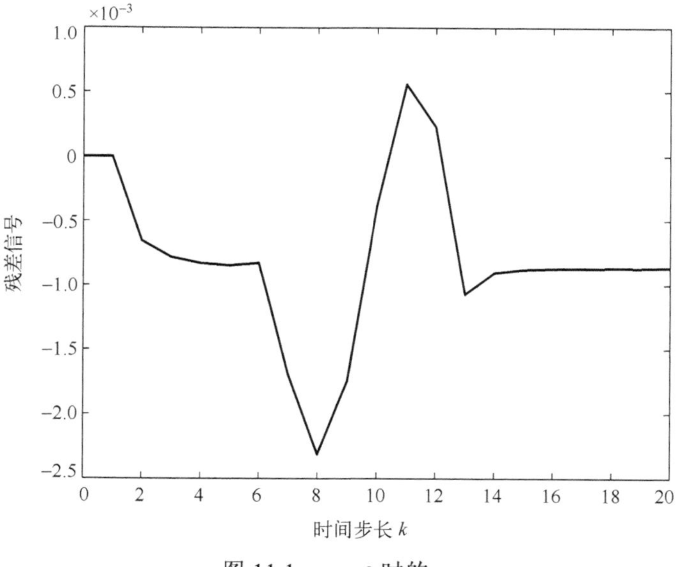

图 11.1　$v_k=0$ 时的 r_k

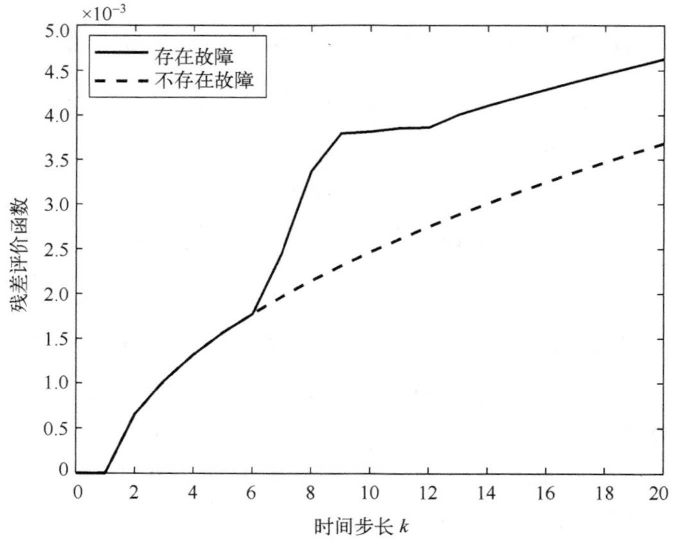

图 11.2　$v_k = 0$ 时的 J_k

另一方面，当外部扰动 $v_k \neq 0$ 时，令扰动为 $v_k = \sin(0.1k)w_k$，其中 w_k 表示 $[-0.5, 0.5]$ 上均匀分布的噪声。图 11.3 和图 11.4 分别描绘了残差信号 r_k 和残差评价函数 J_k 的轨迹。由 J_{th} 的定义得到 $J_{th} = 0.0036$。由图 11.4 可知 $0.0032 = J_8 < J_{th} < J_9 = 0.0038$，说明故障在发生 3 步后能够被检测出来。

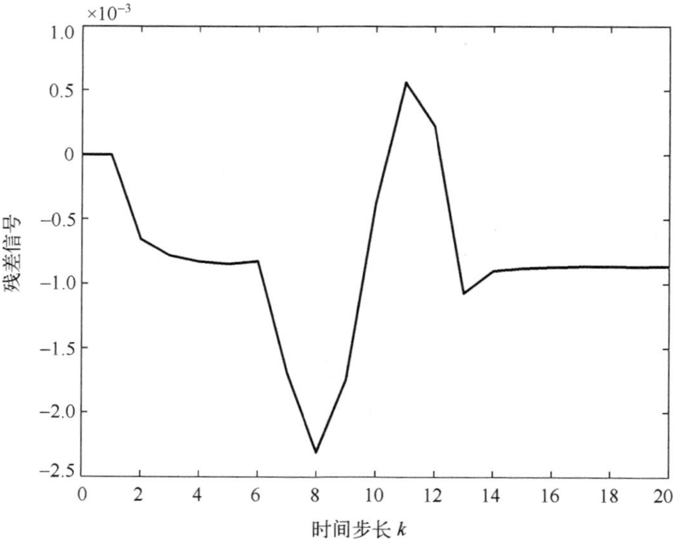

图 11.3　$v_k \neq 0$ 时的 r_k

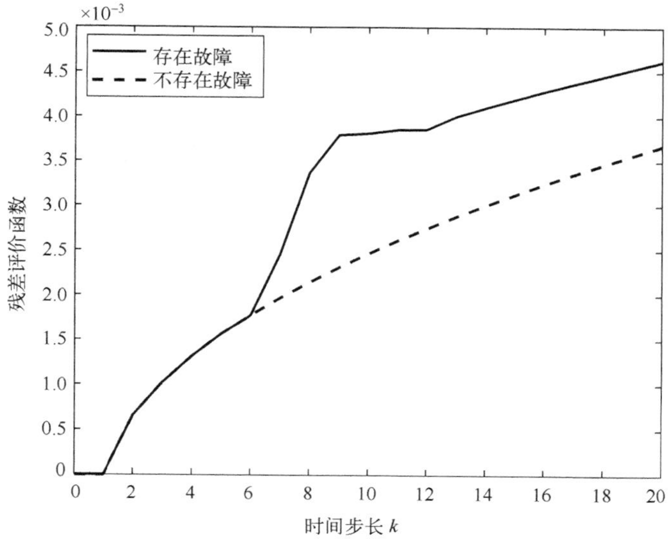

图 11.4　$v_k \neq 0$ 时的 J_k

此外，图 11.5 描述了动态事件触发机制的触发时刻和间隔。由图 11.5 能够发现，在动态事件触发机制调控下，数据传输的数量为 14，说明该协议能够节约网络资源，减少冗余数据的传输。为了说明系统(11-14)的有限时稳定性，$\eta_k^{\mathrm{T}} R\eta_k$ 的轨迹如图 11.6 所示。从图 11.6 可以看出 $\eta_k^{\mathrm{T}} R\eta_k < c_2$ 在区间 $[1,N]$ 上始终成立，说明增广系统(11-14)相对于 (c_1,c_2,R,N,γ) 是有限时稳定的。

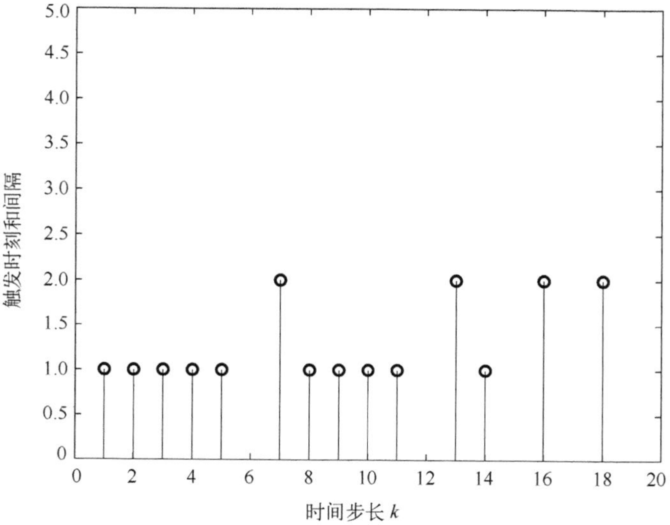

图 11.5　触发时刻和间隔

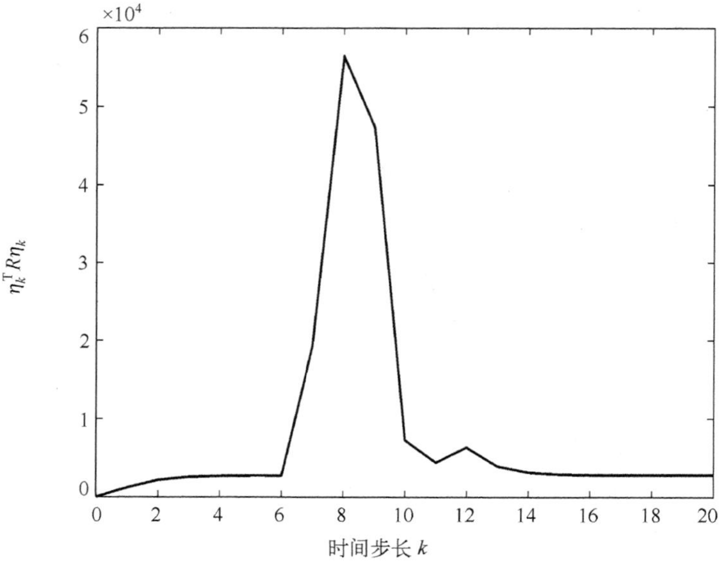

图 11.6　$\eta_k^{\mathrm{T}} R \eta_k$ 的轨迹

算例 11.2　令记忆窗口长度 $h=3$，选取 H_∞ 性能指标 $\tilde{\gamma}=5.8726$。与系统稳定性有关的参数分别为 $c_3=0.5$，$c_4=11.8\times10^4$ 和 $L=I$。此外，选取辅助矩阵为 $\mathcal{F}_1=0.01\times\mathbf{1}_{12}^2$，$\mathcal{F}_2=0.02\times\mathbf{1}_1^2$ 和 $\mathcal{F}_3=0$。其余参数与算例 6.1 中相同。利用 Matlab 软件对定理 11.4 中的矩阵不等式进行求解，解得如下记忆调度故障检测滤波器参数矩阵：

$$\overline{A}_F^0=\begin{bmatrix}0.0612 & 0.0612\\ 0.0612 & 0.0615\end{bmatrix},\quad \overline{A}_F^1=\begin{bmatrix}-0.0611 & -0.0611\\ -0.0611 & -0.0611\end{bmatrix},\quad \overline{A}_F^2=\begin{bmatrix}-0.0611 & -0.0611\\ -0.0611 & -0.0611\end{bmatrix}$$

$$\overline{B}_F=\begin{bmatrix}-0.1569 & 0.1532\\ -0.1380 & 0.1420\end{bmatrix},\quad \overline{C}_F^0=[-0.5347 \quad -0.5347],\quad \overline{C}_F^1=[0.4890 \quad 0.4890]$$

$$\overline{C}_F^2=[0.4890 \quad 0.4890],\quad \overline{D}_F=[0.0131 \quad -0.0142]$$

选取外部扰动为 $v_k=\sin(k/10)w_k$，其中 w_k 表示 $[-0.5,0.5]$ 上均匀分布的噪声。设定故障信号 $f_k=\begin{cases}10\sin(k), & 6\leqslant k\leqslant 13\\ 0, & \text{其他}\end{cases}$。图 11.7 和图 11.8 分别表示残差信号 $\hat{r}_k$ 和残差评价函数 $\overline{J}_k$ 的轨迹。根据 $\overline{J}_{\text{th}}$ 的定义得到 $\overline{J}_{\text{th}}=20.1603$。由图 11.8 可知，$11.6548=J_7<J_{\text{th}}<J_8=22.6725$，说明故障在发生 2 步后能够被检测出来。

由以上仿真结果可知，与算例 11.1 相比，记忆调度故障检测方法具有更好的检测效果。主要因素是，在设计记忆调度故障检测滤波器时，不仅考虑了参数不确定性和动态事件触发机制对检测性能的影响，还引入了有限个滤波器的历史状态来补偿评估精度，从而提高了检测速度。

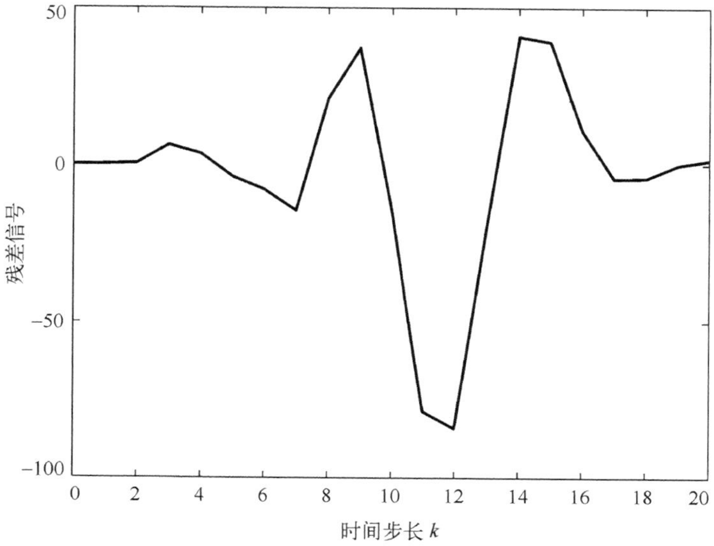

图 11.7　$v_k \neq 0$ 时的 $\hat{r}_k$

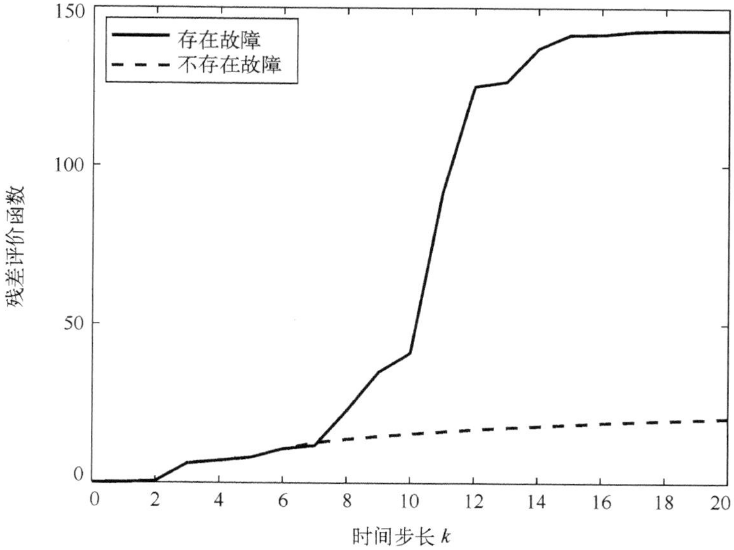

图 11.8　$v_k \neq 0$ 时的 $\overline{J}_k$

11.5　本 章 小 结

本章研究了通信协议下非线性网络化直流电机系统的鲁棒故障检测问题。首先，引入了动态事件触发机制调控测量数据的更新序列，避免了冗余数据的传输，节省了网络资源，利用可获得的测量信息分别设计了传统故障检测滤波器及记忆调度故障检测滤波器。随后，根据 Lyapunov 方法，得到了保证增广系统有限时稳定且满足 H_∞ 性能的判别准则，根据矩阵不等式的解，得到了滤波器参数矩阵的显式表达式。最后，利用两个实例仿真验证了本章提出的两种故障检测滤波算法的可行性和有效性，说明了本章提出的方法适用于检测网络化直流电机系统中发生的故障。通过比较两个实例的仿真结果，证明了记忆调度故障检测方法具有更快的检测速度。

参 考 文 献

[1] Khaldi B, Harrou F, Cherif F, et al. Monitoring a robot swarm using a data-driven fault detection approach[J]. Robotics and Autonomous Systems, 2017, 97: 193-203.

[2] Li L, Luo H, Ding S X, et al. Performance-based fault detection and fault-tolerant control for automatic control systems[J]. Automatica, 2019, 99: 308-316.

[3] Reddy A L N, Banerjee P. Algorithm-based fault detection for signal processing applications[J]. IEEE Transactions on Computers, 1990, 39(10): 1304-1308.

[4] Marcu T. Pattern recognition techniques using fuzzily labeled data for process fault detection[J]. Applied Mathematics and Computer Science, 1996, 6: 818-840.

[5] Hu Z, Hu J, Tan H, et al. Distributed resilient fusion filtering for nonlinear systems with random sensor delay under round-robin protocol[J]. International Journal of Systems Science, 2022, DOI: 10.1080/00207721.2022.2062802.

[6] Song J, Wang Z, Niu Y. On H_∞ sliding mode control under stochastic communication protocol[J]. IEEE Transactions on Automatic Control, 2019, 64(5): 2174-2181.

[7] Song J, Wang Z, Niu Y, et al. Observer-based sliding mode control for state-saturated systems under weighted try-once-discard protocol[J]. International Journal of Robust and Nonlinear Control, 2020, 30(18): 7991-8006.

[8] Wei G, Liu S, Wang L, et al. Event-based distributed set-membership filtering for a class of time-varying non-linear systems over sensor networks with saturation effects[J]. International Journal of General Systems, 2016, 45(5): 532-547.

[9] 金增旺. 事件驱动网络化系统的状态估计融合及其应用[D]. 北京: 北京科技大学, 2019.

[10] Chen D, Chen W, Hu J. Variance-constrained filtering for discrete-time genetic regulatory networks with state delay and random measurement delay[J]. International Journal of Systems Science, 2019, 50(2): 231-243.

[11] Hu J, Zhang H, Yu X Y, et al. Design of sliding-mode-based control for nonlinear systems with mixed-delays and packet losses under uncertain missing probability[J]. IEEE Transactions on Systems, Man, and Cybernetics: Systems, 2021, 51(5): 3217-3228.

[12] Wang Y L, Han Q L. Modelling and controller design for discrete-time networked control systems with limited channels and data drift[J]. Information Sciences, 2014, 269: 332-348.

[13] Sathishkumar M, Liu Y C. Resilient event-triggered fault-tolerant control for networked control systems with randomly occurring nonlinearities and DoS attacks[J]. International Journal of

Systems Science, 2020, 51(14): 2712-2732.

[14] Revathi V M, Balasubramaniam P, Ratnavelu K. Delay-dependent H_∞ filtering for complex dynamical networks with time-varying delays in nonlinear function and network couplings[J]. Signal Processing, 2016, 118: 122-132.

[15] 张玉泉，钟秋海，王林. 具有时滞和丢包的网络化控制系统稳定性分析[J]. 北京理工大学学报, 2008, 28(4): 329-333.

[16] Xue Y, Li H, Yang X. An improved reciprocally convex inequality and application to stability analysis of time-delay systems based on delay partition approach[J]. IEEE Access, 2018, 6: 40248-40252.

[17] Li Z, Huang C, Yan H. Stability analysis for systems with time delays via new integral inequalities[J]. IEEE Transactions on Systems, Man, and Cybernetics: Systems, 2018, 48(12): 2498-2501.

[18] Chen W, Chen D, Hu J, et al. A sampled-data approach to robust H_∞ state estimation for genetic regulatory networks with random delays[J]. International Journal of Control, Automation and Systems, 2018, 16 (2): 491-504.

[19] Liao D, Zhong S, Cheng J, et al. New stability criteria of discrete systems with time-varying delays[J]. IEEE Access, 2019, 7: 1677-1684.

[20] Zheng W, Zhang Z, Wang H, et al. Stability analysis and dynamic output feedback control for fuzzy networked control systems with mixed time-varying delays and interval distributed time-varying delays[J]. Neural Computing and Applications, 2020, 32(11): 7213-7234.

[21] Zou L, Wang Z, Gao H, et al. Event-triggered state estimation for complex networks with mixed time delays via sampled data information: The continuous-time case[J]. IEEE Transactions on Cybernetics, 2015, 45(12): 2804-2815.

[22] Wang L, Wang Z, Huang T, et al. An event-triggered approach to state estimation for a class of complex networks with mixed time delays and nonlinearities[J]. IEEE Transactions on Cybernetics, 2016, 46(11): 2497-2508.

[23] Li H. H_∞ cluster synchronization and state estimation for complex dynamical networks with mixed time delays[J]. Applied Mathematical Modelling, 2013, 37(12-13): 7223-7244.

[24] Hu J, Wang Z, Liu G P, et al. A prediction-based approach to distributed filtering with missing measurements and communication delays through sensor networks[J]. IEEE Transactions on Systems, Man, and Cybernetics: Systems, 2021, 51(11): 7063-7074.

[25] 阮玉斌，王武，杨富文. 具有测量数据丢失的网络化系统的故障检测滤波[J]. 控制理论与应用, 2009, 26(3): 291-295.

[26] Hu J, Li J, Kao Y, et al. Optimal distributed filtering for nonlinear saturated systems with random access protocol and missing measurements: The uncertain probabilities case[J]. Applied

Mathematics and Computation, 2022, 418: 126844.

[27] Hu J, Wang Z, Liu G P, et al. Event-triggered recursive state estimation for dynamical networks under randomly switching topologies and multiple missing measurements[J]. Automatica, 2020, 115: 108908.

[28] 刘帅，赵国荣，曾宾，等. 测量数据丢失的随机不确定系统滚动时域估计[J]. 控制与决策, 2021, 36(2): 450-456.

[29] Wang Z, Yang F, Ho D W C, et al. Robust H_∞ control for networked systems with random packet losses[J]. IEEE Transactions on Systems, Man, and Cybernetics, Part B (Cybernetics), 2007, 37(4): 916-924.

[30] Ning Z, Yu J, Pan Y, et al. Adaptive event-triggered fault detection for fuzzy stochastic systems with missing measurements[J]. IEEE Transactions on Fuzzy Systems, 2017, 26(4): 2201-2212.

[31] Hounkpevi F O, Yaz E E. Robust minimum varce linear state estimators for multiple sensors with different failure rates[J]. Automatica, 2007, 43(7): 1274-1280.

[32] Dong H, Wang Z, Gao H. Robust H_∞ filtering for a class of nonlinear networked systems with multiple stochastic communication delays and packet dropouts[J]. IEEE Transactions on Signal Processing, 2009, 58(4): 1957-1966.

[33] Liu M, Chen H. H_∞ state estimation for discrete-time delayed systems of the neural network type with multiple missing measurements[J]. IEEE Transactions on Neural Networks and Learning Systems, 2015, 26(12): 2987-2998.

[34] 阮玉斌，杨富文，王武. 测量丢失概率不确定的网络化系统的鲁棒故障检测[J]. 控制与决策, 2008, 23(8): 894-899.

[35] Chen W, Hu J, Yu X, et al. Protocol-based fault detection for discrete delayed systems with missing measurements: The uncertain missing probability case[J]. IEEE Access, 2018, 6: 76616-76626.

[36] Hu J, Wang Z, Alsaadi F E, et al. Event-based filtering for time-varying nonlinear systems subject to multiple missing measurements with uncertain missing probabilities[J]. Information Fusion, 2017, 38: 74-83.

[37] Wang Y L, Han Q L, Liu W T. Modelling and dynamic output feedback controller design for networked control systems[C]. American Control Conference, 2013: 3014-3019.

[38] Wang Y, Zhang S, Li Y. Fault detection for a class of non-linear networked control systems with data drift[J]. IET Signal Processing, 2015, 9(2): 120-129.

[39] Chen W, Hu J, Yu X, et al. Robust fault detection for nonlinear discrete systems with data drift and randomly occurring faults under weighted try-once-discard protocol[J]. Circuits, Systems, and Signal Processing, 2020, 39(1): 111-137.

[40] Zhu Q, Lu K, Zhu Y. The stabilization of continuous-time networked control systems with data

drift[J]. Journal of Control Science and Engineering, 2015, 2015: 943139.

[41] Hu J, Wang Z, Liu G P, et al. Variance-constrained recursive state estimation for time-varying complex networks with quantized measurements and uncertain inner coupling[J]. IEEE Transactions on Neural Networks and Learning Systems, 2020, 31(6): 1955-1967.

[42] Suveetha V T, Sakthivel R, Nithya V. Finite-time fault detection filter design for T-S fuzzy Markovian jump systems with distributed delays and incomplete measurements[J]. Circuits, Systems, and Signal Processing, 2022, 41(1): 28-56.

[43] Sakthivel R, Divya H, Parivallal A, et al. Quantized fault detection filter design for networked control system with Markov jump parameters[J]. Circuits, Systems, and Signal Processing, 2021, 40(10): 4741-4758.

[44] Ji Y, Wang C, Wu W. Mode-dependent event-triggered fault detection for nonlinear semi-Markov jump systems with quantization: Application to robotic manipulator[J]. IEEE Access, 2021, 9: 21832-21842.

[45] Song S, Hu J, Chen W, et al. Quantized fault detection for linear uncertain delayed Markovian jump systems subject to missing measurements[C]. The 31th Chinese Control and Decision Conference, 2019: 2684-2689.

[46] Fu M, Xie L. The sector bound approach to quantized feedback control[J]. IEEE Transactions on Automatic Control, 2005, 50(11): 1698-1711.

[47] Xiong J, Chang X H, Yi X. Design of robust nonfragile fault detection filter for uncertain dynamic systems with quantization[J]. Applied Mathematics and Computation, 2018, 338: 774-788.

[48] Zhang L, Lam H K, Sun Y, et al. Fault detection for fuzzy semi-Markov jump systems based on interval type-2 fuzzy approach[J]. IEEE Transactions on Fuzzy Systems, 2020, 28(10): 2375-2388.

[49] Zhang L, Liang H, Sun Y, et al. Adaptive event-triggered fault detection scheme for semi-Markovian jump systems with output quantization[J]. IEEE Transactions on Systems, Man, and Cybernetics: Systems, 2021, 51(4): 2370-2381.

[50] Ding D, Wei G, Zhang S, et al. On scheduling of deception attacks for discrete-time networked systems equipped with attack detectors[J]. Neurocomputing, 2017, 219: 99-106.

[51] Zhao D, Wang Z, Ho D W C, et al. Observer-based PID security control for discrete time-delay systems under cyber-attacks[J]. IEEE Transactions on Systems, Man, and Cybernetics: Systems, 2021, 51(6): 3926-3938.

[52] Ding D, Wang Z, Ho D W C, et al. Observer-based event-triggering consensus control for multiagent systems with lossy sensors and cyber-attacks[J]. IEEE Transactions on Cybernetics, 2017, 47(8): 1936-1947.

[53] Zhu M, Martlnez S. On the performance analysis of resilient networked control systems under replay attacks[J]. IEEE Transactions on Automatic Control, 2014, 59(3): 804-808.

[54] 丁达, 曹杰. 信息物理融合系统网络安全综述[J]. 信息与控制, 2019, 48(5): 513-521, 527.

[55] 谷咏放. DoS 攻击下网络化控制系统的状态估计和故障检测研究[D]. 南京: 南京邮电大学, 2019: 20-31.

[56] Hu J, Steven L, Ji D, et al. On co-design of filter and fault estimator against randomly occurring nonlinearities and randomly occurring deception attacks[J]. International Journal of General Systems, 2016, 45(5): 1-14.

[57] 王士贤, 李军毅, 张斌. 欺骗攻击环境下具有执行器故障的跳变耦合信息物理系统的同步控制[J]. 控制理论与应用, 2020, 37(4): 863-870.

[58] Ding D, Wang Z, Han Q L, et al. Security control for discrete-time stochastic nonlinear systems subject to deception attacks[J]. IEEE Transactions on Systems, Man, and Cybernetics: Systems, 2016, 48(5): 779-789.

[59] Hou N, Wang Z, Ho D W C, et al. Robust partial-nodes-based state estimation for complex networks under deception attacks[J]. IEEE Transactions on Cybernetics, 2020, 50(6): 2793-2802.

[60] 李蓓. 事件触发机制下网络化系统的有限时间故障检测研究[D]. 哈尔滨: 哈尔滨理工大学, 2022: 8-68.

[61] Wang D, Wang Z, Shen B, et al. Security-guaranteed filtering for discrete-time stochastic delayed systems with randomly occurring sensor saturations and deception attacks[J]. International Journal of Robust and Nonlinear Control, 2017, 27(7): 1194-1208.

[62] Li Y, Liu X, Peng L. An event-triggered fault detection approach in cyber-physical systems with sensor nonlinearities and deception attacks[J]. Electronics, 2018, 7(9): 168.

[63] Han S, Kommuri S K, Lee S. Affine transformed IT2 fuzzy event-triggered control under deception attacks[J]. IEEE Transactions on Fuzzy Systems, 2020, 29(2): 322-335.

[64] Chen W, Hu J, Wu Z, et al. Finite-time memory fault detection filter design for nonlinear discrete systems with deception attacks[J]. International Journal of Systems Science, 2020, 51(8): 1464-1481.

[65] Li Y, Wu Q E, Peng L. Simultaneous event-triggered fault detection and estimation for stochastic systems subject to deception attacks[J]. Sensors, 2018, 18(2): 321.

[66] Liu K, Fridman E, Johansson K H, et al. Quantized control under round-robin communication protocol[J]. IEEE Transactions on Industrial Electronics, 2016, 63(7): 4461-4471.

[67] Wan X, Wang Z, Wu M, et al. State estimation for discrete time-delayed genetic regulatory networks with stochastic noises under the round-robin protocols[J]. IEEE Transactions on Nanobioscience, 2018, 17(2): 148-154.

[68] Xu Y, Lu R, Shi P, et al. Finite-time distributed state estimation over sensor networks with round-robin protocol and fading channels[J]. IEEE Transactions on Cybernetics, 2018, 48(1): 336-345.

[69] Luo Y, Wang Z, Wei G, et al. H_∞ fuzzy fault detection for uncertain 2-D systems under round-robin scheduling protocol[J]. IEEE Transactions on Systems, Man, and Cybernetics: Systems, 2017, 47(8): 2172-2184.

[70] Li J, Wei G, Ding D, et al. Set-membership filtering for discrete time-varying nonlinear systems with censored measurements under round-robin protocol[J]. Neurocomputing, 2018, 281: 20-26.

[71] Liu K, Guo H, Zhang Q, et al. Distributed secure filtering for discrete-time systems under round-robin protocol and deception attacks[J]. IEEE Transactions on Cybernetics, 2020, 50(8): 3571-3580.

[72] Shvod W M. Multiple priority distributed round robin MAC protocol for satellite ATM[C]. IEEE Military Communications Conference, 1998, 1: 258-262.

[73] Long Y, Park J H, Ye D. Frequency-dependent fault detection for networked systems under uniform quantization and try-once-discard protocol[J]. International Journal of Robust and Nonlinear Control, 2020, 30(2): 787-803.

[74] Hu J, Yang Y, Liu H, et al. Non-fragile set-membership estimation for sensor-saturated memristive neural networks via weighted try-once-discard protocol[J]. IET Control Theory & Applications, 2020, 14(13): 1671-1680.

[75] Li X, Dong H, Wang Z, et al. Set-membership filtering for state-saturated systems with mixed time-delays under weighted try-once-discard protocol[J]. IEEE Transactions on Circuits and Systems II: Express Briefs, 2019, 66(2): 312-316.

[76] Liu L, Wang Y, Ma L, et al. Robust finite-horizon filtering for nonlinear time-delay Markovian jump systems with weighted try-once-discard protocol[J]. Systems Science & Control Engineering, 2018, 6(1): 180-194.

[77] Wang D, Wang Z, Shen B, et al. H_∞ finite-horizon filtering for complex networks with state saturations: The weighted try-once-discard protocol[J]. International Journal of Robust and Nonlinear Control, 2019, 29(7): 2096-2111.

[78] Liu S, Wei G, Song Y, et al. Set-membership state estimation subject to uniform quantization effects and communication constraints[J]. Journal of the Franklin Institute, 2017, 354(15): 7012-7027.

[79] Zou L, Wang Z, Gao H, et al. Finite-horizon H_∞ consensus control of time-varying multiagent systems with stochastic communication protocol[J]. IEEE Transactions on Cybernetics, 2017, 47(8): 1830-1840.

[80] Tabbara M, Nesic D. Input-output stability of networked control systems with stochastic

protocols and channels[J]. IEEE Transactions on Automatic Control, 2008, 53(5): 1160-1175.

[81] Donkers M C F, Heemels W, Bernardini D, et al. Stability analysis of stochastic networked control systems[J]. Automatica, 2012, 48(5): 917-925.

[82] Zou L, Wang Z, Gao H. Observer-based H_∞ control of networked systems with stochastic communication protocol: The finite-horizon case[J]. Automatica, 2016, 63: 366-373.

[83] Zhang J, Peng C, Fei M R, et al. Output feedback control of networked systems with a stochastic communication protocol[J]. Journal of the Franklin Institute, 2017, 354(9): 3838-3853.

[84] Wan X, Wang Z, Han Q L, et al. Finite-time H_∞ state estimation for discrete time-delayed genetic regulatory networks under stochastic communication protocols[J]. IEEE Transactions on Circuits and Systems I: Regular Papers, 2018, 65(10): 3481-3491.

[85] Zhu K, Hu J, Liu Y, et al. On ℓ_2-ℓ_∞ output-feedback control scheduled by stochastic communication protocol for two-dimensional switched systems[J]. International Journal of Systems Science, 2021, 52(14): 2961-2976.

[86] Zhang D, Liu Y. Fault estimation for complex networks with model uncertainty and stochastic communication protocol[J]. Systems Science & Control Engineering, 2019, 7(1): 48-53.

[87] Dong H, Hou N, Wang Z, et al. Finite-horizon fault estimation under imperfect measurements and stochastic communication protocol: Dealing with finite-time boundedness[J]. International Journal of Robust and Nonlinear Control, 2019, 29(1): 117-134.

[88] Ning Z, Yu J, Wang T. Simultaneous fault detection and control for uncertain discrete-time stochastic systems with limited communication[J]. Journal of the Franklin Institute, 2017, 354(17): 7794-7811.

[89] Zhang X M, Han Q L. Event-triggered dynamic output feedback control for networked control systems[J]. IET Control Theory & Applications, 2014, 8(4): 226-234.

[90] Chen W, Hu J, Chen D, et al. An event-triggered fault detection method for state-saturated systems with time-delay and nonlinearities[C]. The 40th Chinese Control Conference, 2021: 4468-4473.

[91] Liu D, Yang G H. Robust event-triggered control for networked control systems[J]. Information Sciences, 2018, 459: 186-197.

[92] Li Q, Shen B, Wang Z, et al. An event-triggered approach to distributed H_∞ state estimation for state-saturated systems with randomly occurring mixed delays[J]. Journal of the Franklin Institute, 2018, 355(6): 3104-3121.

[93] Jia C, Hu J, Chen D, et al. Event-triggered resilient filtering with stochastic uncertainties and successive packet dropouts via varce-constrained approach[J]. International Journal of General Systems, 2018, 47(5): 416-431.

[94] Chen W, Hu J, Yu X, et al. Annulus-event-based fault detection for state-saturated nonlinear

systems with time-varying delays[J]. Journal of the Franklin Institute-Engineering and Applied Mathematics, 2021, 358(15): 8061-8084.

[95] Zuo Z, Guan S, Wang Y, et al. Dynamic event-triggered and self-triggered control for saturated systems with anti-windup compensation[J]. Journal of the Franklin Institute, 2017, 354(17): 7624-7642.

[96] Ge X, Han Q L. Distributed formation control of networked multi-agent systems using a dynamic event-triggered communication mechanism[J]. IEEE Transactions on Industrial Electronics, 2017, 64(10): 8118-8127.

[97] Wang Y, Jia Z, Zuo Z. Dynamic event-triggered and self-triggered output feedback control of networked switched linear systems[J]. Neurocomputing, 2018, 314: 39-47.

[98] Wang H, Zhang D, Lu R. Event-triggered H_∞ filter design for Markovian jump systems with quantization[J]. Nonlinear Analysis: Hybrid Systems, 2018, 28: 23-41.

[99] Li Q, Shen B, Wang Z, et al. Synchronization control for a class of discrete time-delay complex dynamical networks: A dynamic event-triggered approach[J]. IEEE Transactions on Cybernetics, 2018, 49(5): 1979-1986.

[100] Yi X, Liu K, Dimarogonas D V, et al. Dynamic event-triggered and self-triggered control for multi-agent systems[J]. IEEE Transactions on Automatic Control, 2019, 64(8): 3300-3307.

[101] Ge X, Han Q L, Wang Z. A dynamic event-triggered transmission scheme for distributed set-membership estimation over wireless sensor networks[J]. IEEE Transactions on Cybernetics, 2019, 49(1): 171-183.

[102] Hu J, Wang Z, Gao H. Joint state and fault estimation for time-varying nonlinear systems with randomly occurring faults and sensor saturations[J]. Automatica, 2018, 97: 150-160.

[103] Liu M, Zhang L, Zheng W X. Fault reconstruction for stochastic hybrid systems with adaptive discontinuous observer and non-homogeneous differentiator[J]. Automatica, 2017, 85: 339-348.

[104] Liu M, Zhang L, Shi P, et al. Fault estimation sliding-mode observer with digital communication constraints[J]. IEEE Transactions on Automatic Control, 2018, 63(10): 3434-3441.

[105] 李秀琴, 李书臣. 一类非线性系统的故障检测与容错控制算法[J]. 测控技术, 2005, 24(8): 31-33.

[106] Li H, Gao Y, Shi P, et al. Observer-based fault detection for nonlinear systems with sensor fault and limited communication capacity[J]. IEEE Transactions on Automatic Control, 2016, 61(9): 2748-2751.

[107] Yuan Y, Liu X, Ding S, et al. Fault detection and location system for diagnosis of multiple faults in aeroengines[J]. IEEE Access, 2017, 5: 17671-17677.

[108] 吴舰, 吴楠. 基于小波分析的煤矿机电设备故障检测关键技术应用研究[J]. 自动化与仪器仪表, 2011, (5): 84-85.

[109] 朱大奇, 于盛林. 基于知识的故障诊断方法综述[J]. 安徽工业大学学报: 自然科学版, 2002, 19(3): 197-204.

[110] Xu L, Tseng H E. Robust model-based fault detection for a roll stability control system[J]. IEEE Transactions on Control Systems Technology, 2007, 15(3): 519-528.

[111] Mallat S, Hwang W L. Singularity detection and processing with wavelets[J]. IEEE Transactions on Information Theory, 1992, 38(2): 617-643.

[112] 段海滨, 王道波, 黄向华, 等. 基于粗集理论的高精度伺服仿真转台故障诊断研究[J]. 中国机械工程, 2004, 15(21): 1898.

[113] 陈薇潞. 通信协议下离散网络化系统的故障检测方法研究[D]. 哈尔滨: 哈尔滨理工大学, 2022: 1-129.

[114] Che Mid E, Dua V. Model-based parameter estimation for fault detection using multiparametric programming[J]. Industrial & Engineering Chemistry Research, 2017, 56(28): 8000-8015.

[115]李佶桃, 王振华, 沈毅. 线性离散系统的有限频域集员故障检测观测器设计[J]. 自动化学报. 2020, 46(7): 1531-1538.

[116] 王艳芹. 网络环境下离散随机系统故障检测及应用研究[D]. 大庆: 东北石油大学, 2017: 5-6.

[117] Baskiotis C, Raymond J, Rault A. Parameter identification and discriminant analysis for jet engine machanical state diagnosis[C]. The 18th IEEE Conference on Decision and Control including the Symposium on Adaptive Processes, 1979, 2: 648-650.

[118] Isermann R. Process fault detection based on modeling and estimation methods-A survey[J]. Automatica, 1984, 20(4): 387-404.

[119] Patton R J, Willcox S, Winter S. A parameter insensitive techniques for air-craft sensor fault analysis[J]. Journal of Guidance, Control, and Dynamics, 1987, 10(3):359-367.

[120] 李彬, 戴怡, 石秀敏, 等. 参数估计法在数控机床故障诊断中的应用[J]. 机床与液压, 2010, (1): 124-126.

[121] 李宏, 王崇武, 贺昱曜. 基于参数估计模型的对转永磁无刷直流电机实时故障诊断方法[J]. 西北工业大学学报, 2011, 29(5): 732-737.

[122] Chow E, Willsky A. Analytical redundancy and the design of robust failure detection systems[J]. IEEE Transactions on Automatic Control, 1984, 29(7): 603-614.

[123] Nguang S K, Zhang P, Ding S X. Parity relation based fault estimation for nonlinear systems: An LMI approach[J]. International Journal of Automation and Computing, 2007, 4(2): 164-168.

[124] Zhang Z, Hu J, Hu H. Parity space approach to fault detection based on fuzzy tree model[J]. International Journal of Advanced Computer Technology, 2013, 5(2): 657-665.

[125] Odendaal H M, Jones T. Actuator fault detection and isolation: An optimised parity space approach[J]. Control Engineering Practice, 2014, 26: 222-232.

[126] Beard R V. Failure accomodation in linear systems through self-reorganization[D]. Cambridge: Massachusetts Institute of Technology, 1971: 57-58.

[127] 王占山，李平，任正云，等. 非线性系统的故障诊断技术[J]. 自动化与仪器仪表，2001，(5): 8-11.

[128] Chen X, Zhu Z C, Ma T B, et al. Model-based sensor fault detection, isolation and tolerant control for a mine hoist[J]. Measurement and Control, 2022, DOI: 00202940221090549.

[129] 夏扬，曹松银，于启红，等. 一类非线性系统的执行器偏差故障检测与诊断[J].仪器仪表学报, 2006, 27(11): 1423-1426.

[130] Tan Y, Du D, Fei S. Co-design of event generator and quantized fault detection for time-delayed networked systems with sensor saturations[J]. Journal of the Franklin Institute, 2017, 354(15): 6914-6937.

[131] Dong H, Wang Z, Gao H. On design of quantized fault detection filters with randomly occurring nonlinearities and mixed time-delays[J]. Signal Processing, 2012, 92(4): 1117-1125.

[132] Liu J, Yue D. Event-based fault detection for networked systems with communication delay and nonlinear perturbation[J]. Journal of the Franklin Institute, 2013, 350(9): 2791-2807.

[133] Long Y, Yang G H. Fault detection in finite frequency domain for networked control systems with missing measurements[J]. Journal of the Franklin Institute, 2013, 350(9): 2608-2626.

[134] Li F, Shi P, Wang X, et al. Fault detection for networked control systems with quantization and Markovian packet dropouts[J]. Signal Processing, 2015, 111: 106-112.

[135] Li H, Chen Z, Wu L, et al. Event-triggered fault detection of nonlinear networked systems[J]. IEEE Transactions on Cybernetics, 2017, 47(4): 1041-1052.

[136] Pan Y, Yang G H. Event-triggered fault detection filter design for nonlinear networked systems[J]. IEEE Transactions on Systems, Man, and Cybernetics: Systems, 2017, 48(11): 1851-1862.

[137] Ju Y, Wei G, Ding D, et al. Fault detection for discrete time-delay networked systems with round-robin protocol in finite-frequency domain[J]. International Journal of Systems Science, 2019, 50(13): 2497-2509.

[138] Frezzatto L, Lacerda M J, Oliveira R C L F, et al. Robust H_2 and H_∞ memory filter design for linear uncertain discrete-time delay systems[J]. Signal Processing, 2015, 117: 322-332.

[139] Feng J, Han K, Zhao Q. Memory scheduling robust H_∞ filter-based fault detection for discrete-time polytopic uncertain systems over fading channels[J]. IET Control Theory & Applications, 2017, 11(14): 2204-2212.

[140] Han K, Feng J. Robust periodically time-varying horizon finite memory fault detection filter design for polytopic uncertain discrete-time systems[J]. International Journal of Robust and Nonlinear Control, 2017, 27(17): 4116-4137.

[141] 韩克镇. 基于 LMI 的鲁棒滤波和记忆调度故障检测优化设计[D]. 沈阳: 东北大学, 2017: 6-7.

[142] Wei Y, Qiu J, Karimi H R, et al. A novel memory filtering design for semi-Markovian jump time-delay systems[J]. IEEE Transactions on Systems, Man, and Cybernetics: Systems, 2018, 48(12): 2229-2241.

[143] 蒋葛利, 陈云, 邹洪波. 随机马尔科夫跳变时滞神经网络的状态估计[J]. 杭州电子科技大学学报, 2014, 34(3)：29-33.

[144] Lin Z, Lin Y, Zhang W. H_∞ filtering for non-linear stochastic Markovian jump systems[J]. IET Control Theory & Applications, 2010, 4(12): 2743-2756.

[145] Huang R, Lin Y, Lin Z. Robust fuzzy tracking control design for a class of nonlinear stochastic Markovian jump systems[J]. Journal of Dynamic Systems, Measurement, and Control, 2010, 132(5).

[146] Liang H, Zhang L, Karimi H R, et al. Fault estimation for a class of nonlinear semi-Markovian jump systems with partly unknown transition rates and output quantization[J]. International Journal of Robust and Nonlinear Control, 2018, 28(18): 5962-5980.

[147] Zhang L, Sun Y, Li H, et al. Event-triggered fault detection for nonlinear semi-Markov jump systems based on double asynchronous filtering approach[J]. Automatica, 2022, 138: 110144.

[148] Zhang X, Wang H, Song J, et al. Co-design of adaptive event generator and asynchronous fault detection filter for Markov jump systems via genetic algorithm[J]. IEEE Transactions on Cybernetics, 2022 DOI: 10.1109/TCYB. 2022. 3170110.

[149] Qiao B, Su X, Jia R, et al. Event-triggered fault detection filtering for discrete-time Markovian jump systems[J]. Signal Processing, 2018, 152: 384-391.

[150] Cheng P, He S, Stojanovic V, et al. Fuzzy fault detection for Markov jump systems with partly accessible hidden information: An event-triggered approach[J]. IEEE Transactions on Cybernetics, 2021, DOI: 10.1109/TCYB.2021.3050209.

[151] Jin Z, Hu Y, Li C, et al. Event-triggered fault detection and diagnosis for networked systems with sensor and actuator faults[J]. IEEE Access, 2019, 7: 95857-95866.

[152] Xiao S, Zhang Y, Zhang B. Event-triggered networked fault detection for positive Markovian systems[J]. Signal Processing, 2019, 157: 161-169.

[153] Zhong M, Ye H, Shi P, et al. Fault detection for Markovian jump systems[J]. IEE Proceedings-Control Theory and Applications, 2005, 152(4): 397-402.

[154] Luo M, Zhong S. Robust fault detection of uncertain time-delay Markovian jump systems with different system modes[J]. Circuits, Systems, and Signal Processing, 2014, 33(1): 115-139.

[155] Song S, Hu J, Chen D, et al. An event-triggered approach to robust fault detection for nonlinear uncertain Markovian jump systems with time-varying delays[J]. Circuits, Systems, and Signal

Processing, 2020, 39(7): 3445-3469.

[156] Liu X, Zhai D, He D K, et al. Simultaneous fault detection and control for continuous-time Markovian jump systems with partially unknown transition probabilities[J]. Applied Mathematics and Computation, 2018, 337: 469-486.

[157] Wu T, Li F, Yang C, et al. Event-based fault detection filtering for complex networked jump systems[J]. IEEE/ASME Transactions on Mechatronics, 2017, 23(2): 497-505.

[158] Saijai J, Ding S X, Abdo A, et al. Threshold computation for fault detection in linear discrete-time Markov jump systems[J]. International Journal of Adaptive Control and Signal Processing, 2014, 28(11): 1106-1127.

[159] Dorato P. Short-time stability in linear time-varying systems[J]. Proceedings of the IRE International Convention, 1961 Record Part 4: 83-87.

[160] Wu Z , Li B, Hu J, et al. Annulus-event-based finite-time fault detection for discrete-time non-linear systems with probabilistic interval delay and randomly occurring faults[J]. Circuits Systems and Signal Processing, 2022, 41(9): 4818-4847.

[161] Lyu X, He S. Finite-time non-fragile filter design for a class of conic-type nonlinear switched systems[C]. 2019 Chinese Control Conference (CCC), 2019: 1456-1461.

[162] Shokouhi-Nejad H, Ghiasi A R, Badamchizadeh M A. Robust simultaneous finite-time control and fault detection for uncertain linear switched systems with time-varying delay[J]. IET Control Theory & Applications, 2017, 11(7): 1041-1052.

[163] 刘仁和, 刘乐, 方一鸣, 等. 基于有限时间未知输入观测器的一类受扰动非线性系统故障检测与估计[J]. 控制与决策, 2021, DOI:10.13195/j.kzyjc.2021 0538.

[164] Sakthivel R, Suveetha V T, Nithya V, et al. Finite-time fault detection filter design for complex systems with multiple stochastic communication and distributed delays[J]. Chaos, Solitons & Fractals, 2020, 136: 109778.

[165] Sun S, Dai X, Yang L, et al. Finite-time fault detection for multiple delayed semi-Markovian jump random systems[J]. International Journal of Robust and Nonlinear Control, 2021, 31(18): 9562-9587.

[166] Liu L J, Zhang X, Zhao X, et al. Stochastic finite-time stabilization for discrete-time positive Markov jump time-delay systems[J]. Journal of the Franklin Institute, 2022, 359(1): 84-103.

[167] Zhang Y, Fang H, Liu Z. Finite-time fault detection for large-scale networked systems with randomly occurring nonlinearity and fault[J]. Mathematical Problems in Engineering, 2014, 2014:1-14.

[168] Luo M, Zhong S, Cheng J. Simultaneous finite-time control and fault detection for singular Markovian jump delay systems with average dwell time constraint[J]. Circuits, Systems, and Signal Processing, 2018, 37(12): 5279-5310.

[169] Luo M, Zhong S, Cheng J. Finite-time event-triggered control and fault detection for singular Markovian jump mixed delay systems under asynchronous switching[J]. Advances in Difference Equations, 2018, 80: 1-8.

[170] Hu J, Wang Z, Gao H, et al. Robust sliding mode control for discrete stochastic systems with mixed time delays, randomly occurring uncertainties, and randomly occurring nonlinearities[J]. IEEE Transactions on Industrial Electronics, 2012, 59(7): 3008-3015.

[171] Wang G, Liu M. Fault detection for discrete-time systems with fault signal happening randomly: The Markov approach[J]. IEEE Access, 2017, 5: 14680-14689.

[172] Gao H, Chen T, Wang L. Robust fault detection with missing measurements[J]. International Journal of Control, 2008, 81(5): 804-819.

[173] Tarbouriech S, Garcia G, da Silva Jr J M G, et al. Stability and Stabilization of Linear Systems with Saturating Actuators[M]. London: Springer Science & Business Media, 2011: 43.

[174] Wang Y, Xie L, De Souza C E. Robust control of a class of uncertain nonlinear systems[J]. Systems & Control Letters, 1992, 19(2): 139-149.

[175] Ren W, Sun S, Huo F, et al. Nonfragile H_∞ fault detection for fuzzy discrete systems under stochastic communication protocol[J]. Optimal Control Applications and Methods, 2021, 42(1): 261-278.

[176] Ren W, Gao M, Kang C. Non-fragile H_∞ fault detection for nonlinear systems with stochastic communication protocol and channel fadings[J]. International Journal of Control, Automation and Systems, 2021, 19(6): 2150-2162.

[177] Li T, Zheng W X. Networked-based generalised H_∞ fault detection filtering for sensor faults[J]. International Journal of Systems Science, 2015, 46(5): 831-840.

[178] Dong H, Wang Z, Gao H. Fault detection for Markovian jump systems with sensor saturations and randomly varying nonlinearities[J]. IEEE Transactions on Circuits and Systems I: Regular Papers, 2012, 59(10): 2354-2362.

[179] Zhang Y, Peng R, Liu Z. Finite-time fault detection for quantized networked systems with Markov channel assignment pattern[C]. The 33th Chinese Control Conference, 2014: 2998-3000.

[180] Ding D, Wang Z, Shen B, et al. State-saturated H_∞ filtering with randomly occurring nonlinearities and packet dropouts: The finite-horizon case[J]. International Journal of Robust and Nonlinear Control, 2013, 23(16): 1803-1821.

[181] Shao H, Han Q L. New stability criteria for linear discrete-time systems with interval-like time-varying delays[J]. IEEE Transactions on Automatic Control, 2011, 56(3): 619-625.

[182] Yue D, T E, Zhang Y, et al. Delay-distribution-dependent stability and stabilization of T-S fuzzy systems with probabilistic interval delay[J]. IEEE Transactions on Systems, Man, and Cybernetics, Part B-Cybernetics, 2009, 39(2): 503-516.

[183] Nam P T, Pathirana P N, Trinh H. Discrete Wirtinger-based inequality and its application[J]. Journal of the Franklin Institute-Engineering and Applied Mathematics, 2015, 352(5): 1893-1905.

[184] Seuret A, Gouaisbaut F. Wirtinger-based integral inequality: Application to time-delay systems[J]. Automatica, 2013, 49(9): 2860-2866.

[185] Chow M Y, Tipsuwan Y. Gain adaptation of networked DC motor controllers based on QoS variations[J]. IEEE Transactions on Industrial Electronics, 2003, 50(5): 936-943.

[186] Zhou Y, Soh Y C, Shen J X. Speed estimation and nonmatched time-varying parameter identification for a DC motor with hybrid sliding-mode observer[J]. IEEE Transactions on Industrial Electronics, 2013, 60(12): 5539-5549.